互联网运维管理
工程应用丛书

Linux

服务器构建与运维管理
从基础到实战（基于openEuler）

阮晓龙　冯顺磊　杜宇飞　刘明哲　路景鑫　董凯伦◎编著

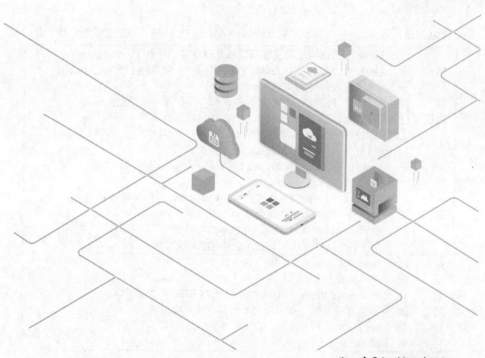

中国水利水电出版社
www.waterpub.com.cn
·北京·

内 容 提 要

本书以 openEuler 为基础环境，精心设计了 13 个工程应用项目。内容包含 openEuler 基础、openEuler 服务器应用、openEuler 安全管理与运维，涵盖 openEuler 操作系统的关键应用场景、关键技术和运维管理。

本书注重应用 openEuler 操作系统，所有章节均以项目形式展开，每个项目中包含若干任务。所有项目和任务均是依据实际应用场景精心设计的，并配有项目讲堂和任务扩展，使读者在学习的过程中更有针对性、更容易与实际应用结合，进而帮助读者达到更高的实战水平，更好地学以致用。

本书可作为从事 openEuler 系统运维与管理的初、中级专业技术人员的参考用书，也可作为高等院校计算机相关专业，特别是计算机科学、大数据、人工智能、物联网、网络工程等专业的专业课、实训课和工程实践教学的教学用书。

图书在版编目（ＣＩＰ）数据

Linux服务器构建与运维管理从基础到实战 ： 基于
openEuler / 阮晓龙等编著. -- 北京 ： 中国水利水电出
版社，2024.6
　ISBN 978-7-5226-2471-6

　Ⅰ. ①L… Ⅱ. ①阮… Ⅲ. ①Linux操作系统 Ⅳ.
①TP316.85

中国国家版本馆CIP数据核字(2024)第109598号

策划编辑：周春元　　　　责任编辑：韩莹琳　　　　封面设计：李　佳	
书　　名	Linux 服务器构建与运维管理从基础到实战（基于 openEuler） Linux FUWUQI GOUJIAN YU YUN-WEI GUANLI CONG JICHU DAO SHIZHAN（JIYU openEuler）
作　　者	阮晓龙　冯顺磊　杜宇飞　刘明哲　路景鑫　董凯伦　编著
出版发行	中国水利水电出版社 （北京市海淀区玉渊潭南路 1 号 D 座　　100038） 网址：www.waterpub.com.cn E-mail：mchannel@263.net（答疑） 　　　　　sales@mwr.gov.cn 电话：（010）68545888（营销中心）、82562819（组稿）
经　　售	北京科水图书销售有限公司 电话：（010）68545874、63202643 全国各地新华书店和相关出版物销售网点
排　　版	北京万水电子信息有限公司
印　　刷	三河市鑫金马印装有限公司
规　　格	184mm×240mm　　16 开本　　31.75 印张　　768 千字
版　　次	2024 年 6 月第 1 版　　2024 年 6 月第 1 次印刷
印　　数	0001—3000 册
定　　价	88.00 元

凡购买我社图书，如有缺页、倒页、脱页的，本社营销中心负责调换

版权所有·侵权必究

作 者 的 话

1. 为什么是 openEuler？

openEuler（简称"欧拉"）操作系统是一款开源操作系统，适用于数据库、大数据、云计算、人工智能等应用场景。它是由开放原子开源基金会（OpenAtom Foundation）孵化及运营的开源项目，其内核源于 Linux Kernel，支持鲲鹏及其他多种处理器。

国际数据公司（International Data Corporation，IDC）在 2023 操作系统大会上发布的预测显示，2023 年 openEuler 在中国服务器操作系统新增市场份额达到 36.8%，CentOS/Red Hat 的份额为 20.7%，Windows 的份额为 19.3%，Ubuntu/Debian 的份额为 10.1%，其他 Linux 操作系统的份额为 13.1%。openEuler 成为中国首个达成新增市场份额第一的基础软件。

2. 本书的编写理念

（1）关注应用场景，寻求最佳实施路径。本书抛弃"大而全"的知识点讲解，更多关注 openEuler 操作系统在具体场景中的部署应用。同时，选择最合理、易理解的部署实施方案，帮助读者掌握规范、清晰的操作流程，让读者**学得会、做得成**。

（2）注重工程实际，力求读者无障碍地开展项目任务。本书所有章节均以项目形式展开，每个项目中包含若干任务。所有项目和任务均经过精心设计，并配有项目讲堂和任务扩展，使读者在学习过程中更有针对性，更容易与实际应用相结合，从而帮助读者达到企业级应用水平，能够更好地学以致用。

（3）基于 openEuler 设计项目，关注企业级应用创新。本书使用 openEuler 设计项目，选取广泛应用于企业级环境的 openEuler 长期支持版本作为基础环境，其高效且简洁的管理、稳定且安全的环境，可帮助读者紧跟技术发展趋势，熟练快捷地掌握其操作方法，让读者有更多精力关注企业级应用创新。

（4）提供丰富资源，全面助力学习成长。本书的每个项目中均包含操作视频。读者可通过本项目（任务）的操作视频与自动化部署脚本，获取对实验更加直观的理解。同时，本书还提供了配套讲稿课件、实验指导，可为教师提供全面而系统的授课支持。

3. 内容设计

本书精心设计了 13 个项目，内容包含 openEuler 的安装与基本操作、openEuler 服务器应用、安全管理、运维管理，涵盖了 openEuler 操作系统的主要应用场景、关键技术和工程实践。

项目一～项目三，掌握 openEuler 基础，实现 openEuler 系统安装、网络配置、远程管理、存储管理、进程管理、任务计划配置以及常用操作命令，帮助读者快速构建本书的学习和实践环境。

项目四～项目十，实现 openEuler 服务器应用，内容包括 Web 服务器、代理服务器、数据库服务器、文件服务器、虚拟化服务器以及容器服务器，涵盖 openEuler 服务器应用的主要场景。

项目十一，关注 openEuler 运维管理，实现 openEuler 操作系统的命令监控、实时监控、可视化监控，旨在提升 openEuler 操作系统的运维管理水平。

项目十二，关注 openEuler 安全管理，内容包括安全加固、SELinux、Firewalld 防火墙、Nmap 安全审计工具，旨在提升 Linux 操作系统的安全性和可靠性。

项目十三，关注 openEuler 图形界面管理，通过 DDE、UKUI 桌面环境图形界面管理操作系统，通过 Web 控制台 Cockpit 工具实现基于 Web 的系统维护、网络与安全管理，提升 openEuler 操作系统的综合运维管理水平。

4．适用对象

本书适用于以下两类读者。

一类是从事 openEuler 系统运维与管理的初级以及中级专业技术人员，本书可以帮助他们全面理解 openEuler 操作系统的应用场景，熟悉 openEuler 服务器的构建技术，快速掌握相应的工程实现方法，为后续工作开展打下扎实基础，更能够成为日常工作的备查手册。

另一类是高等院校计算机相关专业，特别是计算机科学、大数据、人工智能、物联网及网络工程等专业的、具有一定 Linux 基础的在校学生，本书可以帮助他们加深对 openEuler 操作系统的理解，提升实践操作的综合能力，特别是能够有效提升学生工程思想的培养效果，引导学生进一步树立"加强自主创新，强化科技安全"的意识。

5．致谢

本书由校企联合团队撰写，书籍顺利撰写完毕，离不开作者团队家人们的默默支持。有了他们的支持，我们才能全身心投入到本书的编写中。

同时，感谢郑州泰来信息科技有限公司的徐志豪、毋天翔、李兵兵，河南中医药大学 2021 级信息管理与信息系统专业的王厚宏同学录制了本书项目任务讲解视频和操作演示，并撰写了自动化部署脚本。

本书编写完成后，中国水利水电出版社万水分社的周春元副总经理对于本书的出版给予了中肯的指导和积极的帮助，在此表示深深的谢意！

最后，特别感谢河南中医药大学信息技术学院的许成刚老师，陪我度过最艰难的时期，并督促和鼓励我持续前行。

由于我们团队的技术水平有限，对原厂商技术的深入理解还远远不够，疏漏及不足之处在所难免，敬请广大读者朋友批评指正。

作　者

2024 年 1 月于郑州

目　录

项目一

安装 openEuler 操作系统

⊙ 项目介绍

本项目是全书的基础，在 Oracle VM VirtualBox 仿真环境中开展 openEuler 的安装、升级与更新，初步了解 openEuler 操作系统，并为全书学习提供基础条件。

⊙ 项目目的

- 掌握 Oracle VM VirtualBox 的使用；
- 掌握 openEuler 的安装；
- 掌握 openEuler 的升级与更新；
- 掌握通过 SSH 远程管理 openEuler；
- 掌握系统电源管理。

⊙ 项目讲堂

1. Linux

（1）Linux 简介。Linux 全称 GNU/Linux，是一套免费使用和自由传播的类 UNIX 操作系统，是多用户、多任务、支持多线程和多 CPU 的操作系统，其主要包含 Linux Kernel、GNU 和应用程序三部分。

Linux Kernel 指的是一个提供设备驱动、文件系统、进程管理、网络通信等功能的系统软件，而不是一套完整的操作系统，是操作系统的核心。

Linux Kernel 是开源项目，由 Linux 基金会负责维护，可访问 Linux Kernel 网站和 Linux 基金会网站详细了解。

（2）Linux 发行版与衍生发行版。许多个人、组织和企业使用 Linux Kernel 开发了遵循

GNU/Linux 协议的完整操作系统，叫作 Linux 发行版。Linux 衍生发行版是基于 Linux 发行版再次改造所衍生出的 Linux 操作系统，其目的通常是为了进一步简化 Linux 发行版的安装、使用以及提供应用软件等。

通常说的 Linux 操作系统是指基于 Linux Kernel 的发行版或者衍生发行版。常见的 Linux 发行版与衍生发行版见表 1-0-1。

表 1-0-1　常见的 Linux 发行版与衍生发行版

序号	名称	发行商	网站地址
1	RcdIIat	红帽公司	https://www.redhat.com
2	Fedora	Fedora 项目社区	https://fedoraproject.org
3	CentOS	红帽公司	https://www.centos.org
4	Debian	Debian 项目社区	https://www.debian.org
5	Ubuntu	Canonical	https://cn.ubuntu.com
6	SUSE	Novell	https://www.suse.com
7	openSUSE	Novell	https://www.opensuse.org
8	Gentoo	Gentoo 项目社区	https://www.gentoo.org
9	Arch	Arch 项目社区	https://archlinux.org
10	openEuler	openEuler 社区	https://www.openeuler.org
11	统信 UOS	统信软件技术有限公司	https://www.chinauos.com
12	NeoKylin	麒麟软件有限公司	https://www.kylinos.cn
13	FusionOS	超聚变数字技术有限公司	https://www.xfusion.com
14	UbuntuKylin	麒麟软件有限公司	https://www.ubuntukylin.com
15	红旗 Linux	中科红旗信息科技产业集团	https://www.chinaredflag.cn

（3）包管理方式。Linux 操作系统中使用软件包管理器进行软件安装、卸载和管理。按照包管理方式划分常见的 Linux 发行版，如图 1-0-1 所示。

2. 虚拟化

（1）什么是虚拟化。虚拟化技术的本质是将物理设备进行逻辑化，转化成一个文件夹或文件，实现软硬件的解耦。使用虚拟化可以在一台物理设备上模拟多个独立运行的操作系统，实现资源共享和资源动态分配等。

（2）VirtualBox 简介。Oracle VM VirtualBox（简称 VirtualBox）是一款 X86 和 AMD64/Intel64 平台上的开源虚拟化软件，由 Oracle 公司开发。该软件以 GNU General Public License（GPL）协议发布。

VirtualBox 主要功能如下。

1）可移植性：VirtualBox 可在各种操作系统上运行，包括 Windows、Mac、Linux 等。使用开放虚拟化格式（OVF）实现不同虚拟化软件创建的 OVF 的导入和导出。

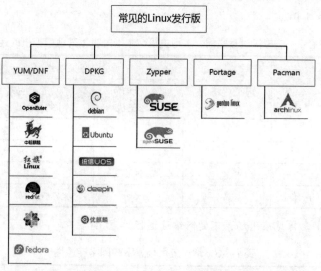

图 1-0-1　常见的 Linux 发行版

2）来宾多处理（SMP）：可为每个虚拟机提供多达 32 个虚拟 CPU。

3）支持 USB 设备：通过虚拟 USB 控制器能够将任意 USB 设备连接到虚拟机。

4）硬件兼容性：虚拟了大量的硬件设备，包括 IDE、SCSI 和 SATA 硬盘控制器，虚拟网卡和声卡、虚拟串行和并行端口以及输入/输出高级可编程中断控制器（I/O APIC）。

5）完全支持 ACPI：完全支持高级配置和电源接口（ACPI），虚拟机可以与主机和其他硬件设备协同工作。

6）多屏幕分辨率：支持多倍物理屏幕分辨率，并允许分布连接到主机系统屏幕上。

7）内置 iSCSI 支持：直接将虚拟机连接到 iSCSI 存储服务器，无须通过主机系统中转。

8）多代分支快照：允许用户保存任意虚拟机状态的快照，保存和恢复虚拟机的不同状态。

9）远程显示：可对任何正在运行的虚拟机远程访问。

（3）网络模式。VirtualBox 虚拟机的任一网络适配器可定义为以下模式进行通信。

1）未连接：虚拟机不会连接到任何网络，用于在没有网络连接的情况下离线工作。

2）网络地址转换（NAT）：使用 NAT（网络地址转换）技术连接到主机网络，允许虚拟机隐藏真实 IP 地址访问外部网络。

3）NAT 网络：允许出站连接的内部网络，工作方式如同 NAT 网桥。

4）桥接式网络：虚拟机连接到主机的物理网络接口，与主机共享相同的网络环境。

5）内部网络：用于创建基于软件的自定义网络，该网络对选定的虚拟机可见，但对运行在本地主机上的应用程序或外部环境不可见。

6）仅主机（Host-Only）网络：创建一个包含主机和一组虚拟机的网络，不依赖于主机的物理网络接口。

7）云网络：用于将本地虚拟机连接到远程云服务上的子网。

8）通用网络：允许用户选择一个包含在 VirtualBox 中或分布在扩展包中的驱动程序。

按照本书的应用场景，将不同网络模式下，虚拟机对互联网、本地主机、本地主机上其他虚拟机的连通性总结见表 1-0-2。

表 1-0-2　虚拟机对互联网、本地主机、本地主机上其他虚拟机的连通性

网络模式	网络通信场景			
	虚拟机访问互联网	虚拟机访问本地主机	虚拟机访问本地主机上其他虚拟机	本地主机访问虚拟机
NAT 网络	√	√	√	○
桥接网卡	√	√	√	√
内部网络	×	×	√	×
仅主机（Host-Only）网络	×	√	√	√

不同网络模式下，常见应用场景下的网络连通性见表 1-0-3。

表 1-0-3　常见应用场景下的网络连通性

网络模式	应用场景			
	NAT 网络	桥接式网络	内部网络	仅主机（Host-Only）网络
虚拟机间形成局域网并互相访问	√	√	√	√
本地主机访问虚拟机（非端口映射）	×	√	×	√
虚拟机访问本地主机	√	√	√	√
虚拟机访问本地主机所接入的网络/互联网	√	√	×	×

（1）"√"表示可以通信，"×"表示不能够通信，"○"表示需特定配置方可通信。

（2）连通性测试在本地主机正常访问本地主机所接入的网络/互联网情况下开展。

（4）虚拟化术语。了解虚拟化术语可帮助理解虚拟化技术和更好地应用虚拟化软件，常见的虚拟化术语及本书在使用虚拟化技术时的一些约定用词如下。

1）主机操作系统（host OS）：安装了 Oracle VM VirtualBox 的物理计算机的操作系统。

2）来宾操作系统（guest OS）：虚拟机内部运行的操作系统。

3）虚拟机（VM）：Oracle VM VirtualBox 运行来宾操作系统创建的特殊环境。

4）开放虚拟化格式（OVF）：开放虚拟化格式，一种跨平台的行业标准，用于虚拟化产品之间交换虚拟应用程序。

5）虚拟磁盘映像（VDI）：Oracle VM VirtualBox 使用的容器格式。

6）VMDK：其他虚拟化产品（如 VMware）使用的容器格式。

7）VHD：Microsoft 使用的容器格式。

8）快照（Snapshots）：保存虚拟机的特定状态以供以后使用。

9）本地主机：特指本书学习中，安装 Oracle VM VirtualBox 的物理计算机。

3. 开源

开源（Open Source）即开放源代码。开源系统同样有版权，受到法律保护。

（1）开放源代码。开放源代码的定义由 Bruce Perens（Debian 的创始人之一）创立，关键内容如下。

1）自由再散布（Free Distribution）：获得源代码的人可自由再将此源代码散布。

2）源代码（Source Code）：程序的可执行版本在散布时，必须随附完整源代码或是可让人方便地取得源代码。

3）衍生著作（Derived Works）：任何人依此源代码修改后，依照同一授权条款再散布。

4）原创作者程序源代码的完整性（Integrity of The Author's Source Code）：修改后的版本，需以不同的版本号与原始的程序源代码进行区分，保障原始代码的完整性。

5）不得对任何人或团体有差别待遇（No Discrimination Against Persons or Groups）：开放源代码软件不得因性别、团体、国家、族群等设定限制，但若是因为法律规定的情形则为例外。

6）对程序在任何领域内的利用不得有差别待遇（No Discrimination Against Fields of Endeavor）：不得限制商业使用。

7）散布授权条款（Distribution of License）：若软件再散布，必须以同一条款散布。

8）授权条款不得专属于特定产品（License Must Not Be Specific to a Product）：若多个程序组合成一套软件，则当某一开放源代码的程序单独散布时，也需要符合开放源代码的条件。

9）授权条款不得限制其他软件（License Must Not Restrict Other Software）：当某一开放源代码软件与其他非开放源代码软件一起发布时，不得限制其他软件的授权条件，也要遵照开放源代码的授权。

10）授权条款必须技术中立（License Must Be Technology-Neutral）：授权条款不得限制为电子格式才有效，纸质授权条款也应视为有效。

（2）开源协议。为了维护作者和贡献者的合法权利，保证开源软件不被商业机构或个人窃取，影响软件发展，开源社区开发出了多种开源许可协议。

常见的许可协议有 GPL、LGPL、MPL、Apache、MIT、BSD、QPL、QNCL、Jabber、IBM 等。

1）GPL 许可协议（GNU General Public License）保证了所有开发者的权利，同时为使用者提供了足够的复制、分发、修改的权利，是开源界最常用的许可模式。

2）LGPL 许可协议（GNU Lesser General Public License）是 GPL 的一个主要为类库设计的开源协议。

3）MPL（Mozilla Public License）许可协议主要平衡开发者对源代码的需求和他们利用源代码获得的利益。

4）Apache 许可协议（Apache License）是著名的非营利开源组织 Apache 采用的协议，主要特点有永久权利、全球范围权利、授权免费且无版税、授权无排他性、授权不可撤销等。

5）MIT 许可协议（Massachusetts Institute of Technology）是广泛使用的开源协议中最宽松的，其软件及相关文档对所有人免费，允许使用者修改、复制、合并、发表、授权甚至销售等，唯一限制是软件中必须包含上述版权和许可声明。

6）BSD 许可协议（Berkeley Software Distribution License）不仅需要附上许可证的原文，它还

要求开发者上传自己的版权资料，所以 BSD 许可证发行的软件版权资料许可证的所占空间可能比程序还大。

任务一　认识 openEuler

【任务介绍】

了解 openEuler 的官方网站、技术社区、技术文档、公共镜像仓、发行等基本内容，为后续学习奠定基础。

【任务目标】

（1）了解 openEuler。

（2）了解 openEuler 学习资源的获取渠道。

【操作步骤】

步骤 1：初识 openEuler。

openEuler 操作系统是由全球开源贡献者构建的高效、稳定、安全的开源操作系统。其最初是面向服务器场景的操作系统，目前已从服务器操作系统正式升级为面向数字基础设施的操作系统。

openEuler 操作系统由 openEuler 开源社区负责维护。openEuler 开源社区是一个面向全球的操作系统开源社区，通过社区合作，打造创新平台，构建支持多处理器架构、统一和开放的操作系统，推动软、硬件应用生态繁荣发展。

openEuler 的发展历程如下。

（1）2019 年 12 月 31 日，面向多样性计算的操作系统开源社区 openEuler 正式成立。

（2）2020 年 3 月 27 日，openEuler 20.03 LTS（Long Term Support，长生命周期支持）版本正式发布，为 Linux 世界带来一个全新的、具备独立技术演进能力的 Linux 发行版。

（3）2020 年 9 月 30 日，首个 openEuler 20.09 创新版发布，该版本是 openEuler 社区中的多个企业、团队、独立开发者协同开发的成果，在 openEuler 社区的发展进程中具有里程碑式的意义，也是中国开源历史上的标志性事件。

（4）2021 年 3 月 31 日，发布 openEuler 21.03 内核创新版，该版本将内核升级到 5.10，还在内核方向实现内核热升级、内存分级扩展等多个创新特性，加速提升多核性能，构筑千核运算能力。

（5）2021 年 9 月 30 日，全新 openEuler 21.09 创新版如期而至，这是 openEuler 全新发布后的第一个社区创新版本，实现了全场景支持。增强服务器和云计算的特性，发布面向云原生的业务混部 CPU 调度算法、容器化操作系统 KubeOS 等关键技术，同时发布边缘和嵌入式版本。

（6）2022 年 3 月 30 日，基于统一的 5.10 内核，发布面向服务器、云计算、边缘计算、嵌入式的全场景 openEuler 22.03 LTS 版本，聚焦算力释放，持续提升资源利用率，打造全场景协同的数字基础设施操作系统。

（7）2022 年 9 月 30 日，发布 openEuler 22.09 创新版本，持续补齐全场景的支持。

（8）本书中，openEuler 在没有特定指明的情况下，默认是指 openEuler 操作系统。

步骤 2：访问 openEuler 官方网站。

openEuler 的官方网站为 https://www.openeuler.org，如图 1-1-1 所示。

图 1-1-1　openEuler 官网

步骤 3：单击"用户"。

通过单击"用户"，查看 openEuler 为操作系统用户提供的所有服务，包括技术展示、使用指南、支持与服务三类，如图 1-1-2 所示。

图 1-1-2　单击"用户"

步骤 4：单击"开发者"。

通过单击"开发者"，查看 openEuler 为开发者提供的所有服务，包括文档、课程、开发贡献等，了解如何加入成为 openEuler 开发者，学习如何在 openEuler 上开发，以及获取 openEuler 源代码，如图 1-1-3 所示。

图 1-1-3　单击"开发者"

步骤 5：单击"下载"。

通过单击"下载"，查看最新版本的 openEuler 操作系统，下载不同的社区发行版以及商业发行版，访问镜像仓列表，如图 1-1-4 所示。

图 1-1-4　单击"下载"

步骤 6：openEuler 社区版本生命周期管理规范。

openEuler 生命周期管理是指对 openEuler 版本和软件包的整个生命周期进行管理，包括版本号命名、版本发布、版本更新、社区支持以及版本生命周期的终止等方面。

可通过访问地址"https://www.openeuler.org/zh/other/lifecycle/"查看社区版本生命周期管理。

（1）社区版本生命周期管理规范（总体）。

社区版本按照交付年份和月份进行版本号命名。例如：openEuler 20.09 于 2020 年 9 月发布。

社区版本分为长期支持版本和创新版本。长期支持版本：发布间隔周期定为 2 年，提供 4 年社区支持。社区创新版本：openEuler 每隔 6 个月会发布一个社区创新版本，提供 6 个月社区支持。如图 1-1-5 所示。

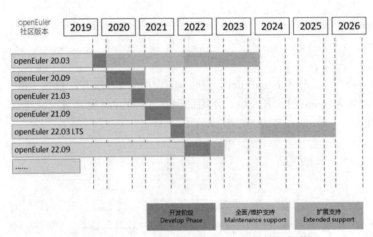

图 1-1-5　openEuler 社区版本生命周期管理规范

（2）社区版本生命周期管理规范（LTS+SP）。

目前 LTS 版本全版本生命周期 4 年（2+2），到生命周期结束前半年至 1 年由相关团队组建联合维护团队，申请延长至 6 年。LTS 版本的 SP 版本生命周期原则上按照小 SP（6 月 Release，可选）9 个月执行，大 SP（12 月 Release）24 个月执行；大规模使用建议选择大 SP，如图 1-1-6 所示。

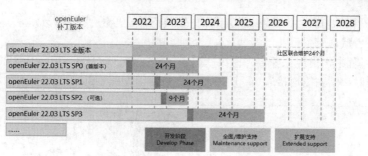

图 1-1-6　openEuler 社区版本生命周期管理规范（LTS+SP）

任务二　Oracle VM VirtualBox 的使用

【任务介绍】

获取 Oracle VM VirtualBox 安装程序，并完成安装。

【任务目标】

（1）掌握 Oracle VM VirtualBox 的安装。

（2）掌握 Oracle VM VirtualBox 的基本操作。

【操作步骤】

步骤 1：获取 VirtualBox 安装程序。

VirtualBox 安装程序可通过其官网（https://www.virtualbox.org）进行下载，本书选用面向 Windows 平台的 7.0.8 版本。

步骤 2：安装 VirtualBox。

（1）双击启动安装程序，进入安装向导后单击"下一步(N)>"按钮，如图 1-2-1 所示。

图 1-2-1　安装向导

9

（2）在"设置"窗口中，选择安装组件与安装路径，单击"下一步(N)>"按钮，如图 1-2-2 所示，本任务采用默认配置。

（3）安装过程中，出现"警告"窗口，提示"安装 Oracle VM VirtualBox7.0.8 网络功能将重置网络连接并暂时中断网络连接"，单击"是(Y)"按钮，如图 1-2-3 所示。

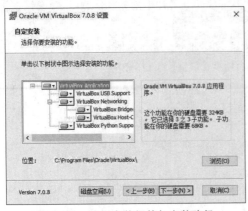

图 1-2-2　选择安装组件与安装路径　　　　　图 1-2-3　安装警告

（4）安装提示"Missing Dependencies Python Core / win32api"，单击"是(Y)"按钮，如图 1-2-4 所示。

（5）在"准备好安装"窗口中，提示"安装向导准备好进行自定安装"，单击"安装(I)"按钮，如图 1-2-5 所示。

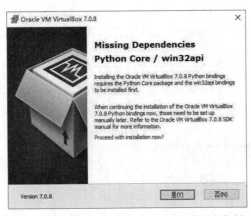
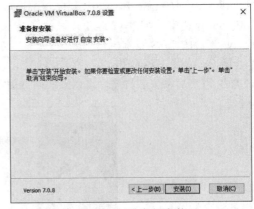

图 1-2-4　Missing Dependencies Python Core/win32api　　　　　图 1-2-5　准备好安装

（6）在"安装完成"窗口中，单击"完成(F)"按钮结束安装向导，如图 1-2-6 所示。

步骤 3：初次使用。

启动 VirtualBox 程序，打开主界面，如图 1-2-7 所示。

VirtualBox 主界面由两部分组成，左侧为功能导航，包含管理、控制、帮助；右侧为快捷操作按钮，具体功能说明如下。

图 1-2-6　安装完成

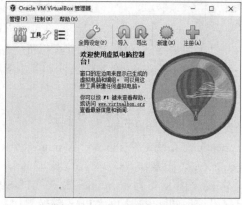

图 1-2-7　VirtualBox 主界面

（1）管理菜单，用于管理 VirtualBox，包含的功能有全局设定、导入虚拟电脑、导出虚拟电脑、工具、检查更新、重置所有警告、退出，如图 1-2-8 所示。

（2）通过控制菜单可操作虚拟机，包括新建、注册、设置、复制、移动、删除、启动、暂停、重启等，如图 1-2-9 所示。

图 1-2-8　管理菜单

图 1-2-9　控制菜单

任务三　安装 openEuler

扫码看视频

【任务介绍】

本任务在 VirtualBox 上创建虚拟机，并安装 openEuler 操作系统。

【任务目标】

（1）掌握在 VirtualBox 上创建虚拟机的方法。

（2）掌握 openEuler 的安装方法和基本应用。

【操作步骤】

步骤 1： 获取 openEuler。

openEuler 系统支持 x86_64、AArch64、ARM32 的 CPU 架构，其镜像可通过官网（https://www.openeuler.org/）下载。

本任务选用版本为 openEuler-22.03-LTS-SP2-x86_64-dvd，该版本的版本号是 22.03-LTS-SP2，x86_64 代表面向 x86 架构的 CPU，镜像文件大小为 3.5GB。

步骤 2： 虚拟机规划。

本任务安装的虚拟机配置见表 1-3-1。

表 1-3-1　虚拟机配置

虚拟机配置	操作系统配置
虚拟机名称：VM-Project-01-Task-01-10.10.2.11	主机名：Project-01-Task-01
内存：1GB	IP 地址：10.10.2.11
CPU：1 颗 1 核心	子网掩码：255.255.255.0
虚拟硬盘：20.00GB	网关：10.10.2.1
网卡：1 块，桥接	DNS：8.8.8.8

步骤 3： 创建虚拟机。

启动 VirtualBox 进入软件主界面，单击"新建"按钮，启动新建虚拟机操作对话框。

（1）设置名称为"VM-Project-01-Task-01-10.10.2.11"，类型为"Linux"，版本为"Other Linux（64-bit）"，单击"下一步(N)"按钮，如图 1-3-1 所示。

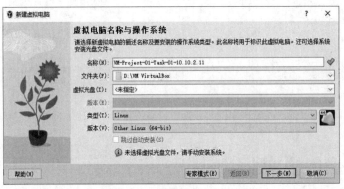

图 1-3-1　设置虚拟机名称

（2）在"硬件"窗口中，设置内存大小为"1024MB"，单击"下一步(N)"按钮，如图 1-3-2 所示。

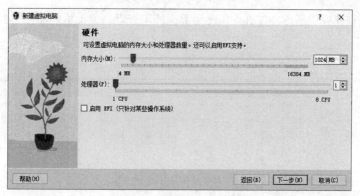

图 1-3-2   设置内存和处理器

（3）在"虚拟硬盘"窗口中，设置虚拟硬盘选项为"现在创建虚拟硬盘（C）"，磁盘空间为 20.00GB，单击"下一步(N)"按钮，如图 1-3-3 所示。

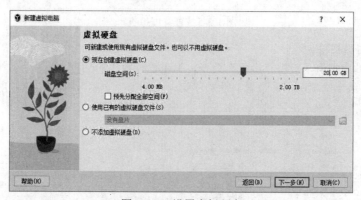

图 1-3-3   设置虚拟硬盘

（4）在"摘要"窗口中，对配置信息进行核对无误后，单击"完成(F)>"按钮，完成虚拟机创建，如图 1-3-4 所示。

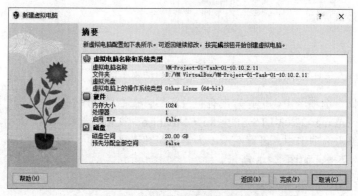

图 1-3-4   完成虚拟机创建

项目一

（5）虚拟机创建完成后，在 VirtualBox 主界面即可查看该虚拟机，如图 1-3-5 所示。

图 1-3-5　查看虚拟机

步骤 4：配置虚拟机。

右击已创建的虚拟机，双击"设置"命令，弹出"设置"对话框。

（1）在"系统"选项卡中，设置启动顺序第一个项为"光驱"，如图 1-3-6 所示。

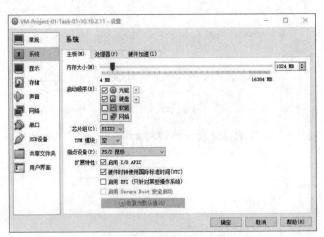

图 1-3-6　设置启动顺序

（2）在"存储"选项卡中，选择"没有盘片"后，在右侧"属性"中单击"光盘"按钮，"注册"已下载的"openEuler-22.03-LTS-SP2-x86_64-dvd.iso"文件，如图 1-3-7 所示。

（3）在"网络"选项卡中，设置网卡 1 为启用，其连接方式为"桥接网卡"，网卡名称选择本地主机正在工作的网卡，如图 1-3-8 所示。

步骤 5：安装 openEuler。

启动虚拟机，按照 openEuler 的安装向导开展安装操作。

图 1-3-7　设置存储　　　　　　　　　　图 1-3-8　配置网络

（1）在初始安装界面中，使用键盘上下按键选择"Install openEuler 22.03-LTS-SP2"，按"Enter"键确认，开始操作系统的安装，如图 1-3-9 所示。

图 1-3-9　选择系统安装版本

（2）在"欢迎"窗口中，设置安装语言为"中文、简体中文"，单击"继续（C）"按钮，如图 1-3-10 所示。

（3）在"安装信息摘要"窗口中，单击"安装目的地（D）"，进行安装位置设置，如图 1-3-11 所示。

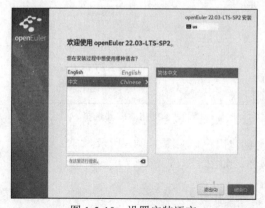

图 1-3-10　设置安装语言　　　　　　　　图 1-3-11　进入"安装信息摘要"

（4）在"安装目标位置"窗口中，单击"完成(D)"按钮，完成安装目标位置确认，如图 1-3-12 所示。

（5）在"安装信息摘要"窗口中，单击"时间和日期"链接进入"时间和日期"窗口。在"时间和日期"窗口中，将城市设置为"上海"，设置完成后单击"完成"按钮返回，如图 1-3-13 所示。

图 1-3-12　确认安装目标位置

图 1-3-13　设置"时间和日期"

（6）在"安装信息摘要"窗口中，单击"网络和主机名"链接进行设置。在"网络和主机名"窗口中，单击"关闭"切换至"打开"以开启网络，设置主机名为"Project-01-Task-01"设置完成后单击"完成"按钮返回，如图 1-3-14 所示。

（7）设置"软件选择"，单击"软件选择"链接进行设置，在"软件选择"窗口，将基本环境设置为"最小安装"，已选环境的额外软件本任务暂不设置，单击"完成(D)"按钮完成设置，如图 1-3-15 所示。

图 1-3-14　设置"网络和主机名"

图 1-3-15　软件选择

（8）设置 ROOT 账户，分别设置 Root 密码与创建用户，如图 1-3-16 所示。

（9）等待安装完成，单击"重启系统(R)"按钮，如图 1-3-17 所示。

 提醒　　安装完成后，需将光盘移除后，再进行重启系统操作。

图 1-3-16　设置用户

图 1-3-17　重启系统

步骤6：初次使用 openEuler。

（1）重启虚拟机后，在"GNU GRUB"界面选择第一项，进入 openEuler 操作系统，如图 1-3-18 所示。

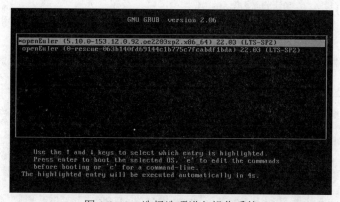

图 1-3-18　选择选项进入操作系统

（2）在操作系统登录界面，输入安装时设置的账号、密码后登录操作系统，如图 1-3-19 所示。

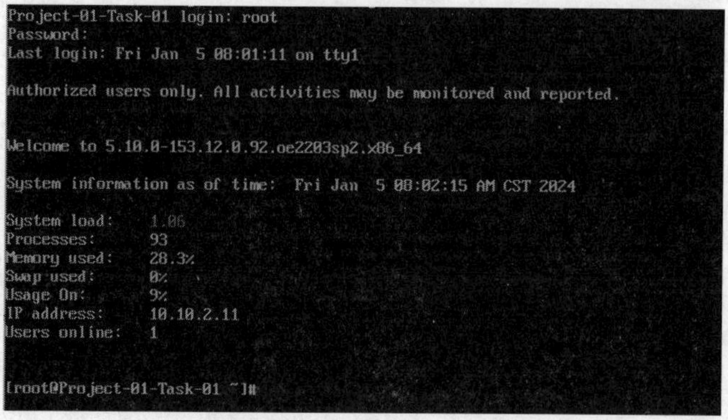

图 1-3-19　操作系统登录界面

任务四　使用 YUM/DNF 管理 openEuler

【任务介绍】

本任务使用 YUM/DNF 软件包管理工具完成 openEuler 的软件管理，实现软件包信息查询，从指定软件库获取软件包，安装与卸载软件包，以及更新系统。本书使用 YUM 命令进行操作。

本任务在任务三的基础上进行。

【任务目标】

（1）掌握使用 YUM 管理软件包和软件包组。

（2）掌握使用 YUM 完成软件版本更新。

【操作步骤】

步骤 1：使用 YUM 管理软件包。

（1）了解软件包。软件包是一个包含可执行文件、相关文档和其他组件的集合，用于提供特定的功能或服务。

（2）搜索软件包。使用"yum search keywords"命令通过包名称、缩写或者描述搜索需要的软件包。

操作命令：

```
1.   # 查找包含"python3"的软件包
2.   [root@Project-01-Task-01 ~]# yum search python3
3.   Last metadata expiration check: 0:32:43 ago on 2023 年 10 月 15 日 星期日 18 时 56 分 18 秒.
4.   ========================= Name & Summary Matched: python3 =========================
5.   python3.x86_64 : Interpreter of the Python3 programming language
6.   python3.src : Interpreter of the Python3 programming language
7.   libcap-ng-python3.x86_64 : Python3 bindings for libcap-ng library
8.   postgresql-plpython3.x86_64 : The Python3 procedural language for PostgreSQL
9.   ……
```

操作命令+配置文件+脚本程序+结束

（3）输出软件包列表。

1）输出所有软件包的信息。使用"yum list all"命令列出系统中所有软件包信息。

操作命令：

```
1.   # 输出所有软件包信息
2.   [root@Project-01-Task-01 ~]# yum list all
3.   Last metadata expiration check: 0:34:27 ago on 2023 年 10 月 15 日 星期日 18 时 56 分 18 秒.
4.   Installed Packages
5.   NetworkManager.x86_64                    1:1.32.12-19.oe2203sp2        @anaconda
6.   NetworkManager-config-server.noarch      1:1.32.12-19.oe2203sp2        @anaconda
7.   NetworkManager-libnm.x86_64              1:1.32.12-19.oe2203sp2        @anaconda
```

| 8. | abattis-cantarell-fonts.noarch | 0.303.1-1.oe2203sp2 | @OS |
| 9. | …… | | |

操作命令+配置文件+脚本程序+结束

2）输出系统中特定的软件包信息。使用 "yum list glob_expression" 命令列出系统中特定的 RPM 包信息，其中 glob_expression 为软件包表达式。

操作命令:

```
1.   # 输出 "python3" 软件包信息
2.   [root@Project-01-Task-01 ~]# yum list python3
3.   Last metadata expiration check: 0:35:37 ago on 2023 年 10 月 15 日 星期日 18 时 56 分 18 秒.
4.   Installed Packages
5.   python3.x86_64                    3.9.9-24.oe2203sp2        @anaconda
6.   Available Packages
7.   python3.src                       3.9.9-26.oe2203sp2        update-source
8.   python3.x86_64                    3.9.9-26.oe2203sp2        update
9.   # 输出 "python3-co*" 软件包信息
10.  [root@Project-01-Task-01 ~]# yum list python3-co*
11.  Last metadata expiration check: 0:01:08 ago on 2023 年 10 月 16 日 星期一 23 时 33 分 28 秒.
12.  Installed Packages
13.  python3-configobj.noarch          5.0.6-18.oe2203sp2        @anaconda
14.  Available Packages
15.  python3-ConfigArgParse.noarch     1.5-1.oe2203sp2           EPOL
16.  python3-codecov.noarch            2.1.11-1.oe2203sp2        EPOL
17.  python3-colorama.noarch           0.4.4-1.oe2203sp2         OS
18.  python3-colorama.noarch           0.4.4-1.oe2203sp2         everything
19.  ……
```

操作命令+配置文件+脚本程序+结束

（4）查看 RPM 包信息。使用 "yum info package_name" 命令显示一个或多个软件包信息。

操作命令:

```
1.   # 查看 "python3" 软件包信息
2.   [root@Project-01-Task-01 ~]# yum info python3
3.   Last metadata expiration check: 0:41:10 ago on 2023 年 10 月 15 日 星期日 18 时 56 分 18 秒.
4.   Installed Packages
5.   Name          : python3
6.   Version       : 3.9.9
7.   Release       : 24.oe2203sp2
8.   Architecture  : x86_64
9.   Size          : 34 M
10.  Source        : python3-3.9.9-24.oe2203sp2.src.rpm
11.  Repository    : @System
12.  From repo     : anaconda
13.  Summary       : Interpreter of the Python3 programming language
14.  URL           : https://www.python.org/
15.  License       : Python-2.0
16.  ……
```

操作命令+配置文件+脚本程序+结束

项目一

（5）安装软件包。使用"yum install package_name"命令安装软件包及其所有未安装的依赖软件包。

操作命令：

```
1.   # 安装"python3"软件包
2.   [root@Project-01-Task-01 ~]# yum install python3
3.   Last metadata expiration check: 0:40:15 ago on 2023 年 10 月 15 日 星期日 18 时 56 分 18 秒.
4.   Package python3-3.9.9-24.oe2203sp2.x86_64 is already installed.
5.   Dependencies resolved.
6.   ================================================================
7.   Package          Architecture        Version              Repositor      Size
8.   ----------------------------------------------------------------
9.   Upgrading:
10.   python3          x86_64              3.9.9-26.oe2203sp2   update         8.0 M
11.   Transaction Summary
12.   ================================================================
13.   Upgrade   1 Package
14.   Total download size: 8.0 M
15.   Is this ok [y/N]:
```

（6）下载软件包。

1）使用"yum download package_name"命令下载软件包。

2）使用"yum download --resolve package_name"命令下载软件包同时下载未安装的依赖软件包。例如，执行 yum download --resolve python3 下载 python3 软件包及其未安装的依赖软件包。

（7）卸载软件包。使用"yum remove packages_name"命令卸载软件包及其相关的依赖软件包。

操作命令：

```
1.   # 卸载 wget 软件包
2.   [root@Project-01-Task-01 ~]# yum remove wget
3.   Dependencies resolved.
4.   ================================================================
5.   Package Architecture Version Repository Size
6.   ================================================================
7.   Removing:
8.   wget x86_64 1.21.2-3.oe2203sp2 @anaconda 3.1 M
9.   Removing unused dependencies:
10.   libmetalink x86_64 0.1.3-10.oe2203sp2 @anaconda 73 k
11.   Transaction Summary
12.   ================================================================
13.   Remove 2 Packages
14.   Freed space: 3.1 M
15.   Is this ok [y/N]:
```

步骤 2： 使用 YUM 管理软件包组。

（1）了解软件包组。软件包组是一组用于实现特定功能或提供公共服务的软件包的集合。

（2）输出软件包组列表。

1）使用"yum group summary"命令输出系统中所有已安装的软件包组、可用的软件包组、可用的环境组的数量。

操作命令：

```
1.    # 输出系统中所有已安装的软件包组、可用的软件包组、可用的环境组的数量
2.    [root@Project-01-Task-01 ~]# yum group summary
3.    OS                        8.4 kB/s | 3.1 kB        00:00
4.    Everything                9.2 kB/s | 3.4 kB        00:00
5.    EPOL                      8.8 kB/s | 3.4 kB        00:00
6.    debuginfo                 9.5 kB/s | 3.4 kB        00:00
7.    source                    8.9 kB/s | 3.2 kB        00:00
8.    update                    9.7 kB/s | 3.5 kB        00:00
9.    update-source             7.2 kB/s | 2.6 kB        00:00
10.   update-source           243 kB/s | 189 kB          00:00
11.   Available Groups: 9
```

操作命令+配置文件+脚本程序+结束

2）使用"yum group list"命令输出系统中所有软件包组及其组 ID。

操作命令：

```
1.    # 输出系统中所有软件包组及其组 ID
2.    [root@Project-01-Task-01 ~]# yum group list
3.    Last metadata expiration check: 0:04:05 ago on 2023 年 10 月 15 日 星期日 18 时 56 分 18 秒.
4.    Available Environment Groups:
5.        服务器
6.        虚拟化主机
7.    Installed Environment Groups:
8.        最小安装
9.    Available Groups:
10.       容器管理
11.       开发工具
12.       无图形终端系统管理工具
13.       传统 UNIX 兼容性
14.       网络服务器
15.       科学记数法支持
16.       安全性工具
17.       系统工具
18.       智能卡支持
```

操作命令+配置文件+脚本程序+结束

（3）显示软件包组信息。使用"yum group info glob_expression"命令列出包含在一个软件包组中必须安装的包和可选软件包，其中 glob_expression 为软件包组表达式。

操作命令：

```
1.    # 查看"最小安装"软件包组的信息
2.    [root@Project-01-Task-01 ~]# yum group info 最小安装
```

3.　Last metadata expiration check: 0:06:24 ago on 2023 年 10 月 15 日　星期日　18 时 56 分 18 秒.

4.　Environment Group: 最小安装

5.　Description: 基本功能。

6.　Mandatory Groups:

7.　Core

8.　Optional Groups:

9.　Standard

操作命令+配置文件+脚本程序+结束

（4）安装软件包组。使用"yum group install group_name"或"yum group install group_id"命令安装软件包组，其中 group_name 表示软件包组名称，group_id 表示软件包组 ID。

操作命令：

1.　# 安装服务器软件包组

2.　[root@Project-01-Task-01 ~]# yum group install 服务器

3.　Last metadata expiration check: 0:14:07 ago on 2023 年 10 月 15 日　星期日　18 时 56 分 18 秒.

4.　no group 'debugging' from environment 'server-product-environment'

5.　Dependencies resolved.

6.　══

7.　Package　　　Arch　　　Version　　　　　　　　Repo　　　　　　Size

8.　══

9.　Upgrading:

10.　Cpio　　　　x86_64　　2.13-10.oe2203sp2　　　update　　　　　258 k

11.　Curl　　　　x86_64　　7.79.1-23.oe2203sp2　　update　　　　　143 k

12.　……

操作命令+配置文件+脚本程序+结束

（5）卸载软件包组。使用"yum group remove group_name"或"yum group remove group_id"命令卸载软件包组，其中 group_name 表示软件包组名称，group_id 表示软件包组 ID。

操作命令：

1.　# 卸载"服务器"软件包组

2.　[root@Project-01-Task-01 ~]# yum group remove 服务器

3.　Dependencies resolved.

4.　══

5.　Package　　　Architecture　　version　　　　　　Repository　　　Size

6.　══

7.　Removing:

8.　packageKit　　x86_64　　1.1.12-10.oe2203sp2　　@OS　　　　　2.6 M

9.　at　　　　　　x86_64　　3.2.2-4.oe2203sp2　　　@OS　　　　　122 k

10.　bash-completion noarch　1:2.11-3.oe2203sp2　　@OS　　　　　874 k

11.　……

操作命令+配置文件+脚本程序+结束

步骤 3：使用 YUM 实现系统更新。

（1）检查更新。使用 yum check-update 检查系统当前可用的更新。

操作命令：

```
1.   # 检查当前更新
2.   [root@Project-01-Task-01 ~]# yum check-update
3.   Last metadata expiration check: 0:28:05 ago on 2023 年 10 月 15 日 星期日 18 时 56 分 18 秒.
4.
5.   bind-libs.x86_64                          32:9.16.23-20.oe2203sp2              update
6.   bind-license.noarch                       32:9.16.23-20.oe2203sp2              update
7.   bind-utils.x86_64                         32:9.16.23-20.oe2203sp2              update
8.   ……
```

操作命令+配置文件+脚本程序+结束

（2）使用 YUM 升级软件。

1）使用"yum update package_name"命令升级单个软件包，其中 package_name 表示软件包名称。

操作命令：

```
1.   # 更新 python3 软件包
2.   [root@Project-01-Task-01 ~]# yum update python3
3.   Last metadata expiration check: 0:29:37 ago on 2023 年 10 月 15 日 星期日 18 时 56 分 18 秒.
4.   Dependencies resolved.
5.   ================================================================
6.   Package      Architecture      Version              Repository      Size
7.   ================================================================
8.   Upgrading:
9.   python3      x86_64            3.9.9-26.oe2203sp2    update          8.0 M
10.
11.  Transaction Summary
12.  ================================================================
13.  Upgrade  1 Package
14.
15.  Total download size: 8.0 M
16.  Is this ok [y/N]:
```

操作命令+配置文件+脚本程序+结束

2）使用"yum group update group_name"命令升级软件包组，其中 group_name 表示软件包组名称。

操作命令：

```
1.   # 更新"最小安装"软件包组
2.   [root@Project-01-Task-01 ~]# yum group update 最小安装
3.   Last metadata expiration check: 0:31:42 ago on 2023 年 10 月 15 日 星期日 18 时 56 分 18 秒.
4.   Dependencies resolved.
5.   ================================================================
6.   Package        Architecture        Version        Repository        Size
7.   ================================================================
8.   Upgrading Environment Groups:
```

9. Minimal Install
10. Upgrading Groups:
11. Core
12.
13. Transaction Summary
14. ===
15.
16. Is this ok [y/N]:

操作命令+配置文件+脚本程序+结束

3）使用 yum update 更新所有软件包及其依赖的软件包。

操作命令：

1. # 更新所有软件包及其依赖的软件包
2. [root@Project-01-Task-01 ~]# yum update

操作命令+配置文件+脚本程序+结束

【任务扩展】

1. DNF 与 YUM

DNF（Dandified YUM）是在 YUM 基础上改进的软件包管理器，同时继承了 YUM 的特性。虽然 DNF 在许多方面优于 YUM，但 YUM 在一些旧的或者不完全支持 DNF 的环境中更为适用。

DNF 与 YUM 的主要区别包括以下方面。

（1）依赖解决算法：DNF 使用 libsolv 库进行依赖解析，是一个独立的依赖解析器，可以有效地解决复杂的依赖关系，YUM 基于 PCL 算法进行依赖解析。

（2）性能：DNF 支持并行操作，可以同时下载多个软件包；YUM 是单线程的，每次只能下载一个软件包。

（3）配置文件：DNF 使用以.repo 为后缀的配置文件；YUM 使用以.repo 为后缀的配置文件和/etc/yum.conf 的主配置文件。

（4）用户界面：DNF 输出信息更加详细；YUM 输出信息相对简单。

本书使用 YUM 进行软件包的管理。

2. 操作系统版本升级

操作系统版本升级是为了保持系统最新状态，适应不断变化的应用和硬件环境，提高系统的性能和稳定性，并保障数据安全和应用体验。升级过程可参考 "https://docs.openeuler.org/zh/docs/22.03_LTS_SP2/docs/os_upgrade_and_downgrade/openEuler-22.03-LTS 升降级指导.html"，完成系统升级。

（1）操作系统版本升级优点如下。

1）增加对硬件的支持，优化系统性能，提升用户体验。

2）修复漏洞，提高系统的稳定性和安全性。

3）提供更多功能和工具，方便系统使用和管理。

（2）操作系统版本升级的风险如下。

1）兼容性：可能会引入新的编程接口或更改现有的接口，导致某些应用程序和外部设备无法正常工作。

2）成本增加：可能需要额外的技术支持。

3）数据丢失风险：可能会导致数据丢失或配置问题。

因此，在生产环境中进行操作系统版本升级，需要进行充分的评估和测试。

任务五　通过 SSH 远程管理 openEuler

扫码看视频

【任务介绍】

本任务介绍通过安全加密协议（Secure Shell，SSH）远程管理 openEuler，远程管理时选用的 SSH 客户端软件为 MobaXterm。

本任务在任务三的基础上进行。

【任务目标】

（1）掌握 sshd 服务的安装。

（2）掌握使用 MobaXterm 远程管理 openEuler。

【操作步骤】

步骤 1：虚拟机准备。

在任务三的基础上完成，注意虚拟机网卡工作模式为桥接。

步骤 2：sshd 服务准备。

openEuler 安装时已默认安装 sshd 服务且开机自启动，防火墙也已允许 sshd 服务。

操作命令：

```
1.    # 查看 sshd 运行状态
2.    ## enabled：开机启动
3.    ## running：已启动
4.    ## 775 (sshd)：sshd 服务的当前进程号为 775
5.    [root@Project-01-Task-01 ~]# systemctl status sshd
6.    ● sshd.service - OpenSSH server daemon
7.        Loaded: loaded (/usr/lib/systemd/system/sshd.service; enabled; vendor preset: enabled)
8.        Active: active (running) since Sun 2023-09-24 17:17:29 CST; 24min ago
9.          Docs: man:sshd(8)
10.               man:sshd_config(5)
11.    Main PID: 775 (sshd)
12.         Tasks: 6 (limit: 9133)
13.        Memory: 5.9M
14.        CGroup: /system.slice/sshd.service
15.                └─ 775 "sshd: /usr/sbin/sshd -D [listener] 0 of 10-100 startups"
```

25

```
16.                    ├─ 4770 "sshd: root [priv]" "" "" ""
17.                    ├─ 4774 "sshd: root@pts/0" "" "" "" ""
18.                    ├─ 4775 -bash
19.                    ├─ 4851 systemctl status sshd
20.                    └─ 4852 less
21.
22.   9 月 24 17:17:29 localhost systemd[1]: Starting OpenSSH server daemon...
23.   9 月 24 17:17:29 localhost sshd[775]: Server listening on 0.0.0.0 port 22.
24.   9 月 24 17:17:29 localhost sshd[775]: Server listening on :: port 22.
25.   9 月 24 17:17:29 localhost systemd[1]: Started OpenSSH server daemon.
26.   9 月 24 17:41:08 Project-01-Task-01 sshd[4770]: Connection from 10.10.2.100 port 61250 on 10.10.2.32 port
      22 rdomain ""
27.   9 月 24 17:41:20 Project-01-Task-01 sshd[4770]: Accepted password for root from 10.10.2.100 port 61250
      ssh2
28.   9 月 24 17:41:20 Project-01-Task-01 sshd[4770]: pam_unix(sshd:session): session opened for user root(uid=0)
      by (uid=0)
29.   9 月 24 17:41:20 Project-01-Task-01 sshd[4770]: User child is on pid 4774
30.   9 月 24 17:41:20 Project-01-Task-01 sshd[4774]: Starting session: shell on pts/0 for root from 10.10.2.100 port
      61250 id 0
```

操作命令+配置文件+脚本程序+结束

如果 openEuler 操作系统中未安装 sshd 服务，可以使用 YUM 工具在线安装。

操作命令：

```
1.    # 安装 openssh
2.    [root@Project-01-Task-01 ~]# yum install -y openssh
```

操作命令+配置文件+脚本程序+结束

安装完成后会在系统中注册 sshd 服务，启动该服务并设置为开机自启动。

操作命令：

```
1.    # 启动 sshd 服务
2.    [root@Project-01-Task-01 ~]# systemctl start sshd
3.    # 设置 sshd 服务开机自启动
4.    [root@Project-01-Task-01 ~]# systemctl enable sshd
```

操作命令+配置文件+脚本程序+结束

步骤 3：安装 MobaXterm。

本步骤在本地主机上进行操作。

MobaXterm 软件可通过其官网（https://mobaxterm.mobatek.net）下载。本书选用的版本为 MobaXterm Installer v23.2。获取 MobaXterm 软件后，解压缩软件并进入压缩后的文件夹中，双击安装程序，按照安装提示完成软件安装，本书不再进行演示。

步骤 4：使用 MobaXterm 实现远程连接。

本步骤在本地主机上进行操作。启动 MobaXterm，进入主界面，如图 1-5-1 所示。

单击"SSH"图标，在配置对话框中输入"Remote host"为虚拟机地址 10.10.2.11，"Specify

username"为 root，Port 为 22，如图 1-5-2 所示。填写完成后单击"OK"按钮后输入账号 root 的密码，登录操作系统，如图 1-5-3 所示。

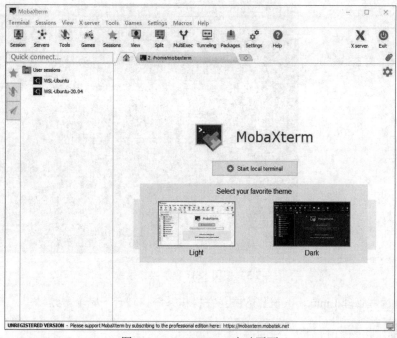

图 1-5-1　MobaXterm 启动页面

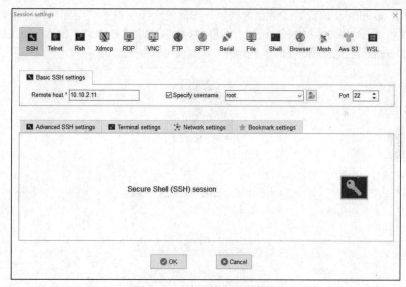

图 1-5-2　填写基本配置信息

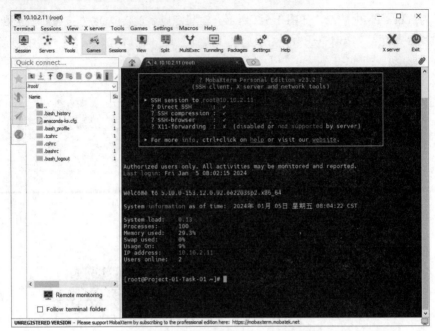

图 1-5-3　使用 SSH 登录操作系统

通过 SSH 远程管理 Linux，其操作方式与在操作系统控制台下完全一致。

【进一步阅读】

本项目关于 openEuler 的安装任务已经完成，如需进一步了解系统电源操作管理方法，掌握重启、待机、休眠、关闭系统等控制台操作，可进一步在线阅读【任务六　实现 openEuler 的电源管理】（http://explain.book.51xueweb.cn/openeuler/ extend/1/6）深入学习。

扫码去阅读

项目二

openEuler 的基本操作

项目介绍

本项目介绍 openEuler 操作系统的基本操作，包括系统信息的查看与配置、文件目录的操作、用户管理、授权管理、文本处理以及文本编辑器的使用。

本项目帮助读者理解命令工作原理，熟悉操作系统的管理方法，掌握文本编辑器的使用，为后续项目的学习奠定基础。

项目目的

- 了解系统信息命令；
- 掌握文件目录操作的命令；
- 掌握用户管理的命令；
- 掌握授权管理的命令；
- 掌握文本处理的命令；
- 掌握文本编辑器的使用。

项目讲堂

1. openEuler 命令

openEuler 命令指对 openEuler 系统进行管理的命令。

（1）命令的分类。命令即 Shell 命令，分为内置命令和外部命令。内置命令是 Shell 自带的命令，Shell 启动后，这些命令所对应的代码（函数体代码）被加载到内存中，执行快速。外部命令是应用程序，一个命令对应一个应用程序，运行外部命令要开启一个新进程，效率上比内置命令差。

（2）命令的执行过程。用户输入一个命令后，Shell 检测是否为内置命令，如果是就执行；如果不是则检测对应的外部程序，转而执行外部程序，执行结束后回到 Shell。若 Shell 检测命令没有对应的外部程序，则提示用户该命令不存在。

（3）命令的组成。命令的基本要素为命令、选项和参数。

1）命令表示要执行的操作，其语法格式如下。

[ ]表示可选项，有些命令不写选项和参数也可执行，有些命令需同时附带选项和参数。命令执行需要附带参数指定操作对象，若省去参数，则使用命令默认参数。

command [选项] [参数]

2）选项表示要如何执行该操作。不添加选项，命令只能执行最基本的功能；增加选项，则能执行更多功能或显示更加丰富的数据。选项分为短格式选项和长格式选项两种。短格式选项是长格式选项的简写，用一个减号 "-" 和一个字母表示，例如 ls -l。长格式选项是完整单词，用两个减号 "--" 和一个单词表示，例如 ls --all。

通常情况下，短格式选项是长格式选项的缩写，短格式有对应长格式选项；但也有例外，如 ls -l 就没有对应的长格式选项，具体的命令选项需要通过帮助手册来查询。

3）参数是命令的操作对象。通常情况下，文件、目录、用户和进程等都可以作为参数。命令一般都需要参数，用于指定命令操作的对象是谁。命令如果省略参数，有默认参数，则按照默认参数执行。

2．Shell

Shell 是在 openEuler 操作系统中运行的一种特殊程序，位于用户与操作系统内核之间，负责接收用户输入的命令并进行解释，将需要执行的操作传递给系统内核执行，Shell 在用户和内核间充当 "翻译官" 的角色，既是一种命令语言，又是一种程序设计语言。

Shell 命令主要分为命令行式 Shell、脚本式 Shell、函数式 Shell 三类。

（1）命令行式 Shell 是以 Bourne Shell（sh）和 C Shell（csh）为代表，将用户输入解释为命令并执行。

（2）脚本式 Shell 是以 Bash Shell（bash）为代表，读取并执行包含 Shell 命令的脚本文件。

（3）函数式 Shell 是以 Korn Shell（ksh）和 Z Shell（zsh）为代表，支持函数定义和执行，可以更灵活地组织和控制脚本。

3．权限

openEuler 是多用户多任务操作系统，为了保护系统和用户的数据安全，openEuler 系统对用户访问文件或目录的权限规则的定义如下。

（1）文件的访问权限分为 3 种：可读（r）、可写（w）和可执行（x）。

（2）文件的访问者分为 3 类：所有者（u）、所有者组的用户（g）和其他用户（o）。

（3）用户对文件可以独立设置权限。

Linux 系统的文件访问权限表示方法见表 2-0-1，权限规则定义的对象见表 2-0-2。

表 2-0-1　权限表示方法

八进制	二进制	文件目录权限	权限描述
0	000	- - -	无权限
1	001	- - x	执行
2	010	- w -	写入

续表

八进制	二进制	文件目录权限	权限描述
3	011	- w x	写入执行
4	100	r - -	读取
5	101	r - x	读取执行
6	110	r w -	读取写入
7	111	r w x	读取写入执行

表 2-0-2　权限规则定义的对象

选项	说明
u	user，文件或目录的所有者
g	group，文件或目录的所属群组
o	other，除了文件或目录所有者或所属群组之外的用户
a	all，即全部的用户
r	读权限
w	写权限
x	执行或切换权限，数字代号为 "1"
-	无任何权限，数字代号为 "0"
s	特殊功能说明：变更文件或目录的权限

4. 时钟

时钟分为系统时钟和硬件时钟。

（1）系统时钟（System Clock）：当前 Linux Kernel 中的时钟。

（2）硬件时钟（Real Time Clock，RTC）：主板上由电池供电的主板硬件时钟，该时钟通过 BIOS 设置。

当 openEuler 操作系统启动时，会读取硬件时钟，并根据硬件时钟初始化系统时钟。

任务一　系统信息

【任务介绍】

本任务介绍查看和设置 openEuler 的系统信息的相关命令，命令包含 uname、hostname、hostnamectl、localectl、date、timedatectl、hwclock、pwd、whoami、man 等。

【任务目标】

掌握 openEuler 查看和设置系统信息命令的应用。

【操作步骤】

步骤 1：创建虚拟机并完成 openEuler 的安装。

在 VirtualBox 中创建虚拟机，完成 openEuler 的安装。虚拟机与操作系统的配置信息见表 2-1-1，注意虚拟机网卡工作模式为桥接。

表 2-1-1　虚拟机与操作系统的配置信息

虚拟机配置	操作系统配置
虚拟机名称：VM-Project-02-Task-01-10.10.2.21	主机名：Project-02-Task-01
内存：1GB	IP 地址：10.10.2.21
CPU：1 颗 1 核心	子网掩码：255.255.255.0
虚拟硬盘：20GB	网关：10.10.2.1
网卡：1 块，桥接	DNS：8.8.8.8

步骤 2：使用"uname"命令显示系统信息。

执行"uname"命令查看系统信息。

操作命令：

```
1.  # 查看系统信息
2.  [root@Project-02-Task-01 ~]# uname
3.  Linux
4.  # 查看系统详细信息
5.  [root@Project-02-Task-01 ~]# uname -a
6.  Linux Project-02-Task-01 5.10.0-153.12.0.92.oe2203sp2.x86_64 #1 SMP Wed Jun 28 23:04:48 CST 2023
    x86_64 x86_64 x86_64 GNU/Linux
```

操作命令+配置文件+脚本程序+结束

小贴士

（1）uname 查看到的详细信息。

"Linux Project-02-Task-01 5.10.0-153.12.0.92.oe2203sp2.x86_64 #1 SMP Wed Jun 28 23:04:48 CST 2023 x86_64 x86_64 x86_64 GNU/Linux"。

（2）Linux：表明是 Linux 系统。

（3）Project-02-Task-01：主机名称。

（4）5.10.0-153.12.0.92.oe2203sp2：5.10.0 表示内核版本，2203sp2 表示 22.03 的 SP2 版本。

（5）x86_64：指系统的架构，表明是 64 位的系统。

（6）#1 SMP Wed Jun 28 23:04:48 CST 2023：构建系统的信息、日期和时间。

（7）GNU/Linux：基于 GNU 的 Linux 系统。

步骤 3：查看并设置系统主机名。

（1）使用"hostname"命令查看主机名。

操作命令：

```
1.  # 查看当前主机名
```

2. [root@Project-02-Task-01 ~]# hostname
3. Project-02-Task-01

操作命令+配置文件+脚本程序+结束

（2）使用"hostnamectl"命令设置主机名。

操作命令：

1. # 设置主机名
2. [root@Project-02-Task-01 ~]# hostnamectl set-hostname VM-Project-02-Task-01

操作命令+配置文件+脚本程序+结束

（3）退出后重新登录系统，重新查看主机名以验证配置生效。

操作命令：

1. # 查看主机名
2. [root@VM-Project-02-Task-01 ~]# hostname
3. VM-Project-02-Task-01

操作命令+配置文件+脚本程序+结束

步骤 4：设置语言键盘。

（1）设置语言环境。通过"localectl"命令修改系统的语言环境，对应的参数设置保存在 /etc/locale.conf 文件中。这些参数在系统启动过程中被 systemd 的守护进程读取。

1）使用"localectl status"命令，查看当前语言环境。

操作命令：

1. # 查看当前语言环境
2. [root@VM-Project-02-Task-01 ~]# localectl status
3.   System Locale: LANG=zh_CN.UTF-8
4.   VC Keymap: cn
5.   X11 Layout: cn

操作命令+配置文件+脚本程序+结束

2）列出可用的语言环境。使用"localectl list-locales"命令，显示当前可用语言环境。

操作命令：

1. # 显示当前可用语言环境
2. [root@VM-Project-02-Task-01 ~]# localectl list-locales
3. ……
4. en_US.UTF-8
5. en_ZA.UTF-8
6. en_ZM.UTF-8
7. en_ZW.UTF-8
8. zh_CN.UTF-8
9. zh_HK.UTF-8
10. zh_SG.UTF-8
11. zh_TW.UTF-8

操作命令+配置文件+脚本程序+结束

3）设置语言环境。设置语言环境使用"localectl set-locale LANG=locale"命令，其中 locale 为

要设置的语言类型。

操作命令：

1.　# 设置为简体中文环境
2.　[root@VM-Project-02-Task-01 ~]# localectl set-locale LANG=zh_CN.UTF-8

操作命令+配置文件+脚本程序+结束

 提醒　修改后需要重新登录或者在 root 权限下执行 source /etc/locale.conf 命令刷新配置文件，使修改生效。

4）查看设置是否生效。使用"localectl status"命令，显示更改后的语言环境。

（2）设置键盘布局。通过 localectl 修改系统的键盘设置，对应的参数设置保存在/etc/locale.conf 文件中。参数在系统启动时被 systemd 的守护进程读取。

1）显示当前键盘布局。使用"localectl status"命令，显示当前键盘布局。

操作命令：

1.　# 显示当前键盘布局，"VC Keymap"
2.　[root@VM-Project-02-Task-01 ~]# localectl status
3.　　System Locale: LANG=zh_CN.UTF-8
4.　　　VC Keymap: cn
5.　　　X11 Layout: cn

操作命令+配置文件+脚本程序+结束

2）列出可用的键盘布局。使用"localectl list-keymaps"命令，显示当前可用的键盘布局。

操作命令：

1.　[root@VM-Project-02-Task-01 ~]# localectl list-keymaps
2.　3l
3.　ANSI-dvorak
4.　adnw
5.　al
6.　al-plisi
7.　amiga-de

操作命令+配置文件+脚本程序+结束

3）设置键盘布局。设置键盘布局可使用"localectl set-keymap map"命令，其中 map 为要设置的键盘布局。例如：可以执行：localectl set-keymap cn。

操作命令：

1.　# 设置中文键盘布局
2.　[root@VM-Project-02-Task-01 ~]# localectl set-keymap cn

操作命令+配置文件+脚本程序+结束

4）查看设置是否生效。使用"localectl status"命令，查看更改后的语言环境。

步骤 5：设置日期和时间。

（1）查看日期和时间。使用"timedatectl"命令，查看当前的日期和时间。

操作命令：

```
1.    #  查看当前日期时间
2.    [root@VM-Project-02-Task-01 ~]# timedatectl
3.                Local time: 二  2023-10-17 20:40:44 CST
4.                Universal time: 二  2023-10-17 12:40:44 UTC
5.                RTC time: 二  2023-10-17 12:40:44
6.                Time zone: Asia/Shanghai (CST, +0800)
7.    System clock synchronized: no
8.                NTP service: n/a
9.                RTC in local TZ: no
```

操作命令+配置文件+脚本程序+结束

提醒

　　（1）启用 NTP 远程服务器进行系统时钟的自动同步，执行命令 timedatectl set-ntp boolean。boolean 可取值 yes 和 no，分别表示启用和不启用 NTP 进行系统时钟自动同步。

　　（2）若启用了 NTP 远程服务器进行系统时钟自动同步，则不能手动修改日期和时间。

　　（3）若需要手动修改日期或时间，则需确保已经关闭 NTP 系统时钟自动同步。

　　（2）手动修改日期。修改当前时间 timedatectl set-time YYYY-MM-DD，其中 YYYY 代表年份，MM 代表月份，DD 代表日期中的天。

操作命令：

```
1.    #  设置日期为 2023-10-18
2.    [root@VM-Project-02-Task-01 ~]# timedatectl set-time 2023-10-18
3.    #  设置日期后查看信息
4.    [root@VM-Project-02-Task-01 ~]# timedatectl
5.                Local time: 三  2023-10-18 00:00:22 CST
6.                Universal time: 二  2023-10-17 16:00:22 UTC
7.                RTC time: 二  2023-10-17 16:00:22
8.                Time zone: Asia/Shanghai (CST, +0800)
9.    System clock synchronized: no
10.               NTP service: n/a
11.               RTC in local TZ: no
```

操作命令+配置文件+脚本程序+结束

　　（3）使用"hwclock"命令设置日期和时间。

　　1）显示日期和时间。使用"hwclock"命令查看当前硬件的日期和时间。

操作命令：

```
1.    #  查看当前硬件的日期和时间
2.    [root@VM-Project-02-Task-01 ~]# hwclock
3.    2023-10-18 00:04:35.849900+08:00
```

操作命令+配置文件+脚本程序+结束

　　2）设置日期和时间。使用"hwclock --set --date "yyyy-mm-dd HH:MM:ss""命令，设置当前硬件的日期和时间。其中 yyyy 表示年份，mm 表示月份，dd 表示日期中的天，HH 表示小时，MM

表示分钟，ss 表示秒。

操作命令：

1. # 设置日期和时间
2. [root@VM-Project-02-Task-01 ~]# hwclock --set --date "2023-10-17 20:58:30"
3. # 查看设置后的日期和时间
4. [root@VM-Project-02-Task-01 ~]# hwclock
5. 2023-10-17 20:58:35.948917+08:00

操作命令+配置文件+脚本程序+结束

步骤 6：使用"pwd"命令查看当前所在的目录。

使用 pwd 命令，显示用户当前所在目录。

操作命令：

1. # 显示用户当前所在目录
2. [root@VM-Project-02-Task-01 ~]# pwd
3. /root

操作命令+配置文件+脚本程序+结束

选项：

【语法】
pwd [-LP]
【选项】
-L: 打印$PWD 变量的值，如果它包含了当前的工作目录
-P: 打印当前的物理路径，不带有任何的符号链接

操作命令+配置文件+脚本程序+结束

步骤 7：使用"whoami"命令。

使用"whoami"命令显示当前用户名。

操作命令：

1. # 显示当前用户名
2. [root@VM-Project-02-Task-01 ~]# whoami
3. root

操作命令+配置文件+脚本程序+结束

步骤 8：使用"man"命令查看联机手册。

访问 Linux 手册页的命令，man [选项] [命令]。如果查看缺少条目，可以执行 yum -y install man-page man-pages-help。

操作命令：

1. # 查看 chmod 帮助条目
2. [root@VM-Project-02-Task-01 ~]# man chmod

操作命令+配置文件+脚本程序+结束

 提醒   按"q"键退出查看。

任务二　文件目录操作

【任务介绍】

本任务介绍 openEuler 中进行文件和目录的创建、移动、复制、删除以及查看，实现对文件和目录的管理。

本任务在任务一的基础上进行。

【任务目标】

（1）掌握文件和目录的创建。
（2）掌握文件和目录的移动。
（3）掌握文件和目录的复制。
（4）掌握文件和目录的删除。
（5）掌握文件类型的查看。
（6）掌握文件目录层级结构查看。

【操作步骤】

步骤 1： 使用 ls 查看目录与文件。

使用 ls 命令可查看目录列表以及查看文件或目录的权限信息等详细信息，ls 命令的输出信息可进行彩色加亮显示，以区分不同类型的文件或目录。

使用 ls -l 命令查看文件和目录的权限信息，如图 2-2-1 所示。

```
[root@VM-Project-02-Task-01 /]# ls
afs                 bin   dev  home  lib64       media  opt   root  sbin  sys  usr
bash_completion.d   boot  etc  lib   lost+found  mnt    proc  run   srv   tmp  var
[root@VM-Project-02-Task-01 /]# ls -l
总用量 64
dr-xr-xr-x.   2 root root  4096  5月 27 17:10 afs
drwxr-xr-x.   2 root root  4096 10月 15 19:22 bash_completion.d
lrwxrwxrwx.   1 root root     7  5月 27 17:10 bin -> usr/bin
dr-xr-xr-x.   7 root root  4096 10月 15 19:23 boot
drwxr-xr-x.  20 root root  3180 10月 15 19:14 dev
drwxr-xr-x.  94 root root  4096 10月 16 20:03 etc
drwxr-xr-x.   2 root root  4096  5月 27 17:10 home
lrwxrwxrwx.   1 root root     7  5月 27 17:10 lib -> usr/lib
lrwxrwxrwx.   1 root root     9  5月 27 17:10 lib64 -> usr/lib64
drwx------.   2 root root 16384  9月 24 17:04 lost+found
drwxr-xr-x.   2 root root  4096  5月 27 17:10 media
drwxr-xr-x.   2 root root  4096  5月 27 17:10 mnt
drwxr-xr-x.   3 root root  4096 10月 15 19:14 opt
dr-xr-xr-x. 161 root root     0 10月 15 17:23 proc
dr-xr-x---.   2 root root  4096 10月 18 05:02 root
drwxr-xr-x.  30 root root   880 10月 15 19:23 run
lrwxrwxrwx.   1 root root     8  5月 27 17:10 sbin -> usr/sbin
drwxr-xr-x.   2 root root  4096  5月 27 17:10 srv
dr-xr-xr-x.  13 root root     0 10月 15 17:24 sys
drwxrwxrwt.   8 root root   180 10月 18 03:34 tmp
drwxr-xr-x.  12 root root  4096  9月 24 17:04 usr
drwxr-xr-x.  20 root root  4096 10月 15 19:14 var
```

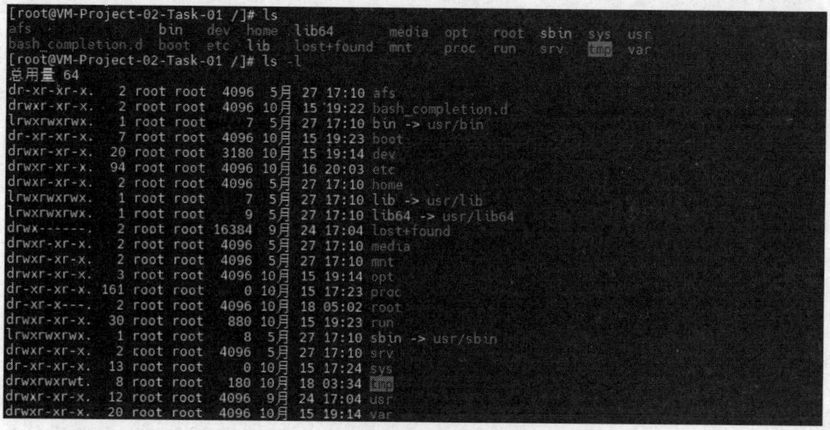

图 2-2-1　使用 ls -l 命令查看目录信息

小贴士

（1）查看信息格式为“dr-xr-xr-x　2　root root 4096　5 月 27 17:10 afs”

- dr-xr-xr-x：标识文件的类型和文件权限

- 2：是纯数字，表示文件链接的个数
- root：第一个 root 为文件的属主
- root：第二个 root 为文件的属组
- 4096：文件的存储大小
- 5 月 27 17:10：文件最后的修改时间
- afs：文件或目录名称

（2）"drwxr-xr-x" 由两部分组成。
- 第一部分为第 1 列，值为 "d"，表示为目录类型（d 表示目录，-表示文件）
- 第二部分为第 2～10 列，值为 "rwxr-xr-x"，表示文件权限
- 第二部分再等分为三段，即为 "rwx" "r-x" "r-x"，分别表示文件所有者的权限、文件所属群组的权限、其他用户对文件的权限

步骤 2：使用 touch 命令创建文件。

使用 touch 命令创建文件，改变文件的访问时间和修改时间。

操作命令：

```
1.    # 创建名称 taskfile-02-01.txt 的文件
2.    [root@VM-Project-02-Task-01 ~]# touch taskfile-02-01.txt
3.    # 查看名称 taskfile-02-01.txt 的文件信息
4.    [root@VM-Project-02-Task-01 ~]# ls -l taskfile-02-01.txt
5.    -rw-r--r--. 1 root root 0   10 月   18 20:42 taskfile-02-01.txt
6.    # 设置名称 taskfile-02-01.txt 的文件创建时间为 10 月 18 日 20 时 40 分
7.    [root@VM-Project-02-Task-01 ~]# touch -c -t 10182040 taskfile-02-01.txt
8.    # 查看名称 taskfile-02-01.txt 的文件信息
9.    [root@VM-Project-02-Task-01 ~]# ls -l taskfile-02-01.txt
10.   -rw-r--r--. 1 root root 0   10 月   18 20:40 taskfile-02-01.txt
```

操作命令+配置文件+脚本程序+结束

命令详解：

【语法】

touch [选项]...文件...

将所指定的每个文件的访问时间和修改时间更改为当前时间。指定不存在的文件将会被创建为空文件，除非使用了

-c 或 -h 选项。

如果所指定文件名为 - 则特殊处理，程序将更改与标准输出相关联的文件的访问时间。

【选项】

选项	说明
-a:	只更改访问时间
-c:	不创建任何文件
-d:	使用指定字符串表示时间而非当前时间
-m:	只更改修改时间
-t 时间戳:	使用给定 [[CC]YY]MMDDhhmm[.ss] 的时间戳而非当前时间

操作命令+配置文件+脚本程序+结束

步骤 3：创建删除目录。

使用 mkdir 命令创建目录。

操作命令：

1.　 # 进入/opt 目录
2.　 [root@VM-Project-02-Task-01 ~]# cd /opt/
3.　 # 创建目录，目录名为 task-02-01
4.　 [root@VM-Project-02-Task-01 opt]# mkdir task-02-01
5.　 # 创建目录，目录名为 task-02-02
6.　 [root@VM-Project-02-Task-01 opt]# mkdir task-02-02
7.　 # 递归创建目录，目录路径为 task-02-03/dir-01
8.　 [root@VM-Project-02-Task-01 opt]# mkdir -p task-02-03/dir-01
9.　 # 创建目录，并显示详细信息，目录名为 task-02-04
10.　[root@VM-Project-02-Task-01 opt]# mkdir -v task-02-04
11.　mkdir: 已创建目录 'task-02-04'
12.　# 创建 task-02-05 目录，并在该目录下创建 dir-01 和 dir-02 目录
13.　[root@VM-Project-02-Task-01 opt]# mkdir -p task-02-05/{dir-01,dir-02}

操作命令+配置文件+脚本程序+结束

使用 rmdir 命令删除目录。

操作命令：

1.　 # 使用 rmdir 删除目录"task-02-01"
2.　 [root@VM-Project-02-Task-01 opt]# rmdir task-02-01

操作命令+配置文件+脚本程序+结束

 　　　 为不污染家目录下的文件与目录，本任务及之后任务的操作均在/opt 目录下进行。

选项：

【语法】
mkdir [选项]... 目录...
若指定<目录>不存在则创建目录。
【选项】
-m:　　　　　　　　　　　设置权限模式（类似 chmod）
-p:　　　　　　　　　　　需要时创建目标目录的上层目录

操作命令+配置文件+脚本程序+结束

步骤 4：复制文件或目录。

使用 cp 命令可复制文件或目录到目标位置。当 cp 命令复制目录时，需使用-R 选项。

命令详解：

【语法】
cp [选项]... [-T] 源文件 目标文件
或：cp [选项]... 源文件... 目录
或：cp [选项]... -t 目录 源文件...
将指定<源文件>复制至<目标文件>，或将多个<源文件>复制至<目标目录>。
【选项】
-f:　　　　　　　　　　　如果有已存在的目标文件且无法打开，则将其删除并重试
-i:　　　　　　　　　　　覆盖前询问（使前面的 -n 选项失效）
-H:　　　　　　　　　　　跟随源文件中的命令行符号链接

-l:	硬链接文件以代替复制
-L:	总是跟随源文件中的符号链接
-n:	不要覆盖已存在的文件(使前面的 -i 选项失效)
-P:	不跟随源文件中的符号链接
-s:	只创建符号链接而不复制文件
-S:	自行指定备份文件的后缀
-t:	将所有参数指定的源文件/目录复制至目标目录
-T:	将目标目录视作普通文件

操作命令+配置文件+脚本程序+结束

步骤 5：移动文件或目录。

使用 mv 命令可将文件移至一个目标位置，或将一组文件移至一个目标目录。

操作命令：

1.   # 将文件 taskfile-04-01.txt，移动到目录 task-04-01 下
2.   [root@VM-Project-02-Task-04 opt]# mv taskfile-04-01.txt task-04-01
3.   # 将目录 task-04-01 下的文件 taskfile-04-01.txt，移动至目录 task-04-02 下并重命名为 taskfile-04-02.txt
4.   [root@VM-Project-02-Task-04 opt]# mv task-04-01/taskfile-04-01.txt task-04-02/taskfile-04-02.txt
5.   # 目录 task-04-02 下的所有内容移动至目录 task-04-03 下
6.   [root@VM-Project-02-Task-04 opt]# mv task-04-02/* task-04-03
7.   # 将目录 task-04-05 重命名为 task-04-06
8.   [root@VM-Project-02-Task-04 opt]# mv task-04-05 task-04-06

操作命令+配置文件+脚本程序+结束

（1）如果 mv 命令操作的是文件与目标目录，则将源文件移动至目标目录。

（2）如果 mv 命令操作的是源文件与目标文件，则将源文件按照目标文件的名称移动至目标目录。

（3）如果源文件和目标文件在同一个目录下，mv 相当于重命名。

命令详解：

【语法】

mv [选项]... [-T] 源文件 目标文件

或：mv [选项]... 源文件... 目录

或：mv [选项]... -t 目录 源文件...

将<源文件>重命名为<目标文件>，或将<源文件>移动至指定<目录>。

【选项】

-f:	覆盖前不询问
-i:	覆盖前询问
-n:	不覆盖已存在文件，如果您指定了-i、-f、-n 中的多个，仅最后一个生效
-t:	将所有<源文件>移动至指定的<目录>中
-u:	仅在<源文件>比目标文件新或者目标文件不存在时进行移动操作

操作命令+配置文件+脚本程序+结束

步骤 6：使用 rm 命令删除文件或目录。

使用 rm 命令可删除文件或目录。该命令可删除一个目录中的一个或多个文件或目录。链接文件则只断开链接，源文件保持不变。

命令详解：

【语法】

rm [选项]... [文件]...

删除（unlink）指定<文件>。

或：mv [选项]... -t 目录 源文件...

将<源文件>重命名为<目标文件>，或将<源文件>移动至指定<目录>。

【选项】

-f:　　　　　　　　强制删除。忽略不存在的文件，不提示确认

-i:　　　　　　　　每次删除前提示确认

-I:　　　　　　　　在删除超过 3 个文件或者递归删除前提示一次并要求确认；此选项比 -i
提示内容更少，但可以阻止大多数错误发生

-r:　　　　　　　　递归删除目录及其内容

-d:　　　　　　　　删除空目录

操作命令+配置文件+脚本程序+结束

步骤 7：使用 file 命令查看文件或目录类型。

使用 file 命令可查看文件或目录类型以及编码格式。file 命令通过查看文件的头部信息来获取文件类型。

操作命令：

1.　# 查看文件类型
2.　[root@VM-Project-02-Task-01 ~]# file anaconda-ks.cfg
3.　anaconda-ks.cfg: ASCII text

操作命令+配置文件+脚本程序+结束

步骤 8：使用 tree 命令查看文件目录层级结构。

使用 tree 命令，以目录层级结构查看文件和目录。

操作命令：

1.　# 使用 tree 以目录层级方式查看
2.　[root@VM-Project-02-Task-01 ~]# tree
3.　└── anaconda-ks.cfg
4.　0 directories, 1 file

操作命令+配置文件+脚本程序+结束

任务三　用户管理

【任务介绍】

本任务介绍 openEuler 的用户及用户组的创建、修改、删除，以及设置用户密码操作。本任务在任务一的基础上进行。

【任务目标】

（1）掌握用户信息的查看。

（2）掌握用户组的创建。

（3）掌握用户组的修改。

（4）掌握用户组的删除。

（5）掌握用户的创建。

（6）掌握用户的修改。

（7）掌握用户的删除。

（8）掌握设置用户密码。

【操作步骤】

步骤 1：查看用户信息。

（1）使用 who 命令查看用户信息。

操作命令：

```
1.   # 使用 who 命令查看用户信息
2.   [root@VM-Project-02-Task-01 ~]# who
3.   root      pts/0        2023-10-15 18:55 (10.10.2.200)
4.   root      pts/1        2023-10-16 23:31 (10.10.2.200)
```
操作命令+配置文件+脚本程序+结束

（2）使用 id 命令查看用户信息。

操作命令：

```
1.   # 使用 id 命令查看用户信息
2.   [root@VM-Project-02-Task-01 ~]# id
3.   用户 id=0(root) 组 id=0(root) 组=0(root) 上下文=unconfined_u:unconfined_r:unconfined_t:s0-s0:c0.c1023
```
操作命令+配置文件+脚本程序+结束

步骤 2：创建用户组。

通过 groupadd 命令可以添加新用户组。执行命令格式为：groupadd [options] groupname。

操作命令：

```
1.   # 创建一个名为"test"的用户组
2.   [root@VM-Project-02-Task-01 ~]# groupadd  test
```
操作命令+配置文件+脚本程序+结束

 小贴士

用户组信息文件，与用户组信息有关的文件如下。
- /etc/gshadow：用户组信息加密文件
- /etc/group：组信息文件
- /etc/login.defs：系统广义设置文件

选项：

```
【语法】
groupadd [选项] 组
【选项】
-f:                      如果组已经存在则成功退出
```

-g:	为新组使用 GID
-K:	不使用/etc/login.defs 中的默认值
-o:	允许创建有重复 GID 的组
-p:	为新组使用此加密过的密码
-r:	创建一个系统账户
-R:	chroot 的目录

操作命令+配置文件+脚本程序+结束

步骤 3：修改用户组。

（1）查看用户组 test 的 ID 信息，可以看到用户组 test 的 ID 为 1000。

操作命令：

```
1.   # 查看 group 文件，获取用户组 ID 信息
2.   [root@VM-Project-02-Task-01 ~]# cat /etc/group
3.   root:x:0:
4.   ……
5.   chrony:x:985:
6.   slocate:x:21:
7.   tcpdump:x:72:
8.   test:x:1000:
```

操作命令+配置文件+脚本程序+结束

（2）修改 GID。使用 groupmod 命令修改用户组 test 的 ID 为 1001。执行命令格式为：groupmod -g GID groupname，其中 GID 代表目标用户组 ID，groupname 代表用户组名。

操作命令：

```
1.   # 修改用户组 test 的 id 为 1001
2.   [root@VM-Project-02-Task-01 ~]# groupmod -g 1001 test
3.   # 查看修改后用户组 test 的 id
4.   [root@VM-Project-02-Task-01 ~]# cat /etc/group
5.   root:x:0:
6.   chrony:x:985:
7.   slocate:x:21:
8.   tcpdump:x:72:
9.   test:x:1001:
```

操作命令+配置文件+脚本程序+结束

（3）修改用户组名。使用 groupmod 命令修改用户组名，将用户组名称由"test"修改为"tester"。

执行命令格式为：groupmod -n newgroupname oldgroupname。其中 newgroupname 代表新用户组名，oldgroupname 代表已经存在的待修改的用户组名。

操作命令：

```
1.   # 修改用户组 "test" 为 "tester"
2.   [root@VM-Project-02-Task-01 ~]# groupmod -n tester test
3.   # 查看修改后用户组名称
4.   [root@VM-Project-02-Task-01 ~]# cat /etc/group
5.   root:x:0:
6.   ……
```

7. chrony:x:985:
8. slocate:x:21:
9. tcpdump:x:72:
10. tester:x:1001:

操作命令+配置文件+脚本程序+结束

步骤 4：删除用户组。

使用 groupdel 命令删除用户组。执行命令格式为：groupdel groupname，其中 groupname 代表用户组名。

操作命令：

1. # 删除用户组"tester"，删除后可执行 cat /etc/group 查看用户组信息进行确认
2. [root@VM-Project-02-Task-01 ~]# groupdel tester

操作命令+配置文件+脚本程序+结束

（1）每个用户有且只有一个主组，在创建用户时默认创建。

（2）groupdel 不能直接删除用户的主组，如果需要强制删除用户主组，需使用 "groupdel -f groupname" 命令。

步骤 5：创建用户。

使用 useradd 命令添加新用户"test""tester"。执行命令格式为：useradd [options] username。

操作命令：

1. # 创建用户 test tester
2. [root@VM-Project-02-Task-01 ~]# useradd test
3. [root@VM-Project-02-Task-01 ~]# useradd tester
4. # 使用 id 命令查看用户"test"的信息
5. [root@VM-Project-02-Task-01 ~]# id test
6. 用户 id=1000(test) 组 id=1000(test) 组=1000(test)
7. # 使用 id 命令查看用户"tester"的信息
8. [root@VM-Project-02-Task-01 ~]# id tester
9. 用户 id=1001(tester) 组 id=1001(tester) 组=1001(tester)

操作命令+配置文件+脚本程序+结束

用户信息文件，与用户账号信息有关的文件如下。

- /etc/passwd：用户账号信息文件
- /etc/shadow：用户账号信息加密文件
- /etc/group：组信息文件
- /etc/default/useradd：定义默认设置文件
- /etc/login.defs：系统广义设置文件
- /etc/skel：默认的初始配置文件目录

命令详解：

【语法】
useradd [选项] 登录名
useradd -D
useradd -D [选项]

【选项】
-b:	新账号的主目录的基目录
-d:	新账号的主目录
-D:	显示或更改默认的 useradd 配置
-e:	新账号的过期日期
-f:	新账号的密码不活动期
-g:	新账号主组的名称或 ID
-K:	不使用/etc/login.defs 中的默认值
-l:	不将此用户添加到最近登录和登录失败数据库
-m:	创建用户的主目录
-M:	不创建用户的主目录
-N:	不创建同名的组
-o:	允许使用重复的 UID 创建用户
-p:	加密后的新账号密码
-r:	创建一个系统账号
-R:	chroot 到的目录
-s:	新账号的登录 shell
-u:	新账号的用户 ID
-U:	创建与用户同名的组

操作命令+配置文件+脚本程序+结束

步骤 6：修改用户。

（1）修改主目录。使用 usermod 命令修改用户主目录。执行命令格式为：usermod -d new_home_directory username。

操作命令：
```
1.  # 在/home 目录下创建目录"testa"
2.  [root@VM-Project-02-Task-01 home]# mkdir testa
3.  [root@VM-Project-02-Task-01 home]# usermod -d /home/testa test
```
操作命令+配置文件+脚本程序+结束

 提醒　　new_home_directory 必须是绝对路径。

（2）修改 UID。使用 usermod 命令修改用户 UID。执行命令格式为：usermod -u UID username。其中 UID 代表目标用户 ID，username 代表用户名。

操作命令：
```
1.  # 查看用户"test"的信息
2.  [root@VM-Project-02-Task-01 ~]# id test
3.  用户 id=1000(test) 组 id=1000(test) 组=1000(test)
4.  # 修改用户"test"，将 UID 修改为 1002
5.  [root@VM-Project-02-Task-01 ~]# usermod -u 1002 test
6.  # 查看用户"test"的信息，UID 是 1002
7.  [root@VM-Project-02-Task-01 ~]# id test
8.  用户 id=1002(test) 组 id=1000(test) 组=1000(test)
```
操作命令+配置文件+脚本程序+结束

（1）修改用户 UID 时，该用户主目录中所拥有的文件和目录都将自动修改 UID 设置。

（2）主目录外所拥有的文件，只能使用 chown 命令手动修改所有权。

步骤 7：用户删除。

使用 userdel 命令删除现有用户。执行命令格式为：userdel username。

操作命令：

1.　 #　删除用户"tester"
2.　 [root@VM-Project-02-Task-01 ~]# userdel tester

操作命令+配置文件+脚本程序+结束

如果想同时删除该用户的主目录以及其中所有内容，要使用 -r 参数递归删除。例如：userdel -r username。

步骤 8：设置用户密码。

使用 passwd 修改 test 用户的密码。

操作命令：

1.　 #　设置"test"用户的密码
2.　 [root@VM-Project-02-Task-01 ~]# passwd test

操作命令+配置文件+脚本程序+结束

（1）口令长度至少 8 个字符。

（2）口令至少包含大写字母、小写字母、数字和特殊字符中的任意 3 种。

（3）口令不能和账号一样。

（4）口令不能使用字典词汇。

任务四　授权管理

【任务介绍】

本任务介绍如何对 openEuler 进行授权，命令包括 chattr、chgrp、chmod、chown、umask。本任务在任务一的基础上进行。

【任务目标】

（1）掌握使用 chattr 命令配置文件属性。

（2）掌握使用 chgrp 命令修改文件和目录的所属组。

（3）掌握使用 chmod 命令修改文件或目录的权限。

（4）掌握使用 chown 命令修改文件和目录的所有者和所属组。

（5）掌握使用 umask 命令控制文件目录权限。

【操作步骤】

步骤 1： 使用 chattr 命令配置文件属性。

使用 chattr 命令配置文件属性，此处以添加、取消只读属性为例。

操作命令：

```
1.    # 创建目录 chattrDir，并在其目录下创建文件 chattr.txt
2.    [root@VM-Project-02-Task-01 opt]# mkdir chattrDir
3.    [root@VM-Project-02-Task-01 opt]# touch chattrDir/chattr.txt
4.    # 查看文件 chattr.txt 的属性
5.    [root@VM-Project-02-Task-01 opt]# lsattr chattrDir/chattr.txt
6.    --------------e-------         chattrDir/chattr.txt
7.    # 设置文件 chgrp.txt 为只读
8.    [root@VM-Project-02-Task-01 opt]# chattr +i chattrDir/chattr.txt
9.    [root@VM-Project-02-Task-01 opt]# lsattr chattrDir/chattr.txt
10.   ----i---------e-------         chattrDir/chattr.txt
11.   # 取消文件 chgrp.txt 只读属性
12.   [root@VM-Project-02-Task-01 opt]# chattr -i chattrDir/chattr.txt
13.   [root@VM-Project-02-Task-01 opt]# lsattr chattrDir/chattr.txt
14.   --------------e-------         chattrDir/chattr.txt
```

操作命令+配置文件+脚本程序+结束

通过字母 "aAcCbdDeijPsStux" 设置属性。

- a：仅允许追加内容，无法覆盖/删除内容
- A：不再修改这个文件或目录的最后访问时间
- c：默认将文件或目录进行压缩
- C：写时不会受到复制更新的限制
- b：不再修改文件或目录的存取时间
- d：使用 dump 命令备份时忽略本文件/目录
- D：检查压缩文件中的错误
- e：文件使用扩展区来映射磁盘上的块
- i：设置文件为只读，无法对文件进行修改；若对目录设置了该参数，则仅能修改其中的子文件内容而不能新建或删除文件
- j：设置数据在写入文件之前会先写入 ext3 或 ext4 日志
- P：强制为目录建立层次结构
- s：彻底从硬盘中删除，不可恢复
- S：文件内容在变更后立即同步到硬盘
- t：设置文件系统支持尾部合并
- u：设置当删除该文件后依然保留其在硬盘中的数据
- x：设置直接访问压缩文件中的内容

命令详解：

【语法】
chattr [选项] [操作符] [模式] 文件或目录

【选项】
-R:　　　　　　　　　递归更改指定目录及其所有子目录和文件的属性
-V:　　　　　　　　　显示命令执行过程
-f:　　　　　　　　　强制模式，即使发生错误也不显示
【操作符】
+:　　　　　　　　　添加属性
-:　　　　　　　　　删除属性
=:　　　　　　　　　设置属性

操作命令+配置文件+脚本程序+结束

步骤 2：使用 chgrp 命令修改文件和目录的所属组。

使用 chgrp 命令修改文件或目录的属主或属组。

操作命令：

```
1.   # 创建目录 chgrpDir，并在其目录下创建文件 chgrp.txt
2.   [root@VM-Project-02-Task-01 opt]# mkdir chgrpDir
3.   [root@VM-Project-02-Task-01 opt]# touch chgrpDir/chgrp.txt
4.   # 查看文件 chgrp.txt 的权限
5.   [root@VM-Project-02-Task-01 opt]# ls -l chgrpDir
6.   总用量 0
7.   -rw-r--r--. 1 root root 0 10 月 22 15:11 chgrp.txt
8.   # 设置文件 chgrp.txt 属组为 test
9.   [root@VM-Project-02-Task-01 opt]# chgrp test chgrpDir/chgrp.txt
10.  [root@VM-Project-02-Task-01 opt]# ls -l chgrpDir
11.  总用量 0
12.  -rw-r--r--. 1 root test 0 10 月 22 15:11 chgrp.txt
```

操作命令+配置文件+脚本程序+结束

命令详解：

【语法】
chgrp [选项] 用户组 文件
或：chgrp [选项]--reference=参考文件 文件
【选项】
-c:　　　　　　　　　显示命令执行过程，仅在做出修改时进行报告
-f:　　　　　　　　　强制执行，不显示错误信息
-R:　　　　　　　　　递归处理，将指定目录下的所有文件及子目录一并处理
-v:　　　　　　　　　显示命令执行过程

操作命令+配置文件+脚本程序+结束

步骤 3：使用 chmod 命令修改文件或目录的权限。

使用 chmod 命令更改文件或目录的访问权限。

命令有两种操作方式：一种是数字设定法；另一种是文字设定法。

操作命令：

```
1.   # 进入 opt 目录
2.   [root@VM-Project-02-Task-01 ~]# cd /opt
3.   # 创建目录"chmodDir"，并在其目录下创建文件"chmod.txt"
```

4.   [root@VM-Project-02-Task-01 opt]# mkdir chmodDir
5.   [root@VM-Project-02-Task-01 opt]# touch chmodDir/chmod.txt
6.   # 查看文件 chmod.txt 的权限
7.   [root@VM-Project-02-Task-01 opt]# ls -l chmodDir
8.   总用量 0
9.   -rw-r--r--. 1 root root 0 10 月 22 14:23 chmod.txt
10.   # 设置文件 chmod.txt 的权限为 0664
11.   [root@VM-Project-02-Task-01 opt]# chmod 0664 chmodDir/chmod.txt
12.   # 查看文件 chmod.txt 的权限
13.   [root@VM-Project-02-Task-01 opt]# ls -l chmodDir
14.   总用量 0
15.   -rw-rw-r--. 1 root root 0 10 月 22 14:23 chmod.txt
16.   # 设置文件 chmod.txt 的所有者与同群组的用户增加 x（执行）权限，其他用户取消 w（写入）权限
17.   [root@VM-Project-02-Task-01 opt]# chmod ug+x,o-w chmodDir/chmod.txt
18.   [root@VM-Project-02-Task-01 opt]# ls -l chmodDir
19.   总用量 0
20.   -rwxrwxr--. 1 root root 0 10 月 22 14:23 chmod.txt
21.   # 设置文件 chmod.txt 的全部用户仅有只读权限
22.   [root@VM-Project-02-Task-01 opt]# chmod =r chmodDir/chmod.txt
23.   [root@VM-Project-02-Task-01 opt]# ls -l chmodDir
24.   总用量 0
25.   -r--r--r--. 1 root root 0 10 月 22 14:23 chmod.txt

操作命令+配置文件+脚本程序+结束

命令详解：

【语法】
chmod [选项] 模式[,模式]... 文件
　或：chmod [选项]八进制模式 文件
　或：chmod [选项] --reference=参考文件 文件
【选项】

-c:	显示命令执行过程，仅在做出修改时进行报告
-f:	强制执行，不显示错误信息
-R:	递归处理，将指定目录下的所有文件及子目录一并处理
-v:	显示命令执行过程
+<权限设置>:	增加权限范围的文件或目录的权限设置
-<权限设置>:	取消权限范围的文件或目录的权限设置
=<权限设置>:	指定权限范围的文件或目录的权限设置

【参数】

模式:	指定文件的权限模式，匹配规则格式：
	"[ugoa]*([-+=]([rwxXst]*[ugo]))+[-+=][0-7]+"。
文件:	指定要改变权限的文件

操作命令+配置文件+脚本程序+结束

步骤 4： 使用 chown 命令修改文件和目录的所有者和所属组。

使用 chown 命令修改文件或目录的属主或属组。

操作命令：

1.　# 创建目录 chownDir，并在其目录下创建文件 chown.txt
2.　[root@VM-Project-02-Task-01 opt]# mkdir chownDir
3.　[root@VM-Project-02-Task-01 opt]# touch chownDir/chown.txt
4.　# 查看文件 chown.txt 的权限
5.　[root@VM-Project-02-Task-01 opt]# ls -l chownDir
6.　总用量 0
7.　-rw-r--r--. 1 root root 0 10 月 22 14:40 chown.txt
8.　# 设置文件 chomn.txt 的用户与组为 test:test
9.　[root@VM-Project-02-Task-01 opt]# chown test:test chownDir/chown.txt
10.　[root@VM-Project-02-Task-01 opt]# ls -l chownDir/
11.　总用量 0
12.　-rw-r--r--. 1 test test 0 10 月 22 14:40 chown.txt

操作命令+配置文件+脚本程序+结束

命令详解：

【语法】
chown [选项] [所有者][:[组]] 文件
或：chown [选项]--reference=参考文件 文件
【选项】
-c:　　　　　　　　显示命令执行过程，仅在做出修改时进行报告
-f:　　　　　　　　强制执行，不显示错误信息
-R:　　　　　　　　递归处理，将指定目录下的所有文件及子目录一并处理
-v:　　　　　　　　显示命令执行过程

操作命令+配置文件+脚本程序+结束

步骤 5： 使用权限掩码控制文件目录权限。

使用 umask 命令实现权限掩码控制文件目录权限。

操作命令：

1.　# 查看当前文件或者目录的默认权限
2.　[root@VM-Project-02-Task-01 opt]# umask
3.　0022
4.　# 创建目录 umaskDir
5.　[root@VM-Project-02-Task-01 opt]# mkdir umaskDir
6.　# 查看目录 umaskDir 的权限
7.　[root@VM-Project-02-Task-01 opt]ls
8.　drwxr-xr-x. 2 root root 4096 10 月 22 15:28 umaskDir
9.　# 在目录 umaskDir 下创建文件 umask01
10.　[root@VM-Project-02-Task-01 opt]# touch umaskDir/umask01.txt
11.　# 查看文件 umask01.txt 的权限
12.　[root@VM-Project-02-Task-01 opt]# ls -l umaskDir
13.　总用量 0
14.　-rw-r--r--. 1 root root 0 10 月 22 15:28 umask01.txt
15.　# 进入 umaskDir 目录，修改默认权限设置为 0003
16.　[root@VM-Project-02-Task-01 opt]# cd umaskDir
17.　[root@VM-Project-02-Task-01 umaskDir]# umask 0003
18.　[root@VM-Project-02-Task-01 umaskDir]# touch umask02.txt

19.　#　查看文件 umask02.txt 的权限
20.　[root@VM-Project-02-Task-01 umaskDir]# ls -l
21.　总用量 0
22.　-rw-r--r--. 1 root root 0 10 月 22 15:28 umask01.txt
23.　-rw-rw-r--. 1 root root 0 10 月 22 15:34 umask02.txt

操作命令+配置文件+脚本程序+结束

命令详解：

【语法】
umask [-p] [-S] [模式]
【选项】
-S:　　　　　　　　　　以符号形式输出，否则以八进制数格式输出

操作命令+配置文件+脚本程序+结束

任务五　文本处理

【任务介绍】

本任务介绍在 openEuler 中进行文本处理，实现文本的查看、检索、排序、去重、替换操作。本任务在任务一的基础上进行。

【任务目标】

掌握文本内容的查看、检索、排序、去重、替换操作。

【操作步骤】

步骤 1：使用 cat 命令查看文本。
使用 cat 命令可用于查看纯文本内容，通常使用 cat 命令查看一屏能显示完的短文本。
步骤 2：使用 more 命令查看文本。
使用 more 命令可分页查看较长内容的文本，同时支持关键字定位查看。
步骤 3：使用 less 命令查看文本。
使用 less 命令查看/var/log/messages 文件内容。

操作命令：

1.　#　查看/var/log/messages 文件内容，使用子命令 b、d、u、Space、Enter 翻页查看，q 键退出
2.　#　查看/var/log/messages 文件内容，使用子命令 y、j、k、g、G 翻行查看，Shift+zz 键退出
3.　#　查看/var/log/messages 文件内容，输入/linux，使用子命令 n、N 上下查看搜索内容，q 键退出
4.　[root@VM-Project-02-Task-01 opt]# less /var/log/messages

操作命令+配置文件+脚本程序+结束

 小贴士

less 快捷键。
● Ctrl +: 向前移动一屏
● Ctrl + B: 向后移动一屏

- Ctrl + D: 向前移动半屏
- Ctrl + U: 向后移动半屏

命令详解：

less 子命令
【选项】
b:	向后翻一页
d:	向后翻半页
u:	向前滚动半页
Space:	向后滚动一页
Enter:	向后滚动 行
y:	向前滚动一行
j:	向前移动一行
k:	向后移动一行
G:	移动到最后一行
g:	移动到第一行
/:	使用一个模式进行搜索，并定位到下一个匹配的文本
n:	向前查找下一个匹配的文本
N:	向后查找前一个匹配的文本
?:	使用模式进行搜索，并定位到前一个匹配的文本
q 或/Shift+zz:	退出 less 命令
v:	进入编辑模式，使用配置的编辑器编辑当前文件
ma:	使用 a 标记文本的当前位置
'a:	导航到标记 a 处

操作命令+配置文件+脚本程序+结束

步骤 4： 使用 head 命令查看文本。

使用 head 命令可查看/etc/passwd 文件的开头内容，默认显示头部 10 行内容。

操作命令：

```
1.    # 查看/etc/passwd 文本的头部 10 行内容
2.    [root@VM-Project-02-Task-01 opt]# head /etc/passwd
3.    root:x:0:0:root:/root:/bin/bash
4.    bin:x:1:1:bin:/bin:/sbin/nologin
5.    daemon:x:2:2:daemon:/sbin:/sbin/nologin
6.    adm:x:3:4:adm:/var/adm:/sbin/nologin
7.    lp:x:4:7:lp:/var/spool/lpd:/sbin/nologin
8.    sync:x:5:0:sync:/sbin:/bin/sync
9.    shutdown:x:6:0:shutdown:/sbin:/sbin/shutdown
10.   halt:x:7:0:halt:/sbin:/sbin/halt
11.   mail:x:8:12:mail:/var/spool/mail:/sbin/nologin
12.   operator:x:11:0:operator:/root:/sbin/nologin
```

操作命令+配置文件+脚本程序+结束

步骤 5： 使用 tail 命令查看文本。

使用 tail 命令查看/etc/passwd 文件的尾部内容，默认显示尾部 10 行内容。

项目二

操作命令：

1. # 查看/etc/passwd 文本的尾部 10 行内容
2. [root@VM-Project-02-Task-01 opt]# tail /etc/passwd
3. radiusd:x:95:95:radiusd user:/var/lib/radiusd:/sbin/nologin
4. squid:x:23:23::/var/spool/squid:/sbin/nologin
5. nslcd:x:65:55:LDAP Client User:/:/sbin/nologin
6. openvpn:x:972:969:OpenVPN:/etc/openvpn:/sbin/nologin
7. tang:x:971:968:Tang Network Presence Daemon user:/var/cache/tang:/sbin/nologin
8. arpwatch:x:77:77::/var/lib/arpwatch:/sbin/nologin
9. ident:x:98:98::/:/sbin/nologin
10. ldap:x:55:55:OpenLDAP server:/var/lib/ldap:/sbin/nologin
11. tcpdump:x:72:72::/:/sbin/nologin
12. flatpak:x:966:966:Flatpak system helper:/:/usr/sbin/nologin

操作命令+配置文件+脚本程序+结束

步骤 6：使用 grep 命令进行文本内容检索。

使用 grep 命令可按照设置的匹配规则（或者匹配模式）搜索/etc/passwd 文件，并显示符合匹配条件的行。

操作命令：

1. # 查看/etc/passwd 包含 user 的文本行，并显示在文本中的行号
2. [root@VM-Project-02-Task-01 opt]# grep -n user /etc/passwd
3. 15:saslauth:x:998:76:Saslauthd user:/run/saslauthd:/sbin/nologin
4. 21:tss:x:59:59:Account used by the trousers package to sandbox the tcsd daemon:/dev/null:/sbin/nologin
5. 23:rpcuser:x:29:29:RPC Service User:/var/lib/nfs:/sbin/nologin
6. 31:usbmuxd:x:113:113:usbmuxd user:/:/sbin/nologin
7. 37:radvd:x:75:75:radvd user:/:/sbin/nologin
8. 53:qemu:x:107:107:qemu user:/:/sbin/nologin
9. 60:amandabackup:x:33:6:Amanda user:/var/lib/amanda:/bin/bash
10. 62:radiusd:x:95:95:radiusd user:/var/lib/radiusd:/sbin/nologin
11. 66:tang:x:971:968:Tang Network Presence Daemon user:/var/cache/tang:/sbin/nologin
12. # 查看/etc/passwd 文本中以 root 开头的文本行
13. [root@VM-Project-02-Task-01 opt]# grep '^\root' /etc/passwd
14. root:x:0:0:root:/root:/bin/bash
15. # 查看/etc/passwd 包含 use 的文本行的行数
16. [root@VM-Project-02-Task-01 opt]# grep -c user /etc/passwd
17. 9

操作命令+配置文件+脚本程序+结束

步骤 7：使用 sort 命令对文本进行排序。

使用 sort 命令将文件的每行作为一个单位相互比较，比较原则是从首字符向后，依次按 ASCII 码值进行，最后按升序输出。

操作命令：

1. # 创建并编辑 sort.txt 文本，查看 sort.txt 文件如下
2. [root@VM-Project-02-Task-01 opt]# cat sort.txt
3. A:10:6.1
4. C:30:4.3
5. D:40:3.4

```
6.    B:20:5.2
7.    F:60:1.6
8.    F:60:1.6
9.    E:50:2.5
10.   # 以正序方式输出 sort.txt 文本内容
11.   [root@VM-Project-02-Task-01 opt]# sort sort.txt
12.   A:10:6.1
13.   B:20:5.2
14.   C:30:4.3
15.   D:40:3.4
16.   E:50:2.5
17.   F:60:1.6
18.   F:60:1.6
19.   # 指定第 3 列以数值的大小排序输出 sort.txt 文本内容
20.   [root@VM-Project-02-Task-01 opt]# sort -n -k 3 -t: sort.txt
21.   F:60:1.6
22.   F:60:1.6
23.   E:50:2.5
24.   D:40:3.4
25.   C:30:4.3
26.   B:20:5.2
27.   A:10:6.1
```

操作命令+配置文件+脚本程序+结束

命令详解：

【语法】
sort [选项] [参数]
【选项】

选项	说明
-b:	忽略行首的空格字符
-c:	检查文件是否已经按照顺序排序
-d:	排序时，除了英文字母、数字及空格字符外，忽略其他的字符
-f:	排序时，将小写字母视为大写字母
-i:	排序时，除了 040 至 176 之间的 ASCII 字符外，忽略其他的字符
-m:	将几个排序号的文件进行合并
-M:	将前面 3 个字母依照月份的缩写进行排序
-n:	依照数值的大小进行排序
-o<输出文件>:	将排序后的结果存入指定的文件
-r:	以相反的顺序进行排序
-t<分隔字符>:	指定排序时所用的栏位分隔字符
-k:	指定需要排序的栏位

操作命令+配置文件+脚本程序+结束

步骤 8： 使用 uniq 命令去除文本重复行。
使用 uniq 命令移除或发现文件中相邻重复行。

操作命令：

```
1.    # 创建并编辑 uniq.txt 文本，查看 uniq.txt 文件如下
2.    [root@VM-Project-02-Task-04 opt]# cat uniq.txt
```

3.   A

4.   A

5.   C

6.   C

7.   C

8.   B

9.   B

10.   D

11.   # 以去重的方式输出 uniq.txt 文本内容

12.   [root@VM-Project-02-Task-04 opt]# uniq uniq.txt

13.   A

14.   C

15.   B

16.   D

17.   # 统计 uniq.txt 文本内容重复行出现的次数

18.   [root@VM-Project-02-Task-04 opt]# uniq -c uniq.txt

19.   2 A

20.   3 C

21.   2 B

22.   1 D

23.   # 以正序且去重的方式输出 uniq.txt 文本内容

24.   [root@VM-Project-02-Task-04 opt]# sort uniq.txt | uniq

25.   A

26.   B

27.   C

28.   D

操作命令+配置文件+脚本程序+结束

命令详解：

【语法】

uniq [选项] [参数]

【选项】

-c:	在每列左边显示该行重复出现的次数
-d:	仅显示重复出现的行
-s \<n\>:	忽略比较起始 n 个字符
-u:	仅显示未重复的行的内容
-w \<n\>:	对每行第 n 个字符以后的内容不作对照

操作命令+配置文件+脚本程序+结束

步骤 9： 使用 sed 命令进行文本处理。

使用 sed 命令可编辑一个或多个文件、简化对文件的反复操作、编写转换程序等。

sed 拥有两个数据缓冲区，一个活动的模式空间和一个辅助的暂存空间。

sed 编辑器的工作原理是首先将文本文件的一行内容存储在模式空间中，然后使用内部命令对该行进行处理，处理完成后，将模式空间中的文本显示到标准输出设备上（显示终端），然后处理下一行文本内容，重复此过程，直到文本结束。

操作命令：

1. # 创建并编辑 sed.txt 文本，并查看 sed.txt 文件
2. [root@VM-Project-02-Task-01 opt]# cat sed.txt
3. Linux - Sysadmin.
4. Database - Oracle，MyDQL etc.
5. Cool - Websites.
6. Storage - NetAPP，ENC etc.
7. Security - Firewall，Network，Online etc.
8. #在 sed.txt 文本第 2 行后插入"*Hello World"内容
9. [root@VM-Project-02-Task-01 opt]# sed '2a *Hello World* ' sed.txt
10. Linux - Sysadmin.
11. Database - Oracle，MyDQL etc.
12. *Hello World*
13. Cool - Websites.
14. Storage - NetAPP，ENC etc.
15. Security - Firewall，Network，Online etc.
16. # 在 sed.txt 文本末尾追加"*The End*"
17. [root@VM-Project-02-Task-01 opt]# sed '$a *The End* ' sed.txt
18. Linux - Sysadmin.
19. Database - Oracle，MyDQL etc.
20. Cool - Websites.
21. Storage - NetAPP，ENC etc.
22. Security - Firewall，Network，Online etc.
23. *The End*
24. # 在 sed.txt 文本的第 2 至 4 行的内容替换为"*Hello World*"
25. [root@VM-Project-02-Task-01 opt]# sed '2,4c *Hello World* ' sed.txt
26. Linux - Sysadmin.
27. *Hello World*
28. Security - Firewall，Network，Online etc.
29. # 在 sed.txt 文本的第 1 行前插入"*The Begin *"
30. [root@VM-Project-02-Task-01 opt]# sed '1i *The Begin* ' sed.txt
31. *The Begin*
32. Linux - Sysadmin.
33. Database - Oracle，MyDQL etc.
34. Cool - Websites.
35. Storage - NetAPP，ENC etc.
36. Security - Firewall，Network，Online etc.
37. # 将 sed.txt 文本中的"Linux - Sysadmin"行替换为"*Hello World*"
38. [root@VM-Project-02-Task-01 opt]# sed ' s/Linux - Sysadmin/*Hello World*/g ' sed.txt
39. *Hello World*.
40. Database - Oracle，MyDQL etc.
41. Cool - Websites.
42. Storage - NetAPP，ENC etc.
43. Security - Firewall，Network，Online etc.
44. # 将 sed.txt 文本中第 1 至 3 行删除
45. [root@VM-Project-02-Task-01 opt]# sed '1,3d' sed.txt
46. Storage - NetAPP，ENC etc.
47. Security - Firewall，Network，Online etc.

48.　# 将 sed.txt 文本中第 2 至 4 行重复打印
49.　[root@VM-Project-02-Task-01 opt]# sed '2,4p' sed.txt
50.　Linux - Sysadmin.
51.　Database - Oracle，MyDQL etc.
52.　Database - Oracle，MyDQL etc.
53.　Cool - Websites.
54.　Cool - Websites.
55.　Storage - NetAPP，ENC etc.
56.　Storage - NetAPP，ENC etc.
57.　Security - Firewall，Network，Online etc.

操作命令+配置文件+脚本程序+结束

命令详解：

【语法】

sed [选项] [参数]

【选项】

-e:	添加"脚本"到程序的运行列表
-f:	添加"脚本文件"到程序的运行列表
-i:	直接修改文件
-n:	取消自动打印模式空间

操作命令+配置文件+脚本程序+结束

任务六　文本编辑

【任务介绍】

vi 是 openEuler 下标准的文本编辑工具，熟练地使用 vi 工具可以高效地编辑代码，配置系统文件等，是程序员和运维人员必备的技能之一。

nano 是一个易于使用的文本编辑器，适用于简单的编辑任务，可以在终端界面中直接进行编辑。

本任务介绍 vi 和 nano 两种编辑器，实现文本处理。

本任务在任务一的基础上进行。

【任务目标】

（1）掌握使用 vi 编辑器进行工作模式的切换。

（2）掌握使用 vi 编辑器实现文本内容的编辑。

（3）掌握使用 nano 编辑器实现文本内容的编辑。

【操作步骤】

步骤 1：了解 vi 的工作模式。

vi 编辑器有 3 种基本的工作模式，分别是命令模式、文本编辑模式和末行模式。

（1）命令模式。命令模式是 vi 命令的默认工作模式，并可转换为文本编辑模式和末行模式。

在命令模式下，从键盘上输入的任何字符都被当作命令来解释，而不会在屏幕上显示。如果输入的字符是合法的 vi 子命令，则 vi 就会完成相应的操作。

（2）文本编辑模式。文本编辑模式用于字符编辑。在命令模式下输入 i（插入命令）、a（附加命令）等命令后进入文本编辑模式。按"Esc"键可从文本编辑模式返回到命令模式。

（3）末行模式。末行模式也称 ex 转义模式。在命令模式下，按":"键进入末行模式，此时 vi 会在屏幕的底部显示":"符号作为末行模式的提示符，等待用户输入相关命令。命令执行完毕后，vi 自动回到命令模式。

步骤 2：使用 vi 编辑器。

（1）进入 vi 编辑器。使用 vi 编辑系统中不存在的文件（/opt/task-06-01.txt），如图 2-6-1 所示。

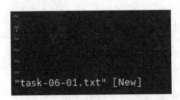

图 2-6-1　编辑系统中没有的文件

使用 vi +5 /etc/passwd 命令，设置打开后光标在第 5 行，如图 2-6-2 所示。

```
root:x:0:0:root:/root:/bin/bash
bin:x:1:1:bin:/bin:/sbin/nologin
daemon:x:2:2:daemon:/sbin:/sbin/nologin
adm:x:3:4:adm:/var/adm:/sbin/nologin
lp:x:4:7:lp:/var/spool/lpd:/sbin/nologin
sync:x:5:0:sync:/sbin:/bin/sync
shutdown:x:6:0:shutdown:/sbin:/sbin/shutdown
halt:x:7:0:halt:/sbin:/sbin/halt
mail:x:8:12:mail:/var/spool/mail:/sbin/nologin
operator:x:11:0:operator:/root:/sbin/nologin
games:x:12:100:games:/usr/games:/sbin/nologin
ftp:x:14:50:FTP User:/var/ftp:/sbin/nologin
```

图 2-6-2　设置打开后光标在第 5 行

使用 vi + /etc/passwd 命令，设置打开后光标在末尾行，如图 2-6-3 所示。

```
memcached:x:973:970:Memcached daemon:/run/memcached:/sbin/nologin
amandabackup:x:33:6:Amanda user:/var/lib/amanda:/bin/bash
stap-server:x:155:155:Systemtap Compile Server:/var/lib/stap-server:/sbin/nologin
radiusd:x:95:95:radiusd user:/var/lib/radiusd:/sbin/nologin
squid:x:23:23::/var/spool/squid:/sbin/nologin
nslcd:x:65:55:LDAP Client User:/:/sbin/nologin
openvpn:x:972:969:OpenVPN:/etc/openvpn:/sbin/nologin
tang:x:971:968:Tang Network Presence Daemon user:/var/cache/tang:/sbin/nologin
arpwatch:x:77:77::/var/lib/arpwatch:/sbin/nologin
ident:x:98:98::/:/sbin/nologin
ldap:x:55:55:OpenLDAP server:/var/lib/ldap:/sbin/nologin
tcpdump:x:72:72::/:/sbin/nologin
flatpak:x:966:966:Flatpak system helper:/:/usr/sbin/nologin
"/etc/passwd" 71L, 4011B
```

图 2-6-3　设置打开后光标在末尾行

使用 vi +/chrony /etc/passwd 命令，设置打开后光标在第一个含有 chrony 的行，如图 2-6-4 所示。

 提醒　　openEuler 在使用 vi 和 vim 进行帮助查询时，获取到的内容相同。

```
dnsmasq:x:983:983:Dnsmasq DHCP and DNS server:/var/lib/dnsmasq:/usr/sbin/nologin
nscd:x:28:28:NSCD Daemon:/:/sbin/nologin
radvd:x:75:75:radvd user:/:/sbin/nologin
sanlock:x:179:179:sanlock:/var/run/sanlock:/sbin/nologin
geoclue:x:982:982:User for geoclue:/var/lib/geoclue:/sbin/nologin
avahi:x:70:70:Avahi mDNS/DNS-SD Stack:/var/run/avahi-daemon:/sbin/nologin
avahi-autoipd:x:170:170:Avahi IPv4LL Stack:/var/lib/avahi-autoipd:/sbin/nologin
rtkit:x:172:172:RealtimeKit:/proc:/sbin/nologin
pipewire:x:981:981:PipeWire System Daemon:/var/run/pipewire:/sbin/nologin
chrony:x:980:980::/var/lib/chrony:/sbin/nologin
pulse:x:171:171:PulseAudio System Daemon:/var/run/pulse:/sbin/nologin
colord:x:979:977:User for colord:/var/lib/colord:/sbin/nologin
setroubleshoot:x:978:976::/var/lib/setroubleshoot:/sbin/nologin
named:x:25:25:Named:/var/named:/sbin/nologin
pcp:x:977:975:Performance Co-Pilot:/var/lib/pcp:/sbin/nologin
mysql:x:27:27:MySQL Server:/var/lib/mysql:/sbin/nologin
ntp:x:38:38::/etc/ntp:/sbin/nologin
```

图 2-6-4　打开后光标在第一个含有 chrony 的行

 小贴士　　　~符号表示该行为空行，最后一行是状态行，显示正在编辑的文件名及其状态。

命令详解：

【语法】
vim [参数] [文件 ..]　　　　　编辑指定文件
或者：vim [参数] -　　　　　　从 stdin 读取文本
或者：vim [参数] -t tag　　　　编辑定义标记的文件
【参数】
--:　　　　　　　　　　　仅在此之后的文件名
-v:　　　　　　　　　　　vi 模式
-e:　　　　　　　　　　　Ex 模式（like "ex"）
-E:　　　　　　　　　　　改进的 Ex 模式
-s:　　　　　　　　　　　静默（批处理）模式（仅用于 "ex"）
-m:　　　　　　　　　　　不允许修改（写入文件）
-M:　　　　　　　　　　　不允许修改文本
-b:　　　　　　　　　　　二进制模式
-l:　　　　　　　　　　　Lisp 模式
-C:　　　　　　　　　　　兼容 Vi 'compatible'
-N:　　　　　　　　　　　不完全兼容 Vi
-n:　　　　　　　　　　　不适用 swap 文件，仅使用内存
-r:　　　　　　　　　　　列出 swap 文件并推出

操作命令+配置文件+脚本程序+结束

（2）光标移动。进入 vi 编辑器中，通过其子命令进行光标移动，快捷翻页查看文本。

命令详解：

光标移动子命令，内容如下。
h:　　　　　　　　　　　光标左移一个字符
l:　　　　　　　　　　　光标右移一个字符
k:　　　　　　　　　　　光标上移一个字符
j:　　　　　　　　　　　光标下移一个字符
Enter:　　　　　　　　　光标下移一行
w/W:　　　　　　　　　光标右移一个字串到字首

b/B:	光标左移一个字串到字首
e/E:	光标右移一个字串到字尾
nG:	光标移动到第 n 行首
n+:	光标下移 n 行
n-:	光标上移 n 行
n$:	相对于当前光标所在行，光标再向后移动 n 行到行尾
H:	光标移至当前屏幕的顶行
M:	光标移至当前屏幕的中间行
L:	光标移至当前屏幕的最底行
0:	将光标移至当前行首
$:	将光标移至当前行尾
:$:	将光标移至文件最后一行的行首

操作命令+配置文件+脚本程序+结束

步骤 3： 使用 vi 命令模式操作。

进入 vi 编辑器默认为命令模式，通过插入、删除、复制、剪切、粘贴、搜索与替换等子命令进行文本快捷操作。

（1）插入。

1）使用 vi task-06-01.txt 命令进入 vi 编辑器。

2）使用 i 命令在其前方插入"before--"。

3）按"Esc"键切换至命令模式，使用方向键将光标重新移至字母 e 上面。

4）使用"A（Shift+a）"键在光标后插入"--End"。

5）按"Esc"键切换至命令模式。

6）使用 o 命令，在当前行后插入一个空行，如图 2-6-5 所示。

图 2-6-5　vi 执行插入操作

7）按"Esc"键切换至命令模式，输入":q!"，按"Enter"键不保存退出。

命令详解：

插入操作子命令，内容如下。

i:	在当前字符前插入文本
I:	在行首插入文本
a:	光标后插入
A:	在当前行尾插入
o:	在当前行后插入一个空行
O:	在当前行前插入一个空行

操作命令+配置文件+脚本程序+结束

（2）删除文件中的内容。将文件/etc/passwd 复制到/opt 目录下，名字命名为 task-06-02.txt。

1）使用 vi /opt/task-06-02.txt 命令进入 vi 编辑器。

2）使用 dd 命令删除当前行，如图 2-6-6、图 2-6-7 所示。

```
root:x:0:0:root:/root:/bin/bash
bin:x:1:1:bin:/bin:/sbin/nologin
daemon:x:2:2:daemon:/sbin:/sbin/nologin
adm:x:3:4:adm:/var/adm:/sbin/nologin
lp:x:4:7:lp:/var/spool/lpd:/sbin/nologin
sync:x:5:0:sync:/sbin:/bin/sync
shutdown:x:6:0:shutdown:/sbin:/sbin/shutdown
halt:x:7:0:halt:/sbin:/sbin/halt
mail:x:8:12:mail:/var/spool/mail:/sbin/nologin
operator:x:11:0:operator:/root:/sbin/nologin
games:x:12:100:games:/usr/games:/sbin/nologin
ftp:x:14:50:FTP User:/var/ftp:/sbin/nologin
nobody:x:65534:65534:Kernel Overflow User:/:/sbin/nologin
systemd-coredump:x:999:997:systemd Core Dumper:/:/sbin/nologin
saslauth:x:998:76:Saslauthd user:/run/saslauthd:/sbin/nologin
```

图 2-6-6　删除当前行前内容

```
bin:x:1:1:bin:/bin:/sbin/nologin
daemon:x:2:2:daemon:/sbin:/sbin/nologin
adm:x:3:4:adm:/var/adm:/sbin/nologin
lp:x:4:7:lp:/var/spool/lpd:/sbin/nologin
sync:x:5:0:sync:/sbin:/bin/sync
shutdown:x:6:0:shutdown:/sbin:/sbin/shutdown
halt:x:7:0:halt:/sbin:/sbin/halt
mail:x:8:12:mail:/var/spool/mail:/sbin/nologin
operator:x:11:0:operator:/root:/sbin/nologin
games:x:12:100:games:/usr/games:/sbin/nologin
ftp:x:14:50:FTP User:/var/ftp:/sbin/nologin
nobody:x:65534:65534:Kernel Overflow User:/:/sbin/nologin
systemd-coredump:x:999:997:systemd Core Dumper:/:/sbin/nologin
saslauth:x:998:76:Saslauthd user:/run/saslauthd:/sbin/nologin
```

图 2-6-7　删除当前行后内容

3）最后按"Esc"键切换至命令模式，输入":q!"，按"Enter"键不保存退出。

命令详解：

删除操作子命令，内容如下。

dd:	删除光标所在行内容
ndd:	n 为数字，删除光标所在的向下 n 行，如 20dd 则是删除光标下 20 行的内容
d1G:	删除光标所在行至第一行的内容
dG:	删除光标所在行到最后一行的内容
d$:	删除光标所在位置至该行的最后一个字符的内容
Ctrl+u:	删除输入方式下所输入的文本

操作命令+配置文件+脚本程序+结束

 删除子命令，是以剪切方式删除文本内容，可继续粘贴使用。

（3）复制、剪切和粘贴。

1）使用 vi /opt/task-06-02.txt 命令进入 vi 编辑器。

2）使用 yy 命令复制当前行，使用方向键移至下一行。

3）使用 p 命令复制粘贴行，如图 2-6-8、图 2-6-9 所示。

```
root:x:0:0:root:/root:/bin/bash
bin:x:1:1:bin:/bin:/sbin/nologin
daemon:x:2:2:daemon:/sbin:/sbin/nologin
adm:x:3:4:adm:/var/adm:/sbin/nologin
lp:x:4:7:lp:/var/spool/lpd:/sbin/nologin
sync:x:5:0:sync:/sbin:/bin/sync
shutdown:x:6:0:shutdown:/sbin:/sbin/shutdown
halt:x:7:0:halt:/sbin:/sbin/halt
```

图 2-6-8　粘贴前内容

```
root:x:0:0:root:/root:/bin/bash
bin:x:1:1:bin:/bin:/sbin/nologin
root:x:0:0:root:/root:/bin/bash
daemon:x:2:2:daemon:/sbin:/sbin/nologin
adm:x:3:4:adm:/var/adm:/sbin/nologin
lp:x:4:7:lp:/var/spool/lpd:/sbin/nologin
sync:x:5:0:sync:/sbin:/bin/sync
shutdown:x:6:0:shutdown:/sbin:/sbin/shutdown
```

图 2-6-9　粘贴后内容

4）按"Esc"键切换至命令模式，使用":q!"命令不保存退出。

命令详解：

复制粘贴子命令，内容如下。

yy:	复制当前行
nyy:	复制当前行以下的 n 行
dd:	剪切当前行
ndd:	剪切当前行以下的 n 行
p/P:	粘贴在当前光标所在行下(p) 或行上(P)

操作命令+配置文件+脚本程序+结束

（4）搜索与替换。

1）执行 vi /opt/task-06-02.txt，进入 vi 编辑器，使用"/chrony"命令搜索"chrony"字符串，按"Enter"键光标跳转至包含 chrony 的行首，如图 2-6-10 所示。

图 2-6-10　跳转至包含 chrony 的行首

2）使用":%s/chrony/replace/g"命令将当前行的 chrony 替换为 replace，如图 2-6-11 所示。最后按"Esc"键切换至命令模式，输入":q!"，按"Enter"键不保存退出。

图 2-6-11　当前行的 chrony 替换为 replace

命令详解：

搜索与替换子命令，内容如下。

/pattern:	从光标开始处向文件末尾搜索 pattern
?pattern:	从光标开始处向文件首部搜索 pattern

n:	在同一方向重复上一次的搜索命令
N:	在反方向上重复上一次的搜索命令
:%s/p1/p2/g:	将当前行中所有 p1 均用 p2 替代
:n1,n2s/p1/p2/g:	将第 n1 至 n2 行中所有 p1 均用 p2 替代
:g/p1/s//p2/g:	将文件中所有 p1 均用 p2 替换
:%s/p1/p2/g:	将文件中所有 p1 均用 p2 替换

操作命令+配置文件+脚本程序+结束

步骤 4：使用 vi 编辑模式操作。

（1）使用 vi /opt/task-06-02.txt 命令进入 vi 编辑器。

（2）使用 a 命令从命令模式切换至编辑模式，如图 2-6-12 所示。

（3）输入内容"--newContent--"，如图 2-6-13 所示。

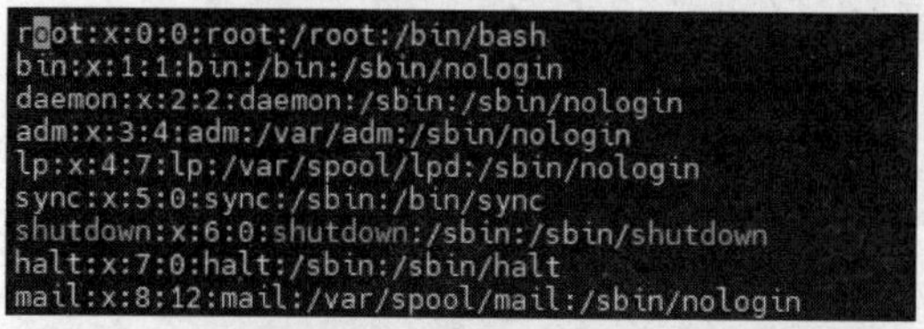

图 2-6-12　使用 a 命令从命令模式切换至编辑模式 　　图 2-6-13　输入内容"--newContent--"

（4）按"Esc"键切换至命令模式，输入":q!"，按"Enter"键不保存退出。

步骤 5：保存退出。

（1）保存退出。

1）使用 vi /opt/task-06-02.txt 命令进入 vi 编辑器，切换至编辑模式。

2）使用方向键切换至文本第 2 行，输入"Save And Exit !"，如图 2-6-14 所示。

3）按"Esc"键切换至命令模式，并输入":wq"以保存退出。

（2）不保存退出。

1）使用 vi /opt/task-06-02.txt 命令，进入 vi 编辑器，切换至编辑模式。

2）在第 3 行中输入"Do not save and exit !"，如图 2-6-15 所示。

图 2-6-14　输入"Save And Exit  !"　　图 2-6-15　输入"Do not save and exit !"

3）按"Esc"键切换至命令模式，并输入":q!"，按"Enter"键不保存退出。

（3）保存副本。

1）使用 vi /opt/task-06-02.txt 命令进入 vi 编辑器，切换至编辑模式。

2）将首行"root"替换为"userroot"。

3）按"Esc"键切换至命令模式，输入":w task-06-02-new.txt"。

4）按"Enter"键保存至副本中，如图 2-6-16 所示。

图 2-6-16　保存至副本

5）输入 ":q!" 命令放弃修改当前退出。

6）退出后，使用 vi task-06-02-new.txt 再次查看，如图 2-6-17 所示。

图 2-6-17　查看保存的副本

步骤 6：使用 nano 打开文件。

（1）安装 nano 编辑器。nano 编辑器默认没有安装，需要先完成 nano 编辑器的安装。

操作命令：

1.　# 安装 nano 编辑器
2.　[root@VM-Project-02-Task-01 opt]# yum install -y nano

操作命令+配置文件+脚本程序+结束

（2）将/etc/passwd 文件复制到/opt 目录下并命名为 task-06-03.txt。

操作命令：

1. #复制文件/etc/passwd 到/opt 下，并命名为 task-06-03.txt
2. [root@VM-Project-02-Task-01 opt]# cp /etc/passwd /opt/task-06-03.txt

操作命令+配置文件+脚本程序+结束

（3）使用 nano 编辑器打开文件 task-06-03.txt，如图 2-6-18 所示。

操作命令：

1. # 使用 nano 打开文件 task-06-03.txt
2. [root@VM-Project-02-Task-01 opt]# nano /opt/task-06-03.txt

操作命令+配置文件+脚本程序+结束

图 2-6-18　使用 nano 打开文件

步骤 7：在 nano 编辑器中进行光标移动。

使用方向键或者快捷键，进行光标移动。

步骤 8：在 nano 编辑器中进行文本编辑。

（1）直接在光标处输入"nano"，如图 2-6-19 所示。

图 2-6-19　插入字符串

（2）按下"Ctrl+W"组合键，在文本中检索 root，按"Enter"键完成检索，如图 2-6-20 所示。

图 2-6-20　检索字符串

（3）按下"Ctrl+W"组合键之后，再按下"Ctrl+R"组合键，输入要替换的字符串"root"，按下"Enter"键，再输入替换的字符串"nano"，按下"Enter"键，如图 2-6-21 所示。

图 2-6-21　进行字符串替换

（4）按下字母 A 完成全部替换，替换结果如图 2-6-22 所示。

步骤 9：保存退出。

（1）保存文件时，按下"Ctrl+O"组合键进行保存，如图 2-6-23 所示。然后按"Enter"键确认保存。如果需要修改文件名，可以在保存时按下"Ctrl+O"组合键，然后输入新名称。

图 2-6-22　完成替换后的结果

图 2-6-23　保存文件

（2）退出编辑时，按下"Ctrl+X"组合键，系统提示信息后，按"Y"键保存更改。如果文件已更改但尚未保存，将提示是否保存更改。

项目三

系统配置

◉ 项目介绍

本项目介绍在 openEuler 中进行系统配置，包括存储管理、LVM 管理磁盘、通过 RAID 实现存储高可用、网络管理、进程管理、任务计划及服务管理。

本项目帮助读者掌握 openEuler 常用的系统配置，为后续项目的学习奠定基础。

◉ 项目目的

- 掌握存储分区管理;
- 掌握使用 LVM 管理磁盘;
- 掌握使用 RAID 实现存储高可用;
- 掌握网络管理;
- 掌握进程管理;
- 掌握任务计划的使用;
- 掌握服务管理。

◉ 项目讲堂

1. 网络 Bond

网卡即网络接口卡（Network Interface Card），也被称为通信适配器或网络适配器（Network Adapter）。

Bond 即网卡绑定，是将两个或者多个物理网卡绑定为一个逻辑网卡，实现本地网卡的冗余、带宽扩容和负载均衡。

（1）Bond 模式原理。多块物理网卡虚拟为一块逻辑网卡，对外显示为一个逻辑网卡，其具有同一个 IP。网络配置使用 Bonding 技术实现网络接口硬件层面的冗余，防止网络接口的单点故障。

1）主备模式：主备模式下，会将 Slave 网口的 MAC 地址改为 Bond 接口的 MAC 地址，而 Bond 的 MAC 地址是 Bond 创建启动后，使用主用 Slave 网口的 MAC 地址。

2）负载均衡模式：负载均衡模式下，可以保持两个 Slave 网口的 MAC 地址不变，Bond 接口的 MAC 地址是其中一个网卡的，Bond 接口 MAC 地址的选择根据 Bond 实现的算法来确定。

（2）Bonding 聚合链路工作模式。Bonding 聚合链路共有 7 种工作模式，策略如下所示。

1）mod=0（balance-rr）：轮询策略，此模式下 bond 的接口数据报文按轮询方式从物理接口转发。

2）mod=1（active-backup）：主备策略，此模式下只有一个物理网卡处于活动状态，当一个宕掉另一个马上由备用转换为主用。

3）mod=2（balance-xor）：平衡策略，此模式下聚合口数据报文按源目 MAC、源目 IP、源目端口进行异或 HASH 运算得到一个值，根据该值查找接口转发数据报文，负载均衡基于指定的传输 HASH 策略传输数据包。

4）mod=3（broadcast）：广播策略，此模式下一个报文会复制多份通过 bond 的接口分别发送。

5）mod=4（802.3ad）：IEEE 802.3ad 动态链接聚合策略，在此模式下，bond 的接口上均启用 LACP（链路汇聚控制协议）协议，其端口状态通过该协议自动进行维护，基于指定的传输 HASH 策略传输数据包，默认与 balance-xor 算法相同。

6）mod=5（balance-tlb）：适配器传输负载均衡策略（Adaptive Transmit Load Balancing），此模式下每个物理接口根据当前的负载（根据速度计算）分配外出流量。如果正在接收数据的物理接口出现故障，另一个物理接口接管该故障物理接口的 MAC 地址。

7）mod=6（balance-alb）：适配器适应性负载均衡策略（Adaptive Load Balancing），此模式下在 mod=5 的 balance-tlb 基础上增加了接收负载均衡（Receive Load Balance），接收负载均衡通过 ARP 协商实现。

2. RAID

RAID（Redundant Array of Independent Disks，独立磁盘冗余阵列），由多个独立的物理磁盘组成一个逻辑上的单一磁盘或存储卷，将数据分成若干个数据块（或条带）分别存储在阵列中的各个磁盘上，通过不同的数据冗余和恢复策略，提高数据存储的可靠性和性能。

常见的 RAID 级别包括 RAID 0、RAID 1、RAID 5、RAID 6、RAID10。

（1）RAID 0：使用条带化（Striping）技术，将数据分成多个数据块，分别存储在多个磁盘上，以提高存储性能。不提供冗余功能，出现数据损坏时，无法恢复。

（2）RAID 1：使用镜像（Mirroring）技术，将数据同时写入磁盘，保证至少有一个磁盘的数据可用，提高数据可靠性。具备磁盘冗余能力，磁盘利用率为 50%。

（3）RAID 5：使用分布式奇偶校验（Distributed Parity）技术，将数据分成多个数据块，并存储在多个磁盘上。同时，使用一个额外的磁盘来存储奇偶校验信息，以便在某个磁盘发生故障时，可以恢复数据。

（4）RAID 6：使用双重分布式奇偶校验（Dual Distributed Parity）技术，类似于 RAID 5，但使用两个额外的磁盘来存储奇偶校验信息，以便在两个磁盘发生故障时，可以恢复数据。

（5）RAID 10：也称为 RAID 1+0，它结合了 RAID 1 的镜像技术和 RAID 0 的条带化技术。在 RAID 10 中，数据被镜像到两个磁盘上，每个磁盘都包含相同的数据，将这两个磁盘组合成一个条带集，并使用条带化技术将数据分割成多个数据块，将数据块分布在磁盘上，既确保了数据的可靠性，又实现了数据的高性能读写。

任务一　存储管理

【任务介绍】

磁盘管理是操作系统中一项重要的任务，本任务介绍磁盘的管理和操作，包括查看磁盘状态、分区、格式化、挂载以及检测。

【任务目标】

（1）掌握磁盘信息的查看。

（2）掌握磁盘的分区格式化。

（3）掌握磁盘的挂载。

（4）掌握使用磁盘检测工具进行磁盘检测。

【操作步骤】

步骤 1： 创建虚拟机并完成 openEuler 的安装。

在 VirtualBox 中创建虚拟机，完成 openEuler 的安装。虚拟机与操作系统的配置信息见表 3-1-1，注意虚拟机网卡工作模式为桥接。

表 3-1-1　虚拟机与操作系统的配置信息

虚拟机配置	操作系统配置
虚拟机名称：VM-Project-03-Task-01-10.10.2.31	主机名：Project-03-Task-01
内存：1GB	IP 地址：10.10.2.31
CPU：1 颗 1 核心	子网掩码：255.255.255.0
虚拟硬盘：20GB	网关：10.10.2.1
网卡：1 块，桥接	DNS：8.8.8.8

步骤 2： 给虚拟机增加磁盘。

在虚拟机关机的状态下，进入虚拟机设置界面，单击"存储"→"控制器：SATA"选项卡，单击"加号"按钮（添加虚拟硬盘），如图 3-1-1 所示；弹出"虚拟介质选择"对话框，如图 3-1-2 所示，单击"创建"按钮，根据提示创建虚拟机磁盘，依次选择"VDI（VirtualBox 磁盘映像）""动态分配（D）""10.00GB"，最后单击"选择"按钮，如图 3-1-3 所示。

步骤 3： 使用 fdisk 命令查看磁盘信息。

虚拟磁盘创建完成后，当前虚拟机拥有 2 块磁盘。开启虚拟机，查看所挂载磁盘信息及分区情况，以确认为虚拟机增加磁盘的操作。

使用 fdisk 命令可查看磁盘信息，其中/dev/sdb 为新添加的磁盘。

图 3-1-1　添加虚拟硬盘

图 3-1-2　创建虚拟硬盘（一）　　　　　图 3-1-3　创建虚拟硬盘（二）

操作命令：

1. # 使用 fdisk 查看磁盘信息
2. [root@Project-03-Task-01 ~]# fdisk -l
3. Disk /dev/sdb：10 GiB，10737418240 字节，20971520 个扇区
4. 磁盘型号：VBOX HARDDISK
5. 单元：扇区 / 1 * 512 = 512 字节
6. 扇区大小(逻辑/物理)：512 字节 / 512 字节
7. I/O 大小(最小/最佳)：512 字节 / 512 字节
8. Disk /dev/sda：20 GiB，21474836480 字节，41943040 个扇区
9. 磁盘型号：VBOX HARDDISK
10. 单元：扇区 / 1 * 512 = 512 字节
11. 扇区大小(逻辑/物理)：512 字节 / 512 字节
12. I/O 大小(最小/最佳)：512 字节 / 512 字节
13. 磁盘标签类型：dos
14. 磁盘标识符：0x79864fa7
15. 设备　　　　启动　　　起点　　　　末尾　　　扇区　　　　大小 Id　　类型
16. /dev/sda1　　*　　　　2048　　　2099199　　2097152　　1G　83　　Linux
17. /dev/sda2　　　　　　2099200　41943039　39843840　19G　8e　　LinuxLVM

18. Disk /dev/mapper/openeuler-root: 17 GiB，18249416704 字节，35643392 个扇区
19. 单元：扇区 / 1 * 512 = 512 字节
20. 扇区大小(逻辑/物理): 512 字节 / 512 字节
21. I/O 大小(最小/最佳): 512 字节 / 512 字节
22. Disk /dev/mapper/openeuler-swap: 2 GiB，2147483648 字节，4194304 个扇区
23. 单元：扇区 / 1 * 512 = 512 字节
24. 扇区大小(逻辑/物理): 512 字节 / 512 字节
25. I/O 大小(最小/最佳): 512 字节 / 512 字节

操作命令+配置文件+脚本程序+结束

步骤 4：使用 fdisk 命令创建新分区。

使用 fdisk 命令对/dev/sdb 磁盘进行分区。

操作命令：

1. # 使用 fdisk 创建新分区
2. [root@Project-03-Task-01 ~]# fdisk /dev/sdb
3. 欢迎使用 fdisk (util-linux 2.37.2)。
4. 更改将停留在内存中，直到您决定将更改写入磁盘。
5. 使用写入命令前请三思。
6. 设备不包含可识别的分区表。
7. 创建了一个磁盘标识符为 0xcccad318 的新 DOS 磁盘标签。
8. #使用子命令 p，查看/dev/sdb 磁盘的分区情况
9. 命令(输入 m 获取帮助): p
10. Disk /dev/sdb: 10 GiB，10737418240 字节，20971520 个扇区
11. 磁盘型号：VBOX HARDDISK
12. 单元：扇区 / 1 * 512 = 512 字节
13. 扇区大小(逻辑/物理): 512 字节 / 512 字节
14. I/O 大小(最小/最佳): 512 字节 / 512 字节
15. 磁盘标签类型：dos
16. 磁盘标识符：0xcccad318
17. #使用子命令 n，创建磁盘的分区
18. 命令(输入 m 获取帮助): n
19. 分区类型
20.   p   主分区 (0 primary, 0 extended, 4 free)
21.   e   扩展分区 (逻辑分区容器)
22. # 选择分区类型
23. 选择 (默认 p): p
24. 分区号 (1-4，默认 1): 1
25. 第一个扇区 (2048-20971519，默认 2048): 2048
26. 最后一个扇区，+/-sectors 或 +size{K,M,G,T,P} (2048-20971519，默认 20971519):
27. 创建了一个新分区 1，类型为"Linux"，大小为 10 GiB
28. #将修改写入磁盘
29. 命令(输入 m 获取帮助): w
30. 分区表已调整。
31. 将调用 ioctl() 来重新读分区表
32. 正在同步磁盘
33. # 查看/dev/sdb 分区情况

34. [root@Project-03-Task-01 ~]# fdisk -l /dev/sdb
35. Disk /dev/sdb：10 GiB，10737418240 字节，20971520 个扇区
36. 磁盘型号：VBOX HARDDISK
37. 单元：扇区 / 1 * 512 = 512 字节
38. 扇区大小(逻辑/物理)：512 字节 / 512 字节
39. I/O 大小(最小/最佳)：512 字节 / 512 字节
40. 磁盘标签类型：dos
41. 磁盘标识符：0xcccad318
42. 设备　　　启动　　　起点　　　末尾　　　扇区　　　大小 Id　类型
43. /dev/sdb1　　　2048　　20971519　20969472　10G 83　Linux

操作命令+配置文件+脚本程序+结束

步骤 5： 使用 mkfs 命令进行分区格式化。

磁盘分区后，需要进行格式化，使用 mkfs 命令将/dev/sdb1 分区格式化为 ext4 格式。

操作命令：

1. # 将分区/dev/sdb1 格式化为 ext4 格式，或者使用命令"mkfs.ext4 /dev/sdb1"
2. [root@Project-03-Task-01 ~]# mkfs -t ext4 /dev/sdb1
3. mke2fs 1.46.4 (18-Aug-2021)
4. 创建含有 2621184 个块（每块 4k）和 655360 个 inode 的文件系统
5. 文件系统 UUID：ddf43449-b0bc-4403-9965-0b6ff6e78cab
6. 超级块的备份存储于下列块：
7. 　　　32768, 98304, 163840, 229376, 294912, 819200, 884736, 1605632
8.
9. 正在分配组表： 完成
10. 正在写入 inode 表： 完成
11. 创建日志（16384 个块）完成
12. 写入超级块和文件系统账户统计信息： 已完成

操作命令+配置文件+脚本程序+结束

步骤 6： 实现磁盘分区挂载。

（1）格式化后的分区需挂载才能使用，通过 mount 命令将/dev/sdb1 挂载至/disk1 目录。

操作命令：

1. # 创建目录 disk1
2. [root@Project-03-Task-01 ~]# mkdir /disk1
3. # 将/dev/sdb1 挂载至/disk1 目录
4. [root@Project-03-Task-01 ~]# mount /dev/sdb1 /disk1

操作命令+配置文件+脚本程序+结束

（2）实现开机自动挂载。为了操作系统进行重启操作后，/dev/sdb1 分区仍能正常访问，需要将分区挂载设置为开机自动挂载。

操作命令：

1. # 设置开机自动挂载
2. [root@Project-03-Task-01 ~]# sed -i '$a /dev/sdb1 /disk1 ext4 defaults 1 2 ' /etc/fstab

操作命令+配置文件+脚本程序+结束

（3）重启系统验证分区访问。

步骤 7：使用 badblocks 命令进行磁盘检测。

使用 badblocks 命令对整个硬盘或指定的分区进行扫描，并通过读写测试来检测坏块。

（1）对/dev/sda1 进行磁盘分区检测，查看磁盘是否存在损坏。

操作命令：

1. # 使用 badblocks 进行磁盘分区检测
2. [root@Project-03-Task-01 ~]# badblocks /dev/sda1
3. # 若存在坏块则输出，若未输出则说明未检测到坏块

操作命令+配置文件+脚本程序+结束

（2）指定磁盘以"4096"作为块大小进行检查，每块检查 16 次，并将结果发送至"badblock-list"文件中，进行查看检测。

操作命令：

1. # 使用 badblocks 命令进行磁盘分区检测
2. [root@Project-03-Task-01 ~]# badblocks -b 4096 -c 16 /dev/sda1 -o badblock-list
3. [root@Project-03-Task-01 ~]# cat badblock-list
4. # 若存在坏块则输出，若未输出则说明未检测到坏块

操作命令+配置文件+脚本程序+结束

 提醒

（1）检测主机文件系统前，需要卸载目标分区，再进行检测，检测完成再进行挂载。

（2）磁盘检测有一定风险，建议做好备份等措施后再进行操作。

命令详解：

【语法】
badblocks [选项] [参数]
【选项】
-b <区块大小>: 　　　指定磁盘的区块大小，单位为字节
-o <输出文件>: 　　　将检查结果写入指定的文件
-s: 　　　检查时显示进度
-v: 　　　执行时显示详细的信息
-w: 　　　检查时执行写入

操作命令+配置文件+脚本程序+结束

【任务扩展】

1. 磁盘 IO

磁盘 IO 指磁盘输入/输出特性，包括传输速率、块读取速率和块写入速率，是计算机系统中一个重要的性能指标。

2. 文件系统

（1）概述。文件系统是管理文件和目录的一套机制，基本数据单位是文件。它主要是对磁盘上的文件进行组织管理，组织的方式不同，形成的文件系统也会不同。

Linux 系统中一切皆文件，文件系统给每个文件分配两个数据结构：索引节点（index node）和目录项（directory entry），用来记录文件的元信息和目录层次结构。

1）索引节点：用来记录文件的元信息，比如 inode 编号、文件大小、访问权限、创建时间、修改时间以及数据在磁盘的位置等。索引节点是文件的唯一标识，同样被存储在磁盘当中，索引节点也会占用磁盘的存储空间。

2）目录项：用来记录文件的名字、索引节点指针以及与其他目录项的层级关联关系。多个目录项关联起来，就会形成目录结构，但是它与索引节点不相同的是，目录项是由内核维护的一个数据结构，不是存放在磁盘中，而是缓存在内存里。

（2）常见目录描述。Linux 操作系统安装完成后会创建一些默认的目录，这些默认目录是有特殊功能的。用户在不确定的情况下最好不要更改这些目录下的文件，以免造成系统错误。常用默认目录及其说明见表 3-1-2。

表 3-1-2　常用默认目录及其说明

目录	说明
/	Linux 文件系统的入口，也是整个文件系统的最顶层目录
/bin	存放可执行的命令文件，供系统管理员和普通用户使用
/boot	存放内核镜像及引导系统所需要的文件
/dev	存放设备文件
/etc	存放系统配置文件
/home	存放普通用户的个人主目录
/lib	存放库文件
/lost+found	存放因系统意外崩溃或机器意外关机而产生的文件碎片，当系统启动的过程中 fsck 工具会检查这个目录，并修复受损的文件系统
/proc	一个实时的、驻留在内存中的文件系统，用于存放操作系统、运行进程以及内核等信息
/root	用户默认主目录
/tmp	临时文件目录，用户运行程序时所产生的临时文件就存放在这个目录下
/var/log	存放系统日志

任务二　使用 LVM 管理磁盘

扫码看视频

【任务介绍】

本任务使用 LVM（Logical Volume Manager）对磁盘分区进行管理，以提高磁盘分区管理的灵活性。

本任务在任务一的基础上进行。

【任务目标】

掌握使用 LVM 管理磁盘。

【操作步骤】

步骤 1：给虚拟机增加磁盘。

参考本项目的任务一，给虚拟机新增加两块磁盘，选择"VDI（VirtualBox 磁盘映像）""动态分配（D）""10.00GB"。

步骤 2：查看磁盘信息。

使用 fdisk 命令可查看磁盘信息，其中/dev/sdc 和/dev/sdd 为新添加的磁盘。

操作命令：

```
1.   # 使用 fdisk 查看磁盘信息
2.   [root@Project-03-Task-01 ~]# fdisk -l
3.   Disk /dev/sdb: 10 GiB，10737418240 字节，20971520 个扇区
4.   磁盘型号：VBOX HARDDISK
5.   单元：扇区 / 1 * 512 = 512 字节
6.   扇区大小(逻辑/物理)：512 字节 / 512 字节
7.   I/O 大小(最小/最佳)：512 字节 / 512 字节
8.   磁盘标签类型：dos
9.   磁盘标识符：0xcccad318
10.
11.  设备          启动   起点      末尾          扇区         大小    Id    类型
12.  /dev/sdb1            2048    20971519    20969472    10G     83    Linux
13.
14.
15.  Disk /dev/sdd: 10 GiB，10737418240 字节，20971520 个扇区
16.  磁盘型号：VBOX HARDDISK
17.  单元：扇区 / 1 * 512 = 512 字节
18.  扇区大小(逻辑/物理)：512 字节 / 512 字节
19.  I/O 大小(最小/最佳)：512 字节 / 512 字节
20.
21.
22.  Disk /dev/sdc: 10 GiB，10737418240 字节，20971520 个扇区
23.  磁盘型号：VBOX HARDDISK
24.  单元：扇区 / 1 * 512 = 512 字节
25.  扇区大小(逻辑/物理)：512 字节 / 512 字节
26.  I/O 大小(最小/最佳)：512 字节 / 512 字节
27.
28.
29.  Disk /dev/sda: 20 GiB，21474836480 字节，41943040 个扇区
30.  磁盘型号：VBOX HARDDISK
31.  单元：扇区 / 1 * 512 = 512 字节
32.  扇区大小(逻辑/物理)：512 字节 / 512 字节
33.  I/O 大小(最小/最佳)：512 字节 / 512 字节
34.  磁盘标签类型：dos
35.  磁盘标识符：0x79864fa7
36.
```

项目三

设备	启动	起点	末尾	扇区	大小	Id	类型
37.							
38. /dev/sda1	*	2048	2099199	2097152	1G	83	Linux
39. /dev/sda2		2099200	41943039	39843840	19G	8e	Linux LVM

```
40.
41.
42.  Disk /dev/mapper/openeuler-root: 17 GiB，18249416704 字节，35643392 个扇区
43.  单元：扇区 / 1 * 512 = 512 字节
44.  扇区大小(逻辑/物理)：512 字节 / 512 字节
45.  I/O 大小(最小/最佳)：512 字节 / 512 字节
46.
47.
48.  Disk /dev/mapper/openeuler-swap: 2 GiB，2147483648 字节，4194304 个扇区
49.  单元：扇区 / 1 * 512 = 512 字节
50.  扇区大小(逻辑/物理)：512 字节 / 512 字节
51.  I/O 大小(最小/最佳)：512 字节 / 512 字节
```

操作命令+配置文件+脚本程序+结束

步骤 3：管理物理卷。

（1）创建物理卷。使用 pvcreate 命令将/dev/sdc、/dev/sdd 创建为物理卷。

操作命令：

```
1.  #  创建物理卷
2.  [root@Project-03-Task-01 ~]# pvcreate /dev/sdc /dev/sdd
3.      Physical volume "/dev/sdc" successfully created.
4.      Physical volume "/dev/sdd" successfully created.
```

操作命令+配置文件+脚本程序+结束

（2）查看物理卷。使用 pvdisplay 命令查看/dev/sdc、/dev/sdd 物理卷的信息。

操作命令：

```
1.  #  查看/dev/sdc 物理卷信息
2.  [root@Project-03-Task-01 ~]# pvdisplay /dev/sdc
3.      "/dev/sdc" is a new physical volume of "10.00 GiB"
4.      --- NEW Physical volume ---
5.      PV Name              /dev/sdc
6.      VG Name
7.      PV Size              10.00 GiB
8.      Allocatable          NO
9.      PE Size              0
10.     Total PE             0
11.     Free PE              0
12.     Allocated PE         0
13.     PV UUID              GsvNMK-wJRD-VYBz-lYPQ-6tTf-T66x-YYb5zx
14.  #  查看/dev/sdd 物理卷信息
15.  [root@Project-03-Task-01 ~]# pvdisplay /dev/sdd
16.     "/dev/sdd" is a new physical volume of "10.00 GiB"
17.     --- NEW Physical volume ---
18.     PV Name              /dev/sdd
19.     VG Name
```

20.	PV Size	10.00 GiB
21.	Allocatable	NO
22.	PE Size	0
23.	Total PE	0
24.	Free PE	0
25.	Allocated PE	0
26.	PV UUID	oRC2Ld-xDAM-i2Np-qn35-y2ea-OyMy-oommch

操作命令+配置文件+脚本程序+结束

pvdisplay 查看物理卷的参数解释如下。

（1）PV Name: 物理卷的名称。

（2）VG Name: 卷组的名称。

（3）PV Size: 物理卷的大小。

（4）Allocatable: 物理卷是否可以被分配空间。

（5）PE Size: 物理扩展（PE）的大小。

（6）Total PE: 物理卷上的总物理扩展数量。

（7）Free PE: 物理卷上剩余的物理扩展数量。

（8）Allocated PE: 已经被分配的物理扩展数量。

（9）PV UUID: 物理卷的唯一标识符。

（3）删除物理卷。使用 pvremove 命令删除物理卷。

操作命令：

```
1.   #  删除物理卷
2.   [root@Project-03-Task-01 ~]# pvremove /dev/sdd
3.      Labels on physical volume "/dev/sdd" successfully wiped.
4.   #  删除物理卷后再次查看，提示未找到
5.   [root@Project-03-Task-01 ~]# pvdisplay /dev/sdd
6.      Failed to find physical volume "/dev/sdd".
7.   #  重新创建/dev/sdd 物理卷
8.   [root@Project-03-Task-01 ~]# pvcreate /dev/sdd
9.      Physical volume "/dev/sdd" successfully created.
```

操作命令+配置文件+脚本程序+结束

提醒 如果物理卷已经加入卷组，需要先删除卷组或者从卷组中移除后再删除物理卷。

步骤 4： 管理卷组。

（1）创建一个名为"project03"的卷组，并将物理卷/dev/sdc、/dev/sdd 加入卷组"project03"中。

操作命令：

```
1.   #创建名为 project03 的卷组，并将物理卷/dev/sdc、/dev/sdd 加入卷组
2.   [root@Project-03-Task-01 ~]# vgcreate project03 /dev/sdc /dev/sdd
3.      Volume group "project03" successfully created
```

操作命令+配置文件+脚本程序+结束

（2）查看卷组信息。

操作命令：

```
1.    # 查看卷组信息
2.    [root@Project-03-Task-01 ~]# vgdisplay project03
3.      --- Volume group ---
4.      VG Name                project03
5.      System ID
6.      Format                 lvm2
7.      Metadata Areas         2
8.      Metadata Sequence No   1
9.      VG Access              read/write
10.     VG Status              resizable
11.     MAX LV                 0
12.     Cur LV                 0
13.     Open LV                0
14.     Max PV                 0
15.     Cur PV                 2
16.     Act PV                 2
17.     VG Size                19.99 GiB
18.     PE Size                4.00 MiB
19.     Total PE               5118
20.     Alloc PE / Size        0 / 0
21.     Free  PE / Size        5118 / 19.99 GiB
22.     VG UUID                66f245-clbL-fQLA-pprm-qc1F-U5l2-vv8O0r
```

操作命令+配置文件+脚本程序+结束

查看卷组信息的参数解释如下。

（1）VG Name：卷组的名字。

（2）System ID：卷组的系统标识符。

（3）Format：卷组的格式。

（4）Metadata Areas：卷组使用的元数据区域数量。

（5）Metadata Sequence No：元数据的序列号。

（6）VG Access：卷组的访问模式。

（7）VG Status：卷组的当前状态。

（8）MAX LV：卷组可以支持的最大逻辑卷数量。

（9）Cur LV：当前在卷组中创建的逻辑卷的数量。

（10）Open LV：当前打开的逻辑卷的数量。

（11）Max PV：卷组可以支持的最大物理卷数量。

（12）Cur PV：当前在卷组中的物理卷的数量。

（13）Act PV：实际使用的物理卷的数量。

（14）VG Size：卷组的总大小。

（15）PE Size：表示物理扩展（PE）的大小。

（16）Total PE：表示卷组中总的物理扩展数量。

（17）Alloc PE / Size：已经分配的物理扩展的数量和大小。

（18）Free PE / Size：剩余的物理扩展的数量和大小。

（19）VG UUID：卷组的唯一标识符。

步骤 5：管理逻辑卷。

（1）使用 lvcreate 命令在卷组"project03"中创建一个大小 10GB，名为"lv03"的逻辑卷。

操作命令：

```
1.    # 在卷组"project03"中创建一个大小 10GB，名为"lv03"逻辑卷
2.    [root@Project-03-Task-01 ~]# lvcreate -L 10G -n lv03 project03
3.        Logical volume "lv03" created.
```

操作命令+配置文件+脚本程序+结束

管理逻辑卷的参数解释：

（1）lvresize：调整逻辑卷大小。

（2）lvextend：扩展逻辑卷。

（3）lvreduce：收缩逻辑卷。

（4）lvremove：删除逻辑卷。

（2）查看逻辑卷的信息。

操作命令：

```
1.    # 查看逻辑卷的信息
2.    [root@Project-03-Task-01 ~]# lvdisplay /dev/project03/lv03
3.        --- Logical volume ---
4.        LV Path                  /dev/project03/lv03
5.        LV Name                  lv03
6.        VG Name                  project03
7.        LV UUID                  6Y5eQe-BHCR-OY6D-TGuG-J9cV-uMQ7-AE8jj3
8.        LV Write Access          read/write
9.        LV Creation host, time Project-03-Task-01, 2023-10-29 20:18:42 +0800
10.       LV Status                available
11.       # open                   0
12.       LV Size                  10.00 GiB
13.       Current LE               2560
14.       Segments                 2
15.       Allocation               inherit
16.       Read ahead sectors       auto
17.       - currently set to       8192
18.       Block device             253:2
```

操作命令+配置文件+脚本程序+结束

步骤 6：挂载文件系统。

（1）格式化逻辑卷"/dev/project03/lv03"。

操作命令：

```
1.    # 格式化/dev/project03/lv03
2.    [root@Project-03-Task-01 ~]# mkfs -t ext4 /dev/project03/lv03
3.    mke2fs 1.46.4 (18-Aug-2021)
4.    创建含有 2621440 个块（每块 4k）和 655360 个 inode 的文件系统
5.    文件系统 UUID：63fda039-c2ab-4278-89be-11834dc52b92
6.    超级块的备份存储于下列块：
7.            32768, 98304, 163840, 229376, 294912, 819200, 884736, 1605632
```

8.
9. 　正在分配组表：　完成
10. 　正在写入 inode 表：　完成
11. 　创建日志（16384 个块）完成
12. 　写入超级块和文件系统账户统计信息：　已完成

操作命令+配置文件+脚本程序+结束

（2）手动挂载。

操作命令：

1. 　# 创建挂载目录/disk2
2. 　[root@Project-03-Task-01 ~]# mkdir /disk2
3. 　# 将/dev/project03/lv03 挂载至目录/disk2
4. 　[root@Project-03-Task-01 ~]# mount /dev/project03/lv03 /disk2

操作命令+配置文件+脚本程序+结束

（3）实现开机自动挂载。为了磁盘分区在操作系统进行重启操作后，仍能正常访问，需要将分区挂载设置为开机自动挂载。

1）使用 blkid 命令查看逻辑卷的 UUID，/dev/mapper/project03-lv03 的 UUID 为 63fda039-c2ab-4278-89be-11834dc52b92。

操作命令：

1. 　# 查看逻辑卷 UUID
2. 　[root@Project-03-Task-01 ~]# blkid
3. 　/dev/mapper/openeuler-swap: UUID="285de7aa-1522-45de-b956-5c4efda98063" TYPE="swap"
4. 　/dev/sdd: UUID="n6xDpk-aY7W-uhPq-7KwC-nbmd-b8VE-dUsenQ" TYPE="LVM2_member"
5. 　/dev/sdb1: UUID="5ee5cbce-3af0-4579-a80a-2103a207fad7" BLOCK_SIZE="4096" TYPE="ext4" PARTU
UID="cccad318-01"
6. 　/dev/mapper/project03-lv03: UUID="63fda039-c2ab-4278-89be-11834dc52b92" BLOCK_SIZE="4096" TY
PE="ext4"
7. 　/dev/mapper/openeuler-root: UUID="76ddf516-00b4-46fd-852e-388861268c43" BLOCK_SIZE="4096" TY
PE="ext4"
8. 　/dev/sdc: UUID="GsvNMK-wJRD-VYBz-lYPQ-6tTf-T66x-YYb5zx" TYPE="LVM2_member"
9. 　/dev/sda2: UUID="31zNdm-ySTS-xVrE-fCjN-Q4Zn-Do9V-I7JoGO" TYPE="LVM2_member" PARTUUID=
"79864fa7-02"
10. 　/dev/sda1: UUID="685b3640-e7a5-4341-ab61-9d5063105c95" BLOCK_SIZE="4096" TYPE="ext4" PART
UID="79864fa7-01"

操作命令+配置文件+脚本程序+结束

2）使用 vi /etc/fstab 命令编辑 fstab 文件，在文件中追加以下内容。

配置文件：

1. 　UUID=63fda039-c2ab-4278-89be-11834dc52b92　　/disk2　　ext4　　defaults　　0 0

操作命令+配置文件+脚本程序+结束

小贴士

（1）第 1 列：UUID，填写查询的 UUID。
（2）第 2 列：文件系统的挂载目录。
（3）第 3 列：文件系统的文件格式，填写查询的文件系统类型。
（4）第 4 列：挂载选项。

（5）第 5 列：备份选项，设置为"1"时，系统自动对该文件系统进行备份，设置为"0"时，不进行备份。

（6）第 6 列：扫描选项，设置为"1"时，系统在启动时自动对该文件系统进行扫描；设置为"0"时，不进行扫描。

3）验证自动挂载功能。

操作命令：

```
1.  # 使用 umount 命令卸载文件系统
2.  [root@Project-03-Task-01 ~]# umount /dev/project03/lv03
3.  # 重新加载/etc/fstab 文件内容
4.  [root@Project-03-Task-01 ~]# mount -a
5.  # 查询文件系统挂载信息，说明已经挂载到目录/disk2
6.  [root@Project-03-Task-01 ~]# mount | grep /disk2
7.  /dev/mapper/project03-lv03 on /disk2 type ext4 (rw,relatime,seclabel)
```

操作命令+配置文件+脚本程序+结束

【任务扩展】

1. LVM

LVM（Logical Volume Manager），即逻辑卷管理，是 Linux 环境下对磁盘分区进行管理的一种机制，LVM 是建立在硬盘和分区之上的一个逻辑层，用来提高磁盘分区管理的灵活性。

2. 物理卷（PV）

物理卷，即物理磁盘分区，是 LVM 的基本存储逻辑块。

3. 卷组（VG）

卷组是将多个物理硬盘整合到一起形成的逻辑卷组。

4. 逻辑卷（LV）

逻辑卷是从卷组 VG 中划分出来的存放数据的磁盘空间。

任务三　通过 RAID 实现存储高可用

扫码看视频

【任务介绍】

本任务使用 mdadm 工具创建 RAID1，实现存储高可用。
本任务在任务二的基础上进行。

【任务目标】

掌握配置 RAID 实现存储高可用的方法。

【操作步骤】

步骤 1：给虚拟机增加磁盘。

参考本项目的任务一给虚拟机新增加两块磁盘，选择"VDI（VirtualBox 磁盘映像）""动态分配（D）" "10.00GB"。

步骤 2：了解 mdadm。

使用 mdadm 命令可在 Linux 操作系统中实现 RAID 管理。默认 mdadm 命令没有安装，可使用 YUM 在线安装 mdadm。

操作命令：

```
1.  # 使用 YUM 安装 mdadm
2.  [root@Project-03-Task-01 ~]# yum  install  -y  mdadm
```

操作命令+配置文件+脚本程序+结束

步骤 3：查看磁盘信息。

使用 fdisk 命令可查看磁盘信息，其中/dev/sde、/dev/sdf 为新增加的磁盘。

操作命令：

```
1.   # 查看磁盘信息
2.   [root@Project-03-Task-01 ~]# fdisk -l
3.   Disk /dev/sdd: 10 GiB，10737418240 字节，20971520 个扇区
4.   磁盘型号：VBOX HARDDISK
5.   单元：扇区  / 1 * 512 = 512 字节
6.   扇区大小(逻辑/物理)：512 字节 / 512 字节
7.   I/O 大小(最小/最佳)：512 字节 / 512 字节
8.
9.   Disk /dev/sdc: 10 GiB，10737418240 字节，20971520 个扇区
10.  磁盘型号：VBOX HARDDISK
11.  单元：扇区  / 1 * 512 = 512 字节
12.  扇区大小(逻辑/物理)：512 字节 / 512 字节
13.  I/O 大小(最小/最佳)：512 字节 / 512 字节
14.
15.  Disk /dev/sde: 10 GiB，10737418240 字节，20971520 个扇区
16.  磁盘型号：VBOX HARDDISK
17.  单元：扇区  / 1 * 512 = 512 字节
18.  扇区大小(逻辑/物理)：512 字节 / 512 字节
19.  I/O 大小(最小/最佳)：512 字节 / 512 字节
20.
21.  Disk /dev/sdb: 10 GiB，10737418240 字节，20971520 个扇区
22.  磁盘型号：VBOX HARDDISK
23.  单元：扇区  / 1 * 512 = 512 字节
24.  扇区大小(逻辑/物理)：512 字节 / 512 字节
25.  I/O 大小(最小/最佳)：512 字节 / 512 字节
26.  磁盘标签类型：dos
27.  磁盘标识符：0xcccad318
28.
29.  设备          启动      起点      末尾        扇区       大小    Id    类型
30.  /dev/sdb1            2048     20971519   20969472    10G    83    Linux
31.
32.  Disk /dev/sdf: 10 GiB，10737418240 字节，20971520 个扇区
33.  磁盘型号：VBOX HARDDISK
```

34. 单元：扇区 / 1 * 512 = 512 字节
35. 扇区大小(逻辑/物理)：512 字节 / 512 字节
36. I/O 大小(最小/最佳)：512 字节 / 512 字节
37.
38. Disk /dev/sda: 20 GiB，21474836480 字节，41943040 个扇区
39. 磁盘型号：VBOX HARDDISK
40. 单元：扇区 / 1 * 512 = 512 字节
41. 扇区大小(逻辑/物理)：512 字节 / 512 字节
42. I/O 大小(最小/最佳)：512 字节 / 512 字节
43. 磁盘标签类型：dos
44. 磁盘标识符：0x79864fa7
45.

设备	启动	起点	末尾	扇区	大小	Id	类型
46.							
47. /dev/sda1	*	2048	2099199	2097152	1G	83	Linux
48. /dev/sda2		2099200	41943039	39843840	19G	8e	Linux LVM

49.
50. Disk /dev/mapper/openeuler-root：17 GiB，18249416704 字节，35643392 个扇区
51. 单元：扇区 / 1 * 512 = 512 字节
52. 扇区大小(逻辑/物理)：512 字节 / 512 字节
53. I/O 大小(最小/最佳)：512 字节 / 512 字节
54.
55. Disk /dev/mapper/openeuler-swap：2 GiB，2147483648 字节，4194304 个扇区
56. 单元：扇区 / 1 * 512 = 512 字节
57. 扇区大小(逻辑/物理)：512 字节 / 512 字节
58. I/O 大小(最小/最佳)：512 字节 / 512 字节
59.
60. Disk /dev/mapper/project03-lv03：10 GiB，10737418240 字节，20971520 个扇区
61. 单元：扇区 / 1 * 512 = 512 字节
62. 扇区大小(逻辑/物理)：512 字节 / 512 字节
63. I/O 大小(最小/最佳)：512 字节 / 512 字节

操作命令+配置文件+脚本程序+结束

步骤 4： 使用 mdadm 命令创建 RAID1。
使用 mdadm 命令将/dev/sde、/dev/sdf 两块磁盘创建为名为 "/dev/md1" 的逻辑磁盘。

操作命令：

```
1.  # 将/dev/sde、/dev/sdf 创建为 Raid
2.  [root@Project-03-Task-01 ~]# mdadm --create /dev/md1 -a yes --level=1 --raid-devices=2 /dev/sd{e,f}
3.  mdadm: Note: this array has metadata at the start and
4.      may not be suitable as a boot device.  If you plan to
5.      store '/boot' on this device please ensure that
6.      your boot-loader understands md/v1.x metadata, or use
7.      --metadata=0.90
8.  mdadm: size set to 10476544K
9.  Continue creating array?
10. Continue creating array? (y/n) y
11. mdadm: Defaulting to version 1.2 metadata
12. mdadm: array /dev/md1 started.
```

操作命令+配置文件+脚本程序+结束

mdadm 创建 RAID 的参数解释如下。
（1）--create：用于创建新 RAID。
（2）--level=1：RAID 级别为 1。
（3）--raid-devices=2：磁盘数量为 2。
（4）-a yes：自动创建 RAID。

小贴士

步骤 5：格式化 RAID1。

使用 mkfs 命令将 /dev/md1 格式化为 ext4 格式。

操作命令：

```
1.   # 格式化磁盘
2.   [root@Project-03-Task-01 ~]# mkfs -t ext4 /dev/md1
3.   mke2fs 1.46.4 (18-Aug-2021)
4.   创建含有 2619136 个块（每块 4k）和 655360 个 inode 的文件系统
5.   文件系统 UUID：fc0f3196-25bb-4541-a095-cb62f7de8d69
6.   超级块的备份存储于下列块：
7.         32768, 98304, 163840, 229376, 294912, 819200, 884736, 1605632
8.
9.   正在分配组表： 完成
10.  正在写入 inode 表： 完成
11.  创建日志（16384 个块）完成
12.  写入超级块和文件系统账户统计信息： 已完成
```

操作命令+配置文件+脚本程序+结束

步骤 6：实现 RAID 挂载。

（1）挂载 RAID 设备。

操作命令：

```
1.   #创建挂载目录/disk3
2.   [root@Project-03-Task-01 ~]# mkdir /disk3
3.   #将/dev/md1 挂载至目录/disk3
4.   [root@Project-03-Task-01 ~]# mount /dev/md1 /disk3
```

操作命令+配置文件+脚本程序+结束

（2）实现开机自动挂载。为了/dev/md1 在操作系统执行重启操作后仍能正常访问，需要设置开机自动挂载。

1）执行 vi /etc/fstab 编辑 fstab 文件，在文件中追加以下内容。

配置文件：

```
1.   /dev/md1    /disk3    ext4    defaults    0 0
```

操作命令+配置文件+脚本程序+结束

2）验证自动挂载功能。

操作命令：

```
1.   # 使用 umount 命令卸载文件系统
```

2. [root@Project-03-Task-01 ~]# umount /dev/md1
3. # 重新加载/etc/fstab 文件内容
4. [root@Project-03-Task-01 ~]# mount -a
5. # 查询文件系统挂载信息，说明已经挂载到目录/disk3
6. [root@Project-03-Task-01 /]# mount | grep /disk3
7. /dev/md1 on /disk3 type ext4 (rw,relatime,seclabel)

操作命令+配置文件+脚本程序+结束

任务四　网络管理

【任务介绍】

本任务介绍网络接口卡、网络连接的管理和配置，并实现配置 Bond 以提高网络可靠性。

本任务在任务一的基础上进行。

【任务目标】

（1）掌握使用 nmcli 配置网络。

（2）掌握使用 nmtui 配置网络。

（3）掌握使用创建 Bond 实现网络高可靠性。

【操作步骤】

步骤 1： 给虚拟机增加网卡。

在虚拟机关机的状态下，进入虚拟机设置界面，在"网络"选项中单击"网卡 2"选项卡，选中"启用网络连接（E）"前的复选框，并配置网卡 2 的连接方式为"桥接网卡"，如图 3-4-1 所示。

图 3-4-1　添加新网卡

步骤 2：通过 nmcli 工具配置网络。

nmcli 是用于控制 NetworkManager 的网络管理工具，通过命令行界面来配置、监控和管理网络连接。

（1）查看网络配置信息。

操作命令：

```
1.   #  查看网络配置信息
2.   [root@Project-03-Task-01 ~]# nmcli
3.   enp0s3: 已连接  到 enp0s3
4.         "Intel 82540EM"
5.         ethernet (e1000), 08:00:27:1B:F0:0D, 硬件, mtu 1500
6.         ip4 默认，ip6 默认
7.         inet4 10.10.2.31/24
8.         route4 10.10.2.0/24
9.         route4 0.0.0.0/0
10.        inet6 2408:8220:18:bca1:a00:27ff:fe1b:f00d/64
11.        inet6 fe80::a00:27ff:fe1b:f00d/64
12.        route6 2408:8220:18:bca1::/64
13.        route6 ::/0
14.        route6 fe80::/64
15.
16.  enp0s8: 已断开
17.        "Intel 82540EM"
18.        ethernet (e1000), 08:00:27:A7:CC:D0, 硬件, mtu 1500
19.
20.  lo: 未托管
21.        "lo"
22.        loopback (unknown), 00:00:00:00:00:00, 软件, mtu 65536
23.
24.  DNS configuration:
25.        servers: 8.8.8.8
26.        interface: enp0s3
27.
28.        servers: fe80::6664:4aff:fec9:5df6
29.        interface: enp0s3
```

操作命令+配置文件+脚本程序+结束

（2）使用 nmcli 命令查看特定连接的详细信息。

操作命令：

```
1.   #  查看网络连接 enp0s3 的详细信息
2.   [root@Project-03-Task-01 ~]# nmcli connection show enp0s3
3.   connection.id:                       enp0s3
4.   connection.uuid:                     470a953b-3a1d-4030-b68c-1636b88cc405
5.   connection.stable-id:                --
6.   connection.type:                     802-3-ethernet
7.   connection.interface-name:           enp0s3
8.   connection.autoconnect:              是
9.   connection.autoconnect-priority:     0
```

10.	connection.autoconnect-retries:	-1 (default)
11.	connection.multi-connect:	0（default）
12.	connection.auth-retries:	-1
13.	connection.timestamp:	1699771974
14.	……	

操作命令+配置文件+脚本程序+结束

 小贴士　　NetworkManager 是网络管理守护程序，用来动态控制及配置网络的守护进程，提供了网络接口管理和网络状态查询的功能。

命令详解：

【语法】

nmcli [选项] 对象 {命令}

【选项】

-e:	是否在值中转义列分隔符
-f:	指定要输出的字段
-m:	多行输出模式
-o:	概述模式
-t:	简洁输出，仅显示必要信息
-w:	设置等待完成操作的超时

【对象】

g[eneral]:	NetworkManager 的常规状态和操作，可查看 NetworkManager 的整体状态
n[etworking]:	整体网络控制，可以进行网络连接的开启和关闭等操作
r[adio]:	NetworkManager 的无线网络管理，可管理无线网络的开启和关闭等操作
c[onnection]:	NetworkManager 的连接，可查看和管理当前存在的网络连接
d[evice]:	由 NetworkManager 管理的设备，可查看和管理连接到 NetworkManager 的设备
a[gent]:	NetworkManager 代理或 polkit 代理，可进行与身份验证和授权相关的操作
m[onitor]:	监视 NetworkManager 的变化，可实时查看 NetworkManager 的状态和事件变化

操作命令+配置文件+脚本程序+结束

（3）配置网络连接。使用 nmcli 命令可以创建、显示、编辑、删除、激活、停用网络连接及控制、显示网络设备状态。本步骤将 IP 地址临时修改为 10.10.2.32，DNS 修改为 114.114.114.114，并在后续的步骤进行恢复。

操作命令：

```
1.  # 设置 IP 配置为静态配置
2.  [root@Project-03-Task-01 ~]# nmcli c modify enp0s3 ipv4.method manual
3.  # 修改连接为自动连接
4.  [root@Project-03-Task-01 ~]# nmcli c modify enp0s3 connection.autoconnect yes
5.  # 将地址修改为 10.10.2.32
6.  [root@Project-03-Task-01 ~]# nmcli c modify enp0s3 ipv4.addresses "10.10.2.32/24" ipv4.gateway 10.10.
    2.1
7.  # 修改 DNS 为 114.114.114.114
8.  [root@Project-03-Task-01 ~]# nmcli c modify enp0s3 ipv4.dns 114.114.114.114
9.  # 重新载入网络配置使配置生效
10. [root@Project-03-Task-01 ~]# nmcli c reload
```

11.　[root@Project-03-Task-01 ~]# nmcli c up enp0s3

（4）查看网络配置。

操作命令：

1.　# 查看网络配置，验证配置生效
2.　[root@Project-03-Task-01 ~]# nmcli device show enp0s3
3.　GENERAL.DEVICE: enp0s3
4.　GENERAL.TYPE: ethernet
5.　GENERAL.HWADDR: 08:00:27:1B:F0:0D
6.　GENERAL.MTU: 1500
7.　GENERAL.STATE: 100（已连接）
8.　GENERAL.CONNECTION: enp0s3
9.　GENERAL.CON-PATH: /org/freedesktop/NetworkManager/ActiveConnection/2
10.　WIRED-PROPERTIES.CARRIER   开
11.　IP4.ADDRESS[1]:   10.10.2.32/24
12.　IP4.GATEWAY: 10.10.2.1
13.　IP4.ROUTE[1]:   dst = 10.10.2.0/24, nh = 0.0.0.0, mt = 100
14.　IP4.ROUTE[2]:   dst = 0.0.0.0/0, nh = 10.10.2.1, mt = 100
15.　IP4.DNS[1]:   114.114.114.114
16.　IP6.ADDRESS[1]:   2408:8220:17:eed1:a00:27ff:fe1b:f00d/64
17.　IP6.ADDRESS[2]:   2408:8220:17:eed1::7e4/128
18.　IP6.ADDRESS[3]:   fe80::a00:27ff:fe1b:f00d/64
19.　IP6.GATEWAY: fe80::6664:4aff:fec9:5df6
20.　IP6.ROUTE[1]:   dst = 2408:8220:17:eed1::/64, nh = ::, mt = 100
21.　IP6.ROUTE[2]:   dst = ::/0, nh = fe80::6664:4aff:fec9:5df6, mt = 100
22.　IP6.ROUTE[3]:   dst = fe80::/64, nh = ::, mt = 100
23.　IP6.ROUTE[4]:   dst = 2408:8220:17:eed1::7e4/128, nh = ::, mt = 100
24.　IP6.DNS[1]:   fe80::6664:4aff:fec9:5df6
25.　……

步骤 3：使用 nmtui 工具配置网络。

使用 nmtui 工具可使用文本用户界面进行网络管理。nmtui 工具配置网络后，需重新载入网络配置文件以使配置生效。

（1）输入 nmtui 命令进入文本编辑界面，如图 3-4-2 所示。

（2）使用方向键移动光标，选择"编辑连接"选项，按下"Enter"键，如图 3-4-3 所示。

图 3-4-2　使用 nmtui 文本界面管理网络

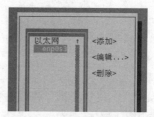

图 3-4-3　网络连接编辑

（3）选择"编辑"命令，按"Enter"键，将 IP 地址修改为 10.10.2.31，DNS 服务器修改为 8.8.8.8，如图 3-4-4 所示。

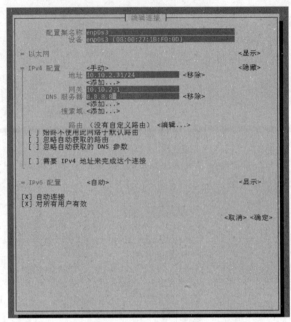

图 3-4-4　编辑连接

（4）移动光标至末尾<确定>命令，按"Enter"键，移动光标至<返回>命令退出。

（5）退回至 nmtui 主界面，通过选择"启用连接"选项使配置生效。

步骤 4：配置网络实现 Bond0。

本步骤通过虚拟机配备的两块网卡 enp0s3 和 enp0s8 实现 Bond0。

（1）进入 nmtui 配置界面，选择"编辑连接"选项，再选择"<添加>"命令，如图 3-4-5 所示。选择"绑定"选项，按"Enter"键。

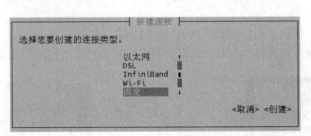

图 3-4-5　新建 Bond 连接

（2）设置"配置集名称"和设备名称为 bond0，如图 3-4-6 所示。

（3）使用方向键移动光标至"<添加>"命令，新建连接，选择"以太网"选项，如图 3-4-7 所示。

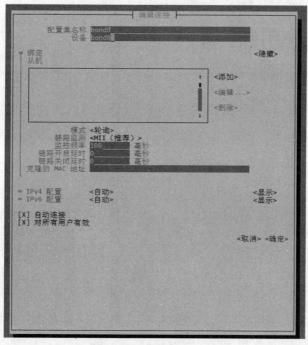

图 3-4-6　设置 Bond 名称

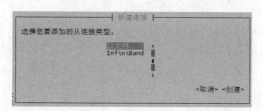

图 3-4-7　设置网卡类型

（4）设置"配置集名称"和设备名称为 enp0s3，如图 3-4-8 所示。

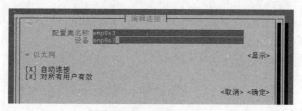

图 3-4-8　设置从网卡

（5）重复以上操作，添加从网卡 enp0s8；模式为"轮询"，配置 bond0 的 IPv4 网络，如图 3-4-9 所示。

（6）退回至 nmtui 主界面，通过"启用连接"使配置生效，如图 3-4-10 所示。

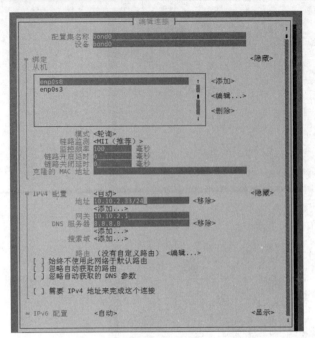

图 3-4-9　配置 bond0 模式及网络

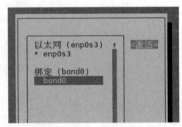

图 3-4-10　激活 bond0

【任务扩展】

网卡是用于实现计算机与其他计算机或设备之间进行数据传输的硬件设备。

Connection（网卡连接配置）和 Device（网卡设备）之间是多对一的关系，同一时刻只能有一个 Connection 对于 Device 生效。

任务五　进程管理

【任务介绍】

进程管理是操作系统中重要的功能之一，负责调度和协调进程的执行，控制进程的创建、终止和切换，本任务讲解如何进行进程管理。

本任务在任务一的基础上进行。

【任务目标】

（1）掌握查看主机进程信息。

（2）掌握配置进程后台运行。

（3）掌握配置进程优先级。

（4）掌握进程的挂起与恢复。

（5）掌握进程的终止。

【操作步骤】

步骤 1：查看当前主机的进程信息。

（1）当前进程的基本信息。使用 ps 命令查看命令执行时运行的进程信息。

操作命令：

```
1.   #  查看运行的进程信息
2.   [root@Project-03-Task-01 ~]# ps
3.   PID TTY            TIME CMD
4.   4629 pts/0         00:00:00 bash
5.   5014 pts/0         00:00:00 ps
```

操作命令+配置文件+脚本程序+结束

小贴士

ps 命令执行进程查看，结果的字段如下所示。
- PID：进程编号
- TTY：启动该进程的终端所在的位置
- TIME：进程所占用的 CPU 处理时间
- CMD：进程创建所运行的命令

命令详解：

```
【语法】
ps [选项]
【选项】
-A, -e:                      显示所有进程
-a:                          显示所有终端的进程，除了会话控制器
a:                           显示所有终端的进程，包括其他用户
-d:                          显示除了会话控制器以外的所有进程
-N, --deselect:              反向选择，即排除指定选项
r:                           仅显示正在运行的进程
T:                           显示当前终端上的所有进程
x:                           显示没有控制终端的进程
-C <指令名称>:               显示指定命令所对应的进程信息
-g 或--group <群组名称>:     此选项的效果和指定"-G"选项相同，指定用户组查看进程信息
-G 或--Group <群组识别码>:   列出属组程序进程的状态，也可使用属组名称来指定
-p 或 p 或--pid <程序识别码>: 显示指定 PID 值对应的进程信息
r:                           显示当前终端中正在执行的进程
-s:                          显示会话 ID
-t 或 t 或--tty<终端机编号>:  显示指定终端下的进程运行状态
-u 或-U 或--user <用户识别码>: 显示指定用户所执行的进程运行状态
```

操作命令+配置文件+脚本程序+结束

（2）查看当前系统中正在运行的进程的详细信息。它显示了每个进程的详细信息，包括进程 ID（PID）、用户、CPU 使用率、内存使用率及命令行等。

操作命令：

```
1.   #  查看进程详细信息
2.   [root@Project-03-Task-01 ~]# ps aux
```

	USER	PID	%CPU	%MEM	VSZ	RSS	TTY	STAT	START	TIME	COMMAND
3.	USER	PID	%CPU	%MEM	VSZ	RSS	TTY	STAT	START	TIME	COMMAND
4.	root	1	0.0	0.9	101788	14036	?	Ss	10 月 31	0:01	/usr/lib/systemd/systemd --switched-root --system
5.	root	2	0.0	0.0	0	0	?	S	10 月 31	0:00	[kthreadd]
6.	root	3	0.0	0.0	0	0	?	I<	10 月 31	0:00	[rcu_gp]
7.	root	4	0.0	0.0	0	0	?	I<	10 月 31	0:00	[rcu_par_gp]
8.	root	6	0.0	0.0	0	0	?	I<	10 月 31	0:00	[kworker/0:0H-events_highpri]
9.	root	8	0.0	0.0	0	0	?	I<	10 月 31	0:00	[mm_percpu_wq]
10.	root	9	0.0	0.0	0	0	?	S	10 月 31	0:00	[rcu_tasks_rude_]
11.	......										

操作命令+配置文件+脚本程序+结束

（1）ps aux 查看结果的字段如下。
- USER: 进程属主
- PID: 进程 ID
- %CPU: 进程占用 CPU 的百分比
- %MEM: 进程占用内存的百分比
- VSZ: 进程使用的虚拟内存量（KB）
- RSS: 进程占用的固定内存量（KB）
- TTY: 进程在哪个终端上运行
- STAT: 进程当前的运行状态
- START: 进程启动的时间
- TIME: 进程使用 CPU 的时间
- COMMAND: 进程执行命令的名称和参数

（2）进程常见状态的字符选项，内容如下。

- D: 无法中断的休眠状态
- R: 正在运行状态
- S: 处于休眠状态
- T: 处于停止或被追踪状态
- W: 进入内存交换状态
- X: 死掉的进程状态
- Z: "僵尸" 进程
- <: 优先级高的进程
- N: 优先级低的进程
- L: 部分被锁进内存
- s: 具有多个子进程
- l: 多进程
- +: 后台运行的进程

（3）查看系统中所有没有控制终端的进程，包括进程 ID（PID）、会话领导者、终端及父进程等。

操作命令：

1. # 查看系统中所有没有控制终端的进程

```
2.   [root@Project-03-Task-01 ~]# ps  lax
3.   F    UID    PID    PPID  PRI   NI    VSZ     RSS    WCHAN   STAT  TTY    TIME  COMMAND
4.   4     0      1      0    20    0   101788  14036  ep_pol  Ss    ?     0:06  /usr/lib/systemd/system
     d --switched-root --sy
5.   1     0      2      0    20    0     0       0    kthrea  S     ?     0:00  [kthreadd]
6.   1     0      3      2    0    -20    0       0    rescue  I<    ?     0:00  [rcu_gp]
7.   1     0      4      2    0    -20    0       0    rescue  I<    ?     0:00  [rcu_par_gp]
8.   1     0      6      2    0    -20    0       0    worker  I<    ?     0:00  [kworker/0:0H-events_
     highpri]
9.   1     0      8      2    0    -20    0       0    rescue  I<    ?     0:00  [mm_percpu_wq]
10.  1     0      9      2    20    0     0       0    rcu_ta  S     ?     0:00  [rcu_tasks_rude_]
11.  ……
```

操作命令+配置文件+脚本程序+结束

ps lax 查看结果的字段如下。

- F: 进程的属主
- UID: 用户 ID
- PID: 进程 ID
- PPID: 父进程 ID
- PRI: 进程优先级
- NI: nice 值，用户设置的优先级调整值
- VSZ: 虚拟内存使用量，表示进程使用的虚拟内存的大小
- RSS: Resident Set Size，表示进程在物理内存中保留的大小
- WCHAN: 表示进程当前正在等待的资源
- STAT: 表示进程的状态
- TTY: 进程连接到的控制终端
- TIME: 进程在 CPU 上花费的总时间
- COMMAND: 启动进程的命令

步骤 2：设置进程在后台运行。

在命令的结尾加上 "&"，使命令在后台运行，此时将产生一个进程 ID，从而可以在终端中继续执行其他命令。

操作命令：

```
1.   #  设置命令后台运行
2.   [root@Project-03-Task-01 ~]# find  /  -name  tmp  &
3.   [1]  12229
```

操作命令+配置文件+脚本程序+结束

步骤 3：配置进程优先级。

（1）使用 nice 命令调整进程调度资源的优先级。使用 nice 命令实现指定进程以更高或者更低优先级方式使用 CPU 资源。以 yum 命令为例，介绍 nice 命令的使用方法与应用效果。

操作命令：

```
1.   #  设置命令后台运行，以安装 tar 解压缩工具为例
2.   [root@Project-03-Task-01 ~]# yum  install  tar  &
```

3.　　[1] 12309
4.　　[root@Project-03-Task-01 ~]# Last metadata expiration check: 0:09:23 ago on 2023 年 11 月 05 日 星期日 16 时 11 分 00 秒.
5.　　Dependencies resolved.
6.　　==

Package	Architecture	Version	Repository	Size

8.　　--
9.　　Installing:
10.　　　tar　　　　x86_64　　　　2:1.34-4.oe2203sp2　　　OS　　　　784 k
11.　　Transaction Summary
12.　　==
13.　　Install　1 Package
14.　　Total download size: 784 k
15.　　Installed size: 3.3 M
16.　　Is this ok [y/N]:
17.
18.　　[1]+　已停止　　　　　　　　yum install tar
19.　　# 创建默认优先级（默认为 10）的后台程序
20.　　[root@Project-03-Task-01 ~]# nice yum install tar &
21.　　[2] 12310
22.　　[root@Project-03-Task-01 ~]# Last metadata expiration check: 0:09:32 ago on 2023 年 11 月 05 日 星期日 16 时 11 分 00 秒.
23.　　Dependencies resolved.
24.　　==

Package	Architecture	Version	Repository	Size

26.　　--
27.　　Installing:
28.　　　tar　　　　x86_64　　　　2:1.34-4.oe2203sp2　　　OS　　　　784 k
29.
30.　　Transaction Summary
31.　　==
32.　　Install　1 Package
33.
34.　　Total download size: 784 k
35.　　Installed size: 3.3 M
36.　　Is this ok [y/N]:
37.
38.　　[2]+　已停止　　　　　　　　nice yum install tar
39.　　# 创建优先级为 19 的后台程序
40.　　[root@Project-03-Task-01 ~]# nice -n 19 yum install tar &
41.　　[3] 12311
42.　　[root@Project-03-Task-01 ~]# Last metadata expiration check: 0:09:42 ago on 2023 年 11 月 05 日 星期日 16 时 11 分 00 秒.
43.　　Dependencies resolved.
44.　　==

Package	Architecture	Version	Repository	Size

46.　　--
47.　　Installing:
48.　　　tar　　　　x86_64　　　　2:1.34-4.oe2203sp2　　　OS　　　　784 k

49.
50.　Transaction Summary
51.　==
52.　Install　1 Package
53.
54.　Total download size: 784 k
55.　Installed size: 3.3 M
56.　Is this ok [y/N]:
57.
58.　[3]+　已停止　　　　　　　　　nice -n 19 yum install tar
59.　# 创建优先级为-20 的后台程序
60.　[root@Project-03-Task-01 ~]# nice -n -20 yum install tar &
61.　[4] 12312
62.　[root@Project-03-Task-01 ~]# Last metadata expiration check: 0:09:50 ago on 2023 年 11 月 05 日 星期日 16 时 11 分 00 秒.
63.　Dependencies resolved.
64.　==

65. Package	Architecture	Version	Repository	Size
66. ==				
67. Installing:				
68. Tar	x86_64	2:1.34-4.oe2203sp2	OS	784 k

69.
70.　Transaction Summary
71.　==
72.　Install　1 Package
73.
74.　Total download size: 784 k
75.　Installed size: 3.3 M
76.　Is this ok [y/N]:
77.
78.　[4]+　已停止　　　　　　　　　nice -n -20 yum install tar
79.　# 显示进程
80.　[root@Project-03-Task-01 ~]# ps l

81. F	UID	PID	PPID	PRI	NI	VSZ	RSS	WCHAN	STAT	TTY	TIME	COMMAND
82. 4	0	908	1	20	0	21640	1856	do_sel	Ss+	tty1	0:00	/sbin/agetty -o -p -- \u --noclear tty1 linux
83. 0	0	4629	4628	20	0	23360	4656	do_wai	Ss	pts/0	0:00	-bash
84. 0	0	12309	4629	20	0	118220	83364	do_sig	T	pts/0	0:00	/usr/bin/python3 /usr/bin/yum install tar
85. 0	0	12310	4629	30	10	118220	83620	do_sig	TN	pts/0	0:00	/usr/bin/python3 /usr/bin/yum install tar
86. 0	0	12311	4629	39	19	118220	83552	do_sig	TN	pts/0	0:00	/usr/bin/python3 /usr/bin/yum install tar
87. 4	0	12312	4629	0	-20	118220	83704	do_sig	T<	pts/0	0:00	/usr/bin/python3 /usr/bin/yum install tar

操作命令+配置文件+脚本程序+结束

命令详解：

【语法】
nice [选项] [参数]

【选项】

-n:　　　　　　　　　　　指定进程的优先级

操作命令+配置文件+脚本程序+结束

（2）使用 renice 命令修改正在运行进程的优先级。renice 命令可修改正在运行进程的优先级，从而调整进程使用 CPU 的优先级。将本任务步骤 4 中进程 ID 为 12310 的优先等级设置为 5，其操作如下。

操作命令：

```
1.   # 使用 renice 修改进程的优先级
2.   [root@Project-03-Task-01 ~]# renice 5 12310
3.   12310 (process ID) 旧优先级为 10，新优先级为 5
4.   [root@Project-03-Task-01 ~]# ps l
5.   F   UID    PID   PPID PRI  NI  VSZ    RSS  WCHAN   STAT TTY      TIME COMMAND
6.   4    0     908      1  20   0  21640  1856 do_sel  Ss+  tty1     0:00 /sbin/agetty -o -p -- \u
       --noclear tty1 linux
7.   0    0    4629   4628  20   0  23360  4656 do_wai  Ss   pts/0    0:00 -bash
8.   0    0   12309   4629  20   0 118220 83432 do_sig  T    pts/0    0:00 /usr/bin/python3 /usr/bi
     n/yum install tar
9.   0    0   12310   4629  25   5 118220 83772 do_sig  TN   pts/0    0:00 /usr/bin/python3 /usr/bi
     n/yum install tar
10.  0    0   12311   4629  39  19 118220 83620 do_sig  TN   pts/0    0:00 /usr/bin/python3 /usr/bi
     n/yum install tar
11.  4    0   12312   4629   0 -20 118220 83772 do_sig  T<   pts/0    0:00 /usr/bin/python3 /usr/bi
     n/yum install tar
12.  4    0   12340   4629  20   0  26016  4540 -       R+   pts/0    0:00 ps l
```

操作命令+配置文件+脚本程序+结束

命令详解：

【语法】

renice [选项] [参数]

【选项】

-g:　　　　　　　　　　　指定进程组 ID

-p <程序识别码>:　　　　　改变该程序的优先等级，此参数为预设值

-u:　　　　　　　　　　　指定开启进程的用户

操作命令+配置文件+脚本程序+结束

步骤 4：查看恢复进程。

使用 jobs 命令查看后台进程状态信息，使用 fg 命令重新恢复进程执行。

操作命令：

```
1.   # 使用 jobs 查看后台进程状态信息
2.   [root@Project-03-Task-01 ~]# jobs
3.   [1]   已停止              yum install tar
4.   [2]   已停止              nice yum install tar
5.   [3]-  已停止              nice -n 19 yum install tar
6.   [4]+  已停止              nice -n -20 yum install tar
7.   # 使用 fg 命令对后台进程进行恢复或重新执行
```

8.　[root@Project-03-Task-01 ~]# fg 1
9.　yum install tar
10.　# 此时会有一个暂停，输入 y 进行安装，输入 n 取消安装
11.　y

 提醒　　fg 命令的参数是使用 jobs 命令查看后台进程时的序号

步骤 5：终止系统运行中的进程。

使用 kill 命令终止系统运行中的进程，以中断本任务步骤 3 中进程 ID 为 12310 的进程为例进行介绍。

操作命令：

1.　# 查看进程
2.　[root@Project-03-Task-01 ~]# ps l
3.　F　UID　　PID　　PPID PRI　NI　　VSZ　　RSS WCHAN　STAT TTY　　TIME COMMAND
4.　4　　0　　908　　　1　20　　0　21640　1856 do_sel Ss+　tty1　　0:00 /sbin/agetty -o -p -- \u
　　--noclear tty1 linux
5.　0　　0　　4629　　4628 20　　0　23360　4656 do_wai Ss　pts/0　　0:00 -bash
6.　0　　0　　12310　4629 25　　5 118220 83772 do_sig TN　pts/0　　0:00 /usr/bin/python3 /usr/bi
　　n/yum install tar
7.　0　　0　　12311　4629 39　19 118220 83620 do_sig TN　pts/0　　0:00 /usr/bin/python3 /usr/bi
　　n/yum install tar
8.　4　　0　　12312　4629　0 -20 118220 83772 do_sig T<　pts/0　　0:00 /usr/bin/python3 /usr/b
　　in/yum install tar
9.　4　　0　　12372　4629 20　　0　26016　4548 -　　　R+　pts/0　　0:00 ps l
10.　#终止进程 ID 为 12310 的执行
11.　[root@Project-03-Task-01 ~]# kill -9 12310
12.　# 重新查看进程号
13.　[root@Project-03-Task-01 ~]# ps l
14.　F　UID　　PID　　PPID PRI　NI　　VSZ　　RSS WCHAN　STAT TTY　　TIME COMMAND
15.　4　　0　　908　　　1　20　　0　21640　1856 do_sel Ss+　tty1　　0:00 /sbin/agetty -o -p -- \u
　　--noclear tty1 linux
16.　0　　0　　4629　　4628 20　　0　23360　4656 do_wai Ss　pts/0　　0:00 -bash
17.　0　　0　　12311　4629 39　19 118220 83620 do_sig TN　pts/0　　0:00 /usr/bin/python3 /usr/bi
　　n/yum install tar
18.　4　　0　　12312　4629　0 -20 118220 83772 do_sig T<　pts/0　　0:00 /usr/bin/python3 /usr/bi
　　n/yum install tar
19.　4　　0　　12373　4629 20　　0　26016　4644 -　　　R+　pts/0　　0:00 ps l

 提醒　　进程 ID 以实际执行查看的为准。

任务六　使用任务计划

【任务介绍】

openEuler 中的任务计划包括一次性定时任务和周期性任务，允许用户在特定的时间自动执行命令或脚本，实现各种自动化的操作，从而提高了工作效率和系统的稳定性。本任务讲解如何使用任务计划。

本任务在任务一的基础上进行。

【任务目标】

（1）了解一次性定时任务。
（2）了解周期性定时任务。
（3）掌握一次性定时任务的配置。
（4）掌握周期性定时任务的配置。

【操作步骤】

步骤 1：了解 at 命令。

at 命令是一次性定时计划任务，允许用户在特定时间运行命令或脚本。系统默认没有安装，需提前安装 at 软件包，并开启 atd 服务。

操作命令：

```
1.   # 安装 at
2.   [root@Project-03-Task-01 ~]# yum -y install at
3.   OS                              9.6 kB/s | 2.6 kB      00:00
4.   everything                      14 kB/s | 2.9 kB      00:00
5.   ePOL                            13 kB/s | 2.8 kB      00:00
6.   debuginfo                       11 kB/s | 2.8 kB      00:00
7.   source                          156 B/s | 2.7 kB      00:17
8.   Update                          17 kB/s | 3.5 kB      00:00
9.   update-source                   11 kB/s | 2.6 kB      00:00
10.  Dependencies resolved.
11.  ================================================================
12.  Package        Architecture    Version            Repository     Size
13.  ================================================================
14.  Installing:
15.    at           x86_64          3.2.2-4.oe2203sp2   OS             53 k
16.
17.  Transaction Summary
18.  ================================================================
19.  .....
20.  Installed:
21.    at-3.2.2-4.oe2203sp2.x86_64
22.
```

23. Complete!
24. # 启动 atd，并设置开机自动启动
25. [root@Project-03-Task-01 ~]# systemctl start atd
26. [root@Project-03-Task-01 ~]# systemctl enable atd

操作命令+配置文件+脚本程序+结束

步骤 2：使用 at 执行命令。

（1）创建一个在"17:10"执行的任务，执行 date 命令将结果写入到"/opt/task-03-06.txt"文件中。

操作命令：

1. # 创建任务
2. [root@Project-03-Task-01 ~]# at 17:10
3. warning: commands will be executed using /bin/sh
4. at Sun Nov 12 17:10:00 2023
5. at> date > /opt/task-03-06.txt
6. at> <EOT>
7. job 2 at Sun Nov 12 17:10:00 2023

操作命令+配置文件+脚本程序+结束

提醒

（1）按"Ctrl +D"组合键完成请求。
（2）不论执行的是系统命令还是 Shell 脚本，最好使用绝对路径。

小贴士

at 时间格式，可以是以下格式。

- hh:mm：小时:分钟(当天，如果时间已过，则在第二天执行)
- midnight（00:00）
  noon（12:00 PM）
  teatime（下午 4 点）
  today
  tomorrow 等
- 12 小时计时制：时间后加 am(上午)或 pm(下午)
- 指定具体执行日期：mm/dd/yy（月/日/年）或 dd.mm.yy（日.月.年）
- 相对计时法：now + n units
  now 是现在时刻，n 为数字
  units 是单位(minutes、hours、days、weeks)

命令详解：

【语法】
at [参数] [时间]
【参数】
-m:　　　　　　　　指定的任务完成后，给用户发送邮件
-v:　　　　　　　　显示任务将被执行的时间
-c:　　　　　　　　打印任务的内容到标准输出
-q<列队>:　　　　　使用指定的列队
-f<文件>：　　　　　从指定文件读入任务而不是从标准输入读入

-t<时间参数>：	以时间参数的形式提交要运行的任务

操作命令+配置文件+脚本程序+结束

（2）查看执行结果。

操作命令：

```
1.   # 查看执行结果写入的文件
2.   [root@Project-03-Task-01 ~]# ls -l /opt/task-03-06.txt
3.   -rw-r--r--. 1 root root 43 11 月 12 17:10 /opt/task-03-06.txt
4.   # 查看执行结果内容
5.   [root@Project-03-Task-01 ~]# cat /opt/task-03-06.txt
6.   2023 年 11 月 12 日 星期日 17:10:00 CST
```

操作命令+配置文件+脚本程序+结束

步骤 3：查看作业队列。

（1）创建一个 2023 年 12 月 1 日上午 10:00 执行的任务。

操作命令：

```
1.   #创建任务
2.   [root@Project-03-Task-01 ~]# at 10:00AM Dec 1 2023
3.   warning: commands will be executed using /bin/sh
4.   at Fri Dec  1 10:00:00 2023
5.   at> date >> /opt/task-03-06.txt
6.   at> <EOT>
7.   job 3 at Fri Dec  1 10:00:00 2023
```

操作命令+配置文件+脚本程序+结束

（2）使用 atq 命令查看作业队列。

操作命令：

```
1.   # 使用 atq 命令查看作业队列，一个 "2023 年 12 月 1 日上午 10:00" 待执行的任务，job 编号为 3
2.   [root@Project-03-Task-01 ~]# atq
3.   3        Fri Dec  1 10:00:00 2023 a root
```

操作命令+配置文件+脚本程序+结束

（3）使用 atrm 命令撤销作业编号为 3 的任务执行。

操作命令：

```
1.   # 撤销任务执行
2.   [root@Project-03-Task-01 ~]# atrm 3
3.   [root@Project-03-Task-01 ~]# atq
4.   # 撤销任务执行后，查看的结果
5.   [root@Project-03-Task-01 ~]#
```

操作命令+配置文件+脚本程序+结束

步骤 4：了解 crontab。

crontab 可以设置在特定的时间、日期、周等条件下执行指定的命令或脚本。crontab 默认已经安装。

步骤 5：使用 crontab 命令配置任务计划。

crontab 的一些基本概念。

● 用户 crontab: 每个用户都能设置自己的 crontab 文件。

● 系统 crontab: 用于执行系统级任务,需要管理员权限才能编辑。

● 任务格式: * * * * * command。

分别对应分钟、小时、日、月、周

其中星号表示任意值,数字表示具体的值

多个值用逗号分隔

连续的值用短横线连接

小贴士

● 特殊字符: @yearly/@annually

@monthly

@weekly

@daily/@midnight

@hourly 等

(1)编辑 crontab 文件。使用 crontab -e 命令编辑 crontab 文件。

操作命令:

```
1.   # 编辑 crontab 文件
2.   [root@Project-03-Task-01 ~]# crontab -e
```

操作命令+配置文件+脚本程序+结束

项目三

(2)配置任务计划。单击字母"i",进行编辑。

1)配置每天 18:30 执行任务计划,执行 date 命令并将执行结果追加到"/opt/task-03-06.txt"文件中。

配置文件:

```
1.   30 18 * * * date >> /opt/task-03-06.txt
```

操作命令+配置文件+脚本程序+结束

2)配置每周三、周五的 17:00,执行 date 命令并将执行结果追加到"/opt/task-03-06.txt"文件中。

配置文件:

```
1.   0 17 * * 3,5 date >> /opt/task-03-06.txt
```

操作命令+配置文件+脚本程序+结束

3)配置每月 1 日早上 8:00,执行 date 命令并将执行结果追加到"/opt/task-03-06.txt"文件中。

操作命令:

```
1.   00 08 01 * * date >> /opt/task-03-06.txt
```

操作命令+配置文件+脚本程序+结束

(3)使用 crontab -l 命令查看执行任务。

操作命令:

```
1.   #查看执行任务
2.   [root@Project-03-Task-01 ~]# crontab -l
3.   30 18 * * * date >> /opt/task-03-06.txt
```

4.　0 17 * * 3,5 date >> /opt/task-03-06.txt
5.　00 08 01 * * date >> /opt/task-03-06.txt

操作命令+配置文件+脚本程序+结束

命令详解：

【语法】

crontab [选项] file

crontab [选项]

【选项】

-u <user>：	指定用户
-e:	编辑用户的 crontab 文件
-l:	列出用户的任务
-r:	删除用户的 crontab 文件

操作命令+配置文件+脚本程序+结束

【进一步阅读】

　　本项目关于 openEuler 的系统配置任务已经完成，如需进一步了解系统服务管理，掌握使用 systemd 命令的操作方法，可进一步在线阅读【任务七　服务管理】（http://explain.book.51xueweb. cn/openeuler/extend/3/7）深入学习。

扫码去阅读

项目四

使用 Apache HTTP Server 实现网站服务

⊙ 项目介绍

网站服务器即 Web 服务器，是指存放网站数据并发布网站服务的服务器。根据 Netcraft 2023 年 8 月 Web 服务器调查报告，排名前 3 的 Web 服务器为 Microsoft、Apache HTTP Server 和 Nginx，全球超过 45%的网站服务器使用 Apache HTTP Server/Nginx 实现网站服务。

本项目介绍使用 openEuler 操作系统通过 Apache HTTP Server 实现网站服务。

⊙ 项目目的

- 了解 Web 服务器与 Apache HTTP Server;
- 掌握 Apache HTTP Server 的安装与基本配置;
- 掌握使用 Apache HTTP Server 发布静态网站的方法;
- 掌握使用 Apache HTTP Server 发布 PHP 程序的方法;
- 了解 Apache HTTP Server 增强网站安全的配置方法。

⊙ 项目讲堂

1. Apache HTTP Server

（1）什么是 Apache HTTP Server。Apache HTTP Server 是最常用的开源 Web 服务器软件之一，支持 UNIX、Linux、Windows 等操作系统。Apache HTTP Server 通常被简称为 Apache，因此本书遵循该惯例，使用 Apache 这一简称。

Apache HTTP Server 官网为https://www.apache.org，本项目使用的版本为 2.4.51。

（2）Apache HTTP Server 的主要特性如下。

1）支持最新的 HTTP 协议和多种方式的 HTTP 认证。

2）支持基于文件的配置。

3）支持基于 IP 和域名的虚拟网站配置。

4）支持通用网关接口，支持 PHP、FastCGI、Perl、JavaServlets 等。

5）支持服务器状态监控。

6）支持服务器日志记录和日志格式自定义设置。

7）支持服务器端包含指令（SSI）。

8）支持安全 Socket 层（SSL）。

9）集成代理服务器模块。

2. Apache HTTP Server 工作模式

Apache HTTP Server 有 prefork、worker 和 event 3 种工作模式。

（1）prefork 工作模式。prefork 是稳定模式。

Apache 在启动之初，就预先派生一些子进程，然后等待客户端的请求进来，用于减少频繁创建和销毁进程的开销。每个子进程只有一个线程，在一个时间点内，只能处理一个请求。其缺点是它将请求放进队列中，一直等到有可用进程，请求才会被处理。

prefork 下有 StartServers、MinSpareServers、MaxSpareServers 和 MaxRequestWorkers 4 个指令用于调节父进程如何产生子进程，4 个指令的含义如下所示。

1）StartServers：初始的工作进程数。

2）MinSpareServers：空闲子进程的最小数量。

3）MaxSpareServers：空闲子进程的最大数量。

4）MaxRequestWorkers：最大空闲线程数。

通常情况下，Apache 具有很强的自我调节能力，不需要额外调整。但当需要处理的并发请求较高时，服务器可能就需要增加 MaxRequestWorkers 的值。内存较小的服务器需要减少 MaxRequestWorkers 的值以确保服务器不会崩溃。

（2）worker 工作模式。worker 模式相对于 prefork 模式来说，使用多进程和多线程混合模式。

Apache 启动时预先分了几个子进程（数量比较少），每个子进程创建一些线程，同时包括一个监听线程。每个请求过来，会分配一个线程来进行服务。线程通常会共享父进程的内存空间，对内存占用会减少些，用线程处理会更轻量。

worker 模式在高并发的情况下，比 prefork 模式有更多的可用进程。考虑到稳定性，worker 模式不完全使用多线程，还引入多进程。如果使用单进程，在一个线程出错往往会导致父进程连同其他正常的子线程都出错。使用多个进程加多个线程的方式，即便某个线程出现异常，受影响的只有 Apache 的部分服务。

（3）event 工作模式。event 和 worker 模式较为相似，但 event 模式解决了 keep-alive 场景下线程长期被占用而造成的资源浪费问题。event 模式中，会有一个专门的线程来管理 keep-alive 类型的线程。当有真实请求时将请求传递给服务线程，执行完毕后释放，增强了高并发场景下的请求处理能力。

3. Apache Module

Apache 是模块化的设计，大多数功能被分散到各模块中，各模块在系统启动时按需载入。安装 Apache 时会默认安装一些模块，如果需要实现某种特定的功能可以根据实际需求自行安装 Apache 模块。

Apache 2.4.51 中常用的模块，见表 4-0-1。

表 4-0-1　Apache HTTP Server 常用模块列表

序号	模块名	功能说明	默认安装
1	mod_actions	运行基于 MIME 类型的 CGI 脚本	是
2	mod_alias	提供从文件系统的不同部分到文档树的映射和 URL 重定向	是
3	mod_asis	原样发送文档信息，而不添加常用的 HTTP 头	是
4	mod_auth_basic	使用基本认证	是
5	mod_auth_digest	使用 MD5 加密算法进行验证	否
6	mod_authn_anon	允许匿名用户访问认证的区域	否
7	mod_authn_dbd	使用数据库保存用户验证信息	否
8	mod_authn_dbm	使用 DBM 数据文件保存用户验证信息	否
9	mod_authn_default	在未正确配置认证模块的情况下拒绝一切认证	是
10	mod_authz_groupfile	使用 plaintext 文件进行组验证	是
11	mod_authn_file	使用文本文件保存用户验证信息	是
12	mod_authnz_ldap	允许使用 LDAP 目录存储用户名和密码执行 HTTP 基本身份验证	否
13	mod_authz_host	提供基于主机名称或 IP 地址的访问限制	是
14	mod_authz_user	提供基于用户的访问限制	是
15	mod_autoindex	自动生成目录索引，类似于 UNIX 的 ls、Windows 的 dir 命令	是
16	mod_cache	兼容 RFC 2616 标准的 HTTP 缓存过滤器	否
17	mod_cgi	在非线程型 MPM(prefork)上提供对 CGI 脚本执行的支持	是
18	mod_cgid	在线程型 MPM(worker)上用一个外部 CGI 守护进程执行 CGI 脚本	是
19	mod_dir	指定目录索引文件以及为目录提供"尾斜杠"重定向	是
20	mod_env	允许 Apache 修改或清除传送到 CGI 脚本和 SSI 页面的环境变量	是
21	mod_example_hooks	提供编写 Apache API 模块的示例	否
22	mod_filter	根据上下文实际情况对过滤器动态配置	是

序号	模块名	功能说明	默认安装
23	mod_imagemap	处理服务器端图像映射	是
24	mod_include	实现服务器端包含文档（SSI）的解析	是
25	mod_isapi	仅限于在 Windows 平台上实现 ISAPI 扩展	是
26	mod_ldap	使用第三方 LDAP 模块进行 LDAP 链接服务	否
27	mod_log_config	允许记录日志和定制日志文件格式	是
28	mod_logio	记录每个请求的输入、输出的字节数	否
29	mod_mime	根据文件扩展名决定应答的行为和内容	是
30	mod_negotiation	提供内容选择（content negotiation，从几个有效文档中选择一个最匹配客户端要求的文档的过程）	是
31	mod_nw_ssl	支持在 NetWare 平台上实现 SSL 加密	是
32	mod_proxy	支持 HTTP1.1 协议的代理和网关服务器	否
33	mod_proxy_ajp	mod_proxy 的 AJP 支持模块	否
34	mod_proxy_balancer	mod_proxy 的负载均衡模块	否
35	mod_proxy_ftp	mod_proxy 的 FTP 支持模块	否
36	mod_proxy_http	mod_proxy 的 HTTP 支持模块	否
37	mod_setenvif	允许设置基于请求的环境变量	是
38	mod_so	允许运行时加载 DSO 模块	否
39	mod_ssl	使用 SSL 和 TLS 的加密	否
40	mod_status	提供服务器性能运行信息	是
41	mod_userdir	设置每个用户的网站目录	是
42	mod_usertrack	记录用户在网站上的活动	否
43	mod_vhost_alias	提供大量虚拟机的动态配置	否
44	mod_proxy_fcgi	提供对 fcgi 的代理	否
45	mod_ratelimit	限制用户带宽	否
46	mod_request	请求模块，对请求做过滤	是
47	mod_remoteip	用来匹配客户端的 IP 地址	是

任务一　安装 Apache HTTP Server

【任务介绍】

本任务在 openEuler 上安装 Apache 软件，实现 httpd 服务。

【任务目标】

（1）掌握在线安装 Apache。

（2）掌握 Apache 的服务管理。

（3）掌握 Apache 服务状态的查看。

【操作步骤】

步骤 1： 创建虚拟机并完成 openEuler 的安装。

在 VirtualBox 中创建虚拟机，完成 openEuler 的安装。虚拟机与操作系统的配置信息见表 4-1-1。

表 4-1-1　虚拟机与操作系统的配置信息

虚拟机配置	操作系统配置
虚拟机名称：VM-Project-04-Task-01-10.10.2.41	主机名：Project-04-Task-01
内存：1GB	IP 地址：10.10.2.41
CPU：1 颗 1 核心	子网掩码：255.255.255.0
虚拟硬盘：20GB	网关：10.10.2.1
网卡：1 块，桥接	DNS：8.8.8.8

步骤 2： 完成虚拟机的主机配置、网络配置及通信测试。

启动并登录虚拟机，依据表 4-1-1 完成主机名和网络的配置，使其能够访问互联网和本地主机。

提醒

（1）虚拟机的创建、操作系统的安装、主机名与网络的配置，具体方法参见项目一。

（2）建议通过虚拟机复制快速创建所需环境。通过复制创建的虚拟机需依据本任务虚拟机与操作系统规划配置信息设置主机名与网络，实现对互联网和本地主机的访问。

步骤 3： 通过在线方式安装 Apache。

操作命令：

```
1.    #使用 yum 工具安装 Apache
2.    [root@Project-04-Task-01 ~]# yum -y install httpd
3.    #为了排版方便此处省略了部分提示信息
4.    ================================================================
5.    Package              Architecture      Version            Repository     Size
6.    ================================================================
7.    #安装的 Apache 版本、大小等信息
8.    Installing:
9.    Httpd                x86_64            2.4.51-17.oe2203sp2  OS             1.3 M
10.   Installing dependencies:
11.   Apr                  x86_64            1.7.0-6.oe2203sp2    OS             109 k
12.   #为了排版方便此处省略了部分提示信息
13.   openEuler-logos-httpd  noarch          1.0-8.oe2203sp2      OS             10 k
```

14.
15.   Transaction Summary
16.   ===
17.   Install 9 Packages
18.   #安装 Apache 需要安装 9 个软件，总下载大小为 1.9M，安装后将占用磁盘 6.3M
19.   Total download size: 1.9 M
20.   Installed size: 6.3 M
21.   Downloading Packages:
22.   (1/9): apr-1.7.0-6.oe2203sp2.x86_64.rpm   207 kB/s | 109 kB   00:00
23.   #为了排版方便此处省略了部分提示信息
24.   (9/9): mod_http2-1.15.25-2.oe2203sp2.x86_64.rpm   321 kB/s | 125 kB   00:00
25.   --
26.   Total 178 kB/s | 1.9 MB   00:11   9/9
27.   #下述信息说明安装 Apache 将会安装以下软件，且已安装成功
28.   Installed:
29.   apr-1.7.0-6.oe2203sp2.x86_64
30.   #为了排版方便此处省略了部分提示信息
31.   openEuler-logos-httpd-1.0-8.oe2203sp2.noarch

操作命令+配置文件+脚本程序+结束

步骤 4：启动 Apache 服务。

操作命令：

1.   [root@Project-04-Task-01 ~]# systemctl start httpd

操作命令+配置文件+脚本程序+结束

httpd 服务拓展如下。

（1）命令 systemctl stop httpd，停止 httpd 服务。

（2）命令 systemctl restart httpd，重启 httpd 服务。

（3）命令 systemctl reload httpd，在不中断 httpd 服务的情况下重新载入配置文件。

步骤 5：查看 Apache 运行信息。

Apache 服务启动之后可通过 systemctl status 命令查看其运行信息。

操作命令：

1.   [root@Project-04-Task-01 ~]# systemctl status httpd
2.   httpd.service - The Apache HTTP Server
3.   #服务位置；是否设置开机自启动
4.   Loaded: loaded (/usr/lib/systemd/system/httpd.service; disabled; vendor preset: disabled)
5.   #Apache 的活跃状态，结果值为 active 表示活跃；inactive 表示不活跃
6.   Active: active (running) since Tue 2023-07-25 21:52:01 CST; 3min 20s ago
7.   Docs: man:httpd.service(8)
8.   Process: 1638 ExecStartPost=/usr/bin/sleep 0.1 (code=exited, status=0/SUCCESS)
9.   #主进程 ID 为：1637
10.   Main PID: 1637 (httpd)
11.   #Apache 运行状态
12.   Status: "Total requests: 0; Idle/Busy workers 100/0;Requests/sec: 0; Bytes served/sec: 0 B/sec"

项目四

13. #任务数（最大限制数为：2692）
14.   Tasks: 177 (limit: 2692)
15. #Apache 占用内存大小为：7.0M
16.   Memory: 7.0M
17. #Apache 的所有子进程
18.   CGroup: /system.slice/httpd.service
19.   ├── 1637 /usr/sbin/httpd -DFOREGROUND
20.   ├── 1639 /usr/sbin/httpd -DFOREGROUND
21.   ├── 1640 /usr/sbin/httpd -DFOREGROUND
22.   ├── 1641 /usr/sbin/httpd -DFOREGROUND
23.   └── 1642 /usr/sbin/httpd -DFOREGROUND
24. 24.#Apache 操作日志
25. 7 月 25 21:52:00 Project-04-Task-01 systemd[1]: Starting The Apache HTTP Server...
26. #为了排版方便此处省略了部分提示信息
27. 7 月 25 21:52:01 Project-04-Task-01 systemd[1]: Started The Apache HTTP Server.

操作命令+配置文件+脚本程序+结束

步骤 6： 配置 httpd 服务为开机自启动。

操作系统进行重启操作后，为了使业务更快地恢复，通常会将重要的服务或应用设置为开机自启动。将 httpd 服务配置为开机自启动方法如下。

操作命令：

1. [root@Project-04-Task-01 ~]# systemctl enable httpd
2. Created symlink /etc/systemd/system/multi-user.target.wants/httpd.service → /usr/lib/systemd/system/httpd. service.
3. #使用 systemctl list-unit-files 命令确认 httpd 服务是否已配置为开机自启动
4. [root@Project-04-Task-01 ~]# systemctl list-unit-files | grep httpd
5. httpd.service   enabled   disabled
6. httpd@.service   disabled   disabled
7. httpd.socket   disabled   disabled
8. #httpd.service   enabled 说明 httpd 服务已配置开机自启动

操作命令+配置文件+脚本程序+结束

（1）命令 systemctl enable，设置某服务为开机自启动。
（2）命令 systemctl disable，设置某服务为开机不自动启动。

【任务扩展】

Linux 内核加载启动后，用户空间的第一个进程就是初始化进程，这个进程的进程号为 1，代表第一个运行的用户空间进程，这个程序的物理文件约定位于/sbin/init。Linux 也可以通过传递内核参数来让内核启动指定的程序。

不同的 Linux 发行版采用了不同的启动程序，主流的启动程序主要有 UpStart、System V init 和 Systemd 3 种。

（1）Ubuntu Linux 发行版采用 UpStart。
（2）RHEL 7 之前版本采用 System V init。
（3）RHEL 7 及之后版本采用 Systemd。

System V init 基于运行级别，依赖特定的启动顺序，每次只能执行一个启动任务。任务操作独立性强，出现服务错误时容易排查，但其启动性能存在不足。

Ubuntu UpStart 兼容 System V init 系统，采用事件驱动机制提升了启动效率。

Systemd 是一套中央化的系统和服务管理器，用于改变以往的启动方式，提高系统服务的运行效率，其设计目的是为系统启动和管理提供一套完整的解决方案。Systemd 优点是功能强大、使用方便；缺点是体系庞大、非常复杂，与操作系统的其他部分强耦合。Systemd 兼容 System V init，因此在 RHEL 7 及之后版本依然可使用 RHEL 7 之前版本所用的 service 命令。

鉴于 3 种主流启动方式的存在，Linux 操作系统对服务管理的命令有 systemctl、service 与 /etc/init.d/。

systemctl 命令是一个 systemd 工具，主要负责控制 systemd 系统和服务管理器。在 openEuler 中推荐使用 systemctl 命令管理服务，systemctl 常用命令见表 4-1-2。

表 4-1-2　systemctl 常用命令

序号	操作	命令
1	启动服务	systemctl start *
2	重启服务	systemctl restart *
3	停止服务	systemctl stop *
4	重新加载配置文件（不中断服务）	systemctl reload *
5	查看服务状态	systemctl status *
6	开机自启动	systemctl enable *
7	开机不自启动	systemctl disable *
8	杀死服务	systemctl kill *
9	查看服务是否为开机自动启动	systemctl is-enable *
10	查看已安装服务	systemctl list-unit-files
11	查看已启动的服务列表	systemctl list-unit-files | grep enabled
12	查看服务的启动与禁用情况	systemctl list-unit-files --type=service

任务二　发布静态网站

扫码看视频

【任务介绍】

本任务通过 Apache 发布静态网站，实现静态网站服务。

本任务在任务一的基础上进行。

【任务目标】

（1）掌握通过默认网站发布网站的方法。

（2）掌握通过虚拟目录发布网站的方法。

（3）掌握通过端口号发布网站的方法。

（4）掌握通过域名发布网站的方法。

【任务设计】

本任务将通过多种方式发布静态网站，静态网站规划见表 4-2-1。

表 4-2-1　静态网站规划

网站名	访问地址	网站存放目录
Site1	http://10.10.2.41	/var/www/html
Site2	http://10.10.2.41/aliasA	/var/www/html/site2
Site3	http://10.10.2.41/aliasB	/var/www/html/site3
Site4	http://10.10.2.41:81	/var/www/html/site4
Site5	http://10.10.2.41:8080	/var/www/html/site5
Site6	http://www.domain1.com	/var/www/html/site6
Site7	http://www.domain2.com	/var/www/html/site7

 提醒　表 4-2-1 访问地址中的 IP 地址需根据实际情况进行调整。

【操作步骤】

步骤 1：创建网站目录与网站内容。

为方便本任务操作，使用 shell 命令快速创建网站目录，并为每个网站制作具有标识信息的网站首页。

操作命令：

```
1.    #创建网站 Site1 的网站首页
2.    [root@Project-04-Task-01 ~]# echo "<h1>Site1 http://10.10.2.41</h1>" > /var/www/html/index.html
3.
4.    #创建网站 Site2 的目录和网站首页
5.    [root@Project-04-Task-01 ~]# mkdir /var/www/html/site2
6.    [root@Project-04-Task-01 ~]# echo "<h1>Site2 http://10.10.2.41/aliasA</h1>" > /var/www/html/site2/
      index.html
7.
8.    #创建网站 Site3 的目录和网站首页
9.    [root@Project-04-Task-01 ~]# mkdir /var/www/html/site3
10.   [root@Project-04-Task-01 ~]# echo "<h1>Site3 http://10.10.2.41/aliasB</h1>" > /var/www/html/site3/
      index.html
11.
12.   #创建网站 Site4 的目录和网站首页
13.   [root@Project-04-Task-01 ~]# mkdir /var/www/html/site4
```

14.	[root@Project-04-Task-01 ~]# echo "<h1>Site4 http://10.10.2.41:81</h1>" > /var/www/html/site4/index.html
15.	
16.	#创建网站 Site5 的目录和网站首页
17.	[root@Project-04-Task-01 ~]# mkdir /var/www/html/site5
18.	[root@Project-04-Task-01 ~]# echo "<h1>Site5 http://10.10.2.41:8080</h1>" > /var/www/html/site5/index.html
19.	
20.	#创建网站 Site6 的目录和网站首页
21.	[root@Project-04-Task-01 ~]# mkdir /var/www/html/site6
22.	[root@Project-04-Task-01 ~]# echo "<h1>Site6 http://www.domain1.com</h1>" > /var/www/html/site6/index.html
23.	
24.	#创建网站 Site7 的目录和网站首页
25.	[root@Project-04-Task-01 ~]# mkdir /var/www/html/site7
26.	[root@Project-04-Task-01 ~]# echo "<h1>Site7 http://www.domain2.com</h1>" > /var/www/html/site7/index.html

操作命令+配置文件+脚本程序+结束

步骤 2：发布网站 Site1。

网站 Site1 通过 Apache 默认网站发布，发布网站 Site1 不需要做任何配置，可使用 cat 工具查看 Apache 默认网站的配置信息以进行验证。

配置文件：/etc/httpd/conf/httpd.conf。

操作命令：

1.	#httpd.conf 配置文件内容较多，本部分仅显示与默认网站配置有关的内容
2.	#默认网站配置
3.	Listen 80
4.	#定义默认网站路径
5.	DocumentRoot "/var/www/html"
6.	<Directory "/var/www/html">
7.	#网站目录默认开启 Indexes、FollowSymLinks 服务器特性，即目录下无 index 文件，则允许显示该目录下的文件，并跟踪符号链接
8.	Options Indexes FollowSymLinks
9.	#其他配置文件中出现对 80 端口的配置且与本处配置相冲突，以此处为准
10.	AllowOverride None
11.	#允许所有地址访问
12.	Require all granted
13.	</Directory>

操作命令+配置文件+脚本程序+结束

openEuler 默认开启防火墙，为使网站能正常访问，需开启防火墙 http 80 端口。

操作命令：

1.	#查看防火墙状态
2.	[root@Project-04-Task-01 ~]# systemctl status firewalld
3.	firewalld.service - firewalld - dynamic firewall daemon
4.	Loaded: loaded (/usr/lib/systemd/system/firewalld.service; enabled; vendor preset: enabled)
5.	Active: active (running) since Wed 2023-08-23 23:16:27 CST; 2min 41s ago

项目四

```
6.         Docs: man:firewalld(1)
7.     Main PID: 1880 (firewalld)
8.        Tasks: 2 (limit: 2692)
9.       Memory: 22.9M
10.       CGroup: /system.slice/firewalld.service
11.               └─ 1880 /usr/bin/python3 -s /usr/sbin/firewalld --nofork --nopid
12. #开放防火墙 http 协议
13. [root@Project-04-Task-01 ~]# firewall-cmd --add-service=http --permanent
14. #提示配置成功
15. success
16. [root@Project-04-Task-01 ~]# firewall-cmd --add-port=80/tcp --permanent
17. #提示配置成功
18. success
19. #重新加载防火墙配置
20. [root@Project-04-Task-01 ~]# firewall-cmd --reload
21. #提示配置成功
22. success
23. #查看防火墙端口的开放情况
24. [root@Project-04-Task-01 ~]# firewall-cmd --list-all
25. public (active)
26.   target: default
27.   icmp-block-inversion: no
28.   interfaces: enp0s3
29.   sources:
30.   services: dhcpv6-client http mdns ssh
31.   ports: 80/tcp
32. #为了排版方便此处省略了部分提示信息
33.   rich rules:
```

操作命令+配置文件+脚本程序+结束

在本地主机通过浏览器访问 Site1 的网站地址，即可验证网站 Site1 发布成功。

步骤 3：发布网站 Site2、网站 Site3。

网站 Site2、网站 Site3 通过在 Apache 默认网站上增加虚拟目录 aliasA、aliasB 来发布，需要对 Apache 的默认配置文件进行编辑。

使用 vi 工具编辑 Apache 默认网站配置文件/etc/httpd/conf/httpd.conf，在配置文件上增加虚拟目录的配置信息，编辑后的配置文件信息如下所示。

配置文件：/etc/httpd/conf/httpd.conf

操作命令：

```
1. #httpd.conf 配置文件内容较多，本部分仅显示与网站配置有关的内容
2. <Directory "/var/www/html">
3.     Options Indexes FollowSymLinks
4.     AllowOverride None
5.     Require all granted
6. </Directory>
7.
8. #新增 Site2 的配置信息，通过 aliasA 发布网站
9. Alias /aliasA "/var/www/html/site2"
```

```
10.    #定义 aliasA 对应的网站路径
11.    <Directory "/var/www/html/site2">
12.        #其他配置文件中出现对 aliasA 的配置且与本处配置相冲突，以此处配置为准
13.        AllowOverride None
14.        #目录不启用任何服务器特性
15.        Options None
16.        #允许所有地址访问
17.        Require all granted
18.    </Directory>
19.
20.    #新增 Site3 的配置信息，通过 aliasB 发布网站
21.    Alias /aliasB "/var/www/html/site3"
22.    #定义 aliasB 对应的网站路径
23.    <Directory "/var/www/html/site3">
24.        #其他配置文件中出现对 aliasB 的配置且与本处配置相冲突，以此处配置为准
25.        AllowOverride None
26.        #目录不启用任何服务器特性
27.        Options None
28.        #允许所有地址访问
29.        Require all granted
30.    </Directory>
```

操作命令+配置文件+脚本程序+结束

配置完成后，重新载入 Apache 配置文件使其生效。

操作命令：

```
1.    #使用 systemctl reload 命令重新载入 Apache 配置文件
2.    [root@Project-04-Task-01 ~]# systemctl reload httpd
```

操作命令+配置文件+脚本程序+结束

在本地主机通过浏览器分别访问 Site2、Site3 网站地址，即可验证网站 Site2、网站 Site3 发布成功。

步骤 4：发布网站 Site4、网站 Site5。

网站 Site4、网站 Site5 通过不同的端口发布，为了使网站发布配置便于维护，可以在 Apache 额外配置目录中创建新的配置文件，发布网站 Site4、网站 Site5。

使用 vi 工具直接创建/etc/httpd/conf.d/siteport.conf 配置文件并进行编辑，编辑后的配置文件信息如下所示。

配置文件：/etc/httpd/conf.d/siteport.conf

操作命令：

```
1.    #新增 Site4 的配置信息，通过 81 端口发布网站
2.    Listen 81
3.    #定义 81 端口对应的网站路径
4.    <VirtualHost *:81>
5.    DocumentRoot /var/www/html/site4
6.    </VirtualHost>
7.
```

8.　#新增 Site5 的配置信息，通过 8080 端口发布网站
9.　Listen　8080
10.　#定义 8080 端口对应的网站路径
11.　<VirtualHost　*:8080>
12.　DocumentRoot　/var/www/html/site5
13.　</VirtualHost>

操作命令+配置文件+脚本程序+结束

配置完成后，重新载入 Apache 配置文件使其生效。

操作命令：

1.　#使用 systemctl reload 命令重新载入 Apache 配置文件
2.　[root@Project-04-Task-01　~]# systemctl reload httpd

操作命令+配置文件+脚本程序+结束

开启防火墙 tcp 81、tcp 8080 端口。

操作命令：

1.　#查看防火墙 81、8080 端口
2.　[root@Project-04-Task-01　~]# firewall-cmd --add-port=81/tcp --permanent
3.　#提示配置成功
4.　success
5.　[root@Project-04-Task-01　~]# firewall-cmd --add-port=8080/tcp --permanent
6.　#提示配置成功
7.　success
8.　#重新加载防火墙配置
9.　[root@Project-04-Task-01　~]# firewall-cmd --reload
10.　#提示配置成功
11.　success

操作命令+配置文件+脚本程序+结束

在本地主机通过浏览器分别访问 Site4、Site5 网站地址，即可验证网站 Site4、网站 Site5 发布成功。

步骤 5： 发布网站 Site6、网站 Site7。

网站 Site6、网站 Site7 通过不同的域名来实现发布，使用 vi 工具直接创建/etc/httpd/conf.d/sitedomain.conf 配置文件并进行编辑，增加通过域名发布网站的配置，编辑后的配置文件信息如下所示。

配置文件：/etc/httpd/conf.d/sitedomain.conf

操作命令：

1.　#新增 Site6 的配置信息，通过域名 www.domain1.com 发布网站
2.　<VirtualHost　*:80>
3.　　#域名设置为 www.domain1.com
4.　　ServerName　www.domain1.com
5.　　#绑定 domain1.com 域名
6.　　ServerAlias　domain1.com
7.　　#定义对应的网站路径
8.　　DocumentRoot　/var/www/html/site6

117

9.   </VirtualHost>
10.
11.   #新增 Site7 的配置信息，通过域名 www.domain2.com 发布网站
12.   <VirtualHost *:80>
13.   #域名设置为 www.domain2.com
14.   ServerName www.domain2.com
15.   #绑定 domain2.com 域名
16.   ServerAlias domain2.com
17.   #定义对应的网站路径
18.   DocumentRoot /var/www/html/site7
19.   </VirtualHost>

操作命令+配置文件+脚本程序+结束

（1）ServerAlias 可以为网站绑定多个域名，多个域名之间使用空格隔开。
（2）一个网站绑定多个域名后，浏览者可以通过不同的域名访问同一个网站。

配置完成后，重新载入 Apache 配置文件使其生效。

操作命令：

1.   #使用 systemctl reload 命令重新载入 Apache 配置文件
2.   [root@Project-04-Task-01 ~]# systemctl reload httpd

操作命令+配置文件+脚本程序+结束

在本地主机编辑主机 hosts 文件，增加自定义域名解析。在 Windows 操作系统中，hosts 文件默认路径：C:\Windows\System32\drivers\etc。

编辑 hosts 文件，增加内容如下。

操作命令：

1.   #   127.0.0.1   localhost
2.   #   ::1   localhost
3.   #自定义 Site6 本地域名
4.   10.10.2.41   www.domain1.com
5.   #自定义 Site7 本地域名
6.   10.10.2.41   www.domain2.com

操作命令+配置文件+脚本程序+结束

在本地主机通过浏览器分别访问 Site6、Site7 网站域名地址，即可验证网站 Site6、网站 Site7 发布成功。

【任务扩展】

1. Apache 配置文件

在 openEuler 中，Apache 配置文件的存放位置是/etc/httpd 目录，主要目录结构如下。

（1）/etc/httpd/conf/httpd.conf 是主配置文件，Apache 的配置主要是使用该文件。

（2）/etc/httpd/conf.d 是额外配置文件目录，如果不想修改主配置文件 httpd.conf，可在此将配置独立出来。Apache 启动时会将该目录下配置信息与主配置文件信息合并后执行。

（3）/etc/httpd/modules 用于存放所有已安装的模块。

（4）/etc/httpd/logs 用于存放日志文件，此文件是链接文件。

（5）/var/www/html 是默认网站存放的目录。

2．Apache 日志服务

Apache 日志文件记录了 Apache 的运行历史，通过管理和分析日志可及时了解 Apache 的运行状态。Apache 包含访问日志和错误日志两个部分，日志文件在 openEuler 中的存放位置是/etc/httpd/logs 目录，访问日志的文件名为 access.log，错误日志的文件名为 error.log。

如果使用 SSL 服务，日志文件将包括关于 SSL 运行的日志文件，分别是 ssl_access_log、ssl_error_log 和 ssl_request_log 3 个文件。

3．Apache 日志及格式设置

Apache 日志可通过/etc/httpd/conf/httpd.conf 文件进行设置，使用 cat 工具查看 httpd.conf 配置文件可获知日志的默认设置信息。

配置文件：/etc/httpd/conf/httpd.conf

操作命令：

```
1.   #httpd.conf 配置文件内容较多，本部分仅显示与日志配置有关的内容
2.   #错误日志存放位置
3.   ErrorLog "logs/error_log"
4.   #错误日志记录等级
5.   LogLevel  warn
6.   #访问日志的配置信息，通过日志格式字符串可定义访问日志记录的字段
7.   <IfModule log_config_module>
8.       #定义了名为"combined"的日志记录格式
9.       LogFormat "%h %l %u %t \"%r\" %>s %b \"%{Referer}i\" \"%{User-Agent}i\"" combined
10.      #定义了名为"common"的日志记录格式
11.      LogFormat "%h %l %u %t \"%r\" %>s %b" common
12.
13.       <IfModule logio_module>
14.        # You need to enable mod_logio.c to use %I and %O
15.        #定义记录每个请求输入和输出字节的日志格式，其名称为 combinedio
16.        LogFormat "%h %l %u %t \"%r\" %>s %b \"%{Referer}i\" \"%{User-Agent}i\" %I %O" combinedio
17.   </IfModule>
18.      #访问日志存放在 logs/access_log 目录下，日志记录格式为 combined 定义的格式
19.      CustomLog "logs/access_log" combined
20.   </IfModule>
```

操作命令+配置文件+脚本程序+结束

日志格式配置中常用字符串含义见表 4-2-2。

表 4-2-2　日志格式配置中常用字符串含义

变量	含义
%%	百分号
%a	请求客户端的 IP 地址
%A	本机 IP 地址

变量	含义
%B	不包含 HTTP 头的已发送字节数
%b	不包含 HTTP 头的 CLF 格式的已发送字节数量。当没有发送数据时，显示 "-" 而不是 0
%D	服务器处理本请求所用时间，单位为 μs
%f	文件名
%h	远端主机
%II	请求使用的协议
%l	远程登录名
%m	请求的方法
%{VARNAME}C	在请求中传送给服务端的 cookie VARNAME 的内容
%{VARNAME}e	环境变量 VARNAME 的值
%{VARNAME}i	发送到服务器的请求头 VARNAME 的内容
%{VARNAME}n	其他模块注释 VARNAME 的内容
%{VARNAME}o	应答头 VARNAME 的内容
%p	服务器响应请求时使用的端口
%P	响应请求的子进程 ID
%q	查询字符串（如果存在查询字符串，则包含 "?" 后面的部分；否则，它是一个空字符串）
%r	请求的第一行
%s	状态。对于内部重定向的请求，这里指原来请求的状态；如果用 %...>s，则是指后来的请求
%t	接收请求的时间，如：18/Sep/2019:19:18:28 -0400
%{format}t	以指定格式 format 表示的时间
%T	为响应请求而耗费的时间，单位为 s
%u	远程用户
%U	用户所请求的 URL 路径
%v	响应请求的服务器的 ServerName
%V	依照 UseCanonicalName 设置得到的服务器名字
%I	接收的字节数，包含头与正文
%O	发送的字节数，包含头与正文

Apache 使用 LogLevel 定义记录错误日志的等级标准。不同级别日志记录详细程度不同，比如说当指定级别为 error 时，crit、alert、emerg 信息也会被记录。

错误日志记录等级见表 4-2-3。

表 4-2-3　错误日志记录等级

等级	说明
emerg	紧急，系统无法使用
alert	必须立即采取措施
crit	关键错误，危险情况的警告，由于配置不当所致
error	一般错误
warn	警告信息，不算是错误信息，主要记录服务器出现的某种信息
notice	需要引起注意的情况
info	值得报告的一般消息，比如服务器重启
debug	由运行 debug 模式的程序所产生的消息

任务三　发布 PHP 动态网站

【任务介绍】

本任务使用 Apache 作为 Web 服务器，使用 PHP 服务器端脚本解释器，实现 PHP 动态网站的发布。

本任务在任务一的基础上进行。

【任务目标】

掌握基于 Apache 发布 PHP 动态网站。

【操作步骤】

步骤 1：安装 MariaDB 数据库。

使用 yum 工具在线安装 MariaDB 数据库，安装后配置 MariaDB 数据库服务开机自启动。

操作命令：

```
1.  #安装 MariaDB
2.  [root@Project-04-Task-01 ~]# yum install -y mariadb-server
3.
4.  #启动 mariadb 服务，并设置为开机自启动
5.  [root@Project-04-Task-01 ~]# systemctl start mariadb
6.  [root@Project-04-Task-01 ~]# systemctl enable mariadb
7.
8.  #设置 MariaDB 数据库 root 账户的密码为 mariaDB#04
9.  [root@Project-04-Task-01 ~]# mysqladmin -uroot password 'mariaDB#04'
```

操作命令+配置文件+脚本程序+结束

步骤 2：安装 PHP。

使用 yum 工具在线安装 PHP 解析器。

操作命令：

1. #查看库中所有的 PHP 模块
2. [root@Project-04-Task-01 ~]# yum list php
3. Last metadata expiration check: 0:56:05 ago on 2023 年 08 月 26 日 星期六 22 时 56 分 39 秒.
4. Available Packages
5. php.src　　　　　　　　8.0.28-1.oe2203sp2　　　　source
6. php.x86_64　　　　　　8.0.28-1.oe2203sp2　　　　everything
7.
8. #安装 PHP
9. [root@Project-04-Task-01 ~]# yum install -y php
10. #为了排版方便此处省略了部分提示信息
11. ==
12. Package　　　　　Architecture　　　Version　　　　　　Repository　　Size
13. ==
14. #安装 PHP 版本、大小等信息
15. Installing:
16. 　php　　　　　　x86_64　　　　　8.0.28-1.oe2203sp2　　everything　　1.6 M
17. #安装的依赖软件等信息
18. Installing dependencies:
19. 　libargon2　　　x86_64　　　　　20190702-3.oe2203sp2　OS　　　　　27 k
20. 　nginx-filesystem　noarch　　　　1:1.21.5-5.oe2203sp2　everything　　8.0 k
21. 　php-cli　　　　x86_64　　　　　8.0.28-1.oe2203sp2　　everything　　3.3 M
22. 　php-common　　x86_64　　　　　8.0.28-1.oe2203sp2　　everything　　546 k
23. Installing weak dependencies:
24. 　php-fpm　　　x86_64　　　　　8.0.28-1.oe2203sp2　　everything　　1.7 M
25.
26. Transaction Summary
27. ==
28. Install　 6 Packages
29.
30. #安装 PHP 需要安装 6 个软件，总下载大小为 7.3M，安装后将占用磁盘 37M
31. Total download size: 7.3 M
32. Installed size: 37 M
33. Downloading Packages:
34. (1/6): nginx-filesystem-1.21.5-5.oe2203sp2.noarch.rpm　　1.5 kB/s | 8.0 kB　　00:05
35. (2/6): libargon2-20190702-3.oe2203sp2.x86_64.rpm　　4.8 kB/s | 27 kB　　00:05
36. (3/6): php-8.0.28-1.oe2203sp2.x86_64.rpm　　290 kB/s | 1.6 MB　　00:05
37. (4/6): php-cli-8.0.28-1.oe2203sp2.x86_64.rpm　　4.2 MB/s | 3.3 MB　　00:00
38. (5/6): php-common-8.0.28-1.oe2203sp2.x86_64.rpm　　817 kB/s | 546 kB　　00:00

项目四

39.	(6/6): php-fpm-8.0.28-1.oe2203sp2.x86_64.rpm		2.3 MB/s | 1.7 MB	00:00
40.	--			
41.	Total		595 kB/s | 7.3 MB	00:12
42.	#为了排版方便此处省略了部分提示信息			
43.	#下述信息说明安装 PHP 时安装以下软件，且已安装成功			
44.	Installed:			
45.	libargon2-20190702-3.oe2203sp2.x86_64			
46.	#为了排版方便此处省略了部分提示信息			
47.	Complete!			

步骤 3：安装 PHP 模块。

使用 yum 工具在线安装 PHP 对 MariaDB 支持的模块 php-mysqlnd。

操作命令：

1.	#安装 php-mysqlnd				
2.	[root@Project-04-Task-01 ~]# yum install -y php-mysqlnd				
3.	Last metadata expiration check: 0:48:12 ago on 2023 年 08 月 26 日 星期六 23 时 58 分 25 秒.				
4.	Dependencies resolved.				
5.	==				
6.	Package	Architecture	Version	Repository	Size
7.	==				
8.	Installing:				
9.	php-mysqlnd	x86_64	8.0.28-1.oe2203sp2	everything	133 k
10.	Installing dependencies:				
11.	php-pdo	x86_64	8.0.28-1.oe2203sp2	everything	72 k
12.					
13.	Transaction Summary				
14.	==				
15.	Install　2 Packages				
16.	#安装 php-mysqlnd 需安装 2 个模块				
17.	Total download size: 205 k				
18.	Installed size: 647 k				
19.	Downloading Packages:				
20.	(1/2): php-pdo-8.0.28-1.oe2203sp2.x86_64.rpm			41 kB/s |　72 kB 00:01	
21.	(2/2): php-mysqlnd-8.0.28-1.oe2203sp2.x86_64.rpm 74 kB/s | 133 kB 00:01				
22.	--				
23.	Total			88 kB/s | 205 kB 00:02	
24.	#为了排版方便此处省略了部分提示信息				
25.	Installed:				
26.	php-mysqlnd-8.0.28-1.oe2203sp2.x86_64				
27.	php-pdo-8.0.28-1.oe2203sp2.x86_64				
28.					
29.	Complete!				

项目四

重启 httpd 服务，确保 Apache 引入 PHP 模块。

操作命令：

1. #重启 httpd 服务
2. [root@Project-04-Task-01 ~]# systemctl restart httpd

操作命令+配置文件+脚本程序+结束

步骤 4：开启防火墙 http 80 端口。

操作命令：

1. #开启防火墙 80 端口
2. [root@Project-04-Task-01 ~]# firewall-cmd --add-port=80/tcp --permanent
3. #提示配置成功
4. success
5. #重新加载防火墙配置
6. [root@Project-04-Task-01 ~]# firewall-cmd --reload
7. #提示配置成功
8. success

操作命令+配置文件+脚本程序+结束

步骤 5：部署测试。

针对安装的 Apache、MariaDB、PHP 进行部署测试，具体测试如下 3 个部分。

- httpd、mariadb 服务是否正常启动
- httpd、mariadb 服务是否已配置为开机自启动
- httpd、mariadb、php 服务是否能够正常工作，功能是否正常实现

（1）服务运行状态与开启自启动验证。

操作命令：

1. #验证 httpd 服务是否正常启动
2. [root@Project-04-Task-01 ~]# systemctl status httpd
3. #为便于排版，此处仅显示与状态判断、自启动有关的内容
4. ● httpd.service - The Apache HTTP Server
5. #服务位置；是否设置开机自启动，enabled 为已设置开机自启动
6.   Loaded: loaded (/usr/lib/systemd/system/httpd.service; enabled; vendor preset: disabled)
7. #httpd 服务的活跃状态，结果值为 active 表示服务正常运行
8.   Active: active (running) since Sat 2023-08-26 22:46:16 CST; 2h 10min ago
9.
10. #验证 mariadb 服务是否正常启动
11. [root@Project-04-Task-01 ~]# systemctl status mariadb
12. ● mariadb.service - MariaDB 10.5.15 database server
13. #服务位置；是否设置开机自启动，enabled 为已设置开机自启动
14.   Loaded: loaded (/usr/lib/systemd/system/mariadb.service; enabled; vendor preset: disabled)
15. #mariadb 服务的活跃状态，结果值为 active 表示服务正常运行
16.   Active: active (running) since Sun 2023-08-27 00:45:12 CST; 13min ago

操作命令+配置文件+脚本程序+结束

（2）PHP 功能验证。

操作命令：

1.　#使用 echo 命令在 Apache 默认网站下快速创建 PHP 测试程序
2.　[root@Project-04-Task-01 ~]#echo "<?php phpinfo(); ?>" > /var/www/html/index.php

操作命令+配置文件+脚本程序+结束

　　在本地主机通过浏览器访问测试程序 index.php，可以看到如图 4-3-1 所示内容，表示 PHP 程序能够正常运行，PHP 环境部署成功；也可以看到如图 4-3-2 所示内容，表示 PHP 可与 MariaDB 连接。

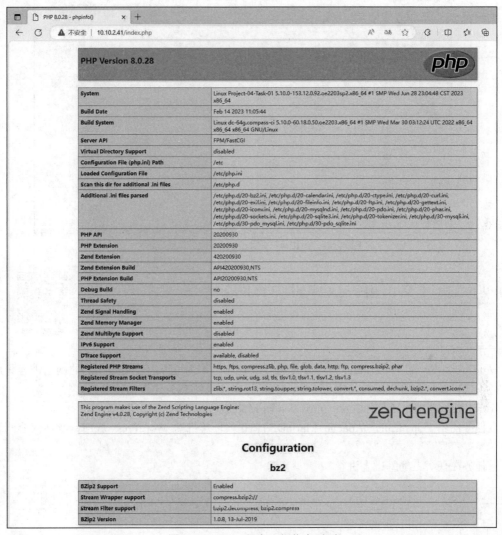

图 4-3-1　PHP 程序运行信息页面

mysqli

Mysqli Support	enabled	
Client API library version	mysqlnd 8.0.28	
Active Persistent Links	0	
Inactive Persistent Links	0	
Active Links	0	

Directive	Local Value	Master Value
mysqli.allow_local_infile	Off	Off
mysqli.allow_persistent	On	On
mysqli.default_host	no value	no value
mysqli.default_port	3306	3306
mysqli.default_pw	no value	no value
mysqli.default_socket	/var/lib/mysql/mysql.sock	/var/lib/mysql/mysql.sock
mysqli.default_user	no value	no value
mysqli.max_links	Unlimited	Unlimited
mysqli.max_persistent	Unlimited	Unlimited
mysqli.reconnect	Off	Off
mysqli.rollback_on_cached_plink	Off	Off

mysqlnd

mysqlnd	enabled
Version	mysqlnd 8.0.28
Compression	supported
core SSL	supported
extended SSL	supported
Command buffer size	4096
Read buffer size	32768
Read timeout	86400
Collecting statistics	Yes
Collecting memory statistics	No
Tracing	n/a
Loaded plugins	mysqlnd,debug_trace,auth_plugin_mysql_native_password,auth_plugin_mysql_clear_password,auth_plugin_caching_sha2_password,auth_plugin_sha256_password
API Extensions	mysqli,pdo_mysql

图 4-3-2　PHP 可与 MariaDB 连接信息页面

任务四　通过 WordPress 建设内容网站

扫码看视频

【任务介绍】

　　WordPress 是一款使用 PHP 语言开发的开源软件，作为世界上使用最广泛的网站内容管理系统，其不仅可以搭建个人网站，也可作为内容管理系统（CMS）建设内容网站。

　　WordPress 的中文官方网站为：https://cn.wordpress.org。

　　本任务使用"openEuler+Apache+MariaDB+PHP"环境部署 WordPress 程序，实现内容网站的建设。

　　本任务在任务三的基础上进行。

【任务目标】

　　（1）掌握 WordPress 的部署。

　　（2）掌握内容网站的建设与发布。

项目四

【任务设计】

本任务通过 WordPress 搭建内容管理系统，建设内容网站。内容网站发布规划见表 4-4-1。

表 4-4-1　内容网站发布规划

网站名称	访问地址	网站存放目录
Linux 服务器构建与运维管理（基于 OpenEuler 实现）	http://10.10.2.41	/var/www/wordpress

【操作步骤】

步骤 1：验证部署环境是否满足 WordPress 部署要求。

本任务安装的 WordPress 版本为 6.3.2，该版本部署需要的基本条件见表 4-4-2。在安装 WordPress 之前需验证系统环境是否满足要求。

表 4-4-2　WordPress 部署基本条件

Web 服务器软件	Apache 或 Nginx
数据库软件	MySQL 5.7 或 MariaDB 10.3 或更高版本
PHP 解释器	7.4 或更高版本

WordPress 安装包下载地址：https://cn.wordpress.org/download。

操作命令：

```
1.   #使用 php -v 命令验证已安装的 PHP 版本
2.   [root@Project-04-Task-01 ~]# php -v
3.   PHP 8.0.28 (cli) (built: Feb 14 2023 11:05:44) (NTS)
4.   Copyright (c) The PHP Group
5.   Zend Engine v4.0.28, Copyright (c) Zend Technologies
6.   #PHP 版本为 8.0.28，符合部署基本条件
7.   #使用 rpm -qa 命令验证已安装的 MariaDB 版本
8.   [root@Project-04-Task-01 ~]# rpm -qa | grep mariadb
9.   mariadb-connector-c-3.1.13-4.oe2203sp2.x86_64
10.  mariadb-config-10.5.16-2.oe2203sp2.x86_64
11.  mariadb-common-10.5.16-2.oe2203sp2.x86_64
12.  #mariadb 版本为 10.5.16，符合部署基本条件
13.  #为了排版方便此处省略了部分提示信息
```

操作命令+配置文件+脚本程序+结束

步骤 2：部署前的准备工作。

在 WordPress 安装部署之前，需在 MariaDB 上创建 WordPress 所需的数据库及数据库操作权限。

操作命令：

1.　#使用 root 账户登录 MariaDB 数据库
2.　[root@Project-04-Task-01 ~]# mysql -u root -p
3.　Enter password:
4.　#输入任务三设置的 MariaDB 的密码，密码为：mariaDB#04
5.　Welcome to the MariaDB monitor. Commands end with ; or \g.
6.　#为了排版方便此处省略了部分提示信息
7.　#在 MariaDB 数据库内进行操作，创建名为 wordpressdb 的数据库
8.　MariaDB [(none)]> create database wordpressdb;
9.　Query OK, 1 row affected (0.001 sec)
10.　#查看所有的数据库，验证数据库是否创建成功
11.　MariaDB [(none)]> show databases;
12.　+--------------------+
13.　| Database |
14.　+--------------------+
15.　| information_schema |
16.　| mysql |
17.　| performance_schema |
18.　| wordpressdb |
19.　+--------------------+
20.　4 rows in set (0.002 sec)
21.　#退出数据库连接
22.　MariaDB [(none)]> exit
23.　Bye

操作命令+配置文件+脚本程序+结束

步骤 3：获取 WordPress 程序。

本任务使用 wget 工具从 WordPress 官方网站下载程序。openEuler 已默认安装 wget，WordPress 程序的下载路径可通过官方网站查看获得。

操作命令：

1.　#使用 wget 工具下载 WordPress 文件到指定目录，应用程序存放在账号目录下。
2.　[root@Project-04-Task-01 ~]# wget https://cn.wordpress.org/latest-zh_CN.tar.gz
3.　#WordPress 下载后的程序为 tar.gz 格式的压缩包，使用 yum 安装 tar 工具进行解压操作
4.　[root@Project-04-Task-01 ~]# yum -y install tar
5.　#为了排版方便此处省略了部分提示信息
6.　
7.　#使用 tar 命令解压 WordPress 安装程序至/var/www/
8.　[root@Project-04-Task-01 ~]# tar -zxvf latest-zh_CN.tar.gz -C /var/www/
9.　#设置 wordpress 目录所属用户和组均为 apache
10.　[root@Project-04-Task-01 ~]# chown -R apache:apache /var/www/wordpress
11.　#设置 wordpress 目录的权限为 755
12.　[root@Project-04-Task-01 ~]# chmod -R 755 /var/www/wordpress

操作命令+配置文件+脚本程序+结束

小贴士

> （1）建议在本地主机下载 WordPress 程序后，通过 sftp 协议上传到 openEuler
> 服务器中，进行解压缩和部署。
> （2）wget 工具可在命令状态下模拟浏览器操作。

步骤 4：配置 Apache 发布网站。

本任务使用 80 端口以默认网站的方式发布内容网站，需要完成的操作如下。

- 配置 httpd.conf 以进行内容网站发布
- 配置 welcome.conf 以关停 Apache 默认网站

（1）使用 vi 工具编辑 Apache 的 httpd.conf 文件。

配置文件：/etc/httpd/conf/httpd.conf

操作命令：

```
1.   #httpd.conf 配置文件内容较多，本部分仅显示与默认网站配置有关的内容
2.   #默认网站配置
3.   Listen 80
4.   #将默认网站目录/var/www/html，改为/var/www/wordpress
5.   DocumentRoot "/var/www/wordpress"
6.   <Directory "/var/www/wordpress">
7.       Options Indexes FollowSymLinks
8.       AllowOverride None
9.       Require all granted
10.  </Directory>
```

操作命令+配置文件+脚本程序+结束

（2）配置 Apache 的 welcome.conf 文件。welcome.conf 主要是在网站根路径无默认首页时，显示 Apache 欢迎信息。本操作通过将 welcome.conf 文件所有内容注释以实现关闭该功能，也可直接删除 welcome.conf 文件以达到目的。

配置文件：/etc/httpd/conf.d/welcome.conf

操作命令：

```
1.   #为了排版方便此处省略了部分提示信息
2.   #<LocationMatch "^/+$">
3.   #     Options -Indexes
4.   #     ErrorDocument 403 /.noindex.html
5.   #</LocationMatch>
6.
7.   #<Directory /usr/share/httpd/noindex>
8.   #     AllowOverride None
9.   #     Require all granted
10.  #</Directory>
11.
12.  #Alias /.noindex.html /usr/share/httpd/noindex/index.html
```

操作命令+配置文件+脚本程序+结束

（3）重启 httpd 服务。

操作命令：

1.　[root@Project-04-Task-01 ~]# systemctl restart httpd

操作命令+配置文件+脚本程序+结束

（4）配置 SELinux。WordPress 安装过程中会写入 wp-config.php 文件至 WordPress 根目录，为确保文件能够写入成功，本任务暂时关闭 SELinux。

操作命令：

1.　#使用 setenforce 命令将 SELinux 设置为 permissive 模式
2.　[root@Project-04-Task-01 ~]# setenforce 0

操作命令+配置文件+脚本程序+结束

步骤 5：初始化安装。

（1）在本地主机打开浏览器，输入内容网站的地址（http://10.10.2.41）即可看到安装欢迎信息，单击"现在就开始！"按钮进行安装，如图 4-4-1 所示。

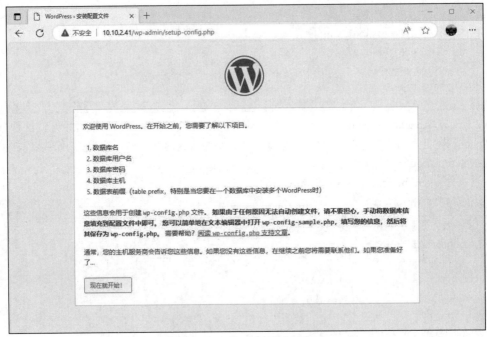

图 4-4-1　初始化安装欢迎页面

（2）根据提示填写步骤 2 中配置的 MariaDB 数据库信息，如图 4-4-2 所示，单击"提交"按钮。本任务使用了 MariaDB 的 root 账户作为数据库权限。

（3）数据库连接成功，wp-config.php 配置文件写入成功，如图 4-4-3 所示，单击"运行安装程序"按钮，开始安装 WordPress。

图 4-4-2　配置数据库连接信息页面

图 4-4-3　运行安装程序页面

（4）在 WordPress 欢迎界面中填写站点标题、用户名、密码、您的电子邮箱地址信息后，单击"安装 WordPress"按钮，如图 4-4-4 所示。本任务中配置用户名为：admin，密码为：WordPress@2023#04。

（5）提示 WordPress 安装完成，如图 4-4-5 所示，单击"登录"按钮，即可访问 WordPress 登录界面，如图 4-4-6 所示，输入用户名或电子邮箱地址、密码，即可登录 WordPress 仪表盘页面，如图 4-4-7 所示。

图 4-4-4　网站信息配置页面

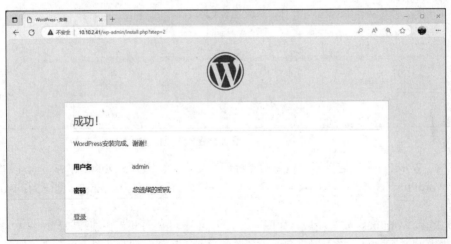

图 4-4-5　WordPress 安装完成提示页面

图 4-4-6　WordPress 登录页面

图 4-4-7　WordPress 仪表盘页面

（6）在本地主机上通过浏览器访问内容网站地址，可访问 WordPress 默认内容网站首页，如图 4-4-8 所示。

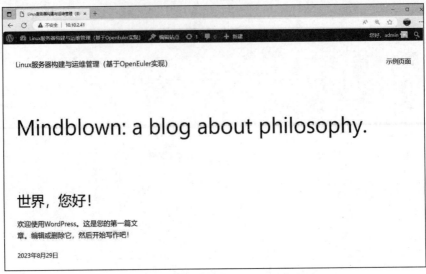

图 4-4-8　WordPress 默认内容网站首页

任务五　提升 Apache 的安全性

【任务介绍】

网站安全是网络安全和信息安全的重要组成部分，提升 Web 服务器的安全性是保障网站安全的重要措施。本任务通过多个手段提升 Apache 的安全性，为保障网站安全可靠提供服务。

本任务在任务四的基础上进行。

【任务目标】

掌握 Apache 服务器的安全性配置。

【操作步骤】

步骤 1：设置网站访问范围。

设置网站访问范围可以有效地阻隔恶意主机的攻击，极大地提升网站的安全性。本步骤将内容网站的可访问范围设置为两条规则，具体如下。

（1）允许所有地址访问内容网站。

（2）禁止 10.10.2.200 地址访问内容网站。

Apache Web 服务器通过 Require 选项实现网站访问范围限制，可通过修改 Apache 的配置文件实现，配置文件修改后的信息如下。

配置文件：/etc/httpd/conf/httpd.conf

操作命令：

```
1.   #httpd.conf 配置文件内容较多，本部分仅显示与网站访问范围配置有关的内容
2.   <Directory "/var/www/wordpress">
3.       Options Indexes FollowSymLinks
4.       AllowOverride None
5.       #设置网站访问范围
6.       <RequireAll>
7.           Require all granted
8.           Require not ip 10.10.2.200
9.       </RequireAll>
10.  </Directory>
```

操作命令+配置文件+脚本程序+结束

配置完成后，重新载入配置文件使其生效。

操作命令：

```
1.   [root@Project-04-Task-01 ~]# systemctl reload httpd
```

操作命令+配置文件+脚本程序+结束

在 IP 地址为 10.10.2.200 的主机上打开浏览器访问内容网站，将出现 403 Forbidden 页面，如图 4-5-1 所示。

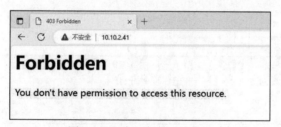

图 4-5-1　默认内容网站首页

（1）Apache 的 Require 项常用指令如下所示。
- Require all granted，允许所有来源访问
- Require all denied，拒绝所有来源访问
- Require ip 127.0.0.1，只允许特定 IP 段访问，多个 IP 段之间使用空格隔开，这里是只允许 IP 地址为 127.0.0.1 的来源主机访问
- Require host domain.com，只允许来自域名 domain.com 的主机访问
- Require 项可以配置多个

（2）Require 项配合<RequireAll>、<RequireAny>、<RequireNone>标签对可以进行更加复杂的访问限制。
- RequireAll，访问请求必须全部符合设置的允许访问规则，才能访问网站
- RequireAny，访问请求符合设置的任意一条允许访问规则，就能访问网站
- RequireNone，访问请求符合设置的任意一条规则，都不能访问网站。不能独立使用，一般与其他标签对配合使用

步骤 2：隐藏服务器敏感信息。

隐藏 Web 服务器和 PHP 解析器的敏感信息，可有效降低精准攻击的概率，降低服务器的风险。Apache Web 服务器通过 ServerTokens 选项隐藏版本等敏感信息，PHP 解析器使用 expose_php 命令隐藏敏感信息。

（1）隐藏 Apache Web 服务器的敏感信息。使用 vi 工具编辑 Apache 配置文件，编辑后的配置文件信息如下所示。

配置文件：/etc/httpd/conf/httpd.conf

操作命令：

```
1.    #httpd.conf 配置文件内容较多，本部分仅显示与隐藏 Apache 敏感信息有关的内容
2.    #在文件的最底部增加下述内容，设置 http 头部仅返回软件名称信息
3.    ServerTokens Prod
```

操作命令+配置文件+脚本程序+结束

配置完成后，重新载入配置文件使其生效。

操作命令：

```
1.    [root@Project-04-Task-01 ~]# systemctl reload httpd
```

操作命令+配置文件+脚本程序+结束

（2）修改 php.ini 文件隐藏 PHP 敏感信息。使用 vi 工具编辑 php 配置文件，编辑后的配置文件信息如下所示。

配置文件：/etc/php.ini

操作命令：

```
1.    #php.ini 配置文件内容较多，本部分仅显示与隐藏 PHP 信息有关的内容
2.    #将 expose_php = On 改为 expose_php = Off，隐藏 PHP 版本信息
3.    expose_php = Off
```

操作命令+配置文件+脚本程序+结束

配置完成后，重新载入配置文件使其生效。

操作命令：

```
1.    [root@Project-04-Task-01 ~]# systemctl reload php-fpm
```

操作命令+配置文件+脚本程序+结束

在本地主机使用浏览器访问网站后，按"F12"键或者通过浏览器菜单打开开发者工具，在"网络"标签页任选一个网站文件，查看 HTTP 请求中的响应头信息。

在隐藏服务器敏感信息前后分别访问网站，对比可知 Server 项信息改变、X-Powered-By 项消失，如图 4-5-2、图 4-5-3 所示。

（1）Apache 的 ServerTokens 共有 6 个选项，其作用分别如下所示。
- ServerTokens Full，显示全部信息包含 Apache 支持的模块及模块版本号
- ServerTokens Prod，仅显示网站服务器名称，即 Server: Apache
- ServerTokens Major，显示网站服务器信息包括主版本号，即 Server: Apache/2

- ServerTokens Minor，显示网站服务器信息包括次版本号，即 Server:
  Apache/2.4
- ServerTokens Min，显示网站服务器信息包含完整版本号，即 Server:
  Apache/2.4.51
- ServerTokens OS，显示网站服务器信息包含操作系统类型，即：Server:
  Apache/2.4.51(Unix)

（2）PHP 的 expose_php 共有 2 个选项，其作用分别如下所示。
- On，在网站服务器上显示已安装 PHP 信息
- Off，在网站服务器上不显示已安装 PHP 信息

（3）使用 vi 工具进行内容编辑时，可以在查看模式下键入"/"后再输入信息进行内容的检索。

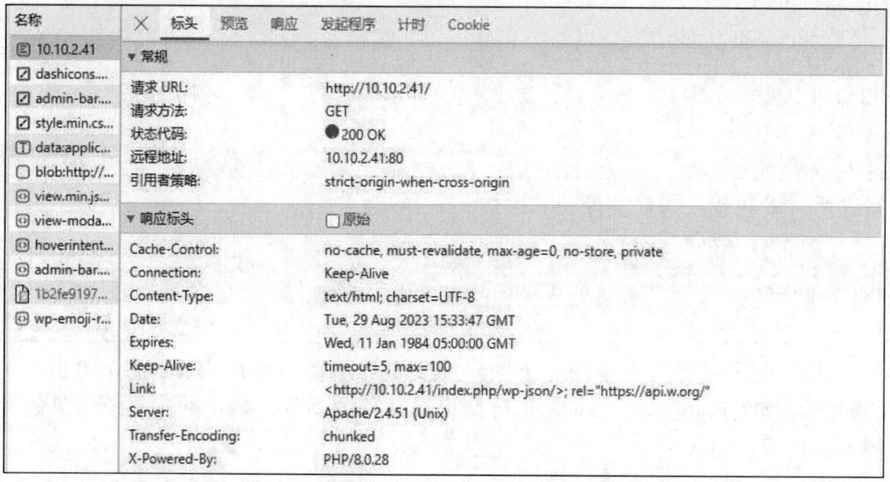

图 4-5-2　隐藏服务器敏感信息前的响应头信息

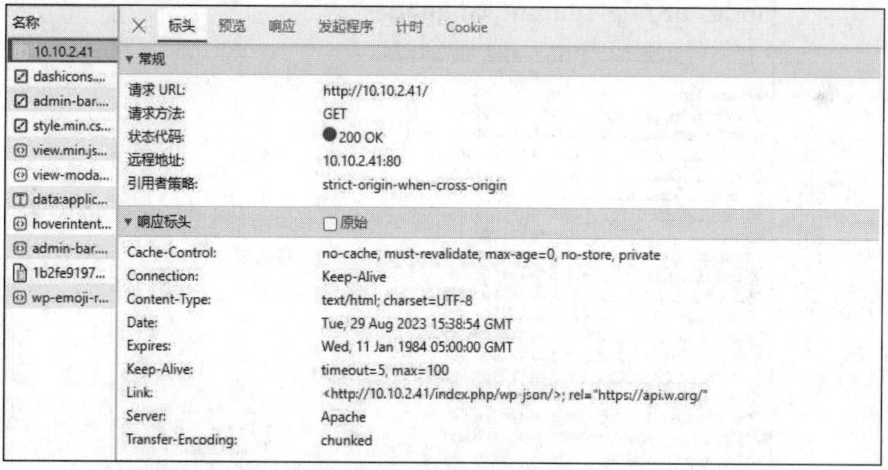

图 4-5-3　隐藏服务器敏感信息后的响应头信息

步骤 3：禁止网站目录浏览。

禁止网站目录浏览可有效地保护网站信息不被泄露，屏蔽非法用户的恶意浏览。本步骤使用 vi 工具修改 Apache 配置文件，禁止网站目录浏览。修改后的配置文件信息如下。

配置文件：/etc/httpd/conf/httpd.conf

操作命令：

```
1.   #httpd.conf 配置文件内容较多，本部分仅显示与禁止网站目录浏览有关的内容
2.   <Directory "/var/www/wordpress">
3.       #Options 项设置为 None，目录不启用任何服务器特性
4.       Options  None
5.       AllowOverride  None
6.       #设置网站访问范围
7.       <RequireAll>
8.           Require  all  granted
9.           Require  not  ip  10.10.2.2200
10.      </RequireAll>
11.  </Directory>
```

操作命令+配置文件+脚本程序+结束

配置完成后，重新载入配置文件使其生效。

操作命令：

```
1.   [root@Project-04-Task-01 ~]# systemctl  reload  httpd
```

操作命令+配置文件+脚本程序+结束

在本地主机浏览器中访问内容网站下的 languages 路径，地址为http://10.10.2.41/wp-content/languages，如出现 403 Forbidden 页面表示已禁止网站目录浏览，禁止网站目录浏览前后的浏览情况对比如图 4-5-4、图 4-5-5 所示。

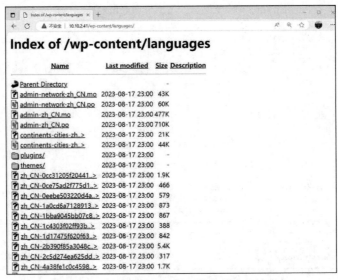

图 4-5-4　禁止网站目录浏览前的访问情况

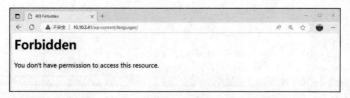

图 4-5-5 禁止网站目录浏览后的访问情况

Apache 的 Option 常用选项如下所示。
- Options All，显示除 MultiViews 之外的所有特性
- Options MultiViews，允许多重内容被浏览
- Options Indexes，如目录下无 index 文件，则显示该目录下的文件
- Options IncludesNOEXEC，允许使用服务器端 include，但不可使用#exec 和#include 功能
- Options Includes，允许使用服务器端 include
- Options FollowSymLinks，在目录中服务器将跟踪符号链接
- Options SymLinksIfOwnerMatch，在目录中仅跟踪本站点内的链接
- Options ExecCGI，在目录下准许使用 CGI

Options 后可附加多种服务器特性，特性之间使用空格隔开。

步骤 4：开启 SELinux，并对防火墙进行安全防护。

本项目的上述任务中为安装 WordPress 临时关闭了 SELinux，为了确保操作系统的安全以及网站访问的安全性，本步骤开启 SELinux，并对系统防火墙进行安全检查。

（1）将 SELinux 工作模式设置为 enforcing。

操作命令：

```
1.   [root@Project-04-Task-01 ~]# setenforce 1
2.   #使用 sestatus 查看 SELinux 状态信息
3.   [root@Project-04-Task-01 ~]# sestatus
4.   #SELinux 已开启
5.   SELinux status:                 enabled
6.   SELinuxfs mount:                /sys/fs/selinux
7.   SELinux root directory:         /etc/selinux
8.   Loaded policy name:             targeted
9.   #当前工作模式为 enforcing 强制模式
10.  Current mode:                   enforcing
11.  Mode from config file:          enforcing
12.  Policy MLS status:              enabled
13.  Policy deny_unknown status:     allowed
14.  Memory protection checking:     actual (secure)
15.  Max kernel policy version:      33
```

操作命令+配置文件+脚本程序+结束

（2）验证防火墙状态与 http 80 端口查看防火墙的开放情况，如防火墙未开启可参考任务二中步骤，开启防火墙与相关服务以及端口。

操作命令：

1.　　#验证防火墙状态
2.　　[root@Project-04-Task-01 ~]# systemctl status firewalld
3.　　　firewalld.service - firewalld - dynamic firewall daemon
4.　　　　Loaded: loaded (/usr/lib/systemd/system/firewalld.service; enabled; vendor preset: enabled)
5.　　　　#防火墙状态，结果值为 active 表示活跃；
6.　　　　Active: active (running) since Tue 2023-08-29 00:46:47 CST; 23h ago
7.　　　　　Docs: man:firewalld(1)
8.　　　　#主进程 ID 为 737
9.　　　　Main PID: 737 (firewalld)
10.　　　　　Tasks: 2 (limit: 2692)
11.　　#为了排版方便此处省略了部分提示信息
12.　　#查看防火墙端口的开放情况
13.　　[root@Project-04-Task-01 ~]# firewall-cmd --list-all
14.　　#firewalld 默认区域
15.　　public (active)
16.　　　target: default
17.　　　icmp-block-inversion: no
18.　　　#关联的网卡接口
19.　　　interfaces: enp0s3
20.　　　#来源，可以是 IP 地址，也可以是 mac 地址
21.　　　sources:
22.　　　#允许的服务
23.　　　services: dhcpv6-client http mdns ssh
24.　　#允许的目标端口，即本地开放的端口，这里添加的是公开端口，所有的 IP 地址都能访问。
25.　　　ports: 80/tcp
26.　　　#允许通过的协议
27.　　　protocols:
28.　　　#允许转发的端口
29.　　　forward: yes
30.　　#是否允许伪装（yes/no），可改写来源 IP 地址及 mac 地址
31.　　　masquerade: no
32.　　　forward-ports:
33.　　　source-ports:
34.　　　icmp-blocks:
35.　　　rich rules:

操作命令+配置文件+脚本程序+结束

项目五

使用 Nginx 实现代理服务

▶ 项目介绍

代理服务器是介于客户端浏览器和服务端 Web 服务器之间的一台服务器，当用户通过代理服务器访问网站时，浏览器不是直接到 Web 服务器去取回网页，而是向代理服务器发出请求，由代理服务器负责取回所请求的网页内容并传送回用户浏览器。使用代理服务器进行网站发布也是最为常见的提升网站安全的重要措施之一。

Nginx 是最常用的代理服务软件之一，其包含 NGINX Open Source 和 NGINX Plus 两个版本。NGINX Open Source 是开源免费版本，具备基本的代理服务器功能；NGINX Plus 是在开源基础上实现的商业版本，具有更丰富的状态监控、负载均衡模式、安全控制等功能。

本项目在 openEuler 平台下选用 NGINX Open Source 版本实现代理与负载均衡服务，并简要介绍通过 Apache mod_proxy 模块配置代理服务器的方法。

▶ 项目目的

- 了解代理服务；
- 理解 Nginx 的工作原理与安全性；
- 理解 Apache mod_proxy 的工作原理与安全性；
- 掌握 Nginx 的安装与基本配置；
- 掌握使用 Nginx 实现反向代理；
- 掌握使用 Nginx 实现负载均衡；
- 掌握使用 Apache 实现反向代理与负载均衡。

▶ 项目讲堂

1. 代理服务

代理服务可以实现互联网与局域网之间的通信，分为正向代理和反向代理两种。

（1）正向代理。正向代理服务器是位于客户端与互联网上的网站服务器之间的服务器。当客户端无法访问外部资源时，为了从互联网上的网站服务器获取内容，客户端可发送请求到正向代理服务器，然后正向代理服务器从互联网上的网站服务器中获取内容并返回给客户端。使用正向代理服务器时，客户端必须专门配置正向代理服务器的信息，如在浏览器中配置代理服务器等。

正向代理的工作原理如图 5-0-1 所示。

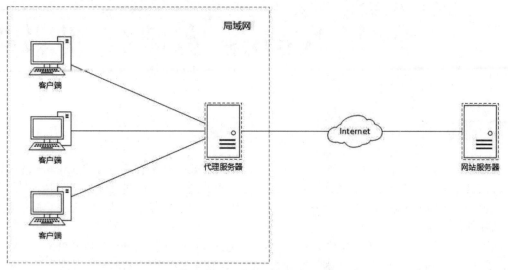

图 5-0-1　正向代理的工作原理

正向代理的典型应用就是为内部客户端访问外网提供方便，比如企业网/校园网内部用户通过代理访问外部网站等。在进行代理的同时，代理服务器能够使用缓存来缓解网站服务器的负载情况，提升响应速度。

（2）反向代理。反向代理与正向代理相反，在客户端看来它就像是一个普通的网站服务器，客户端不需做任何配置。客户端发送请求到代理服务器，代理服务器决定将这些请求转发到何处。

反向代理的工作原理如图 5-0-2 所示。

反向代理的主要作用如下。

1）隐藏服务器真实 IP，客户端只能看到代理服务器地址。

2）实现业务负载均衡，代理服务器可根据网站服务器的负载情况，将客户端请求分发到不同的网站服务器。

3）提高业务访问速度，代理服务器提供缓存服务、提高网站等业务的访问速度。

4）提供安全保障，代理服务器可作为应用层防火墙，为内部网站提供安全防护。

（3）正向代理与反向代理的区别。在正向代理与反向代理的模式中，虽然代理服务器所处位置都是在客户端与网站服务器之间，都是将客户端的请求转发给网站服务器，但两者之间存在一定的差异，具体如下。

1）正向代理是客户端的代理，反向代理是服务器的代理。

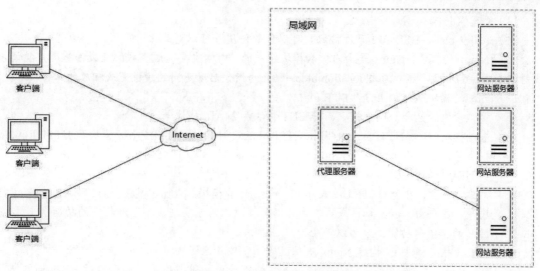

图 5-0-2　反向代理的工作原理

2）正向代理一般是为客户端架设的，反向代理一般是为服务器架设的。

3）正向代理中网站服务器无法获知客户端的真正地址，反向代理中客户端无法获知网站服务器的真正地址。

4）正向代理主要是解决内部访问外部网络受到限制的问题，反向代理主要是提供更为安全稳定的网站服务。

2. Nginx

（1）什么是 Nginx。Nginx 是一个 HTTP 和反向代理服务器，同时也是邮件代理服务器和通用的 TCP/UDP 代理服务器。

Nginx 官网地址为：https://nginx.org，本项目任务一～任务三的 Nginx 通过在线方式安装，版本为 nginx 1.21.5，项目四的 Nginx 通过编译方式安装，版本为 nginx 1.24.0。

（2）Nginx 的主要特性如下。

1）基于模块化的结构。

2）基于 EPOLL 事件驱动模型。

3）提供反向代理服务，可使用缓存加速反向代理，支持简单的负载均衡和容错。

4）支持基于文件的配置。

5）支持基于 IP 和域名的虚拟网站配置。

6）支持 MP4、FLV 视频流式服务。

7）支持嵌入 Perl 语言。

8）支持 FastCGI、Uwsgi、SCGI。

9）支持 HTTP/2、HTTP/3。

10）支持 IMAP、POP3、SMTP 代理。

11）支持 TCP 和 UDP 的通用代理。

12）支持 Windows、Linux、UNIX 操作系统。

13）兼容 X86 与 ARM 架构。

14）采用 2-clause BSD-like 开源协议，可以免费使用并可以商业化。

（3）Nginx 的模块。Nginx 是由内核和模块组成的，内核主要通过查找配置文件将客户端请求映射到 location block，然后通过 location block 配置的指令启动不同的模块完成相应的工作。

1）Nginx 的模块从结构上分为以下 3 种。

- 核心模块：包含 HTTP 模块、EVENT 模块和 MAIL 模块等
- 基础模块：包含 HTTP Access 模块、HTTP FastCGI 模块、HTTP Proxy 模块及 HTTP Rewrite 模块等，主要用于提供基于 http 协议的基本服务，如访问控制、FastCGI 支持、反向代理和 URL 重写等功能
- 第三方模块：包含 HTTP Upstream Request Hash 模块、Notice 模块和 HTTP Access Key 模块等，主要由 Nginx 社区或第三方开发并提供，用于实现更丰富和特定的功能

2）Nginx 的模块从功能上分为以下几种。

- Core（核心模块）：构建 Nginx 基础服务，管理其他模块
- Handlers（处理器模块）：此类模块直接处理请求，进行输出内容和修改 headers 信息等操作
- Filters（过滤器模块）：此类模块主要对其他处理器模块输出的内容进行修改操作，最后由 Nginx 输出
- Proxies（代理类模块）：此类模块是 Nginx 的 HTTP Upstream 之类的模块，这些模块主要与后端一些服务（比如 FastCGI 等）进行交互，实现服务代理和负载均衡等功能
- Nginx 的核心模块主要负责建立 Nginx 服务模型、管理网络层和应用层协议以及启动针对特定应用的一系列模块，其他模块负责服务器的实际工作
- 当 Nginx 发送文件或转发请求到其他服务器时，由 Handlers、Proxies 模块提供服务
- 当需要 Nginx 把输出压缩或者增加一些数据时，由 Filters 模块提供服务

3. Apache Proxy

（1）Apache Proxy 简介。Apache Proxy 主要通过 mod_proxy 模块实现 Apache 的代理/网关功能，并实现以下协议的代理：AJP13(Apache JServe Protocol v1.3)、FTP、CONNECT(用于 SSL)、HTTP/0.9、HTTP/1.0、HTTP/1.1、HTTP/2 等。通过该模块可实现正向（forward）和反向（reverse）代理配置。本项目主要介绍通过 mod_proxy 模块实现反向代理服务。

（2）Apache Proxy 主要模块。Apache 的代理功能（除 mod_proxy 以外）被划分到了几个不同的模块中：mod_proxy_http、mod_proxy_http2、mod_proxy_ftp、mod_proxy_ajp、mod_proxy_balancer、mod_proxy_connect 等。如需使用 Apache 一个或多个代理的功能，需将 mod_proxy 和对应的模块同时加载到服务器中，Apache 模块与代理协议的对应关系见表 5-0-1。

表 5-0-1　Apache 模块与代理协议对应关系一览表

Apache 模块	代理协议
mod_proxy_ajp	AJP13 (Apache JServe Protocol version 1.3)
mod_proxy_connect	CONNECT（用于 SSL）

Apache 模块	代理协议
mod_proxy_fcgi	FastCGI
mod_proxy_ftp	FTP
mod_proxy_http	HTTP/0.9、HTTP/1.0、HTTP/1.1
mod_proxy_http2	HTTP/2
mod_proxy_scgi	SCGI
mod_proxy_wstunnel	WS and WSS (Web-Socket)

mod_proxy 可与其他模块结合提供扩展功能，如与 mod_cache 模块结合提供了缓冲特性、与 mod_ssl 模块结合提供 SSLProxy*系列指令，可用于 SSL/TLS 连接远程服务器。

（3）反向代理与负载均衡。Apache 实现反向代理和负载均衡所需的主要模块如下。

1）mod_proxy：支持多种协议的代理，支持的协议见表 5-0-1。

2）mod_proxy_balancer：提供负载均衡，支持的协议主要有：HTTP、FTP、AJP13、WebSocket 等。mod_proxy_balancer 本身不提供负载均衡算法模型，而是依托模块 mod_lbmethod_byrequests、mod_lbmethod_bytraffic、mod_lbmethod_bybusyness、mod_lbmethod_heartbeat 提供算法。

3）mod_proxy_hcheck：提供负载均衡节点的健康检查，此模块需要依赖 mod_watchdog 模块提供的服务。

Apache 实现反向代理仅使用 mod_proxy 即可，但 Apache 实现负载均衡必须同时使用 mod_proxy、mod_proxy_balancer 以及至少一个负载均衡算法模块。

任务一　安装 Nginx

【任务介绍】

本任务在 openEuler 上通过在线方式完成 Nginx 软件的安装，并对服务进行基本配置。

【任务目标】

（1）掌握 Nginx 的安装。
（2）掌握 Nginx 服务的启动等管理操作。
（3）掌握 Nginx 服务状态的查看。

【操作步骤】

步骤 1：创建虚拟机并完成 openEuler 的安装。

在 VirtualBox 中创建虚拟机，完成 openEuler 的安装。虚拟机与操作系统的配置信息见表 5-1-1，注意虚拟机网卡的工作模式为桥接。

表 5-1-1　虚拟机与操作系统的配置信息

虚拟机配置	操作系统配置
虚拟机名称：VM-Project-05-Task-01-10.10.2.51 内存：1GB CPU：1 颗 1 核心 虚拟硬盘：20GB 网卡：1 块，桥接	主机名：Project-05-Task-01 IP 地址：10.10.2.51 子网掩码：255.255.255.0 网关：10.10.2.1 DNS：8.8.8.8

步骤 2：完成虚拟机的主机配置、网络配置及通信测试。

启动并登录虚拟机，依据表 5-1-1 完成主机名和网络的配置，能够访问互联网和本地主机。

（1）虚拟机的创建、操作系统的安装、主机名与网络的配置，具体方法参见项目一。

（2）建议通过虚拟机复制快速创建所需环境。通过复制创建的虚拟机需依据本任务虚拟机与操作系统规划配置信息设置主机名与网络，实现对互联网和本地主机的访问。

步骤 3：通过在线方式安装 Nginx。

操作命令：

```
1.   #使用 yum 工具安装 Nginx
2.   [root@Project-05-Task-01 ~]# yum install -y nginx
3.   #为了排版方便此处省略了部分提示信息
                           34 kB/s | 110 kB        00:03
4.   Dependencies resolved.
5.   ========================================================================
6.   Package            Architecture    Version              Repository    Size
7.   ========================================================================
8.   #安装的 Nginx 版本、大小等信息
9.   Installing:
10.    Nginx            x86_64          1:1.21.5-5.oe2203sp2  everything    497 k
11.  Installing dependencies:
12.
13.    Gd              x86_64          2.3.3-3.oe2203sp2      OS           123 k
14.  #为了排版方便此处省略了部分提示信息
15.    nginx-mod-streamx 86_64         1:1.21.5-5.oe2203sp2   everything    70 k
16.
17.  Transaction Summary
18.  ========================================================================
19.  Install   14 Packages
20.  #安装 Nginx 需要安装 14 个软件，总下载大小为 1.6M，安装后将占用磁盘 5.0M
21.  Total download size: 1.6 M
22.  Installed size: 5.0 M
23.  Downloading Packages:
24.  (1/14): libXpm-3.5.13-4.oe2203sp2.x86_64.rpm            52 kB/s | 41 kB   00:00
25.  #为了排版方便此处省略了部分提示信息                      222 kB/s | 497 kB  00:02
```

| 26. | (14/14): nginx-mod-stream-1.21.5-5.oe2203sp2.x86_64.rpm | 60 kB/s | 70 kB | 00:01 |

26. (14/14): nginx-mod-stream-1.21.5-5.oe2203sp2.x86_64.rpm　　60 kB/s | 70 kB　00:01
27. --
28. Total　　　　　　　　　　　　　　　　　　　　314 kB/s | 1.6 MB　00:05
29. retrieving repo key for OS unencrypted from http://repo.openeuler.org/openEuler-22.03-LTS-SP2/OS/x86_64/RPM-GPG-KEY-openEuler
30. #为了排版方便此处省略了部分提示信息　　　　　　　　　　14/14
31. #下述信息说明 Nginx 已经安装成功
32. Installed:
33. 　gd-2.3.3-3.oe2203sp2.x86_64
34. #为了排版方便此处省略了部分提示信息
35. 　nginx-mod-stream-1:1.21.5-5.oe2203sp2.x86_64
36.
37. Complete!

操作命令+配置文件+脚本程序+结束

通过 YUM 进行在线安装的 Nginx 版本为 1.21.5。

步骤 4：启动 Nginx 服务。
Nginx 安装完成后将在 openEuler 中创建名为 nginx 的服务，该服务并未自动启动。

操作命令：
1. #使用 systemctl start 命令启动 nginx 服务
2. [root@Project-05-Task-01 ~]# systemctl start nginx
3. #如果不出现任何提示，表示 nginx 服务启动成功

操作命令+配置文件+脚本程序+结束

（1）命令 systemctl start nginx，可以启动 nginx 服务。
（2）命令 systemctl stop nginx，可以停止 nginx 服务。
（3）命令 systemctl restart nginx，可以重启 nginx 服务。
（4）命令 systemctl reload nginx，可以在不中断 nginx 服务的情况下重新载入 nginx 配置文件。

步骤 5：配置 Nginx 服务为开机自启动。
为使代理服务器在操作系统重启后自动提供服务，需要把 nginx 服务配置为开机自启动。

操作命令：
1. #使用 systemctl enable 命令可设置 nginx 服务为开机自启动
2. [root@Project-05-Task-01 ~]# systemctl enable nginx
3. Created symlink /etc/systemd/system/multi-user.target.wants/nginx.service → /usr/lib/systemd/system/nginx.service.
4.
5. #使用 systemctl list-unit-files 命令确认 nginx 服务是否已配置为开机自启动
6. [root@Project-05-Task-01 ~]# systemctl list-unit-files | grep nginx.service
7. #下述信息说明 nginx.service 已配置为开机自启动
8. nginx.service　　　　　　　　　　enabled　　　　disabled

操作命令+配置文件+脚本程序+结束

步骤 6：查看 Nginx 运行信息。

Nginx 服务启动之后可以通过下面的命令查看其运行信息。

操作命令：

```
1.   #使用 systemctl status 查看 Nginx 服务运行状态
2.   [root@Project-05-Task-01 ~]# systemctl status nginx
3.     nginx.service - The nginx HTTP and reverse proxy server
4.      #Loaded 表示 nginx 服务的安装位置；disabled 表示未设置为开机自启动
5.      Loaded: loaded (/usr/lib/systemd/system/nginx.service; enabled; vendor preset: disabled)
6.      #nginx 服务的活跃状态，结果值为 active 表示活跃；inactive 表示不活跃
7.      Active: active (running) since Tue 2023-09-05 02:03:09 CST; 5min ago
8.      #nginx 服务启动信息
9.      Process: 2161 ExecStartPre=/usr/bin/rm -f /run/nginx.pid (code=exited, status=0/SUCCESS)
10.     Process: 2162 ExecStartPre=/usr/sbin/nginx -t (code=exited, status=0/SUCCESS)
11.     Process: 2164 ExecStart=/usr/sbin/nginx (code=exited, status=0/SUCCESS)
12.    #nginx 服务的主进程 ID 为：2166
13.     Main PID: 2166 (nginx)
14.    #nginx 服务进程总数为 2
15.     Tasks: 2 (limit: 2692)
16.    #nginx 服务占用内存大小为：10.3M
17.     Memory: 10.3M
18.     CGroup: /system.slice/nginx.service
19.            ├── 2166 "nginx: master process /usr/sbin/nginx"
20.            └── 2167 "nginx: worker process"
21.   #Nginx 操作日志
22.   9 月 05 02:03:09 Project-05-Task-01 systemd[1]: Starting The nginx HTTP and reverse proxy server...
23.   #为了排版方便此处省略了部分提示信息
24.   9 月 05 02:03:09 Project-05-Task-01 systemd[1]: Started The nginx HTTP and reverse proxy server.
```

操作命令+配置文件+脚本程序+结束

任务二　使用 Nginx 实现反向代理

【任务介绍】

本任务使用 Nginx 通过反向代理服务实现网站发布，并进行服务测试。

本任务在任务一的基础上进行。

【任务目标】

（1）掌握反向代理服务的搭建。

（2）掌握反向代理服务的测试。

【任务设计】

本任务的拓扑结构如图 5-2-1 所示。

图 5-2-1　拓扑结构

服务器规划见表 5-2-1，服务器网络规划见表 5-2-2，网站业务规划见表 5-2-3。

表 5-2-1　服务器规划

虚拟机名称	主机名	服务器	作用
VM-Project-05-Task-01-10.10.2.51	Project-05-Task-01	代理服务器-Nginx	使用代理发布内部网站业务-1
VM-Project-05-Task-02-172.16.0.1	Project-05-Task-02	Web 服务器-内部-1	发布内部网站业务-1

表 5-2-2　服务器网络规划

主机名	网卡	IP 地址	子网掩码	网关	DNS	说明
Project-05-Task-01	网卡 1	10.10.2.51	255.255.255.0	10.10.2.1	8.8.8.8	用于提供 Web 服务
	网卡 2	172.16.0.254	255.255.255.0	不配置	不配置	用于与内部网站所在主机进行通信
Project-05-Task-02	网卡 1	10.10.2.52	255.255.255.0	10.10.2.1	8.8.8.8	Web 服务器软件安装阶段配置网络信息
	网卡 1	172.16.0.1	255.255.255.0	不配置	不配置	提供内部网站服务阶段网络配置信息

表 5-2-3　Web 服务器-内部-网站业务规划

网站名称	服务器	网站目录	访问地址	网站首页内容
Site-Clone-1	Web 服务器-内部-1	/var/www/html	http://172.16.0.1	Site-Clone-1: http://172.16.0.1

 提醒　　表 5-2-2 访问地址中的 IP 地址需根据实际情况进行调整。

【操作步骤】

步骤 1： 创建虚拟机并完成 openEuler 的安装。

在 VirtualBox 中创建虚拟机，完成 openEuler 的安装。虚拟机与操作系统的配置信息见表 5-2-4，注意虚拟机网卡的工作模式为桥接。

表 5-2-4　虚拟机与操作系统的配置

虚拟机配置	操作系统配置
虚拟机名称：VM-Project-05-Task-02-172.16.0.1	主机名：Project-05-Task-02
内存：1GB	IP 地址：10.10.2.52
CPU：1 颗 1 核心	子网掩码：255.255.255.0
虚拟硬盘：20GB	网关：10.10.2.1
网卡：1 块，桥接	DNS：8.8.8.8

步骤 2：完成虚拟机的主机配置、网络配置及通信测试。

启动并登录虚拟机，依据表 5-2-4 完成主机名和网络的配置，能够访问互联网和本地主机。

（1）虚拟机的创建、操作系统的安装、主机名与网络的配置，具体方法参见项目一。

（2）建议通过虚拟机复制快速创建所需环境。通过复制创建的虚拟机需依据本任务虚拟机与操作系统规划配置信息设置主机名与网络，实现对互联网和本地主机的访问。

（3）本虚拟机是作为内部网站发布的服务器。

步骤 3：完成 Apache 的安装配置与网站发布。

当前虚拟机为 Web 服务器软件安装阶段，在主机名为 Project-05-Task-02 的虚拟机上完成 Apache 的安装配置，具体操作步骤如下。

操作命令：

```
1.  #安装 Apache
2.  [root@Project-05-Task-02 ~]# yum install -y httpd
3.  #启动 Apache
4.  [root@Project-05-Task-02 ~]# systemctl start httpd
5.  #配置 Apache 开机自启动
6.  [root@Project-05-Task-02 ~]# systemctl enable httpd
```

操作命令+配置文件+脚本程序+结束

在主机名为 Project-05-Task-02 的虚拟机上发布网站，该网站名称为 Site-Clone-1，具体操作步骤如下。

操作命令：

```
1.  #创建网站并发布
2.  [root@Project-05-Task-02 ~]# echo "<h1>Site-Clone-1：http://172.16.0.1</h1>" > /var/www/html/index.html
```

操作命令+配置文件+脚本程序+结束

开启防火墙 http 80 端口，具体操作步骤如下。

操作命令：

1. #开放防火墙 http 协议
2. [root@Project-05-Task-02 ~]# firewall-cmd --add-service=http --permanent
3. #开放防火墙 80 端口
4. [root@Project-05-Task-02 ~]# firewall-cmd --add-port=80/tcp --permanent
5. #重新加载防火墙配置
6. [root@Project-05-Task-02 ~]# firewall-cmd --reload

操作命令+配置文件+脚本程序+结束

在本地主机通过浏览器访问 Site-Clone-1 网站当前地址（http://10.10.2.52），验证网站发布成功。

步骤 4：修改虚拟机 IP 地址。

依据表 5-2-2 规划，在主机名为 Project-05-Task-02 的虚拟机上完成网络配置的修改，将虚拟机由软件安装阶段调整为内部网站服务阶段。

步骤 5：任务一虚拟机增加网卡并配置网络。

本步骤及下述相关配置在任务一部署的 Nginx 代理服务器上操作。在 VirtualBox 虚拟机清单中选中虚拟机 VM-Project-05-Task-01-10.10.2.51，右击"设置"命令，单击"网络"选项，选择"网卡 2"选项卡，选中"启用网络连接"前的复选框，连接方式设置为：内部网络，如图 5-2-2 所示。

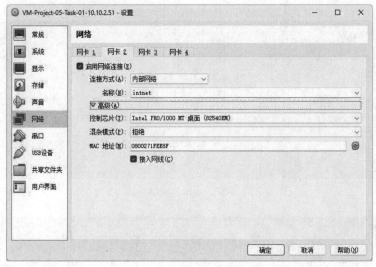

图 5-2-2　网卡 2 网络配置

配置完成后，单击"确定"按钮，并将此虚拟机开机。查看虚拟机网络配置信息，具体操作步骤如下。

操作命令：

1. #查看网络配置
2. [root@Project-05-Task-01 ~]# ip addr
3. 1: lo: <LOOPBACK,UP,LOWER_UP> mtu 65536 qdisc noqueue state UNKNOWN group default qlen 1000
4. 　　link/loopback 00:00:00:00:00:00 brd 00:00:00:00:00:00
5. 　　inet 127.0.0.1/8 scope host lo

6.　　　　valid_lft forever preferred_lft forever
7.　　　　inet6 ::1/128 scope host
8.　　　　valid_lft forever preferred_lft forever
9.　#网卡 1 网络配置
10.　2: enp0s3: <BROADCAST,MULTICAST,UP,LOWER_UP> mtu 1500 qdisc fq_codel state UP group default qlen 1000
11.　　　　link/ether 08:00:27:c2:65:64 brd ff:ff:ff:ff:ff:ff
12.　　　　inet 10.10.2.51/24 brd 10.10.2.255 scope global noprefixroute enp0s3
13.　　　　valid_lft forever preferred_lft forever
14.　　　　inet6 fe80::a00:27ff:fec2:6564/64 scope link noprefixroute
15.　　　　valid_lft forever preferred_lft forever
16.　#网卡 2 网络配置
17.　3: enp0s8: <BROADCAST,MULTICAST,UP,LOWER_UP> mtu 1500 qdisc fq_codel state UP group default qlen 1000
18.　　　　link/ether 08:00:27:12:44:30 brd ff:ff:ff:ff:ff:ff

操作命令+配置文件+脚本程序+结束

使用 nmtui 配置网卡 2，如图 5-2-3 所示，选中"编辑连接"命令，单击"确定"按钮，选择"添加"命令，设置连接类型为"以太网"，依据表 5-2-2 网络规划，填写网卡 2 的信息，完成网络配置，如图 5-2-4 所示。

图 5-2-3　nmtui 网络管理

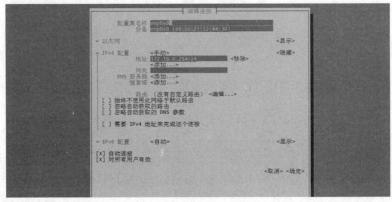

图 5-2-4　网卡 2 网络配置

操作命令：

1.   #可视化编辑网络配置
2.   [root@Project-05-Task-01 ~]# nmtui

操作命令+配置文件+脚本程序+结束

保存好网卡 2 配置后，再次查看虚拟机网络配置信息，进行确认。

操作命令：

1.   #查看网络配置
2.   [root@Project-05-Task-01 ~]# ip addr
3.   1: lo: <LOOPBACK,UP,LOWER_UP> mtu 65536 qdisc noqueue state UNKNOWN group default qlen 1000
4.   link/loopback 00:00:00:00:00:00 brd 00:00:00:00:00:00
5.   inet 127.0.0.1/8 scope host lo
6.   valid_lft forever preferred_lft forever
7.   inet6 ::1/128 scope host
8.   valid_lft forever preferred_lft forever
9.   2: enp0s3: <BROADCAST,MULTICAST,UP,LOWER_UP> mtu 1500 qdisc fq_codel state UP group default qlen 1000
10.   link/ether 08:00:27:c2:65:64 brd ff:ff:ff:ff:ff:ff
11.   inet 10.10.2.51/24 brd 10.10.2.255 scope global noprefixroute enp0s3
12.   valid_lft forever preferred_lft forever
13.   inet6 fe80::a00:27ff:fec2:6564/64 scope link noprefixroute
14.   valid_lft forever preferred_lft forever
15.   3: enp0s8: <BROADCAST,MULTICAST,UP,LOWER_UP> mtu 1500 qdisc fq_codel state UP group default qlen 1000
16.   link/ether 08:00:27:12:44:30 brd ff:ff:ff:ff:ff:ff
17.   inet 172.16.0.254/24 brd 172.16.0.255 scope global noprefixroute enp0s8
18.   valid_lft forever preferred_lft forever
19.   inet6 fe80::a00:27ff:fe12:4430/64 scope link noprefixroute
20.   valid_lft forever preferred_lft forever
21.   #网卡 2 网络已配置成功

操作命令+配置文件+脚本程序+结束

步骤 6： 配置 Nginx 实现反向代理。

实现反向代理需要修改 Nginx 的配置文件 nginx.conf。使用 vi 工具编辑 nginx.conf 文件，编辑后的配置文件信息如下所示。

配置文件：/etc/nginx/nginx.conf

操作命令：

1.   #nginx.conf 配置文件内容较多，本部分仅显示与反向代理配置有关的内容
2.   server {
3.   #侦听端口为 80
4.   listen   80;
5.   listen   [::]:80;
6.   #下述 server_name 未配置，Nginx 默认定义请求识别路径为 "_"
7.   server_name   _;
8.   #默认网站根路径为/usr/share/nginx/html
9.   root   /usr/share/nginx/html;

```
10.      # Load configuration files for the default server block.
11.      include /etc/nginx/default.d/*.conf;
12.      #根路径请求设置
13.      location / {
14.          #将所有请求转发到 http://172.16.0.1:80
15.          proxy_pass http://172.16.0.1:80;
16.      }
17.      #定义 404 错误提示页面
18.      error_page 404 /404.html;
19.          location = /40x.html {
20.      }
21.      #定义 500、502、503、504 错误提示页面
22.      error_page 500 502 503 504 /50x.html;
23.          location = /50x.html {
24.      }
25.  }
```

操作命令+配置文件+脚本程序+结束

小贴士

（1）server_name 为虚拟服务器的识别路径，不同域名会随着请求头中的 host 按照不同的优先级匹配到特定的配置，server_name 匹配优先级如下所示。

1）完全匹配

2）通配符在前的，如*.domain.com

3）通配符在后的，如 www.domain.*

4）正则匹配，如~^.www.domain.com$

（2）如果都不匹配，将优先选择 listen 配置项有 default 或 default_server 的，如 listen 配置项未设置默认，则将选择第一个配置项进行匹配。

步骤 7：重新载入 Nginx 的配置文件。

重新载入 Nginx 配置文件使反向代理发布业务生效。

操作命令：

```
1.  #使用 systemctl reload 命令重新载入 Nginx 配置文件
2.  [root@Project-05-Task-01 ~]# systemctl reload nginx
```

操作命令+配置文件+脚本程序+结束

步骤 8：配置防火墙。

开启防火墙 http 80 端口，具体操作步骤如下。

操作命令：

```
1.  #开放防火墙 http 协议
2.  [root@Project-05-Task-01 ~]# firewall-cmd --add-service=http --permanent
3.  #开放防火墙 80 端口
4.  [root@Project-05-Task-01 ~]# firewall-cmd --add-port=80/tcp --permanent
5.  #重新加载防火墙配置
6.  [root@Project-05-Task-01 ~]# firewall-cmd --reload
```

操作命令+配置文件+脚本程序+结束

步骤 9：验证反向代理服务。

在本地主机上通过浏览器访问 Nginx 代理服务器地址，即可看到网站 Site-Clone-1 的内容，如图 5-2-5 所示。

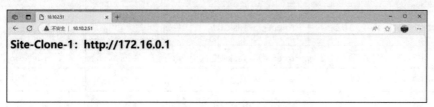

图 5-2-5　代理发布网站 Site-Clone-1 成功

任务三　使用 Nginx 实现网站负载均衡

扫码看视频

【任务介绍】

本任务使用 Nginx 通过负载均衡服务发布网站，并进行负载均衡测试。

本任务在任务一、任务二的基础上进行。

【任务目标】

（1）掌握负载均衡服务的搭建，并发布网站。

（2）掌握负载均衡服务的测试。

【任务设计】

本任务拓扑结构如图 5-3-1 所示。

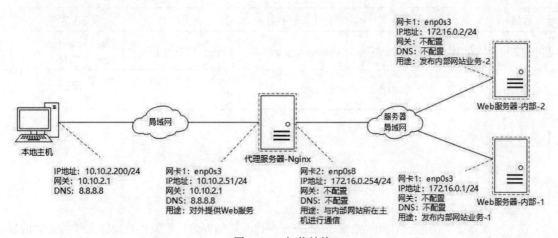

图 5-3-1　拓扑结构

155

服务器规划见表 5-3-1，服务器网络规划见表 5-3-2，网站业务规划见表 5-3-3。

表 5-3-1　服务器规划

虚拟机名称	主机名	服务器	作用
VM-Project-05-Task-01-10.10.2.51	Project-05-Task-01	代理服务器-Nginx	使用代理实现网站负载均衡发布
VM-Project-05-Task-02-172.16.0.1	Project-05-Task-02	Web 服务器-内部-1	发布内部网站业务-1
VM-Project-05-Task-03-172.16.0.2	Project-05-Task-03	Web 服务器-内部-2	发布内部网站业务-2

表 5-3-2　服务器网络规划

主机名	网卡	IP 地址	子网掩码	网关	DNS	说明
Project-05-Task-01	网卡 1	10.10.2.51	255.255.255.0	10.10.2.1	8.8.8.8	用于提供 Web 服务
	网卡 2	172.16.0.254	255.255.255.0	不配置	不配置	用于与内部网站所在主机进行通信
Project-05-Task-02	网卡 1	10.10.2.52	255.255.255.0	10.10.2.1	8.8.8.8	Web 服务器软件安装阶段配置网络信息
	网卡 1	172.16.0.1	255.255.255.0	不配置	不配置	提供内部网站服务阶段网络配置信息
Project-05-Task-03	网卡 1	10.10.2.53	255.255.255.0	10.10.2.1	8.8.8.8	Web 服务器软件安装阶段配置网络信息
	网卡 1	172.16.0.2	255.255.255.0	不配置	不配置	提供内部网站服务阶段网络配置信息

表 5-3-3　Web 服务器-内部-网站规划

网站名称	服务器	网站目录	访问地址	网站首页内容
Site-Clone-1	Web 服务器-内部-1	/var/www/html	http://172.16.0.1	Site-Clone-1：http://172.16.0.1
Site-Clone-2	Web 服务器-内部-2	/var/www/html	http://172.16.0.2	Site-Clone-2：http://172.16.0.2

【操作步骤】

步骤 1：发布网站 Site-Clone-1。
该步骤在本项目的任务二中已经完成。
步骤 2：发布网站 Site-Clone-2。
在 VirtualBox 中创建虚拟机，完成 openEuler 操作系统的安装。虚拟机与操作系统的配置信息见表 5-3-4，注意虚拟机网卡的工作模式为桥接。

表 5-3-4　虚拟机与操作系统配置

虚拟机配置	操作系统配置
虚拟机名称：VM-Project-05-Task-03-172.16.0.2 内存：1GB CPU：1 颗 1 核心 虚拟硬盘：20GB 网卡：1 块，桥接	主机名：Project-05-Task-03 IP 地址：10.10.2.53 子网掩码：255.255.255.0 网关：10.10.2.1 DNS：8.8.8.8

启动并登录虚拟机，依据表 5-3-4 完成主机名和网络的配置，能够访问互联网和本地主机。

 提醒

（1）虚拟机的创建、操作系统的安装、主机名与网络的配置，具体方法参见项目一。
（2）建议通过虚拟机复制快速创建所需环境。通过复制创建的虚拟机需依据本任务虚拟机与操作系统规划配置信息设置主机名与网络，实现对互联网和本地主机的访问。

当前虚拟机为 Web 服务器软件安装阶段，在主机名为 Project-05-Task-03 的虚拟机上完成 Apache 的安装配置，具体操作步骤如下。

操作命令：

```
1.  #安装 Apache
2.  [root@Project-05-Task-03 ~]# yum install -y httpd
3.  #启动 Apache
4.  [root@Project-05-Task-03 ~]# systemctl start httpd
5.  #配置 Apache 开机自启动
6.  [root@Project-05-Task-03 ~]# systemctl enable httpd
```

操作命令+配置文件+脚本程序+结束

在主机名为 Project-05-Task-03 的虚拟机上发布网站，该网站名称为 Site-Clone-2，具体操作步骤如下。

操作命令：

```
1.  #创建网站并发布
2.  [root@Project-05-Task-03 ~]# echo "<h1>Site-Clone-2：http://172.16.0.2</h1>" > /var/www/html/index.html
```

操作命令+配置文件+脚本程序+结束

开启防火墙 http 80 端口，具体操作步骤如下。

操作命令：

```
1.  #开放防火墙 http 协议
2.  [root@Project-05-Task-03 ~]# firewall-cmd --add-service=http --permanent
3.  #开放防火墙 80 端口
4.  [root@Project-05-Task-03 ~]# firewall-cmd --add-port=80/tcp --permanent
5.  #重新加载防火墙配置
6.  [root@Project-05-Task-03 ~]# firewall-cmd --reload
```

操作命令+配置文件+脚本程序+结束

项目五

在本地主机上通过浏览器访问 Site-Clone-2 网站当前地址（http://10.10.2.53），验证网站发布成功。

修改主机名为 Project-05-Task-03 的虚拟机网络，依据表 5-3-3 规划，完成网络配置的修改，将虚拟机由软件安装阶段调整为内部网站服务阶段。

步骤 3：配置 Nginx 实现负载均衡。

实现负载均衡发布网站，需要在代理服务器上修改 Nginx 的配置文件 nginx.conf。使用 vi 工具编辑 nginx.conf 文件，编辑后的配置文件信息如下所示。

配置文件：/etc/nginx/nginx.conf

操作命令：

```
1.   #nginx.conf 配置文件内容较多，本部分仅显示与负载均衡配置有关的内容
2.   #定义网站服务器组名称、网站服务器地址信息、权重信息
3.   #权重表示将接收的请求以什么比例转发给内部服务器，下述配置表示 server 172.16.0.1 承担 1/4 请求
4.   upstream load1{
5.          server 172.16.0.1:80  weight=1;
6.          server 172.16.0.2:80  weight=3;
7.   }
8.
9.   server {
10.         #侦听端口为 80
11.         listen           80 default_server;
12.         listen           [::]:80 default_server;
13.         #下述 server_name 未配置，Nginx 默认定义请求识别路径为 "_"
14.         server_name   _;
15.         #默认网站根路径为/usr/share/nginx/html
16.         root             /usr/share/nginx/html;
17.
18.         # Load configuration files for the default server block.
19.         include /etc/nginx/default.d/*.conf;
20.         #根路径请求设置
21.         location  /  {
22.              #将所有请求转发到定义的网站服务器组 load1 中
23.              proxy_pass http://load1;
24.         }
25.         #定义 404 错误提示页面
26.         error_page 404 /404.html;
27.              location = /40x.html {:
28.         }
29.         #定义 500、502、503、504 错误提示页面
30.         error_page 500 502 503 504 /50x.html;
31.              location = /50x.html {
32.         }
33.   }
```

操作命令+配置文件+脚本程序+结束

 小贴士　在进行网站服务器组的 server 项配置时，可以使用以下参数。

- max_conns，限制到代理服务器的最大并发连接数，默认值为 0 表示不限制
- max_fails，与网站服务器通信尝试的失败次数，如果失败次数达到该值，则在 fail_timeout 时间段内，不再向其发送请求，默认值为 1，设置为 0 则表示一直可用
- fail_timeout，网站服务器被设置为不可用的时间段，默认为 10s
- backup，标记为备用服务器。当主服务器不可用以后，请求会被传给备用服务器，该值不能在 hash、ip_hash、random 负载均衡模式下使用
- down，标记服务器永久不可用
- Nginx Plus 版本支持 resolve、server、route 等参数配置，本项目不作介绍

步骤 4：配置 Nginx 访问日志。

配置 Nginx 的访问日志，记录负载均衡转发请求的信息。使用 vi 工具编辑 nginx.conf 文件，编辑后的配置文件信息如下所示。配置完成后，重新载入配置文件使其生效。

配置文件：/etc/nginx/nginx.conf

操作命令：

```
1.  #nginx.conf 配置文件内容较多，本部分仅显示与日志配置有关的内容
2.  http {
3.        #定义名称为 main1 的日志格式
4.        log_format    main1
5.                         #客户端来源 IP - 服务器本地时间 - 完整请求信息
6.                         '$remote_addr - [$time_local] - "$request"'
7.                         #负载均衡转发地址信息
8.                         '$upstream_addr '
9.                         #网站服务器节点返回总耗时
10.                        'ups_resp_time: $upstream_response_time '
11.                        #请求总耗时
12.                        'request_time: $request_time';
13.       #访问日志存放在/var/log/nginx/access.log 目录下，日志记录格式为 main1 定义的格式
14.       access_log    /var/log/nginx/access.log    main1;
15.  }
```

操作命令+配置文件+脚本程序+结束

步骤 5：验证负载均衡服务。

本步骤通过两个方法验证负载均衡服务，一种方法是通过本地主机浏览器访问以人工验证，另一种方法是通过阅读 Nginx 访问日志以确认验证。

（1）在本地主机打开浏览器，输入代理服务器的默认网站访问地址，即可看到网站的镜像服务网站，手动进行多次刷新页面，则网站 Site-Clone-1、网站 Site-Clone-2 将相继出现，两者出现的频率比例接近于 1:3。

（2）查看 Nginx 访问日志文件，可以看到最新的负载均衡转发记录，每 4 个请求中有 1 个请求转发到了网站 Site-Clone-1，3 个请求转发到了网站 Site-Clone-2。

日志文件：/var/log/nginx/access.log

操作命令：

1. #使用 cat 工具查看 Nginx 访问日志文件
2. [root@Project-05-Task-03 ~]# cat /var/log/nginx/access.log
3. 10.10.2.200 [15/Sep/2023:23:45:33 +0800] "GET / HTTP/1.1"172.16.0.2:80 ups_resp_time: 0.010 request_time: 0.009
4. 10.10.2.200 [15/Sep/2023:23:45:33 +0800] "GET / HTTP/1.1"172.16.0.1:80 ups_resp_time: 0.008 request_time: 0.008
5. 10.10.2.200 [15/Sep/2023:23:45:33 +0800] "GET / HTTP/1.1"172.16.0.2:80 ups_resp_time: 0.006 request_time: 0.007
6. 10.10.2.200 [15/Sep/2023:23:45:33 +0800] "GET / HTTP/1.1"172.16.0.2:80 ups_resp_time: 0.006 request_time: 0.005
7. 10.10.2.200 [15/Sep/2023:23:45:34 +0800] "GET / HTTP/1.1"172.16.0.2:80 ups_resp_time: 0.006 request_time: 0.005
8. 10.10.2.200 [15/Sep/2023:23:45:34 +0800] "GET / HTTP/1.1"172.16.0.1:80 ups_resp_time: 0.007 request_time: 0.007
9. 10.10.2.200 [15/Sep/2023:23:45:34 +0800] "GET / HTTP/1.1"172.16.0.2:80 ups_resp_time: 0.007 request_time: 0.006
10. 10.10.2.200 [15/Sep/2023:23:45:34 +0800] "GET / HTTP/1.1"172.16.0.2:80 ups_resp_time: 0.006 request_time: 0.007
11. 10.10.2.200 [15/Sep/2023:23:45:34 +0800] "GET / HTTP/1.1"172.16.0.2:80 ups_resp_time: 0.005 request_time: 0.005

操作命令+配置文件+脚本程序+结束

通过验证证实负载均衡业务服务正常，权重比例起效。

步骤 6： 验证负载均衡对内部业务的容灾性。

将虚拟机 VM-Project-05-Task-03-172.16.0.2 关闭，内部网站业务仅保留网站 Site-Clone-1 正常提供服务。

（1）在本地主机打开浏览器，输入代理服务器的默认网站访问地址，多次刷新页面将只能看到网站 Site-Clone-1 的内容。

（2）查看 Nginx 访问日志文件，可以看到网站 Site-Clone-2 关闭后，所有的请求都转发到了网站 Site-Clone-1。

日志文件：/var/log/nginx/access.log

操作命令：

1. #使用 cat 工具查看 Nginx 访问日志文件
2. [root@Project-05-Task-03 ~]# cat /var/log/nginx/access.log
3. 10.10.2.200 [16/Sep/2023:00:01:28 +0800] "GET / HTTP/1.1"172.16.0.1:80 ups_resp_time: 0.006 request_time: 0.006
4. 10.10.2.200 [16/Sep/2023:00:01:29 +0800] "GET / HTTP/1.1"172.16.0.1:80 ups_resp_time: 0.005 request_time: 0.005
5. 10.10.2.200 [16/Sep/2023:00:01:29 +0800] "GET / HTTP/1.1"172.16.0.1:80 ups_resp_time: 0.006 request_time: 0.006
6. 10.10.2.200 [16/Sep/2023:00:01:30 +0800] "GET / HTTP/1.1"172.16.0.1:80 ups_resp_time: 0.005 request_time: 0.006

7.　10.10.2.200 [16/Sep/2023:00:01:31 +0800] "GET / HTTP/1.1"172.16.0.1:80 ups_resp_time: 0.006 request _time: 0.005

8.　10.10.2.200 [16/Sep/2023:00:01:32 +0800] "GET / HTTP/1.1"172.16.0.1:80 ups_resp_time: 0.007 request _time: 0.006

操作命令+配置文件+脚本程序+结束

通过验证证实负载均衡业务服务正常，在内部网站出现故障后，所有用户请求都将转发到正常服务的网站服务器上，负载均衡对内部业务有一定的容灾性，可有效地提升业务服务的可靠性。

【任务扩展】

1．Nginx 负载均衡模式

Nginx 主要通过 ngx_http_upstream_module 和 ngx_http_proxy_module 模块实现网站的负载均衡，支持轮询（round-robin）、最少连接优先（least-connected）、持续会话（ip-hash）及权重负载均衡（Weighted load balancing）等负载均衡方式。

（1）轮询（round-robin）：Nginx 将客户端请求循环发送给各网站服务器节点，各网站服务器节点接收到的请求数量基本是一样的。Nginx 默认为轮询模式。

（2）最少连接优先（least-connected）：Nginx 将避免把请求发送到繁忙的网站服务器节点，而是将请求发送给不太繁忙的网站服务器节点。

（3）持续会话（ip-hash）：Nginx 将客户端的会话一直保持在同一台网站服务器节点，直到该网站服务器节点不可用，一般用于需要维持 session 会话的网站业务。

（4）权重负载均衡（Weighted load balancing）：Nginx 根据设置的网站服务器权重信息，将客户端请求按照权重进行分发，权重值与访问比率成正比，一般用于服务器性能不均的情况。

除了上述负载均衡模式之外，Nginx 还支持 keepalive、least_time、random 等方式。

2．Nginx 负载均衡健康检查

Nginx 通过主动和被动两种方式对参与负载均衡的各网站服务器节点进行健康检查。

（1）被动模式：当接收到一个客户端请求时，Nginx 会根据设置的负载均衡方式去请求相应的网站服务器节点，如果该节点连续失败多次（由 max_fails 设置值决定失败次数），则 Nginx 将其标记为失败状态，且在一段时间（由 fail_timeout 设置值决定时间段）内不再向其发送请求，继续请求下一个网站服务器节点。如果定义的所有网站服务器节点都请求失败，则返回给客户端 Nginx 定义的错误信息。设置时间过去后，Nginx 会根据客户端请求探测该网站服务器节点，如果探测成功则将其标记为存活状态。

（2）主动模式：Nginx 会周期性地探测各网站服务器节点，同时对探测结果进行标记。主动模式是 NGINX Plus 版本的独有功能，NGINX Open Source 版本仅支持被动检查模式。

任务四　提升 Nginx 的安全性

【任务介绍】

代理服务器是用户访问网站的必然通道，其安全性是网站安全的重要保障。本任务介绍提升

Nginx 代理服务器安全性的常用措施，并进行安全防护测试。

【任务目标】

（1）掌握 Nginx 的状态监控。

（2）掌握 Nginx 的安全配置。

（3）掌握 Nginx 的安全防护测试。

【操作步骤】

通过 Nginx 代理服务器的实时状态监控，能够有效地了解业务服务状态与负载，为业务调优和运维管理提供依据。本步骤通过 ngx_http_stub_status_module 模块实现对 Nginx 代理服务器的实时状态监控功能。

openEuler 使用 yum install nginx 在线安装时缺失 "http_stub_status_module" 等安全配置监控模块，本任务重新创建虚拟机并使用编译安装方式完成 Nginx 以及相关安全配置模块的安装。

步骤 1：创建虚拟机并完成 openEuler 的安装。

在 VirtualBox 中创建虚拟机，完成 openEuler 的安装。虚拟机与操作系统的配置信息见表 5-4-1，注意虚拟机网卡的工作模式为桥接。

表 5-4-1　虚拟机与操作系统配置

虚拟机配置	操作系统配置
虚拟机名称：VM-Project-05-Task-04-10.10.2.54	主机名：Project-05-Task-04
内存：1GB	IP 地址：10.10.2.54
CPU：1 颗 1 核心	子网掩码：255.255.255.0
虚拟硬盘：20GB	网关：10.10.2.1
网卡：1 块，桥接	DNS：8.8.8.8

步骤 2：完成虚拟机的主机配置、网络配置及通信测试。

启动并登录虚拟机，依据表 5-4-1 完成主机名和网络的配置，能够访问互联网和本地主机。

（1）虚拟机的创建、操作系统的安装、主机名与网络的配置，具体方法参见项目一。

（2）建议通过虚拟机复制快速创建所需环境。通过复制创建的虚拟机需依据本任务虚拟机与操作系统规划配置信息设置主机名与网络，实现对互联网和本地主机的访问。

步骤 3：通过编译安装方式安装 Nginx。

通过 Nginx 官网获取 nginx 当前最新稳定版安装包，本项目使用的版本为 nginx-1.24.0，其下载链接为 https://nginx.org/download/nginx-1.24.0.tar.gz，也可以通过访问 Nginx 官网获取其他版本软件。

操作命令：

```
1.  #官网下载 Nginx-1.24.0 源码包
2.  [root@Project-05-Task-04 ~]# wget https://nginx.org/download/nginx-1.24.0.tar.gz
```

3.　#nginx 下载后的程序为 tar.gz 格式的压缩包，使用 yum 安装 tar 工具进行解压操作

4.　[root@Project-05-Task-04 ~]# yum install -y tar

5.　#为了排版方便此处省略了部分提示信息

6.　#解压下载的源码包

7.　[root@Project-05-Task-04 ~]# tar -zxvf nginx-1.24.0.tar.gz

8.　#创建 nginx 用户组

9.　[root@Project-05-Task-04 ~]# groupadd nginx

10.　#创建不登录系统的 nginx 用户

11.　[root@Project-05-Task-04 ~]#　useradd nginx -g nginx -s /sbin/nologin -M

12.　#安装编译必要的依赖库和工具

13.　[root@Project-05-Task-04 ~]# yum install -y gcc make zlib-devel pcre-devel openssl-devel

14.　[root@Project-05-Task-04 ~]# cd nginx-1.24.0

15.　#编译安装 nginx

16.　[root@Project-05-Task-04 nginx-1.24.0]# ./configure --prefix=/usr/local/nginx --user=nginx --group=nginx --with-http_stub_status_module

17.　#为了排版方便此处省略了部分提示信息

18.　[root@Project-05-Task-04 nginx-1.24.0]# make && make install

19.　#为了排版方便此处省略了部分提示信息

20.　#查看 nginx 版本

21.　[root@Project-05-Task-04 ~]# /usr/local/nginx/sbin/nginx -v

22.　nginx version: nginx/1.24.0

23.　#检查配置文件语法是否正确

24.　[root@Project-05-Task-04 ~]# /usr/local/nginx/sbin/nginx -t

25.　nginx: the configuration file /usr/local/nginx/conf/nginx.conf syntax is ok

26.　nginx: configuration file /usr/local/nginx/conf/nginx.conf test is successful

27.　#启动 nginx

28.　[root@Project-05-Task-04 ~]# /usr/local/nginx/sbin/nginx

操作命令+配置文件+脚本程序+结束

（1）nginx 源码文件各目录解释。

- auto 目录：用于编译时的文件、相关 lib 库、编译时对操作系统的判断等，都是为了辅助 ./configure 命令执行的辅助文件

- CHANGES 文件：就是当前版本的说明信息，比如新增的功能、修复的 bug 和变更的功能等

- CHANGES.ru 文件：作者是俄罗斯人，生成了一份俄罗斯语言的 CHANGE 文件

- conf 目录：它是 nginx 编译安装后的默认配置文件或者示例文件，安装时会复制到安装的文件夹里面

- configure 文件：编译安装前的预备执行文件

- contrib 目录：该目录是为了方便 vim 编码 nginx 的配置文件时，颜色突出显示。contrib/vim/* ~/.vim/ 这样 vim 打开 nginx 配置文件就有突出的颜色显示

- html 目录：编译安装的默认的 2 个标准 web 页面，安装后会自动复制到 nginx 的安装目录下的 html

- man 目录：nginx 命令的帮助文档

- src：nginx 的源码文件

（2）nginx 编译安装启动方式。
- 启动 nginx 命令：/usr/local/nginx/sbin/nginx
- 停止 nginx 命令：/usr/local/nginx/sbin/nginx -s stop
- 重新载入 nginx 命令：/usr/local/nginx/sbin/nginx -s reload

步骤 4：配置防火墙。

开启防火墙 http 80 端口，具体操作步骤如下。

操作命令：

```
1.  #开放防火墙 http 协议
2.  [root@Project-05-Task-04 ~]# firewall-cmd --add-service=http  --permanent
3.  #开放防火墙 80 端口
4.  [root@Project-05-Task-04 ~]# firewall-cmd --add-port=80/tcp  --permanent
5.  #重新加载防火墙配置
6.  [root@Project-05-Task-04 ~]# firewall-cmd --reload
```

操作命令+配置文件+脚本程序+结束

步骤 5：验证 Nginx 代理服务器。

在本地主机上通过浏览器访问 Nginx 代理服务器地址，即可看到 Nginx 默认站点内容，如图 5-4-1 所示。

图 5-4-1　Nginx 默认站点

步骤 6：将 Nginx 配置为系统服务。

将 Nginx 应用服务设置成为系统服务，方便对 Nginx 服务的启动和停止等相关操作。

在/usr/lib/systemd/system/目录下面新建一个 nginx.service 文件，并赋予可执行的权限。

操作命令：

```
1.  #创建 nginx.service 文件，添加配置文件内容并保存
2.  [root@Project-05-Task-04 ~]# vi /usr/lib/systemd/system/nginx.service
3.  #赋予可执行权限
4.  [root@Project-05-Task-04 ~]# chmod +x /usr/lib/systemd/system/nginx.service
```

操作命令+配置文件+脚本程序+结束

配置文件内容如下。

操作命令：

```
1.  #描述服务
2.  [Unit]
3.  #对服务的说明
```

```
4.    Description=nginx - high performance web server
5.    #服务的一些具体运行参数的设置
6.
7.    [Service]
8.    #后台运行的形式
9.    Type=forking
10.   #PID 文件的路径
11.   PIDFile=/usr/local/nginx/logs/nginx.pid
12.   #启动准备
13.   ExecStartPre=/usr/local/nginx/sbin/nginx -t -c /usr/local/nginx/conf/nginx.conf
14.   #启动命令
15.   ExecStart=/usr/local/nginx/sbin/nginx -c /usr/local/nginx/conf/nginx.conf
16.   #重新载入命令
17.   ExecReload=/usr/local/nginx/sbin/nginx -s reload
18.   #停止命令
19.   ExecStop=/usr/local/nginx/sbin/nginx -s stop
20.   #快速停止
21.   ExecQuit=/usr/local/nginx/sbin/nginx -s quit
22.   #给服务分配临时空间
23.   PrivateTmp=true
24.
25.   [Install]
26.   #服务用户的模式
27.   WantedBy=multi-user.target
```
操作命令+配置文件+脚本程序+结束

重新加载 systemctl 命令，验证开启、停止、重新加载、重启 Nginx 服务。

操作命令：
```
1.    #重新加载 systemctl
2.    [root@Project-05-Task-04 ~]# systemctl daemon-reload
3.    #停止 nginx 服务
4.    [root@Project-05-Task-04 ~]# systemctl stop nginx
5.    #启动 nginx 服务
6.    [root@Project-05-Task-04 ~]# systemctl start nginx
7.    #重新加载 nginx 服务
8.    [root@Project-05-Task-04 ~]# systemctl reload nginx
9.    #重启 nginx 服务
10.   [root@Project-05-Task-04 ~]# systemctl restart nginx
```
操作命令+配置文件+脚本程序+结束

步骤 7：开启 Nginx 基本状态监控。

实现 Nginx 的状态监控功能需要修改配置文件，使用 vi 工具编辑 nginx.conf 配置文件，编辑后的配置文件信息如下所示。

配置文件：/usr/local/nginx/conf/nginx.conf

操作命令：
```
1.    #nginx.conf 配置文件内容较多，本部分仅显示与状态页配置有关的内容
2.    server {
```

```
3.        #侦听端口为 80
4.      listen        80;
5.       server_name  localhost;
6.       #charset koi8-r;
7.       #access_log  logs/host.access.log    main;
8.       location / {
9.               root      html;
10.              index    index.html index.htm;
11.      }
12.
13.      #基本状态页发布设置，/status 表示访问路径，可自行定义
14.      location /status {
15.          #展示 Nginx 基本状态信息
16.          stub_status;
17.      }
18.      #为了排版方便此处省略了部分提示信息
19.  }
```

操作命令+配置文件+脚本程序+结束

配置完成后，重新载入 nginx 配置文件使其生效。

操作命令：

```
1.    #重新加载 nginx 服务
2.    [root@Project-05-Task-04 ~]# systemctl reload nginx
```

操作命令+配置文件+脚本程序+结束

在本地主机上打开浏览器访问 Nginx 状态页（http://10.10.2.54/status），将显示当前 Nginx 代理服务器负载等信息，如图 5-4-2 所示。

图 5-4-2   Nginx 状态页

监控信息说明见表 5-4-2。

表 5-4-2   监控信息说明

字段	字段名	功能
1	Active connections	当前客户端连接数
2	Server accepts handled requests	第 1 个数值：接收的客户端连接总数
		第 2 个数值：已处理的客户端连接总数
		第 3 个数值：客户端请求总数

字段	字段名	功能
3	Reading	Nginx 正在读取请求信息的当前连接数
4	Writing	Nginx 将响应写回客户端的当前连接数
5	Waiting	当前等待请求的空闲客户端连接数

 小贴士　　Nginx 状态页反映了业务运行状态等敏感信息，建议设置为指定范围访问。

步骤 8：设置访问范围限制。

设置访问范围可有效地阻隔恶意主机的访问，极大地提升网站的安全性。本步骤通过 ngx_http_access_module 模块实现代理服务器的访问范围限制。

代理服务器的访问范围设置为两条规则，具体如下。

（1）禁止所有地址访问。

（2）允许 IP 地址在 10.10.1.0/24 范围内的主机访问。

使用 vi 工具编辑 nginx.conf 文件实现访问范围限制，编辑后的文件信息如下所示。

配置文件：/usr/local/nginx/conf/nginx.conf

操作命令：

```
1.    #nginx.conf 配置文件内容较多，本部分仅显示与网站访问范围限制配置有关的内容
2.    server {
3.        #侦听端口为 80
4.        listen        80;
5.        server_name   localhost;
6.        #charset  koi8-r;
7.        #access_log  logs/host.access.log    main;
8.        location / {
9.                root      html;
10.               index   index.html index.htm;
11.             allow 10.10.2.200/32;
12.              deny all;
13.        }
14.        #为了排版方便此处省略了部分提示信息
15.    }
```

操作命令+配置文件+脚本程序+结束

配置完成后，重新载入 Nginx 配置文件使其生效。

操作命令：

```
1.    #重新加载 Nginx 服务
2.    [root@Project-05-Task-04 ~]# systemctl  reload  nginx
```

操作命令+配置文件+脚本程序+结束

在 IP 地址为 10.10.2.200 的本地主机上打开浏览器访问 Nginx 默认网站（http://10.10.2.54/）时将出现 403 Forbidden 页面，如图 5-4-3 所示。

项目五

图 5-4-3　网站禁止访问页面

　Nginx 按照配置文件从上到下的顺序读取规则进行限制，匹配到符合的规则直接跳出。

步骤 9：防 SQL 注入。

防 SQL 注入可有效地保证网站服务的数据库管理系统的安全。本步骤通过筛选客户端敏感请求将其重定向至 404 页面，从而实现防 SQL 注入。

使用 vi 工具编辑 nginx.conf 配置文件，编辑后的文件信息如下所示。

配置文件：/usr/local/nginx/conf/nginx.conf

操作命令：
```
1.   #nginx.conf 配置文件内容较多，本部分仅显示与防 SQL 注入配置有关的内容
2.   server {
3.       #侦听端口为 80
4.       listen        80;
5.       server_name   localhost;
6.       #charset koi8-r;
7.       #access_log  logs/host.access.log   main;
8.       #如果请求链接中含有 SQL 特殊字符，则返回 404 页面
9.       if ($query_string ~* ".*('|--|union|insert|drop|truncate|update|from|grant|exec|where|select|and|or|count|chr|mid|like|iframe|script|alert|webscan|dbappsecurity|style|confirm|innerhtml|innertext|class).*")
10.      { return 404; }
11.      location / {
12.           root    html;
13.           index   index.html index.htm;
14.      }
15.      #为了排版方便此处省略了部分提示信息
16.  }
```
操作命令+配置文件+脚本程序+结束

配置完成后，重新载入 Nginx 配置文件使其生效。

操作命令：
```
1.   #重新加载 nginx 服务
2.   [root@Project-05-Task-04 ~]# systemctl reload nginx
```
操作命令+配置文件+脚本程序+结束

在本地主机上打开浏览器访问 Nginx 默认网站（http://10.10.2.54/），并在地址后加上"/index.html?insert%20into%20table"参数进行访问，出现 404 Not Found 页面说明防 SQL 注入设置成功，如图 5-4-4 所示。

图 5-4-4　防 SQL 注入配置

步骤 10：防 DDoS 攻击。

防 DDoS 攻击可避免服务器资源被大量无用请求占用，有效地提升网站服务的稳定性。本步骤通过 ngx_http_limit_req_module 和 ngx_http_limit_conn_module 模块分别限制每秒请求数、单个 IP 的并发请求数以实现防 DDoS 攻击。

（1）限制每秒请求数设置 4 条规则，具体如下。

● 限制每秒请求数为 4 个

● 分配 10MB 内存存储会话

● 允许超过频率限制的请求数不多于 2 个

● 超出的请求不做延迟处理

（2）限制单个 IP 的并发请求数为 5 个。

使用 vi 工具编辑 nginx.conf 配置文件实现防 DDoS 攻击，编辑后的文件信息如下所示。

配置文件：/usr/local/nginx/conf/nginx.conf

操作命令：

```
1.   #nginx.conf 配置文件内容较多，本部分仅显示与防 DDoS 攻击配置有关的内容
2.   http {
3.       #定义区域名称为 one，请求限制为每秒 4 个请求，并分配 300M 内存
4.       limit_req_zone $binary_remote_addr zone=one:300m rate=4r/s;
5.       #定义区域名称为 addr，并分配 300M 内存
6.       limit_conn_zone $binary_remote_addr zone=addr:300m;
7.       #限制同一来源 IP，并发请求不得超过 5 个
8.       limit_conn addr 5;
9.       server {
10.          #侦听端口为 80
11.          listen        80;
12.          server_name   localhost;
13.          #charset koi8-r;
14.          #access_log   logs/host.access.log   main;
15.          location / {
16.                 root    html;
17.                 index   index.html index.htm;
18.              #执行 one 设置的限制，并设置超过频率限制的请求数不多于 2 个，超出的请求不延迟
      处理
19.                 limit_req zone=one burst=2 nodelay;
20.          }
```

```
21.          #为了排版方便此处省略了部分提示信息
22.     }
23. }
```
操作命令+配置文件+脚本程序+结束

配置完成后，重新载入 Nginx 配置文件使其生效。

操作命令：

```
1. #重新加载 nginx 服务
2. [root@Project-05-Task-04 ~]# systemctl  reload  nginx
```
操作命令+配置文件+脚本程序+结束

生成大文件，便于开展压力测试。

操作命令：

```
1. #进入 nginx 网站默认目录
2. [root@Project-05-Task-04 ~]# cd  /usr/local/nginx/html/
3. #生成一个 20M 大文件，名字为 test
4. [root@Project-05-Task-04 html]# dd if=/dev/zero of=test bs=1M count=20
```
操作命令+配置文件+脚本程序+结束

验证防 DDoS 攻击是否生效，需在本地主机安装 Fiddler 软件进行测试。Fiddler 软件可从其官网https://www.telerik.com/fiddler获取，具体安装步骤本项目不做详细介绍。

验证单个 IP 并发请求限制是否设置成功。启动 Fiddler，在软件主界面右侧依次单击"Composer"-"Parsed"命令，在请求协议下拉列表框中选择"GET"，在文本框中输入发送请求地址等信息，单击"Execute"按钮发送请求，如图 5-4-5 所示。

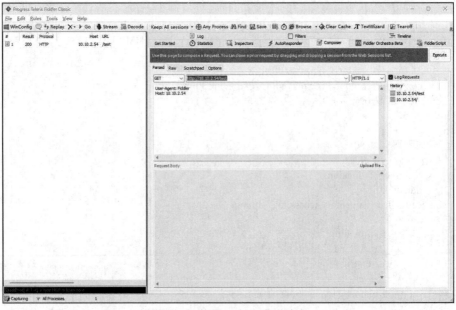

图 5-4-5　使用 Fiddler 发送请求

在软件主界面左侧选中发送的请求，按住"Shift"键不放，在弹出的"Repeat Count"对话框中，设置发送请求数的数量为 10，如图 5-4-6 所示。

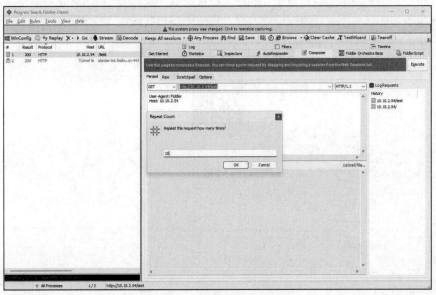

图 5-4-6　设置发送请求总数

单击"OK"按钮将开始测试，10 个并发请求，得到的响应信息是 5 个成功 5 个失败，证实请求限制配置成功，如图 5-4-7 所示。

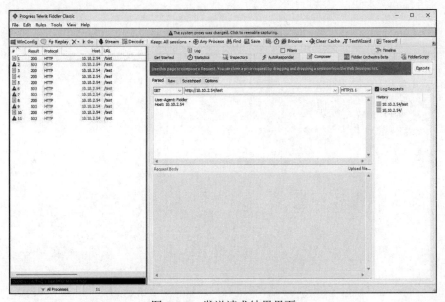

图 5-4-7　发送请求结果界面

【进一步阅读】

本项目关于使用 Nginx 实现代理服务的任务已经完成，如需进一步了解业务负载均衡，掌握基于模块实现负载均衡与业务运行监控操作方法，可进一步在线阅读【任务五　使用 Apache Proxy 实现负载均衡】（http://explain.book.51xueweb.cn/openeuler/extend/5/5）深入学习。

扫码去阅读

项目六

使用 MySQL Server 实现
数据库服务

◉ 项目介绍

　　MySQL Server 是广泛应用的开源关系型数据库管理系统之一，由 Oracle 开发、分发和支持。MySQL 数据库具有快速、可靠和易于使用等特性，可在客户端/服务器模式下工作，或嵌入式系统中。

　　本项目基于 openEuler 部署并实现 MySQL Server 数据库服务，并通过主从同步实现数据库服务的高扩展、高可用。

◉ 项目目的

● 理解数据库服务；
● 掌握 MySQL Server 的安装与基本配置；
● 掌握 MySQL Server 权限管理方法；
● 掌握使用客户端管理数据库的方法；
● 掌握实现 MySQL Server 主从集群的方法。

◉ 项目讲堂

1. 数据库服务

　　（1）什么是数据库。数据库是长期存储在计算机内，有组织、可共享的数据集合。数据库中的数据按照一定的数据模型组织和存储，具有较小的冗余度、较高的数据独立性和易用性。

　　数据库按照是否使用关系模型可分为关系型数据库和非关系型数据库两类。

　　（2）关系型数据库。关系型数据库是指采用了关系模型来组织数据的数据库，其以行和列的形式存储数据，其存储的数据格式可以直观地反映实体间的关系。关系模型可以简单理解为二维表格模型，关系型数据库也可以简单理解为是由二维表及其之间的联系组成的数据组织。

（3）非关系型数据库。非关系型数据库不遵循关系模型，而是针对特定的存储数据类型使用专门优化的存储模型，主要包括键值存储数据库、列存储数据库、文档型数据库及图数据库等，在支持的数据类型以及如何查询数据方面更加具体。例如，时间序列数据库针对基于时间的数据序列进行了优化，图数据库则针对实体之间的加权关系进行了优化。

（4）广泛应用的关系型数据库管理系统。目前全球应用比较广泛的关系型数据库管理系统，见表 6-0-1。

表 6-0-1　广泛应用的关系型数据库管理系统

序号	名称	优点	缺点
1	MySQL Server	性能卓越服务稳定，很少出现异常宕机 体积小、易于维护、安装及维护成本低 支持多种操作系统 提供多种 API 接口	不易于扩展 部分开源
2	MariaDB	遵循 GPL 协议完全开源 支持处理更多的并发连接和查询 支持 XtraDB、Aria、MyRocks 等存储引擎	由于 IDX 日志文件，会变得相对臃肿 集群版本不稳定
3	Oracle SQL	可移植性好，能在所有主流平台上运行 安全性高，获得最高认证级别的 ISO 标准认证 性能最高，保持着开放平台下 TPC-D 和 TPC-C 世界纪录 支持多种工业标准，支持 ODBC、JDBC、OCI 等连接 完全向下兼容	对硬件的要求高 操作比较复杂，管理维护麻烦
4	PostgreSQL	遵循 BSD 协议完全开源 源代码清晰、易读性高、易于二次开发 支持丰富的数据类型 支持多进程，并发处理速度快 具有强大的查询优化器，可以进行很复杂的查询处理	简单而繁重的读取操作 PostgreSQL 性能较低 缺乏报告和审计工具
5	SQL Server	Windows 操作系统的兼容性很好 强壮的事务处理功能，采用各种方法保证数据的完整性 支持对称多处理器结构、存储过程，并具有自主的 SQL 语言丰富的文档和社区帮助	仅支持 Windows 操作系统
6	openGauss	内核源自 PostgreSQL 兼容 ARM、x86 架构 基于多核架构的并发控制技术 NUMA-Aware 存储引擎、SQL-Bypass 智能选路执行技术 支持 RTO<10s 的快速故障倒换，全链路数据保护 通过智能参数调优、慢 SQL 诊断、多维性能自监控、在线 SQL 时间预测等能力，简化运维	国产开源数据库 管理运维便捷

续表

序号	名称	优点	缺点
7	达梦	具有较好的性能和稳定性 支持大规模数据存储和高并发访问 支持多种数据类型和复杂查询语句 提供完善的安全机制和备份恢复功能 可以与其他数据库进行数据交互	较少的用户和社区支持，相关文档和资源相对较少 对于一些开源软件和工具的兼容性不够好 比较高的授权费用和维护成本 缺乏一些常见数据库的功能和特性 小众数据库，应用场景有限
8	人大金仓	提供友好的用户界面和操作方式，易于使用 支持数字、日期、文本、二进制等多种数据类型 支持处理大数据量和高并发 提供数据库管理、数据开发、数据治理等，方便企业全面管理和利用数据的解决方案	社区支持相对较少 生态系统相对较小 使用门槛较高，学习成本高
9	TiDB	高度兼容 MySQL 水平弹性扩展 支持标准的 ACID 事务 基于 Raft 的多数派选举协议可以提供金融级的100%数据强一致性保证，减少运维成本 云原生 SQL 数据库 支持一站式 HTAP 解决方案	TiDB 作为分布式数据库，对数据存储节点硬件要求比较高，SSD 的硬盘必备 不支持存储过程、分区和GBK，数据写入负载压力大

2. MySQL Server

（1）MySQL Server 简介。MySQL Server 的第一版由瑞典公司 MySQL AB 在 1995 年发布，该公司的创始人为 David Axmark、Allan Larsson 和 Michael Widenius。MySQL 于 2008 年被 Sun Microsystems 收购，后于 2009 年 Oracle 收购 Sun Microsystems，自此 MySQL 属于 Oracle 旗下一款数据库。

MySQL Server 是一款单进程多线程、支持多用户、基于客户机/服务器的关系数据库管理系统，其以开源、免费、体积小、便于安装、功能强大等特点，成为了全球最受欢迎的数据库管理系统之一。

（2）MySQL Server 的主要特性如下。

1）基于 C 和 C++语言编写，可移植性强。

2）支持广泛的平台部署，如 Windows、Linux、Mac OS 等。

3）支持多线程、存储过程。

4）提供事务和非事务性存储引擎。

5）支持多种数据类型。

6）提供 C、C++、Java、Perl、PHP、Python、Ruby 等编程语言的 API，支持 ODBC、JDBC 等连接。

7）支持灵活的权限和密码验证，并支持基于主机的验证。

8）支持大型数据库。

9）提供 mysqladmin、mysqlcheck、mysqldump、mysqlimport 等实用工具。

（3）MySQL Server 版本。MySQL Server 分为两个不同的版本。

1）MySQL Community Server（社区版）：遵守 GPL 协议，为社区免费版本，由社区维护且官方不提供技术支持。

2）MySQL Enterprise Server（企业版）：商业版本，由官方提供技术支持，该版本为企业提供数据库应用，支持 ACID 事务处理，提供完整的提交、回滚、崩溃恢复和行政锁定功能。

本项目所使用的版本为 MySQL Community Server。本书在未单独说明的情况下，MySQL 指的就是 MySQL Community Server 软件。

3. 数据库集群

（1）什么是数据库集群。数据库集群即利用两台或者多台数据库服务器，构成一个虚拟单一数据库逻辑映像，像单个数据库系统那样，提供透明的数据服务。

（2）为什么使用数据库集群。使用数据库集群有以下优势。

1）高可用性。数据库集群可以实现在主服务器上完成所有写入和更新操作，在一个或多个从服务器上完成读操作，以提高性能。

2）负载均衡。在数据库主节点发生故障时，从节点能够自动接管主数据库，从而保证业务不中断和数据的完整性。

3）备份协助。数据库备份可能会对数据库服务器产生重大影响，从服务器运行备份能够很好的规避该问题，关闭或锁定从属服务器执行备份并不会影响到主服务器。

（3）主从模式的工作原理。主数据库开启二进制日志记录，将所有操作作为 binlog 事件写入二进制日志中。

从数据库读取主数据库的二进制日志并存储到本地的中继日志（relay log），然后通过中继日志重现主数据库的操作，从而保持数据的一致性。

任务一　安装 MySQL

【任务介绍】

本任务通过安装 MySQL 软件，实现数据库服务。

【任务目标】

（1）掌握 MySQL 的在线安装。

（2）掌握在控制台下实现数据库、数据表的管理。

【操作步骤】

步骤 1：创建虚拟机并完成 openEuler 的安装。

在 VirtualBox 中创建虚拟机，完成 openEuler 的安装。虚拟机与操作系统配置信息见表 6-1-1，注意虚拟机网卡的工作模式为桥接。

表 6-1-1　虚拟机与操作系统配置信息

虚拟机配置	操作系统配置
虚拟机名称：VM-Project-06-Task-01-10.10.2.61 内存：1GB CPU：1 颗 1 核心 虚拟硬盘：20GB 网卡：1 块，桥接	主机名：Project-06-Task-01 IP 地址：10.10.2.61 子网掩码：255.255.255.0 网关：10.10.2.1 DNS：8.8.8.8

步骤 2：完成虚拟机的主机配置、网络配置及通信测试。

启动并登录虚拟机，依据表 6-1-1 完成主机名和网络的配置，能够访问互联网和本地主机。

（1）虚拟机的创建、操作系统的安装、主机名与网络的配置，具体方法参见项目一。

（2）建议通过虚拟机复制快速创建所需环境。通过复制创建的虚拟机需依据本任务虚拟机与操作系统规划配置的信息设置主机名与网络，实现对互联网和本地主机的访问。

步骤 3：通过在线方式安装 MySQL。

目前 openEuler 仓库中 MySQL 的最新版本为 8.0.29。

操作命令：

```
1.   [root@Project-06-Task-01 ~]# yum install -y mysql-server
2.   Dependencies resolved.
3.   =================================================================
4.    Package          Architecture     Version             Repository     Size
5.   =================================================================
6.   Installing:
7.    mysql-server     x86_64           8.0.29-1.oe2203sp2   update         32 M
8.   Installing dependencies:
9.    Checkpolicy      x86_64           3.3-3.oe2203sp2      OS             289 k
10.   mariadb-config   x86_64           4:10.5.16-2.oe2203sp2  OS           7.3 k
11.  # 为了排版方便此处省略了部分提示信息
12.   python3-setools  x86_64           4.4.0-5.oe2203sp2    OS             536 k
13.  Transaction Summary
14.  =================================================================
15.  Install   16 Packages
16.
17.  Total download size: 49 M
18.  Installed size: 257 M
19.  Downloading Packages:
20.  (1/16): mariadb-config-10.5.16-2.oe2203sp2.x86_64.rpm        18 kB/s  | 7.3 kB   00:00
21.  (2/16): policycoreutils-python-utils-3.3-6.oe2203sp2.noarch.rpm  46 kB/s  | 24 kB   00:00
```

22. # 为了排版方便此处省略了部分提示信息
23. (16/16): mysql-server-8.0.29-1.oe2203sp2.x86_64.rpm   2.7 MB/s | 32 MB   00:11
24. ---
25. Total
26.   3.1 MB/s | 49 MB   00:15
27. retrieving repo key for OS unencrypted from http://repo.openeuler.org/openEuler-22.03-LTS-SP2/OS/x86_64/RPM-GPG-KEY-openEulerOS   11 kB/s | 3.0 kB   00:00
28. Importing GPG key 0xB675600B:
29.   Userid   : "openeuler <openeuler@compass-ci.com>"
30.   Fingerprint: 8AA1 6BF9 F2CA 5244 010D CA96 3B47 7C60 B675 600B
31.   From   : http://repo.openeuler.org/openEuler-22.03-LTS-SP2/OS/x86_64/RPM-GPG-KEY-openEuler
32. Key imported successfully
33. Running transaction check
34. Transaction check succeeded.
35. Running transaction test
36. Transaction test succeeded.
37. Running transaction
38. # 为了排版方便此处省略了部分提示信息
39. Installed:
40.   checkpolicy-3.3-3.oe2203sp2.x86_64 mariadb-config-4:10.5.16-2.oe2203sp2.x86_64 mecab-0.996-2.oe2203sp2.x86_64   mysql-8.0.29-1.oe2203sp2.x86_64 mysql-common-8.0.29-1.oe2203sp2.x86_64
41.   mysql-errmsg-8.0.29-1.oe2203sp2.x86_64 mysql-selinux-1.0.0-2.oe2203sp2.noarch mysql-server-8.0.29-1.oe2203sp2.x86_64   policycoreutils-python-utils-3.3-6.oe2203sp2.noarch protobuf-lite-3.14.0-7.oe2203sp2.x86_64
42.   python3-IPy-1.01-2.oe2203sp2.noarch python3-audit-1:3.0.1-9.oe2203sp2.x86_64   python3-libselinux-3.3-3.oe2203sp2.x86_64   python3-libsemanage-3.3-5.oe2203sp2.x86_64 python3-policycoreutils-3.3-6.oe2203sp2.noarch
43.   python3-setools-4.4.0-5.oe2203sp2.x86_64
44. Complete!

操作命令+配置文件+脚本程序+结束

步骤 4：启动 MySQL 服务。

MySQL 安装完成后将在 openEuler 中创建名为 mysqld 的服务，安装后进行启动。

操作命令：

1. [root@Project-06-Task-01 ~]# yum list | grep mysql-server
2. mysql-server.x86_64   8.0.29-2.oe2203sp2   update
3. # 使用 systemctl start 命令启动 mysqld 服务
4. [root@Project-06-Task-01 ~]# systemctl start mysqld

操作命令+配置文件+脚本程序+结束

如果不出现任何提示，表示 MySQL 服务启动成功。

小贴士
（1）命令 systemctl start mysqld，可以启动 mysqld 服务。
（2）命令 systemctl stop mysqld，可以停止 mysqld 服务。
（3）命令 systemctl restart mysqld，可以重启 mysqld 服务。
（4）命令 systemctl reload mysqld，可以在不中断 mysqld 服务的情况下重新载入 mysqld 配置文件。

项目六

步骤 5：查看 MySQL 的运行信息。

MySQL 服务启动后，可通过 systemctl status 命令查看其运行信息。

操作命令：

```
1.  [root@Project-06-Task-01 ~]# systemctl status mysqld
2.  ● mysqld.service - MySQL 8.0 database server
3.      # 服务位置；是否设置开机自启动
4.      Loaded: loaded (/usr/lib/systemd/system/mysqld.service; disabled; vendor preset: disabled)
5.     # MySQL 的活跃状态，结果值为 active 表示活跃；inactive 表示不活跃
6.      Active: active (running) since Sun 2023-07-02 23:59:42 CST; 1min 24s ago
7.      Process: 21095 ExecStartPre=/usr/libexec/mysql-check-socket (code=exited, status=0/SUCCESS)
8.      Process: 21117 ExecStartPre=/usr/libexec/mysql-prepare-db-dir mysqld.service (code=exited, status=0/SUCCESS)
9.      # 主进程 ID 为：21195
10.     Main PID: 21195 (mysqld)
11.      # MySQL 的运行状态，该项只在 MySQL 处于活跃状态时才会出现
12.     Status: "Server is operational"
13.      # 任务数为 37（最大限制数为：5981）
14.      Tasks: 37 (limit: 5981)
15.     # 占用内存大小为：441.2M
16.     Memory: 441.2M
17.     # MySQL 的所有子进程
18.     CGroup: /system.slice/mysqld.service
19.             └─ 21195 /usr/libexec/mysqld --basedir=/usr
20.  # MySQL 操作日志
21.  7 月 02 23:59:19 Project-06-Task-01 systemd[1]: Starting MySQL 8.0 database server...
22.  7 月 02 23:59:20 Project-06-Task-01 mysql-prepare-db-dir[21117]: Initializing MySQL database
23.  7 月 02 23:59:42 Project-06-Task-01 systemd[1]: Started MySQL 8.0 database server.
```

操作命令+配置文件+脚本程序+结束

步骤 6：配置 MySQL 服务为开机自启动。

操作系统进行重启操作后，为了使业务更快地恢复，通常会将重要的服务或应用设置为开机自启动。将 MySQL 服务配置为开机自启动，具体操作如下。

操作命令：

```
1.  # 命令 systemctl enable 可设置某服务为开机自启动
2.  # 命令 systemctl disable 可设置某服务为开机不自动启动
3.  [root@Project-06-Task-01 ~]# systemctl enable mysqld
4.  Created symlink /etc/systemd/system/multi-user.target.wants/mysqld.service → /usr/lib/systemd/system/mysqld.service.
5.  # 使用 systemctl list-unit-files 命令确认 MySQL 服务是否已配置为开机自启动
6.  [root@Project-06-Task-01 ~]# systemctl list-unit-files | grep mysqld.service
7.  # 下述信息说明 MySQL.service 已配置为开机自启动
8.  mysqld.service                              enabled          disabled
```

操作命令+配置文件+脚本程序+结束

步骤 7：使用 MySQL 工具初始化设置 root 权限。

MySQL 安装完成后 root 用户未设置密码，为确保数据库的安全性应为其设置密码。

操作命令：

1. [root@Project-06-Task-01 ~]# mysql
2. Welcome to the MySQL monitor.   Commands end with ; or \g
3. # connection id 为 8
4. Your MySQL connection id is 8
5. # MySQL 版本为 8.0.29
6. Server version: 8.0.29 Source distribution
7. # 版权信息
8. Copyright (c) 2000, 2022, Oracle and/or its affiliates.
9. Oracle is a registered trademark of Oracle Corporation and/or its affiliates. Other names may be trade marks of their respective owners.
10. # 输入"help"可查看帮助信息
11. Type 'help;' or '\h' for help. Type '\c' to clear the current input statement.
12. # 使用 set password 命令设置 root 用户密码为 openEuler@mysql#123
13. mysql> SET PASSWORD = 'openEuler@mysql#123';
14. # 显示如下信息表示命令执行成功
15. Query OK, 0 rows affected (0.16 sec)

操作命令+配置文件+脚本程序+结束

步骤 8：使用 MySQL 工具管理数据库。

通过 MySQL 工具可以在控制台下进行数据库和数据表的管理。

操作命令：

1. # 使用 create database 命令创建 firstdb 数据库
2. mysql> create database firstdb;
3. # 显示如下信息表示命令执行成功
4. Query OK, 1 row affected (0.02 sec)
5. # 使用 show databases;查看已创建的数据库
6. mysql> show databases;
7. +--------------------------+
8. | Database |
9. +--------------------------+
10. | firstdb |
11. | information_schema |
12. | mysql |
13. | performance_schema |
14. | sys |
15. +--------------------------+
16. 5 rows in set (0.18 sec)
17.
18. # 使用 use 命令切换数据库
19. mysql> use firstdb;
20. Database changed
21.
22. # 使用 create table 命令创建 test_table 数据表
23. mysql> create table 'test_table'('id' int(11),'name' varchar(20),'sex' enum('0','1','2'),primary key ('id'));
24. Query OK, 0 rows affected, 1 warning (0.19 sec)
25.
26. # 使用 show tables 命令查看创建的数据表

```
27.  mysql> show tables;
28.  # 可以在下述信息中看到刚创建的数据表
29.  +------------------------+
30.  | Tables_in_firstdb      |
31.  +------------------------+
32.  | test_table             |
33.  +------------------------+
34.  1 row in set (0.01 sec)
```

操作命令+配置文件+脚本程序+结束

【任务扩展】

1. MySQL 对用户权限的管理

MySQL 使用 mysql.user 存储账号及权限信息。

MySQL 账户有两种类型：一种为内置账户；另一种为自定义账户。

（1）内置账户。MySQL 安装时内置了两个功能强大的账户，它们通过下述命令创建。

操作命令：

```
1.  CREATE USER root@localhost IDENTIFIED VIA unix_socket OR mysql_native_password USING 'inv
    alid';
2.  CREATE USER mysql@localhost IDENTIFIED VIA unix_socket OR mysql_native_password USING 'i
    nvalid';
```

操作命令+配置文件+脚本程序+结束

上述命令表示如果当前系统用户是 root，则可以通过无密码的方式连接数据库。使用 SET PASSWORD 语句设置密码后，系统用户 root 仍可通过无密码方式连接数据库。

（2）自定义账户。自定义账户可使用 CREATE USER 命令创建。

命令详解：

【语法】

CREATE [OR REPLACE] USER [IF NOT EXISTS] username [authentication_option] [REQUIRE option] [WITH resource_option] [password_option | lock_option]

【options】

[OR REPLACE]：	可选，如果创建账户存在则替换该用户
[IF NOT EXISTS]：	可选，如果创建账户存在，将返回一个警告而不是错误
username：	账户名，包括账户名和主机名
[authentication_option]：	可选，身份验证方式，包括使用密码、密码哈希值、身份验证插件验证
[REQUIRE option]：	传输加密选项，包括不加密、SSL、X509 加密
[WITH resource_option]：	资源限制，包括每小时最大查询数、每小时最大更新数、每小时最大连接数、最大连接数、执行超时时间
[password_option lock_option]：	password_option 为账户过期时间，lock_option 为账户锁定选项，二者只能选择一个

操作命令+配置文件+脚本程序+结束

修改用户可使用 ALTER USER 命令，ALTER USER 命令与 CREATE USER 命令语法结构十分相似，在此不再赘述。

删除用户可使用 DROP USER 命令。

命令详解：

【语法】
DROP USER [IF EXISTS] user_name [, user_name]
【options】
[IF EXISTS]:   如果账户不存在，将返回一个警告而不是错误
username: 账户名，包括账户名和主机名，可选择多个账户

操作命令+配置文件+脚本程序+结束

2. MySQL 常用工具

MySQL 在安装时内置了常用的管理工具，在控制台下可以快速、便捷地管理 MySQL，主要工具如下。

（1）mysqladmin。mysqladmin 用于检查服务器配置和状态、创建和删除数据库等。

命令详解：

【语法】
mysqladmin [options] 【command】 [command-arg] [command [command-arg]]
【options】
--count，-c: 重复执行命令的次数，必须和-i 选项一起使用
--sleep，-i: 间隔多长时间重复执行命令
--host，-h: 指定 MySQL 服务器的主机地址
--port，-P: 指定数据库端口
--user，-u: 数据库用户名
--password，-p: 登录密码，如果未给出，则会提示输入
--force，-f: 不要求对命令进行确认，即使发生错误也继续执行
【command】
create: 创建数据库
debug: 配置服务器将调试信息写入错误日志
drop: 删除数据库
extended-status: 查看服务器状态变量和值
flush-hosts: 清除主机缓存
flush-privileges: 重新加载授权表
kill: 杀死服务器线程
password: 设置新密码
ping: 检查数据库服务器是否可用
processlist: 显示数据库服务器正在运行的线程列表
shutdown: 关闭数据库服务器

操作命令+配置文件+脚本程序+结束

（2）mysqlcheck。mysqlcheck 用于检查、修复、优化及分析数据表。

命令详解：

【语法】
mysqlcheck [options] [db_name...] [tbl_name...]
【options】
--all-databases，-A: 选择所有的数据库
--analyze,-a: 分析数据表
--databases,-B: 选择多个数据库

--check，-c:	检查数据表
--optimize，-o:	优化数据表
--repair，-r:	修复数据表
--fast, F:	只检查没有正常关闭的表

操作命令+配置文件+脚本程序+结束

（3）mysqldump。mysqldump 用于对数据库进行备份。

命令详解：

【语法】

mysqldump [options] [db_name...] [tbl_name...]

【options】

--user，-u:	用于连接服务器的账户名
--password，-p:	用于连接服务器的账户密码
--port，-P:	服务器端口号
--host，-h:	服务器 IP 地址
--lock-tables，-l:	备份数据之前锁定数据表
--add-locks:	用 LOCK TABLES 和 UNLOCK TABLES 语句包围每个表转储
--all-databases，-A:	选择所有的数据库
--databases，-B:	指定要备份的数据库
--default-parallelism:	每个并行处理队列的线程数

操作命令+配置文件+脚本程序+结束

（4）mysqlimport。mysqlimport 用于将 sql 文件导入到指定数据库中。

命令详解：

【语法】

mysqlimport [options] db_name textfile1 [textfile2...]

【options】

--delete，-D:	导入文本文件之前，清空数据表
--force，-f:	不要求对命令进行确认，即使发生错误也继续执行
--host，-h:	服务器 IP 地址
--port，-P:	服务器端口号
--ignore-lines=N:	忽略第 N 个文件的第一行
--lock-tables，-l:	导入数据之前锁定数据表
--password，-p:	用于连接服务器的账户密码
--user，-u:	用于连接服务器的账户名
--use-threads=N:	使用 N 个线程导入数据

操作命令+配置文件+脚本程序+结束

任务二　使用 MySQL Workbench 管理 MySQL

扫码看视频

【任务介绍】

　　MySQL Workbench 是用于管理 MySQL、MySQL 数据库的客户端软件，能够以可视化的方式实现数据库管理。本任务在本地主机安装 MySQL Workbench，实现数据库的可视化管理。

项目六

【任务目标】

（1）掌握在线安装 MySQL。

（2）掌握数据库和数据表的创建。

【操作步骤】

步骤 1：配置 MySQL 开启远程访问。

MySQL 使用 GRANT 和 REVOKE 命令进行权限配置，GRANT 用于授权，REVOKE 用于撤销授权。

操作命令：

```
1.  # 创建用户 user01 并设置密码为 openEuler@mysql#123
2.  mysql> CREATE USER 'user01' IDENTIFIED BY 'openEuler@mysql#123';
3.  Query OK, 0 rows affected (0.04 sec)
4.  # 赋予 user01 用户所有权限并允许所有地址连接
5.  mysql> GRANT ALL PRIVILEGES ON *.* TO 'user01'@'%' WITH GRANT OPTION;
6.  # 下述信息说明命令执行成功
7.  Query OK, 0 rows affected (0.02 sec)
```

操作命令+配置文件+脚本程序+结束

步骤 2：开启防火墙 3306 端口。

Docker 镜像存在于 Docker 仓库中，Docker 软件默认使用仓库为 Docker Hub。

操作命令：

```
1.  # 开启防火墙 3306 端口
2.  [root@Project-06-Task-01 ~]# firewall-cmd --add-port=3306/tcp --permanent
3.  # 提示配置成功
4.  success
5.  # 重新加载防火墙配置
6.  [root@Project-06-Task-01 ~]# firewall-cmd --reload
7.  # 提示配置成功
```

操作命令+配置文件+脚本程序+结束

步骤 3：在本地主机安装 MySQL Workbench。

（1）Visual C++2015 允许库。MySQL Workbench 软件依赖 Visual C++2015 运行库，其下载地址为：https://www.microsoft.com/zh-CN/download/details.aspx?id=48145。具体安装步骤本项目不做详细介绍。

（2）下载 MySQL Workbench 安装程序。MySQL Workbench 安装程序可通过其官网（https://www.mysql.com）获取，本项目选用面向 Windows 平台的 8.0.33 版本。

1）双击启动安装程序，进入安装欢迎页后单击"Next >"按钮，如图 6-2-1 所示。

2）单击"Change…"按钮选择安装位置，选择完毕后单击"Next >"按钮，如图 6-2-2 所示。

3）选中"Complete"前面的单选按钮，安装类型为完全安装，单击"Next >"按钮，如图 6-2-3 所示。

4）确认安装选项后，单击"Install"按钮开始安装，如图 6-2-4 所示。

图 6-2-1　安装欢迎页

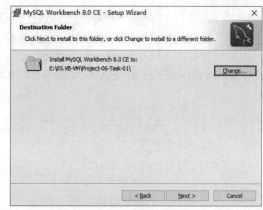

图 6-2-2　选择安装位置

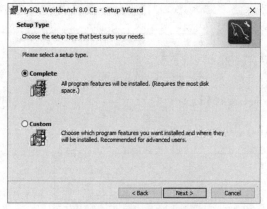

图 6-2-3　选择安装类型

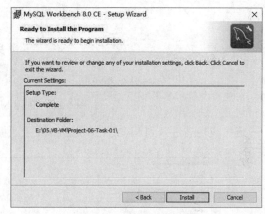

图 6-2-4　确认安装选项

5）单击 "Finish" 按钮完成安装并启动 MySQL Workbench，如图 6-2-5 所示。

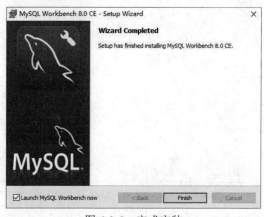

图 6-2-5　完成安装

步骤 4：使用 MySQL Workbench 连接 MySQL。

打开 MySQL Workbench，单击"MySQL Connections"后的"+"图标创建数据库连接。Connection Name 为此连接的名称，HostName 为数据库服务器地址，Port 为数据库服务器端口号，Username 为用户名，Password 为用户密码，如图 6-2-6 所示。

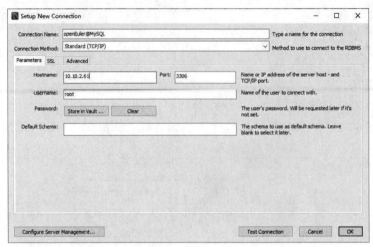

图 6-2-6　创建 MySQL 数据库连接

连接成功后进入到 MySQL Workbench 主面板，如图 6-2-7 所示。

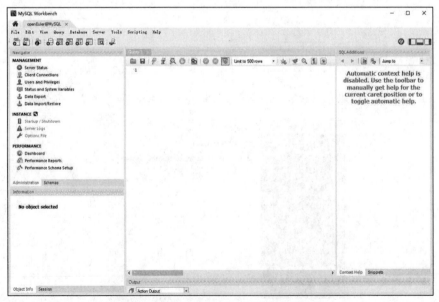

图 6-2-7　MySQL Workbench 主面板

MySQL Workbench 的主要功能见表 6-2-1。

表 6-2-1　MySQL Workbench 的主要功能

功能	详情
设计	MySQL Workbench 使 DBA（数据库管理员）、开发人员或数据架构师能够直接地设计、建模、创建和管理数据库。包括创建 ER 模型、进行正向和反向工程等功能
开发	MySQL Workbench 提供了用于创建、执行和优化 SQL 查询的可视化工具
管理	MySQL Workbench 提供了一个可视化平台，可以轻松管理 MySQL，可以使用可视化工具来配置服务器、管理用户、执行备份和恢复及查看数据库运行状况
仪表盘	MySQL Workbench 提供了一套仪表盘，可通过性能仪表板查看关键性能指标，通过性能报告查看 IO 瓶颈、慢查询 SQL 语句等
数据库迁移	MySQL Workbench 可将 Microsoft SQL Server、Microsoft Access、Sybase ASE、PostreSQL 或其他数据库数据迁移到 MySQL

步骤 5：创建数据库。

单击添加数据库图标，设置数据库名称和编码，单击"Apply"按钮完成数据库的创建，如图 6-2-8 所示。

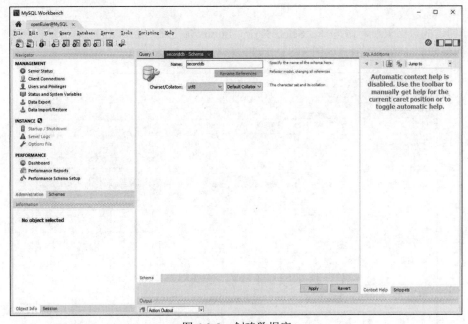

图 6-2-8　创建数据库

步骤 6：创建数据表。

单击左侧"Schemas"切换到数据库列表，然后单击展开创建的数据库，右击"Tables"选择"Create Table"命令，在出现的界面中设置表名称、编码、存储引擎、表字段、字段类型和约束，设置完成后单击"Apply"按钮完成创建，如图 6-2-9 所示。

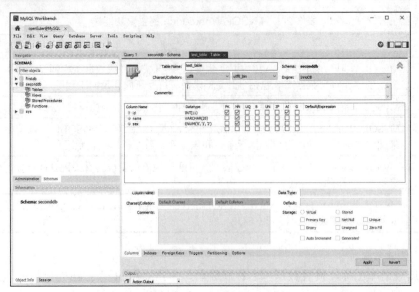

图 6-2-9　创建数据库

步骤 7：插入数据。

选择创建的数据表，右击选择"Select Rows -Limit 500"命令，单击空行直接填写数据，单击"Apply"按钮完成数据添加，如图 6-2-10 所示。

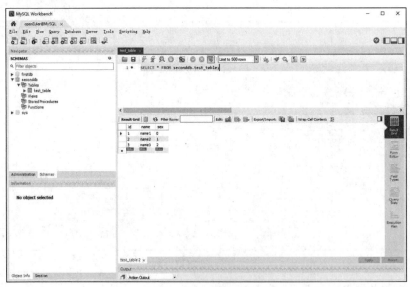

图 6-2-10　添加数据

步骤 8：插入数据。

单击左侧"Administration"切换到数据库管理，单击"Data Export"，选择要导出的数据库，选择"Dump Strcture and Data"按钮导出结构和数据，选中"Export to Self-Contained File"前的单

选按钮导出到文件，单击"Start Export"按钮开始导出，如图 6-2-11 所示。

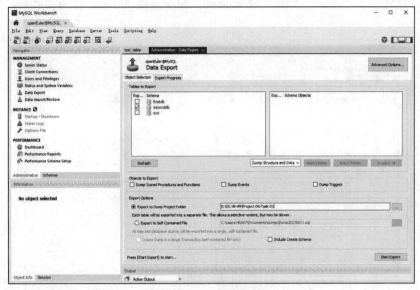

图 6-2-11　导出数据

步骤 9： 导入数据。

导入数据库之前先将之前的数据库删除，右击步骤 8 创建的数据库，选择"Drop Schema…"命令，删除数据库。选中"Import from Slef-Contained File"前的单选按钮选择从文件导入，单击"…"按钮选择要导入的文件，单击"Start Import"按钮导入数据，如图 6-2-12 所示。

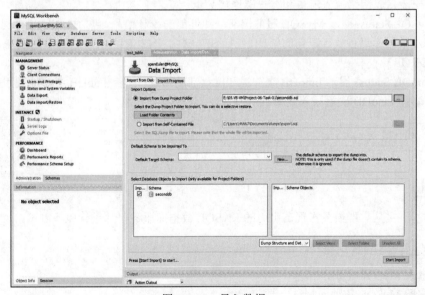

图 6-2-12　导入数据

步骤 10：使用 MySQL Workbench 监控 MySQL 服务器。

单击上方导航中的"Server"选择"Dashboard"命令查看 MySQL 服务器状态，如图 6-2-13 所示。

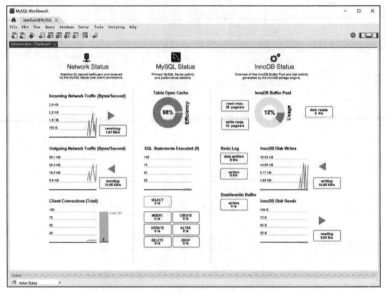

图 6-2-13　MySQL 服务器状态

状态栏中包含 3 个部分信息，具体说明如下。

（1）Network Status：展示 MySQL 服务器通过客户端连接发送和接收的网络流量统计信息，包括网络流出流量、网络流入流量和客户端连接数量。

（2）MySQL Status：展示 MySQL 服务器活动和性能的统计信息，包括表高速缓存利用率（Table Open Cache）、数据库每秒执行语句的统计（包括 SELECT、INSERT、UPDATE、DELETE、CREATE、ALTER 和 DROP）。

（3）InnoDB Status：展示 InnoDB 缓冲池和磁盘活动信息，包括 InnoDB 缓冲池利用率、InnoDB 磁盘读取速率和 InnoDB 磁盘写入速率。

任务三　实现 MySQL 主从集群

扫码看视频

【任务介绍】

本任务基于主从集群模式实现高可用的 MySQL 数据库服务，并进行服务测试。

【任务目标】

（1）掌握 MySQL 集群的搭建。

（2）掌握 MySQL 集群的测试。

【任务设计】

服务器规划见表 6-3-1。

表 6-3-1　服务器规划

序号	虚拟机名称	服务器规划名称	作用
1	VM-Project-06-Task-02-10.10.2.62	数据库服务器-1	作为 MySQL 集群主节点
2	VM-Project-06-Task-03-10.10.2.63	数据库服务器-2	作为 MySQL 集群从节点

【操作步骤】

步骤 1： 准备两台数据库服务器。

（1）创建第一台数据库服务器。

1）创建虚拟机并完成 openEuler 的安装。在 VirtualBox 中创建虚拟机，完成 openEuler 的安装。虚拟机与操作系统的配置信息见表 6-3-2，注意虚拟机网卡的工作模式为桥接。

表 6-3-2　虚拟机与操作系统的配置信息

虚拟机配置	操作系统配置
虚拟机名称：VM-Project-06-Task-02-10.10.2.62 内存：1GB CPU：1 颗 1 核心 虚拟硬盘：20GB 网卡：1 块，桥接	主机名：Project-06-Task-02 IP 地址：10.10.2.62 子网掩码：255.255.255.0 网关：10.10.2.1 DNS：8.8.8.8

2）完成虚拟机的主机配置、网络配置及通信测试。启动并登录虚拟机，依据表 6-3-2 完成主机名和网络的配置，能够访问互联网和本地主机。

提醒

（1）虚拟机的创建、操作系统的安装、主机名与网络的配置，具体方法参见项目一。

（2）建议通过虚拟机复制快速创建所需环境。通过复制创建的虚拟机需依据本任务虚拟机与操作系统规划配置信息设置主机名与网络，实现对互联网和本地主机的访问。

（2）创建第二台数据库服务器。

1）创建虚拟机并完成 openEuler 的安装。在 VirtualBox 中创建虚拟机，完成 openEuler 的安装。虚拟机与操作系统的配置信息见表 6-3-3，注意虚拟机网卡的工作模式为桥接。

表 6-3-3　虚拟机与操作系统的配置信息

虚拟机配置	操作系统配置
虚拟机名称：VM-Project-06-Task-03-10.10.2.63 内存：1GB	主机名：Project-06-Task-03 IP 地址：10.10.2.63

项目六

续表

虚拟机配置	操作系统配置
CPU：1 颗 1 核心 虚拟硬盘：20GB 网卡：1 块，桥接	子网掩码：255.255.255.0 网关：10.10.2.1 DNS：8.8.8.8

2）完成虚拟机的主机配置、网络配置及通信测试。

启动并登录虚拟机，依据表 6-3-3 完成主机名和网络的配置，能够访问互联网和本地主机。

（1）虚拟机的创建、操作系统的安装、主机名与网络的配置，具体方法参见项目一。

（2）建议通过虚拟机复制快速创建所需环境。通过复制创建的虚拟机需依据本任务虚拟机与操作系统规划配置信息设置主机名与网络，实现对互联网和本地主机的访问。

步骤 2：配置主数据库服务器。

（1）完成 MySQL 的安装并配置。MySQL 的安装和配置可参考本项目的任务一，本任务不再赘述。

（2）配置数据库服务器。使用 vi 命令编辑 my.cnf 文件，编辑后的配置文件信息如下所示。

配置文件：/etc/my.cnf

```
1.    # my.cnf 配置文件内容较多，本部分仅显示与集群配置有关的内容
2.    [mysqld]
3.    # 给主服务器设置一个唯一的 server-id，用于标识数据库服务器
4.    server-id=1
5.    # 开启日志
6.    log-bin=db-cluster-MySQL-bin
```

操作命令+配置文件+脚本程序+结束

配置完成后，重启 MySQL 服务使其生效。

（3）创建同步账号。为 MySQL 主从集群创建用于数据同步的数据库账号。

操作命令：

```
1.    # 连接数据库
2.    [root@Project-06-Task-02 ~]# mysql
3.    # 创建并授权用于同步的账号
4.    mysql> CREATE USER 'replication_user' IDENTIFIED WITH mysql_native_password BY 'openEuler@
      mysql#123';
5.    # 显示如下信息操作成功
6.    Query OK, 0 rows affected (0.001 sec)
7.    mysql> GRANT REPLICATION SLAVE ON *.* TO 'replication_user'@'%';
8.    # 显示如下信息操作成功
9.    Query OK, 0 rows affected (0.001 sec)
```

操作命令+配置文件+脚本程序+结束

（4）获取主节点二进制文件位置和偏移量。

操作命令：

```
1.   [root@Project-06-Task-02 ~]# mysql
2.   # 查看
3.   mysql> show master status;
4.   +----------------------------+----------+--------------+------------------+
5.   | File                       | Position | Binlog_Do_DB | Binlog_Ignore_DB |
6.   +----------------------------+----------+--------------+------------------+
7.   | db-cluster-MySQL-bin.000001 | 341     |              |                  |
8.   +----------------------------+----------+--------------+------------------+
9.   1 row in set (0.000 sec)
```

操作命令+配置文件+脚本程序+结束

（5）开启防火墙 3306 端口。

操作命令：

```
1.   # 开启防火墙 3306 端口
2.   [root@Project-06-Task-02 ~]# firewall-cmd --add-port=3306/tcp --permanent
3.   success
4.   [root@Project-06-Task-02 ~]# firewall-cmd --reload
5.   success
```

操作命令+配置文件+脚本程序+结束

步骤 3：配置从数据库服务器。

（1）完成 MySQL 的安装并配置。MySQL 的安装和配置可参考本项目的任务一，本任务不再赘述。

（2）配置数据库服务器。使用 vi 命令编辑 my.cnf 文件，编辑后的配置文件信息如下所示。

配置文件：/etc/my.cnf

```
1.   # my.cnf 配置文件内容较多，本部分仅显示与集群配置有关的内容
2.   [mysqld]
3.   # 给数据库服务器设置一个唯一的 server-id，用于标识数据库服务器
4.   server-id=2
5.   # 开启日志
6.   log-bin
```

操作命令+配置文件+脚本程序+结束

配置完成后，重启 MySQL 服务使其生效。

（3）设置从服务器连接主服务器选项。

操作命令：

```
1.   # 连接 MySQL
2.   [root@Project-06-Task-03 ~]# mysql
3.   # 使用 CHANGE MASTER 设置连接选项：主服务器主机地址、同步用户、密码、主服务器端口号、超
     时重连时间（s）
4.   mysql> CHANGE MASTER TO
5.         MASTER_HOST='10.10.2.62',
```

```
6.          MASTER_USER='replication_user',
7.          MASTER_PASSWORD='openEuler@mysql#123',
8.          MASTER_PORT=3306,
9.          MASTER_LOG_FILE='db-cluster-MySQL-bin.000001',
10.         MASTER_LOG_POS=341,
11.         MASTER_CONNECT_RETRY=10;
12. # 显示如下信息操作成功
13. Query OK, 0 rows affected (0.006 sec)
```
操作命令+配置文件+脚本程序+结束

（4）开启防火墙 3306 端口。

操作命令：
```
1.  # 开启防火墙 3306 端口
2.  [root@Project-06-Task-03 ~]# firewall-cmd --add-port=3306/tcp --permanent
3.  success
4.  [root@Project-06-Task-03 ~]# firewall-cmd --reload
5.  success
```
操作命令+配置文件+脚本程序+结束

步骤 4：启动主从集群同步服务。

启动从服务器同步服务，会启动两个复制进程：Slave_IO_Running（负责从主服务器读取数据，并将其存储在中继日志中），Slave_SQL_Running（从中继日志中读取事件并执行）。

操作命令：
```
1.  # 连接 MySQL
2.  [root@Project-06-Task-03 ~]# mysql
3.  # 启动复制
4.  mysql> start slave;
5.  # 显示如下信息操作成功
6.  Query OK, 0 rows affected (0.002 sec)
```
操作命令+配置文件+脚本程序+结束

步骤 5：验证主从同步。

本步骤通过两种方法验证主从集群同步状态。一种方法是通过从节点查看同步状态，另一种方法是通过插入数据验证是否同步。

（1）通过从节点查看同步状态。

操作命令：
```
1.  # 连接 MySQL
2.  [root@Project-06-Task-03 ~]# mysql
3.  # 查看复制从属线程基本参数的状态信息
4.  mysql> show slave status \G
5.  *************************** 1. row ***************************
6.  # 为了排版方便此处删除了部分提示信息
7.  # Yes 表示线程启动成功
```

8.　Slave_IO_Running: Yes
9.　# Yes 表示线程启动成功
10.　Slave_SQL_Running: Yes
11.　# 为了排版方便此处删除了部分提示信息

操作命令+配置文件+脚本程序+结束

（2）验证数据是否同步。

1）在数据库服务器主节点添加数据。

操作命令：

```
1.   [root@Project-06-Task-02 ~]# mysql
2.   # 使用 create database 命令创建 fourthdb 数据库
3.   mysql> create database fourthdb;
4.   # 使用 use 命令切换数据库
5.   mysql> use fourthdb;
6.   # 使用 create table 命令创建 test_table 数据表
7.   mysql> create table 'test_table'('id' int(11),'name' varchar(20),'sex' enum('0','1','2'),primary key ('id'));
8.   # 使用 insert into 命令向 test_table 表中插入一条数据
9.   mysql> insert into test_table ( id, name,sex ) VALUES ( 1, 'name1','0' );
10.  # 使用 select 命令查看 test_table 中的数据
11.  mysql> select * from test_table;
12.  # 下述信息说明数据插入成功
13.  +----+-------+-----+
14.  | id | name  | sex |
15.  +----+-------+-----+
16.  | 1  | name1 | 0   |
17.  +----+-------+-----+
18.  1 row in set (0.001 sec)
```

操作命令+配置文件+脚本程序+结束

2）验证从数据库服务器是否同步。

操作命令：

```
1.   [root@Project-06-Task-03 ~]# mysql
2.   # 使用 show databases 命令查看数据库是否同步
3.   mysql> show databases;
4.   # 下述信息说明 fourthdb 数据库已经同步
5.   +--------------------+
6.   | Database           |
7.   +--------------------+
8.   | fourthdb           |
9.   | information_schema |
10.  | mysql              |
11.  | performance_schema |
12.  | test               |
13.  +--------------------+
14.  # 使用 show tables 查看数据表是否同步
15.  mysql> use fourthdb;
16.  mysql> show tables;
```

```
17.   # 下述信息说明 test_table 数据表已经同步
18.   +-------------------------+
19.   | Tables_in_fourthdb      |
20.   +-------------------------+
21.   | test_table              |
22.   +-------------------------+
23.   # 使用 select 命令查看数据是否同步
24.   mysql> select * from test_table;
25.   # 下述信息说明数据已经同步
26.   +------+-----------------+----------+
27.   |id    |name             |sex       |
28.   +------+-----------------+----------+
29.   |1     |name1            |0         |
30.   +------+-----------------+----------+
```

操作命令+配置文件+脚本程序+结束

通过上面两种方法的验证，说明主从集群配置成功。

【进一步阅读】

本项目关于使用 MySQL Server 实现数据库服务的任务已经完成，如需进一步了解数据库运行状态，掌握监控数据库运行与故障排除操作方法，可进一步在线阅读【任务四　使用 Navicat Monitor 监控 MySQL】（http://explain.book.51xueweb.cn/openeuler/extend/6/4）深入学习。

扫码去阅读

项目七

使用 MongoDB 实现数据库服务

▶ 项目介绍

互联网具有数据规模庞大和数据结构动态化等特点，关系型数据库在处理此类问题时不仅十分麻烦而且性能方面也达不到要求。而非关系型数据库（简称"NoSQL"）最初就是为了满足互联网的业务需求而诞生的，其抛弃了关系型数据库的强制一致性和事务等特性。

MongoDB 是全球应用最为广泛的非关系型数据库之一，具备开源、基于文档、功能强大以及应用简单等特点。MongoDB 分为社区版和企业版，社区版是开源免费版本，企业版是基于社区版订阅收费的，提供了功能更强大的操作工具、高级数据分析、数据可视化、平台集成和认证等高级功能。

本项目使用 MongoDB 社区版，在 openEuler 下实现 MongoDB 的安装、管理、监控和高可用。

▶ 项目目的

- 了解 MongoDB 的特点；
- 掌握 MongoDB 的安装与基本配置；
- 掌握 MongoDB 的权限管理方法；
- 掌握使用客户端管理数据库的方法；
- 掌握实现 MongoDB 高可用的方法。

▶ 项目讲堂

1. 非关系型数据库

（1）什么是非关系型数据库。非关系型数据库是相对于关系型数据库来讲的，不遵循二维数据模型。针对应用不同，其选用的数据模型也不同。非关系型数据库具备的通用特点如下。

1）高性能。

2）分布式。

3）易扩展。

4）不支持事务。

（2）非关系型数据库的分类与特性。与关系型数据库不同，非关系型数据库并没有一个统一的架构，两种非关系型数据库之间的差异程度远远超过两种关系型数据库之间的差异。非关系型数据库通常具有较强的应用场景适应性，不同应用场景下应选用不同的产品。

常见的非关系型数据库包括键值数据库、列族数据库、文档数据库和图形数据库，其具体分类和特点见表 7-0-1。

表 7-0-1 非关系型数据库的分类和特点

分类	相关产品	应用场景	数据模型	优点	缺点
键值数据库	Redis、Memcached、GaussDB(for Redis)、TcaplusDB	内容缓存、频繁读写	<key,value> 键值对，通过散列表实现	大量操作时性能高	数据无结构化
列族数据库	HBase、Cassandra	分布式数据存储与管理	以列族式存储，将同一列数据存储在一起	查找速度快、复杂性低	功能局限，不支持事务的强一致性
文档数据库	MongoDB、Elasticsearch、GaussDB(for Mongo)、GaussDB(for Influx)	Web 应用、面向文档或半结构化的数据	<key,value>，value 是 JSON 结构的文档	数据结构灵活	缺乏统一查询语法
图形数据库	Neo4j、AllegroGraph	推荐系统、构建关系图谱	图结构	支持复杂的图形算法	复杂性高，只能支持一定的数据规模

（3）关系型数据库与非关系型数据库的特性。

1）关系型数据库的特性。

- 支持复杂查询
- 支持标准的 SQL 语言
- 数据完整性高

2）非关系型数据库的特性。

- 存储的伸缩性更强
- 数据操作的并发性能更强
- 更容易通过多节点部署提高可用性
- 数据模型更加灵活

2. CAP、ACID、BASE

（1）CAP。CAP 理论是由 Eric Brewer 在 2001 年提出的，Eric Brewer 指出对于一个分布式计算系统来说，不可能同时满足以下 3 点。

1）一致性（Consistency）。一致性是指更新操作成功后，所有节点在同一时间的数据完全一致。

2）可用性（Availability）。可用性是指用户访问数据时，系统是否能在正常响应时间返回结果。

3）分区容错性（Partition Tolerance）。分区容错性是指分布式系统在遇到某节点或网络分区故障的时候，仍然能够对外提供满足一致性和可用性的服务。

CAP 理论相互关系如图 7-0-1 所示。

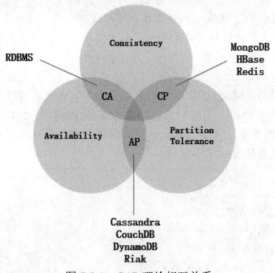

图 7-0-1　CAP 理论相互关系

（2）ACID。关系型数据库支持事务的 ACID 特性，即原子性、一致性、隔离性和持久性，这 4 种特性保证在事务过程中数据的正确性，具体描述如下。

1）原子性（Atomicity）。一个事务的所有操作步骤被看成一个动作，所有的步骤要么全部完成，要么一个也不会完成。如果在事务过程中发生错误，则会回滚到事务开始前的状态，将要被改变的数据库记录不会被改变。

2）一致性（Consistency）。一致性是指在事务开始之前和事务结束以后，数据库的完整性约束没有被破坏，即数据库事务不能破坏关系数据的完整性及业务逻辑上的一致性。

3）隔离性（Isolation）。主要用于实现并发控制，隔离能够确保并发执行的事务按顺序一个接一个地执行。通过隔离，一个未完成事务不会影响另外一个未完成事务。

4）持久性（Durability）。一旦一个事务被提交，它应该持久保存，不会因为与其他操作冲突而取消这个事务。

从事务的 4 个特性可以看出，关系型数据库要求强一致性，但是这一点在非关系型数据库中是重点弱化的机制。这是因为数据库保持强一致性时，很难保证系统具有横向扩展和可用性的优势，因此，针对分布式数据存储管理只提供了弱一致性的保障。

（3）BASE。BASE 是对 CAP 理论中一致性（C）和可用性（A）进行权衡的结果，其核心思想是无法做到强一致性，但每个应用都可以根据自身的特点，采用适当方式达到最终一致性。一般来说，非关系型数据库都支持 BASE 原理。

1）基本可用（Basically Available）。基本可用指分布式系统在出现故障时，系统允许损失部分可用性，即保证核心功能或者当前最重要功能可用。

2）软状态（Soft-state）。软状态允许数据存在中间状态，但不会影响系统的整体可用性，即允许不同节点的副本之间存在暂时的不一致情况。

3）最终一致性（Eventually Consistent）。最终一致性要求系统中数据副本最终能够一致，而不需要实时保证数据副本一致。最终一致性是 BASE 原理的核心，也是非关系型数据库的主要特点，通过弱化一致性，提高系统的可伸缩性、可靠性和可用性。

从以上可以看出，关系型数据库与非关系型数据库各有特点，对于数据库的选型应与自己的业务结合，充分考量。

3．MongoDB

（1）什么是 MongoDB。MongoDB 是一个表结构自由、开源、可扩展、面向文档的数据库，旨在为 Web 应用程序提供高性能、高可用且易扩展的数据存储解决方案。

MongoDB 支持多文档事务、连接查询，是较为接近关系型数据库的非关系型数据库。

（2）MongoDB 的主要特性如下。

1）灵活的数据模型。

2）强大的查询语言。

3）提供多种编程语言的 API。

4）易于扩展。

5）支持复制和故障自动转移。

4．副本集

（1）什么是副本集。副本集是一组维护相同数据集的 mongod 实例。一个副本集包含多个数据承载节点和一个仲裁器（Arbiter，可选）。在数据承载节点中，只有一个成员被当作主节点，其他成员皆为从节点。副本集中的节点数最好为奇数（为了选举顺利进行），成员个数最少为 3 个，不超过 50 个（最多有 7 个投票成员）。

（2）数据同步机制。MongoDB 在主节点上应用数据库操作，并在 OPLOG（操作日志）记录操作，然后从节点通过异步进程请求操作日志并应用在自己的数据副本上。

（3）副本集中的成员。MongoDB 副本集中的成员可分为 3 种：主节点（Primary）、从节点（Secondaries）和仲裁器（Arbiter），每种成员都在副本集上起着不同的作用。

1）主节点。主节点是副本集中唯一能够接收写操作的成员。副本集只能有一个主节点，如果当前的主节点不可用，则通过选举确定新的主节点。

2）从节点。从节点作为主节点数据集的副本，在副本集中起着数据备份、主节点候选人和负载均衡的作用。尽管客户端无法通过从节点写入数据，但是客户端可以选择从节点读取数据。

从节点从功能上可细分为 3 种属性：优先级为 0 的副本集成员（Priority 0 Replica Set Members）、隐藏副本集成员（Hidden Replica Set Members）和延迟副本集成员（Delayed Replica Set Members）。

- 优先级为 0 的副本集成员：该成员的优先级为 0（也作为备用成员），不可选举为主节点，但可投票，可驻留在辅助数据中心或充当冷备用数据库
- 隐藏副本集成员：该成员维护副本集的数据集且拥有选举投票权，但是对客户端不可见，

通常作为数据备份节点。可阻止应用程序从中读取数据，这使它可以运行需要与正常流量隔离的应用程序。该成员的优先级为 0，具有优先级为 0 的副本集成员的属性

- 延迟副本集成员：该成员所维护的数据集相对于正常成员总是有一段时间的延迟，保留运行中的"历史"快照，以用于从某些错误（例如意外删除的数据库）中恢复。该成员既是优先级为 0 的成员，以防止延迟成员成为主要成员；也是隐藏成员，始终阻止应用程序查看和查询延迟的成员

3）仲裁器。该成员没有数据副本，也不会成为主节点，主要用来选举投票。当副本集的节点数据为偶数时，需要添加一个仲裁节点。仲裁节点因为没有数据，只参与投票，所以仲裁节点需要的资源很少，但官方不建议将仲裁节点部署在副本集的其他节点上。

（4）选举。副本集通过选举来决定哪个节点为主节点。

1）以下事件可以触发副本集选举。

- 向副本集添加新节点
- 副本集初始化
- 指定主节点为从节点或副本集重新配置
- 主节点响应超时（默认 10s）

2）以下因素影响选举。

- Heartbeats，副本集成员每两秒钟都会向彼此发送一次 Heartbeats（类似 ping）。如果某个成员在 10s 内未响应，则其他成员将其标记为不可访问，该成员将不能成为主节点或被降低优先级
- 优先级。优先级高的成员将优先获取投票权
- 票数。得票数最多的成员将成为主节点

任务一　安装 MongoDB Community Edition

【任务介绍】

本任务在 openEuler 上安装 MongoDB 软件，实现 mongod 服务。

【任务目标】

（1）实现 RPM 安装 MongoDB。
（2）实现 MongoDB 服务管理。
（3）实现 MongoDB 服务状态查看。

【操作步骤】

步骤 1：创建虚拟机并完成 openEuler 的安装。

在 VirtualBox 中创建虚拟机，完成 openEuler 的安装。虚拟机与操作系统的配置信息见表 7-1-1，注意虚拟机网卡的工作模式为桥接。

表 7-1-1　虚拟机与操作系统的配置信息

虚拟机配置	操作系统配置
虚拟机名称：VM-Project-07-Task-01-10.10.2.71	主机名：Project-07-Task-01
内存：1GB	IP 地址：10.10.2.71
CPU：1 颗 1 核心	子网掩码：255.255.255.0
虚拟硬盘：20GB	网关：10.10.2.1
网卡：1 块，桥接	DNS：8.8.8.8

步骤 2：完成虚拟机的主机配置、网络配置及通信测试。

启动并登录虚拟机，依据表 7-1-1 完成主机名和网络的配置，能够访问互联网和本地主机。

（1）虚拟机的创建、操作系统的安装、主机名与网络的配置，具体方法参见项目一。

（2）建议通过虚拟机复制快速创建所需环境。通过复制创建的虚拟机需依据本任务虚拟机与操作系统规划配置信息设置主机名与网络，实现对互联网和本地主机的访问。

步骤 3：通过 RPM 包安装 MongoDB。

本步骤不采用 YUM 工具在线安装，因为当前没有适用于 openEuler 的版本。本步骤使用下载 MongoDB 的 RPM 软件包，并进行安装的方式来完成 MongoDB 的安装，安装的 MongoDB 的版本为 Community 6.0.8。

安装分为两个过程，首先使用 wget 工具从 MongoDB 官方网站下载的 RPM 软件包，然后进行安装。

操作命令：

```
1.   # 通过 wget 下载 mongodb-org-server-6.0.8
2.   [root@Project-07-Task-01 ~]# wget https://repo.mongodb.org/yum/redhat/8/mongodb-org/6.0/x86_64/RPMS/
     mongodb-org-server-6.0.8-1.el8.x86_64.rpm
3.   --2023-07-23 22:14:55--  https://repo.mongodb.org/yum/redhat/8/mongodb-org/6.0/x86_64/RPMS/mongodb-
     org-server-6.0.8-1.el8.x86_64.rpm
4.   Resolving repo.mongodb.org (repo.mongodb.org)... 13.226.120.128, 13.226.120.55, 13.226.120.6, ...
5.   Connecting to repo.mongodb.org (repo.mongodb.org)|13.226.120.128|:443... connected.
6.   HTTP request sent, awaiting response... 200 OK
7.   Length: 32437312 (31M)
8.   Saving to: 'mongodb-org-server-6.0.8-1.el8.x86_64.rpm'
9.
10.  mongodb-org-server-6.0.8-1.el8.x86_64.rpm        100%[=========================================
     ==>]   30.93M   6.27MB/s    in 6.3s
11.
12.  2023-07-23 22:15:08 (4.90 MB/s) - 'mongodb-org-server-6.0.8-1.el8.x86_64.rpm' saved [32437312/32437
     312]
13.
14.  # 通过 RPM 命令进行安装
15.  [root@Project-07-Task-01 ~]# rpm -ivh mongodb-org-server-6.0.8-1.el8.x86_64.rpm
```

16. warning: mongodb-org-server-6.0.8-1.el8.x86_64.rpm: Header V4 RSA/SHA256 Signature, key ID 64c3c 388: NOKEY

17. Verifying...　　　　　　　　　################################ [100%]

18. Preparing...　　　　　　　　　################################ [100%]

19. Updating / installing...

20. 　1:mongodb-org-server-6.0.8-1.el8　################################ [100%]

21. Created symlink /etc/systemd/system/multi-user.target.wants/mongod.service → /usr/lib/systemd/system/mongod.service.

操作命令+配置文件+脚本程序+结束

步骤 4：MongoDB 的服务管理。

MongoDB 安装完成后将在 openEuler 中创建名为 mongod 的服务，该服务在安装过程中已设置为开机自启动。

操作命令：

1. # 使用 systemctl start 命令启动 mongod 服务
2. [root@Project-07-Task-01 ~]# systemctl start mongod
3. # 使用 systemctl status 命令查看 mongod 服务
4. [root@Project-07-Task-01 ~]# systemctl status mongod
5. ● mongod.service - MongoDB Database Server
6. 　　# 服务位置；是否设置开机自启动
7. 　　Loaded: loaded (/usr/lib/systemd/system/mongod.service; enabled; vendor preset: disabled)
8. 　　# MongoDB 的活跃状态，结果值为 active 表示活跃；inactive 表示不活跃
9. 　　Active: active (running) since Sun 2023-07-23 22:16:21 CST; 4min 25s ago
10. 　　　Docs: https://docs.mongodb.org/manual
11. 　　# 主进程 ID 为 1799
12. 　　Main PID: 1799 (mongod)
13. 　　# 占用内存大小 136.9M
14. 　　Memory: 136.9M
15. 　　# MongoDB 的所有子进程
16. 　　CGroup: /system.slice/mongod.service
17. 　　　　　└─1799 /usr/bin/mongod -f /etc/mongod.conf
18. # MongoDB 操作日志
19. Jul 23 22:16:21 Project-07-Task-01 systemd[1]: Started MongoDB Database Server.
20. Jul 23 22:16:23 Project-07-Task-01 mongod[1799]: {"t":{"$date":"2023-07-23T14:16:23.617Z"},"s":"I",　"c":"CONTROL",　"id":7484500,　"ctx":"-","msg":"Environment variable MONGODB_CONFIG_OVERRID E_NOFORK == 1, overriding \"processManagement.fork\" to false"}

操作命令+配置文件+脚本程序+结束

【任务扩展】

1. **数据逻辑结构**

总体来说，MongoDB 的数据逻辑结构与关系型数据库结构比较相似，都是三级存储结构，但它们最大的区别就是 MongoDB 中的集合是动态模式。

（1）文档。文档是 MongoDB 存储的元数据，它是由键值对组成的数据结构，其结构类似 JSON 对象，字段值可以包括其他文档、数组和文档数组，例如：

文档结构：

```
1.    {
2.            name:'Su'
3.            age:'26',
4.            status:'A',
5.            groups:['news','sports']
6.    }
```

操作命令+配置文件+脚本程序+结束

（2）集合。MongoDB 将文档存储在集合中，集合类似于关系数据库中的表。集合中的文档结构不需要相同，但为了管理方便和数据库的性能，应将相同类型的文档放在统一集合中。

（3）上限集合。集合的大小固定，当其达到最人时会自动覆盖最早插入的数据。

（4）数据库。多个集合组织在一起就是数据库。如表 7-1-2 所示展示了 MongoDB 与关系型数据库的逻辑结构对比。

表 7-1-2　MongoDB 与关系型数据库的逻辑结构对比

MongoDB	关系型数据库
文档（document）	行（row）
集合（collection）	表（table）
数据库（database）	数据库（database）

2. 重要进程

（1）mongod。mongod 是 MongoDB 的守护进程，负责处理数据请求、管理数据访问和执行后台管理。

命令详解：

【语法】
mongod [选项]
【选项】
--config <filename>,-f <filename>:　　指定运行时配置选项的配置文件
--port <port> MongoDB:　　　　　　　实例侦听客户端连接的端口号，默认为 27017
--bind_ip <hostnames|ipaddresses|Unix domain socket paths>:
　　　　　　　　　　　　　　　　　　MongoDB 实例侦听客户端连接主机名或 IP 地址或完整的 Unix 域
　　　　　　　　　　　　　　　　　　套接字路径，可使用半角逗号隔开指定多个
--ipv6:　　　　　　　　　　　　　　　启用 IPv6 支持，默认禁用
--maxConns <number>:　　　　　　　　接受的最大连接数
--logpath <path>:　　　　　　　　　　日志文件路径
--syslog:　　　　　　　　　　　　　　将日志信息发送到主机的 syslog 系统，Windows 平台下不支持
--keyFile <file>:　　　　　　　　　　指定密钥文件的路径，该密钥存储在分片群集或副本集成员相互
　　　　　　　　　　　　　　　　　　认证的共享密钥
--auth:　　　　　　　　　　　　　　　启用访问控制

操作命令+配置文件+脚本程序+结束

mongod 命令中的选项与其配置文件是对应的，如果启动时没有指定选项，则以配置文件为准。

（2）mongo。mongo 是 MongoDB 的交互式 JavaScript Shell（mongo shell）接口，它提供了一

些接口函数用于管理员对数据库系统进行管理。

命令详解：

【语法】

mongo [选项]

【选项】

--port \<port\>：	MongoDB 实例监听的端口号，默认为 27017
--host \<hostname\>：	运行 MongoDB 实例的主机名，可使用半角逗号隔开指定多个，默认为 localhost
--username \<username\>, -u \<username\>：	进行身份验证的用户名
--password \<password\>, -p \<password\>：	进行身份验证的密码
--networkMessageCompressors \<string\>：	mongo shell 与 mongod 之间的通信启用网络压缩，有 3 种压缩方式：snappy、zlib、zstd
--ipv6 启用 Ipv6	
\<db name\>：	要连接的数据库名称
--authenticationDatabase \<dbname\>：	指定身份验证的数据库

操作命令+配置文件+脚本程序+结束

（3）mongodump。mongodump 是 MongoDB 的数据备份工具，可将数据导出为二进制文件。

命令详解：

【语法】

mongodump [选项]

【选项】

--uri=\<connectionString\>：	连接字符串，用于指定要连接的主机地址以及连接选项
--host=\<hostname\>\<:port\>,-h=\<hostname\>\<:port\>：	运行 MongoDB 实例的主机名，可使用半角逗号隔开指定多个，默认为 localhost
--port=\<port\>：	MongoDB 实例监听的端口号，默认为 27017
--username \<username\>,-u \<username\>：	指定身份验证的用户名
--password \<password\>,-p \<password\>：	指定身份验证的密码
--authenticationDatabase=\<dbname\>：	指定身份验证的数据库
--db=\<database\>,-d=\<database\>：	指定导出的数据库名称
--collection=\<collection\>,-c=\<collection\>：	指定导出的集合名称
--query=\<json\>,-q=\<json\>：	指定查询语句，筛选数据

操作命令+配置文件+脚本程序+结束

mongorestore 能将 mongodump 导出的数据导入到数据库中。除此之外，还有两个导出和导入 JSON、CSV 格式数据的工具：mongoexport、mongoimport，其用法与 mongodump 相似。

任务二　使用 MongoDB Compass 管理 MongoDB

【任务介绍】

扫码看视频

MongoDB Compass 是 MongoDB 官方提供的客户端管理软件，能够以可视化的方式管理数据库。本任务在本地主机上安装 MongoDB Compass，实现数据库的可视化管理。

本任务在任务一的基础上进行。

【任务目标】

（1）实现 MongoDB 远程访问。

（2）完成 MongoDB Compass 的安装。

（3）完成使用 MongoDB Compass 管理 MongoDB。

【任务设计】

本任务需要使用的 MongoDB 用户和角色见表 7-2-1。

表 7-2-1　MongoDB 用户和角色列表

用户名	角色	描述
admin	userAdminAnyDatabase、readWriteAnyDatabase、clusterMonitor	用于用户管理、数据库管理和集群监控

【操作步骤】

步骤 1： 安装 MongoDB Shell 工具。

MongoDB Shell 是 MongoDB 官方提供的基于命令行管理数据库的工具，其支持连接、测试、查询与数据库交互。

官方下载地址为 https://www.mongodb.com/zh-cn/products/tools/shell，本任务使用的版本为 1.9.1。

操作命令：

```
1.   # 通过 wget 下载 mongodb-mongosh-1.9.1
2.   [root@Project-07-Task-01                              ~]#                         wget
     https://repo.mongodb.org/yum/redhat/8/mongodb-org/6.0/x86_64/RPMS/mongodb-mongosh-1.9.1.x86_64.rpm
3.   --2023-07-23                                                                22:48:50--
     https://repo.mongodb.org/yum/redhat/8/mongodb-org/6.0/x86_64/RPMS/mongodb-mongosh-1.9.1.x86_64.rpm
4.   Resolving repo.mongodb.org (repo.mongodb.org)... 13.226.120.6, 13.226.120.128, 13.226.120.16, ...
5.   Connecting to repo.mongodb.org (repo.mongodb.org)|13.226.120.6|:443... connected.
6.   HTTP request sent, awaiting response... 200 OK
7.   Length: 45510640 (43M)
8.   Saving to: 'mongodb-mongosh-1.9.1.x86_64.rpm'
9.
10.  mongodb-mongosh-1.9.1.x86_64.rpm      100%[===================================>]
     43.40M   12.6MB/s    in 5.0s
11.
12.  2023-07-23 22:48:55 (8.71 MB/s) - 'mongodb-mongosh-1.9.1.x86_64.rpm' saved [45510640/45510640]
13.
14.  # 通过 RPM 命令进行安装
15.  [root@Project-07-Task-01 ~]# rpm -ivh mongodb-mongosh-1.9.1.x86_64.rpm
16.  warning: mongodb-mongosh-1.9.1.x86_64.rpm: Header V3 RSA/SHA256 Signature, key ID 64c3c388: NOKEY
17.  Verifying...                          ################################ [100%]
18.  Preparing...                          ################################ [100%]
```

19. Updating / installing...
20. 　　1:mongodb-mongosh-1.9.1-1.el8　　################################ [100%]

操作命令+配置文件+脚本程序+结束

步骤 2：使用 MongoDB Shell 工具创建数据库管理权限。

　　MongoDB 在安装后没有管理账户且没有开启访问控制。为了安全起见，应首先创建账户并开启访问控制。在开启身份验证之前应先创建具有用户管理权限的账户。

操作命令：

1. # 通过 mongosh 连接 MongoDB
2. [root@Project-07-Task-01 ~]# mongosh
3. # MongoDB shell 的日志 ID 为 4.2.3
4. Current Mongosh Log ID: 64bd3e75c2b5fcaadfb9a5eb
5. # MongoDB 的连接详细信息
6. Connecting to:　　　mongodb://127.0.0.1:27017/?directConnection=true&serverSelectionTimeoutMS=2000&appName=mongosh+1.9.1
7. # 所连接 MongoDB 的版本为 6.0.8
8. Using MongoDB:　　　6.0.8
9. # MongoDB shell 的版本为 1.9.1
10. Using Mongosh:　　　1.9.1
11.
12. For mongosh info see: https://docs.mongodb.com/mongodb-shell/
13.
14. To help improve our products, anonymous usage data is collected and sent to MongoDB periodically (https://www.mongodb.com/legal/privacy-policy).
15. You can opt-out by running the disableTelemetry() command.
16. ------
17. 　　The server generated these startup warnings when booting
18. 　　2023-07-23T22:16:24.021+08:00: Using the XFS filesystem is strongly recommended with the WiredTiger storage engine. See http://dochub.mongodb.org/core/prodnotes-filesystem
19. 　　2023-07-23T22:16:25.442+08:00: Access control is not enabled for the database. Read and write access to data and configuration is unrestricted
20. 　　2023-07-23T22:16:25.443+08:00: vm.max_map_count is too low
21. ------
22. # 默认进来为 test 数据库，查看默认已建数据库
23. test> show dbs;
24. admin　　　　　　40.00 KiB
25. config　　　　　　12.00 KiB
26. local　　　　40.00 KiB
27. # 切换到 MongoDB 内置的 admin 数据库
28. test> use admin
29. switched to db admin
30. # 创建用户 admin，密码为 openeuler@mongodb#123，角色为 userAdminAnyDatabase、readWriteAnyDatabase、clusterMonitor，即该用户可以管理所有用户、所有数据库，并可监控数据库
31. admin> db.createUser({user: "admin",pwd: "openeuler@mongodb#123",roles: [{ role: "userAdminAnyDatabase", db: "admin" }, "readWriteAnyDatabase","clusterMonitor"]});
32. # 下述信息表示操作成功
33. { ok: 1 }
34. # 查看用户列表

```
35.  admin> show users;
36.  [
37.    {
38.      _id: 'admin.admin',
39.      userId: new UUID("fd736a81-a7e1-4a29-b61a-c3934fea762f"),
40.      user: 'admin',
41.      db: 'admin',
42.      roles: [
43.        { role: 'userAdminAnyDatabase', db: 'admin' },
44.        { role: 'readWriteAnyDatabase', db: 'admin' }
45.      ],
46.      mechanisms: [ 'SCRAM-SHA-1', 'SCRAM-SHA-256' ]
47.    }
48.  ]
49.  # 退出 mongoDB shell
50.  admin> quit()
```
操作命令+配置文件+脚本程序+结束

步骤 3：开启授权访问。

开启授权访问可通过修改/etc/mongod.conf 配置文件中 security.authorization 的值实现。

配置文件：/etc/mongod.conf
```
1.  # mongod.conf 配置文件内容较多，本部分仅显示与授权访问有关的内容
2.  # 开启身份验证
3.  security:
4.  # enabled 表示开启授权访问，disabled 表示关闭授权访问
5.    authorization: enabled
```
操作命令+配置文件+脚本程序+结束

配置完成后，重启 mongod 服务使配置生效。

步骤 4：配置 MongoDB 开启远程管理。

mongod 默认绑定的 IP 地址为 127.0.0.1，这种情况下只允许本机访问，可通过修改配置文件绑定指定 IP 地址。

配置文件：/etc/mongod.conf
```
1.  # mongod 配置文件内容较多，本部分仅显示与绑定 IP 的内容
2.  # network interfaces
3.  net:
4.    # MongoDB 默认
5.    port: 27017
6.    # 设置 mongod 实例绑定的主机名、IP 地址或 UNIX 套接字路径，可添加多个，使用半角逗号隔开。
    0.0.0.0 表示绑定所有 IPv4 地址
7.    bindIp: 0.0.0.0
```
操作命令+配置文件+脚本程序+结束

配置完成后，重启 mongod 服务使配置生效。

步骤 5：配置防火墙与 SELinux。

openEuler 默认开启防火墙，为使 MongoDB 能够被远程访问，需开启 27017 端口。

操作命令:

1.　# 开启防火墙 27017 端口并重启防火墙
2.　[root@Project-07-Task-01 ~]# firewall-cmd --add-port=27017/tcp --permanent
3.　success
4.　[root@Project-07-Task-01 ~]# firewall-cmd --reload
5.　success
6.　# 使用 setenforce 命令将 SELinux 设置为 permissive 模式
7.　[root@Project-07-Task-01 ~]# setenforce 0
8.　[root@Project-07-Task-01 ~]# sed -i 's/SELINUX=enforcing/SELINUX=Permissive/g' /etc/selinux/config

操作命令+配置文件+脚本程序+结束

步骤 6:在本地主机安装 MongoDB Compass 管理工具。

MongoDB Compass 是用于管理 MongoDB 的官方客户端软件,支持 Windows、Linux、macOS 操作系统,分为 3 个版本,具体内容见表 7-2-2。

表 7-2-2　MongoDB Compass 的版本列表

版本	描述
Compass	完整版的 MongoDB Compass,具有所有功能
Compass Readonly	只允许读取操作
Compass Isolated	除了连接 MongoDB 服务器外,不发起任何网络请求

MongoDB Compass 的主要功能见表 7-2-3。

表 7-2-3　MongoDB Compass 主要功能列表

功能	详情
数据管理	创建、查看、修改和删除数据库、数据表、视图、列、索引等
索引管理	创建、删除索引
数据聚合	创建和执行聚合管道
数据导入导出	支持从 SQL、CSV、XML 等格式文件导入数据 支持以 CSV、XML、PDF、SQL 等格式导出数据
监控	监控数据库服务器的流量、连接、进程、查询统计、数据库变量状态、主机状态等
集群管理	查看集群状态、查看集群成员、添加集群成员
统一身份验证	支持 Kerberos、LDAP 和 x.509 身份验证
文档模型分析	提供对指定集合中文档的字段和值的分析

本任务选择面向 Windows 操作系统的 MongoDB Compass 1.39.1 版本,该版本的安装要求见表 7-2-4。

表 7-2-4　MongoDB Compass 安装要求

类型	要求
操作系统	Windows 7 或更高的 64 位版本
数据库	MongoDB 4.2 或更高版本
类库	Microsoft .NET Framework 4.5 或更高版本

 提醒　　MongoDB Compass 不支持虚拟桌面环境。

　　MongoDB Compass 安装程序可通过其官网（https://www.mongodb.com/try/download/compass）下载，本任务选择版本为 1.39.1(Stable)，操作系统为 Windows 64-bit(7+)，单击"Download"按钮下载，如图 7-2-1 所示。

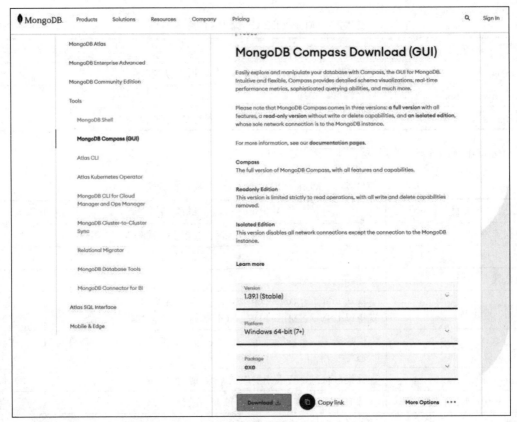

图 7-2-1　下载页

　　下载完成后，双击获取的安装程序，进入自动安装页，按照提示进行安装，安装成功后的界面，如图 7-2-2 所示。

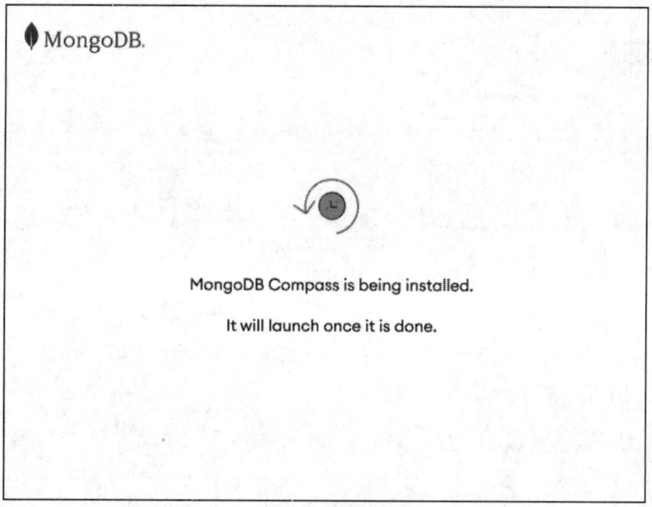

图 7-2-2　自动安装

步骤 7：使用 MongoDB Compass 连接 MongoDB。

启动 MongoDB Compass，在输入框输入连接字符串。

本步骤使用的连接字符串是：mongodb://admin:openeuler%40mongodb%23123@10.10.2.71:27017。

语法详解：连接字符串

【语法】

mongodb://[username:password@]host1[:port1][,...hostN[:portN]][/[defaultauthdb][?options]]

【字段】

mongodb:	标准连接字符串的必须前缀
username:password@:	可选，用于身份验证的凭据。username 为用户名，password 为密码
host[:port]:	运行 MongoDB 实例的主机名（和可选的端口号），可使用半角逗号隔开指定多个
/defaultauthdb:	可选，如果连接字符串包含 username:password@身份验证凭据但未指定 authSource 选项，则使用 defaultauthdb 作为身份验证数据库。如果 authSource 和 defaultauthdb 都未指定，使用 admin 作为身份验证数据库

【选项】

副本集选项：	包括指定副本集名称的选项
连接选项：	包括启用禁用 tls/ssl 连接、证书文件位置等选项
超时选项：	包括连接超时时间的选项
压缩选项：	包括压缩器选择和压缩级别选项
连接池选项：	包括连接池最大、最小连接数、连接空闲时间等选项
验证选项：	包括身份验证数据库、验证机制等选项

操作命令+配置文件+脚本程序+结束

单击"Connect"按钮连接 MongoDB，如图 7-2-3 所示。

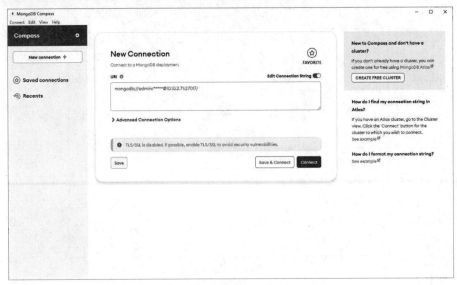

图 7-2-3　连接到 MongoDB

连接成功后进入到 MongoDB Compass 主面板，如图 7-2-4 所示。

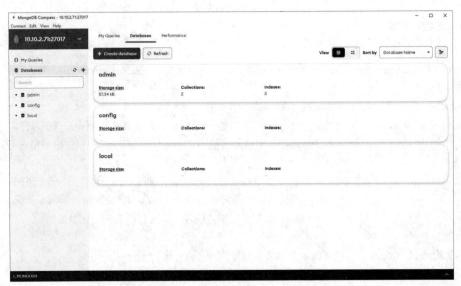

图 7-2-4　MongoDB Compass 主面板

步骤 8：创建数据库和集合。

单击"Create Database"按钮，在弹出的对话框中填写数据库名称和集合名称，单击"Create Database"按钮完成数据库和集合创建，如图 7-2-5 所示。

步骤 9：插入数据。

单击左侧数据库列表中上个步骤创建的数据库，单击下拉列表中的集合，单击"ADD DATA"

后的下拉列表，选中"Insert Document"选项手动添加数据，MongoDB 会自动为集合中的每个文档设置一个唯一字段"_id"，如图 7-2-6 所示。

图 7-2-5　创建数据库和集合

图 7-2-6　插入数据

单击大括号使用 JSON 对象方式添加数据，完成数据插入。

步骤 10：导出数据。

MongoDB Compass 可将集合中的数据导出为 JSON 或 CSV 文件。单击"EXPORT DATA"按钮，选择"Export the full collection"选项，选择导出的文件类型为 JSON，单击"Export"按钮导

出数据，选择导出的文件位置，如图 7-2-7 所示。

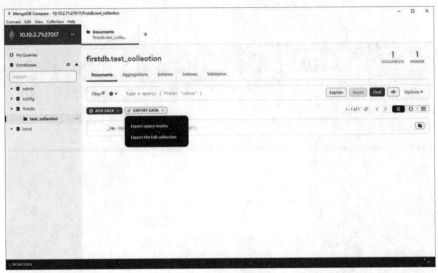

图 7-2-7　导出数据

步骤 11： 删除数据。

删除步骤 8 中插入的数据，选择并单击删除图标，再次确认单击"Delete"按钮确定删除该文档，如图 7-2-8 所示。

图 7-2-8　删除数据

步骤 12： 导入数据。

MongoDB Compass 支持从 JSON 或 CSV 文件将数据导入到集合中。单击"ADD DATA"按钮，

选择"Import JSON or CSV file"选项，选择要导入的文件位置，单击"Import"按钮导入数据，如图 7-2-9 所示。

图 7-2-9　导入数据

　提醒

（1）从 JSON 文件导入数据时，每个文档必须在文件中单独存在，不要在文档末尾使用逗号分隔文档。

（2）从 CSV 文件导入数据时，文件的第一行必须是使用逗号隔开的文档字段名称列表，后续行必须是逗号分隔的字段值，其顺序应与第一行中的字段顺序相对应。

【任务扩展】

1. MongoDB 基于角色的安全管理

MongoDB 使用基于角色的访问控制（RBAC）来管理对 MongoDB 系统的访问，用户角色决定了用户对数据库资源和操作的访问权限。

为了管理方便，MongoDB 根据资源和操作类型进行划分，内置了 16 个角色，见表 7-2-5。

表 7-2-5　MongoDB 内置角色列表

序号	角色名称	主要权限
1	read	提供读取所有非系统集合和 system.js 集合上数据的权限
2	readWrite	提供 read 角色的所有权限以及修改所有非系统集合和 system.js 集合上数据的权限
3	dbAdmin	提供执行管理任务的权限，不包括用户管理权限
4	userAdmin	提供在当前数据库上创建用户和修改角色的权限

项目七

215

续表

序号	角色名称	主要权限
5	dbOwner	提供对数据库执行任何管理操作，是 readWrite、dbAdmin 和 userAdmin 角色的组合
6	clusterManager	提供对群集的管理和监控权限
7	clusterMonitor	提供对监控工具（例如 MongoDB Cloud Manager）的只读访问权限
8	hostManager	提供监控和管理服务器的权限
9	clusterAdmin	提供最大的群集管理权限。clusterManager、clusterMonitor 和 hostManager 角色的组合
10	backup	提供备份数据所需权限
11	restore	提供从备份还原数据的特权
12	readAnyDatabase	提供读取除 local 和 config 以外的所有数据库的权限
13	readWriteAnyDatabase	提供读取和写入除 local 和 config 以外的所有数据库的权限
14	userAdminAnyDatabase	提供除 local 和 config 以外的所有数据库的用户管理权限
15	dbAdminAnyDatabase	提供所有数据库与 dbAdmin（除 local 和 config）相同的权限
16	root	readWriteAnyDatabase、dbAdminAnyDatabase、userAdminAnyDatabase、clusterAdmin、restore、backup 角色的组合

2. MongoDB 支持的数据类型

MongoDB 将数据记录存储为 BSON 文档，文档中字段的值可以是任何 BSON 数据类型，MongoDB 支持的数据类型见表 7-2-6。

表 7-2-6　MongoDB 支持的数据类型

数据类型	描述
Double	双精度浮点值
String	字符串。在 MongoDB 中，UTF-8 编码的字符才是合法的
Object	内嵌文档
Array	数组
Binary data	二进制数据
ObjectId	对象 ID。文档的唯一标识（每个文档都有）
Boolean	布尔类型
Date	日期类型
Null	空值
Regular Expression	正则表达式
JavaScript	代码类型。用于在文档中存储 JavaScript 代码

续表

数据类型	描述
Integer	整型
Timestamp	时间戳
Min/Max key	查询集合时，获取指定字段中的最大或最小值

（1）BSON 是二进制 JSON 的缩写，是类 JSON 文档的二进制编码序列化。BSON 包含允许表示不属于 JSON 规范的数据类型的扩展，如日期、BinData 等。
（2）BSON 用于在 MongoDB 中存储文档和进行远程过程调用。

任务三　实现 MongoDB Cluster

扫码看视频

【任务介绍】

cluster 即集群，在 MongoDB 官方上下文中，通常指副本集（Replica Set）或分片集群（Sharded Cluster）。

副本集是存储相同数据副本的 MongoDB 实例组。节点（服务器）之间通过自动复制数据，以提供冗余和防止系统故障或计划内维护时停机的保护，确保高可用性。

分片集群是分布在许多分片（服务器）上的数据集的集合。在集合级别对数据进行分片，将集合中的文档分布在集群中的分片之间，以实现处理海量数据增长的水平可扩展性和更好的读写操作性能。

本任务通过 MongoDB replica set 实现 MongoDB 的高可用。

【任务目标】

（1）实现 MongoDB replica set 的部署。
（2）实现 MongoDB replica set 的高可用性测试。

【任务设计】

本任务需要使用的 MongoDB 用户和角色见表 7-3-1。

表 7-3-1　MongoDB 用户和角色列表

用户名	角色	描述
admin	userAdminAnyDatabase、clusterAdmin	用于用户管理、数据库管理、集群监控
repAdmin	clusterAdmin、readWriteAnyDatabase、clusterMonitor	用于集群管理、数据库管理、集群监控

项目七

【任务规划】

本任务拓扑结构如图 7-3-1 所示。

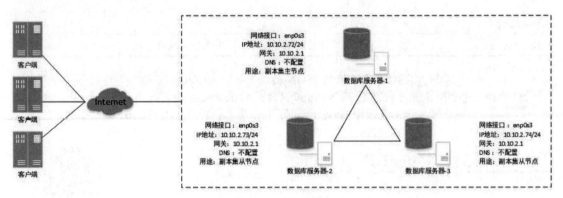

图 7-3-1　拓扑结构

服务器规划见表 7-3-2。

表 7-3-2　服务器规划

序号	虚拟机名称	业务名称	作用
1	VM-Project-07-Task-02-10.10.2.72	mongodb-cluster-node-1	作为副本集主节点
2	VM-Project-07-Task-03-10.10.2.73	mongodb-cluster-node-2	作为副本集从节点
3	VM-Project-07-Task-04-10.10.2.74	mongodb-cluster-node-3	作为副本集从节点

【操作步骤】

步骤 1：准备 3 台 MongoDB 数据库服务器。

（1）创建 MongoDB 副本集节点 mongodb-cluster-node-1。

1）创建虚拟机并完成 openEuler 的安装。在 VirtualBox 中创建虚拟机，完成 openEuler 安装。虚拟机与操作系统的配置信息见表 7-3-3，注意虚拟机网卡的工作模式为桥接。

表 7-3-3　虚拟机与操作系统配置

虚拟机配置	操作系统配置
虚拟机名称：VM-Project-07-Task-02-10.10.2.72	主机名：Project-07-Task-02
内存：1GB	IP 地址：10.10.2.72
CPU：1 颗 1 核心	子网掩码：255.255.255.0
虚拟硬盘：20GB	网关：10.10.2.1
网卡：1 块，桥接	DNS：8.8.8.8

2）完成虚拟机的主机配置、网络配置及通信测试。启动并登录虚拟机，依据表 7-3-3 完成主

机名和网络的配置，能够访问互联网和本地主机。

（1）虚拟机的创建、操作系统的安装、主机名与网络的配置，具体方法参见项目一。

（2）建议通过虚拟机复制快速创建所需环境。通过复制创建的虚拟机需依据本任务虚拟机与操作系统规划配置信息设置主机名与网络，实现对互联网和本地主机的访问。

3）完成 MongoDB 的安装和服务管理。完成 MongoDB 的安装和服务配置，具体操作方法参见本项目的任务一。

（2）创建 MongoDB 副本集节点 mongodb-cluster-node-2。

1）创建虚拟机并完成 openEuler 的安装。在 VirtualBox 中创建虚拟机，完成 openEuler 的安装。虚拟机与操作系统的配置信息见表 7-3-4，注意虚拟机网卡的工作模式为桥接。

表 7-3-4　虚拟机与操作系统配置

虚拟机配置	操作系统配置
虚拟机名称：VM-Project-07-Task-03-10.10.2.73 内存：1GB CPU：1 颗 1 核心 虚拟硬盘：20GB 网卡：1 块，桥接	主机名：Project-07-Task-03 IP 地址：10.10.2.73 子网掩码：255.255.255.0 网关：10.10.2.1 DNS：8.8.8.8

2）完成虚拟机的主机配置、网络配置及通信测试。启动并登录虚拟机，依据表 7-3-4 完成主机名和网络的配置，能够访问互联网和本地主机。

（1）虚拟机的创建、操作系统的安装、主机名与网络的配置，具体方法参见项目一。

（2）建议通过虚拟机复制快速创建所需环境。通过复制创建的虚拟机需依据本任务虚拟机与操作系统规划配置信息设置主机名与网络，实现对互联网和本地主机的访问。

3）完成 MongoDB 的安装和服务管理。完成 MongoDB 的安装和服务配置，具体操作方法参见本项目的任务一。

（3）创建 MongoDB 副本集节点 mongodb-cluster-node-3。

1）创建虚拟机并完成 openEuler 的安装。在 VirtualBox 中创建虚拟机，完成 openEuler 操作系统的安装。虚拟机与操作系统的配置信息见表 7-3-5，注意虚拟机网卡的工作模式为桥接。

表 7-3-5　虚拟机与操作系统配置

虚拟机配置	操作系统配置
虚拟机名称：VM-Project-07-Task-04-10.10.2.74 内存：1GB	主机名：Project-07-Task-04 IP 地址：10.10.2.74

续表

虚拟机配置	操作系统配置
CPU：1 颗 1 核心	子网掩码：255.255.255.0
虚拟硬盘：20GB	网关：10.10.2.1
网卡：1 块，桥接	DNS：8.8.8.8

2）完成虚拟机的主机配置、网络配置及通信测试。启动并登录虚拟机，依据表 7-3-5 完成主机名和网络的配置，能够访问互联网和本地主机。

（1）虚拟机的创建、操作系统的安装、主机名与网络的配置，具体方法参见项目一。

（2）建议通过虚拟机复制快速创建所需环境。通过复制创建的虚拟机需依据本任务虚拟机与操作系统规划配置信息设置主机名与网络，实现对互联网和本地主机的访问。

3）完成 MongoDB 的安装和服务管理。完成 MongoDB 的安装和服务配置，具体操作方法参见本项目的任务一。

步骤 2：安装 MongoDB Community Edition 与 Shell。

参照任务一、任务二完成下面操作。

在 mongodb-cluster-node-1、mongodb-cluster-node-2、mongodb-cluster-node-3 节点分别安装 MongoDB Community Edition 与 Shell。

在 mongodb-cluster-node-1、mongodb-cluster-node-2、mongodb-cluster-node-3 节点分别启动 mongod。

在 mongodb-cluster-node-1、mongodb-cluster-node-2、mongodb-cluster-node-3 分别配置防火墙与 SELinux。

步骤 3：配置副本集。

1. mongodb-cluster-node-1 节点配置

本任务将 mongodb-cluster-node-1 作为副本集的主节点，mongodb-cluster-node-2 和 mongodb-cluster-node-3 作为副本集的从节点。

（1）生成 MongoDB 的副本集密钥。密钥文件用于副本集成员之间的身份验证，本任务选择使用 openssl 命令生成随机密钥文件。

操作命令：

```
1.   # 使用 openssl 命令生成密钥文件并选择存放在/var/lib/mongo/keyFile.file 中
2.   [root@Project-07-Task-02 ~]# openssl rand -base64 756 > /var/lib/mongo/keyFile.file
3.   # 密钥文件只用于副本集之间身份验证，只需 mongod 用户拥有只读权限即可满足需求
4.   # 使用 chmod 命令赋予密钥文件 400 权限
5.   [root@Project-07-Task-02 ~]# chmod 400 /var/lib/mongo/keyFile.file
6.   # 修改密钥文件拥有者和用户组为 mongod
7.   [root@Project-07-Task-02 ~]# chown mongod:mongod /var/lib/mongo/keyFile.file
```

操作命令+配置文件+脚本程序+结束

（2）通过主节点将副本集密钥分发到两台从节点服务器。scp 命令用于 Linux 主机之间的远程文件传输，本任务使用 scp 命令将密钥文件发送至从节点。向从节点写入密钥文件时，需要使用从节点 openEuler 系统的 root 账号和密码。

操作命令：

```
1.   # 使用 scp 命令将密钥文件分发至 mongodb-cluster-node-2
2.   [root@Project-07-Task-02 ~]# scp /var/lib/mongo/keyFile.file root@10.10.2.73:/var/lib/mongo/
3.   # 使用 SSH 协议首次连接主机时的提示，输入 yes，按【Enter】键继续
4.   The authenticity of host '10.10.2.73 (10.10.2.73)' can't be established.
5.   ED25519 key fingerprint is SHA256:+BYxre8l8FJ6C6jRVgnE6bfbHAWFL3x8HCBrczJ50xA.
6.   This key is not known by any other names
7.   Are you sure you want to continue connecting (yes/no/[fingerprint])? yes
8.   Warning: Permanently added '10.10.2.73' (ED25519) to the list of known hosts.
9.   Authorized users only. All activities may be monitored and reported.
10.  # 输入要分发至主机的 root 账号密码，按【Enter】键继续
11.  root@10.10.2.73's password:
12.  keyFile.file
13.  # 使用 scp 命令将密钥文件分发至 mongodb-cluster-node-3
14.  [root@Project-07-Task-02 ~]# scp /var/lib/mongo/keyFile.file root@10.10.2.74:/var/lib/mongo/
15.  The authenticity of host '10.10.2.74 (10.10.2.74)' can't be established.
16.  ED25519 key fingerprint is SHA256:+BYxre8l8FJ6C6jRVgnE6bfbHAWFL3x8HCBrczJ50xA.
17.  This host key is known by the following other names/addresses:
18.     ~/.ssh/known_hosts:1: 10.10.2.73
19.  Are you sure you want to continue connecting (yes/no/[fingerprint])? yes
20.  Warning: Permanently added '10.10.2.74' (ED25519) to the list of known hosts.
21.
22.  Authorized users only. All activities may be monitored and reported.
23.  root@10.10.2.74's password:
24.  keyFile.file
                  100% 1024    202.2kB/s     00:00
```

操作命令+配置文件+脚本程序+结束

配置 MongoDB 支持副本集。通过修改/etc/mongod.conf 文件，配置 MongoDB 支持副本集。

配置文件： /etc/mongod.conf

```
1.   # mongod.conf 配置文件内容较多，本部分仅显示与集群配置有关的内容
2.   net:
3.     # 设置 mongod 实例绑定的 IP 地址，使副本集节点之间能够通信
4.     bindIp: 0.0.0.0
5.   security:
6.     # 设置密钥文件路径
7.     keyFile: /var/lib/mongo/keyFile.file
8.   replication:
9.     # 设置副本集名称
10.    replSetName: "db-cluster-mongodb"
```

操作命令+配置文件+脚本程序+结束

配置完成后，重启 mongod 服务使配置生效。

2．mongodb-cluster-node-2 节点配置

（1）配置接收到的密钥文件的权限。

操作命令：

```
1.    # 使用 chmod 命令赋予密钥文件 400 权限
2.    [root@Project-07-Task-03 ~]# chmod 400 /var/lib/mongo/keyFile.file
3.    # 修改密钥文件拥有者和用户组为 mongod
4.    [root@Project-07-Task-03 ~]# chown mongod:mongod /var/lib/mongo/keyFile.file
```

操作命令+配置文件+脚本程序+结束

（2）配置 MongoDB 支持副本集。通过修改/etc/mongod.conf 文件，配置 MongoDB 支持副本集。

配置文件：/etc/mongod.conf

```
1.    # mongod.conf 配置文件内容较多，本部分仅显示与集群配置有关的内容
2.    net:
3.    # 设置 mongod 实例绑定的 IP 地址，使副本集节点之间能够通信
4.      bindIp: 0.0.0.0
5.    security:
6.    # 设置密钥文件路径
7.      keyFile: /var/lib/mongo/keyFile.file
8.    replication:
9.    # 设置副本集名称
10.      replSetName: "db-cluster-mongodb"
```

操作命令+配置文件+脚本程序+结束

配置完成后，重启 mongod 服务使配置生效。

3．mongodb-cluster-node-3 节点配置

（1）配置接收到的密钥文件的权限。

操作命令：

```
1.    # 使用 chmod 命令赋予密钥文件 400 权限
2.    [root@Project-07-Task-04 ~]# chmod 400 /var/lib/mongo/keyFile.file
3.    # 修改密钥文件拥有者和用户组为 mongod
4.    [root@Project-07-Task-04 ~]# chown mongod:mongod /var/lib/mongo/keyFile.file
```

操作命令+配置文件+脚本程序+结束

（2）配置 MongoDB 支持副本集。通过修改/etc/mongod.conf 文件，配置 MongoDB 支持副本集。

配置文件：/etc/mongod.conf

```
1.    # mongod.conf 配置文件内容较多，本部分仅显示与集群配置有关的内容
2.    net:
3.    # 设置 mongod 实例绑定的 IP 地址，使副本集节点之间能够通信
4.      bindIp: 0.0.0.0
5.    security:
6.    # 设置密钥文件路径
7.      keyFile: /var/lib/mongo/keyFile.file
8.    replication:
```

9.　# 设置副本集名称
10.　　replSetName: "db-cluster-mongodb"

配置完成后，重启 mongod 服务使配置生效。

步骤 4： 在节点 mongodb-cluster-node-1 初始化副本集。

（1）初始化副本集。使用 mongo 命令连接 MongoDB 客户端，使用 rs.initiate()方法初始化副本集。

操作命令：

```
1.   # 使用 rs.initiate()方法初始化副本集，将成员加入副本集
2.   [root@Project-07-Task-02 ~]# mongosh
3.   Current Mongosh Log ID: 653abbf48742d7d62d8e880c
4.   Connecting to:            mongodb://127.0.0.1:27017/?directConnection=true&serverSelectionTimeoutMS=2
     000&appName=mongosh+1.9.1
5.   Using MongoDB:       6.0.8
6.   Using Mongosh:       1.9.1
7.   For mongosh info see: https://docs.mongodb.com/mongodb-shell/
8.
9.   test> rs.initiate(
10.  ...      { _id: "db-cluster-mongodb",
11.  ...        members: [
12.  ...                 { _id: 0, host: "10.10.2.72:27017" },
13.  ...                 { _id: 1, host: "10.10.2.73:27017" },
14.  ...                 { _id: 2, host: "10.10.2.74:27017"}
15.  ...                 ]
16.  ...      }
17.  ... );
18.  { ok: 1 }
19.  # 使用 rs.status()方法查看副本集的状态
20.  db-cluster-mongodb [direct: other] test> rs.status();
21.  {
22.    # 副本集的名称
23.    set: 'db-cluster-mongodb',
24.    # 查看状态的时间
25.    date: ISODate("2023-09-04T17:12:52.342Z"),
26.    # 副本集的状态为 1
27.    myState: 1,
28.    # 副本集成员的选举计数为 1
29.    term: Long("1"),
30.    # 此实例从其同步的成员的主机名，如果此实例为主实例，则 syncSourceHost 为空字符串，而 syncSourceId 为-1
31.    syncSourceHost: '',
32.    syncSourceId: -1,
33.    # 检测信号的频率（以毫秒为单位）
34.    heartbeatIntervalMillis: Long("2000"),
35.    majorityVoteCount: 2,
36.    writeMajorityCount: 2,
37.    votingMembersCount: 3,
```

```
38.    writableVotingMembersCount: 3,
39.    # 检查复制进度内容
40.    optimes: {
41.        lastCommittedOpTime: { ts: Timestamp({ t: 1693847572, i: 1 }), t: Long("1") },
42.        lastCommittedWallTime: ISODate("2023-09-04T17:12:52.180Z"),
43.        readConcernMajorityOpTime: { ts: Timestamp({ t: 1693847572, i: 1 }), t: Long("1") },
44.        appliedOpTime: { ts: Timestamp({ t: 1693847572, i: 1 }), t: Long("1") },
45.        durableOpTime: { ts: Timestamp({ t: 1693847562, i: 1 }), t: Long("1") },
46.        lastAppliedWallTime: ISODate("2023-09-04T17:12:52.180Z"),
47.        lastDurableWallTime: ISODate("2023-09-04T17:12:42.178Z")
48.    },
49.    # 上次稳定恢复时间戳
50.    lastStableRecoveryTimestamp: Timestamp({ t: 1693847562, i: 1 }),
51.    # 副本集指标
52.    electionCandidateMetrics: {
53.        lastElectionReason: 'electionTimeout',
54.        lastElectionDate: ISODate("2023-09-04T17:02:57.435Z"),
55.        electionTerm: Long("1"),
56.        lastCommittedOpTimeAtElection: { ts: Timestamp({ t: 1693846962, i: 1 }), t: Long("-1") },
57.        lastSeenOpTimeAtElection: { ts: Timestamp({ t: 1693846962, i: 1 }), t: Long("-1") },
58.        numVotesNeeded: 2,
59.        priorityAtElection: 2,
60.        electionTimeoutMillis: Long("10000"),
61.        numCatchUpOps: Long("0"),
62.        newTermStartDate: ISODate("2023-09-04T17:03:01.853Z"),
63.        wMajorityWriteAvailabilityDate: ISODate("2023-09-04T17:03:03.004Z")
64.    },
65.    # 副本集中的每个成员的状态信息
66.    members: [
67.        {
68.            # 成员的唯一标识符
69.            _id: 0,
70.            name: '10.10.2.72:27017',
71.            # 成员健康状态：1-正常，0-不可用
72.            health: 1,
73.            # 副本集成员的状态，1 表示主节点，2 表示从节点
74.            state: 1,
75.            #与 state 相对应，具体见表 7-3-6
76.            stateStr: 'PRIMARY',
77.            # 主节点与副节点联机的秒数，则为副节点与主节点联机的秒数
78.            uptime: 777,
79.            # 操作日志中最后一个操作的信息
80.            optime: { ts: Timestamp({ t: 1693847572, i: 1 }), t: Long("1") },
81.            #每个成员 oplog 最后一次操作发生的时间，这个时间是心跳报上来的，因此可能会存在延迟
82.            optimeDate: ISODate("2023-09-04T17:12:52.000Z"),
83.            # 此成员应用的最后一个操作的时间，副本集已应用于主节点
84.            lastAppliedWallTime: ISODate("2023-09-04T17:12:52.180Z"),
85.            # 上次操作写入此成员的日记的时间，首先应用于主节点
86.            lastDurableWallTime: ISODate("2023-09-04T17:12:42.178Z"),
```

```
87.        syncSourceHost: '',
88.        syncSourceId: -1,
89.        # 复制信息，无误则为空字符串
90.        infoMessage: '',
91.        #
92.        electionTime: Timestamp({ t: 1693846980, i: 1 }),
93.        electionDate: ISODate("2023-09-04T17:03:00.000Z"),
94.        configVersion: 1,
95.        configTerm: 1,
96.        self: true,
97.        lastHeartbeatMessage: ''
98.      },
99.      {
100.       _id: 1,
101.       name: '10.10.2.73:27017',
102.       health: 1,
103.       state: 2,
104.       stateStr: 'SECONDARY',
105.       uptime: 608,
106.       optime: { ts: Timestamp({ t: 1693847562, i: 1 }), t: Long("1") },
107.       optimeDurable: { ts: Timestamp({ t: 1693847562, i: 1 }), t: Long("1") },
108.       optimeDate: ISODate("2023-09-04T17:12:42.000Z"),
109.       optimeDurableDate: ISODate("2023-09-04T17:12:42.000Z"),
110.       lastAppliedWallTime: ISODate("2023-09-04T17:12:52.180Z"),
111.       lastDurableWallTime: ISODate("2023-09-04T17:12:52.180Z"),
112.       lastHeartbeat: ISODate("2023-09-04T17:12:51.146Z"),
113.       lastHeartbeatRecv: ISODate("2023-09-04T17:12:52.019Z"),
114.       pingMs: Long("1"),
115.       lastHeartbeatMessage: '',
116.       syncSourceHost: '10.10.2.72:27017',
117.       syncSourceId: 0,
118.       infoMessage: '',
119.       configVersion: 1,
120.       configTerm: 1
121.     },
122.     {
123.       _id: 2,
124.       name: '10.10.2.74:27017',
125.       health: 1,
126.       state: 2,
127.       stateStr: 'SECONDARY',
128.       uptime: 608,
129.       optime: { ts: Timestamp({ t: 1693847562, i: 1 }), t: Long("1") },
130.       optimeDurable: { ts: Timestamp({ t: 1693847562, i: 1 }), t: Long("1") },
131.       optimeDate: ISODate("2023-09-04T17:12:42.000Z"),
132.       optimeDurableDate: ISODate("2023-09-04T17:12:42.000Z"),
133.       lastAppliedWallTime: ISODate("2023-09-04T17:12:52.180Z"),
134.       lastDurableWallTime: ISODate("2023-09-04T17:12:52.180Z"),
135.       lastHeartbeat: ISODate("2023-09-04T17:12:51.146Z"),
136.       lastHeartbeatRecv: ISODate("2023-09-04T17:12:52.170Z"),
137.       pingMs: Long("1"),
138.       lastHeartbeatMessage: '',
```

```
139.        syncSourceHost: '10.10.2.72:27017',
140.        syncSourceId:  0,
141.        infoMessage: ",
142.        configVersion: 1,
143.        configTerm: 1
144.      }
145.   ],
146.   ok: 1,
147.   '$clusterTime': {
148.     clusterTime: Timestamp({ t: 1693847572, i: 1 }),
149.     signature: {
150.        hash: Binary(Buffer.from("c003bfadcda36e52147603f4db27ac63b1598cb5", "hex"), 0),
151.        keyId: Long("7275017387823333381")
152.     }
153.   },
154.   operationTime: Timestamp({ t: 1693847572, i: 1 })
155. }
```

操作命令+配置文件+脚本程序+结束

命令详解：rs.initiate()

【语法】

rs.initiate(configuration)

【选项】

{

　　_id: <string>,　　　//副本集的名称，需与配置文件保持一致

　　members: [

　　　　{

　　　　　　_id: <int>,成员的唯一标识符

　　　　　　host: <string>,成员的主机地址和端口号

　　　　　　arbiterOnly: <boolean>,是否为仲裁器

　　　　　　buildIndexes: <boolean>,是否在次成员上创建索引

　　　　　　hidden: <boolean>,是否为隐藏副本集成员

　　　　　　priority: <number>,该成员的优先级，0-1000 的数字，默认为 1

　　　　　　slaveDelay: <int>,该成员相对于主节点的滞后时间，默认为 0，若指定该选项，则该成员类型为延迟副本集成员

　　　　　　votes: <number>投票权，1 或 0，默认为 1

　　　　},

　　],

　　settings: {

　　　　chainingAllowed : <boolean>,是否允许从节点从其他从节点上复制数据，默认为 true，否则从节点只能从主节点复制数据

　　　　heartbeatIntervalMillis : <int>,　　　//Heartbeat 的超时时间，默认为 10s

　　　　heartbeatTimeoutSecs: <int>,　　　　//Heartbeat 的频率，以 ms 为单位，默认 2000ms

　　　}

　　}

}

操作命令+配置文件+脚本程序+结束

　　副本集的每个成员都有一个状态，具体见表 7-3-6。

表 7-3-6　副本集成员状态列表

数字（state）	名称（stateStr）	描述
0	STARTUP	表示副本集正在初始化
1	PRIMARY	副本集主节点
2	SECONDARY	副本集从节点
3	RECOVERING	该成员刚执行过数据回滚，还不能接受读操作
5	STARTUP2	该成员刚加入副本集，正在数据同步
6	UNKNOWN	从其他成员来看，该成员状态未知
7	ARBITER	仲裁器
8	DOWN	从其他成员来看，该成员不可访问
9	ROLLBACK	该成员正在执行回滚
10	REMOVED	该成员曾经在副本集中，但被删除了

 提醒　　如果未查找到主节点，说明副本集仍在加载配置，稍等几分钟后再查看副本集状态。

（2）为副本集创建用户。访问控制只有在副本集中存在用户时才生效，所以副本集创建完成后应首先创建一个具有用户管理权限的用户。

操作命令：

```
1.  # 创建 admin 用户，角色为 userAdminAnyDatabase，权限为 readWriteAnyDatabase 与 clusterMonitor
2.  db-cluster-mongodb [direct: secondary] test> use admin;
3.  switched to db admin
4.  db-cluster-mongodb [direct: secondary] admin> db.createUser(
5.  ...      {
6.  ...        user: "admin",
7.  ...        pwd: "openeuler@mongodb#123",
8.  ...        roles: [
9.  ...              { role: "userAdminAnyDatabase", db: "admin" },
10. ...              "readWriteAnyDatabase",
11. ...              "clusterMonitor"
12. ...              ]
13. ...      }
14. ... );
15. {
16.   ok: 1,
17.   '$clusterTime': {
18.     clusterTime: Timestamp({ t: 1698348303, i: 4 }),
19.     signature: {
20.       hash: Binary(Buffer.from("195e50d6db78d72f3ee1e390366df600c26ad206", "hex"), 0),
21.       keyId: Long("7294350397127262210")
22.     }
23.   },
24.   operationTime: Timestamp({ t: 1698348303, i: 4 })
25. }
26. db-cluster-mongodb [direct: primary] admin> quit
```

操作命令+配置文件+脚本程序+结束

步骤 5：副本集的应用测试。

（1）场景 1：主节点增加数据，从节点同步增加。

1）在主节点中创建数据库、集合，并添加数据。在 MongoDB Compass 中使用用户"admin"连接到副本集主节点。连接成功后单击"CREATE DATABASE"按钮创建数据库和集合并添加一条数据，如图 7-3-2 所示。

图 7-3-2　添加数据

2）在 mongodb-cluster-node-2 查看数据同步情况。在从节点 mongodb-cluster-node-2 上可以看到主节点上创建的数据库和集合，说明主节点数据已经同步到从节点 mongodb-cluster-node-2 上，如图 7-3-3 所示。

图 7-3-3　查看从节点 mongodb-cluster-node-2 的数据

3）在 mongodb-cluster-node-3 查看数据同步情况。使用 MongoDB Compass 访问 mongodb-cluster-node-3，验证数据同步结果，如图 7-3-4 所示。

（2）场景 2：主节点删除数据，从节点同步删除。

1）在主节点 mongodb-cluster-node-1 上删除数据。

图 7-3-4　查看从节点 mongodb-cluster-node-3 的数据

2）在从节点 mongodb-cluster-node-2 的窗口，关闭"Document"选项卡后再次打开，可查看数据已经同步删除，如图 7-3-5 所示，说明从节点和主节点同步操作。

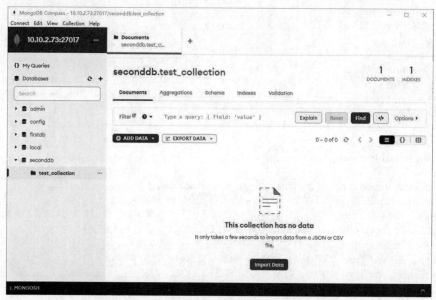

图 7-3-5　mongodb-cluster-node-2 验证删除数据同步

3）在从节点 mongodb-cluster-node-3 上查看数据，验证同步操作的正确性，结果为成功。

（3）场景 3：mongodb-cluster-node-1 故障宕机，业务不受影响。

1）关闭主节点 mongodb-cluster-node-1，以模拟主节点宕机故障。

操作命令：

```
1.   # 使用 systemctl stop 命令停止 mongod 服务
2.   [root@Project-07-Task-02 ~]# systemctl stop mongod
```

操作命令+配置文件+脚本程序+结束

2）在从节点 mongodb-cluster-node-2 操作，执行 rs.status()方法定位主节点所在服务器。

操作命令：

```
1.   # 使用 mongo 命令连接 MongoDB
2.   [root@Project-07-Task-03 ~]# mongosh
3.   Current Mongosh Log ID: 64f639e2e6eb62e383ffe4fc
4.   Connecting to:          mongodb://127.0.0.1:27017/?directConnection=true&serverSelectionTimeoutMS=2
     000&appName=mongosh+1.9.1
5.   Using MongoDB:          6.0.8
6.   Using Mongosh:          1.9.1
7.
8.   For mongosh info see: https://docs.mongodb.com/mongodb-shell/
9.
10.  db-cluster-mongodb [direct: primary] test> use admin;
11.  switched to db admin
12.  db-cluster-mongodb [direct: primary] admin> db.auth("admin","openeuler@mongodb#123");
13.  { ok: 1 }
14.  db-cluster-mongodb [direct: primary] admin> rs.status();
15.  {
16.    set: 'db-cluster-mongodb',
17.    date: ISODate("2023-09-04T20:11:53.897Z"),
18.    myState: 1,
19.    term: Long("2"),
20.    syncSourceHost: '',
21.    syncSourceId: -1,
22.    heartbeatIntervalMillis: Long("2000"),
23.    majorityVoteCount: 2,
24.    writeMajorityCount: 2,
25.    votingMembersCount: 3,
26.    writableVotingMembersCount: 3,
27.    optimes: {
28.      lastCommittedOpTime: { ts: Timestamp({ t: 1693858309, i: 1 }), t: Long("2") },
29.      lastCommittedWallTime: ISODate("2023-09-04T20:11:49.079Z"),
30.      readConcernMajorityOpTime: { ts: Timestamp({ t: 1693858309, i: 1 }), t: Long("2") },
31.      appliedOpTime: { ts: Timestamp({ t: 1693858309, i: 1 }), t: Long("2") },
32.      durableOpTime: { ts: Timestamp({ t: 1693858309, i: 1 }), t: Long("2") },
33.      lastAppliedWallTime: ISODate("2023-09-04T20:11:49.079Z"),
34.      lastDurableWallTime: ISODate("2023-09-04T20:11:49.079Z")
35.    },
36.    lastStableRecoveryTimestamp: Timestamp({ t: 1693858299, i: 1 }),
```

```
37.     electionCandidateMetrics: {
38.        lastElectionReason: 'stepUpRequestSkipDryRun',
39.        lastElectionDate: ISODate("2023-09-04T20:10:38.646Z"),
40.        electionTerm: Long("2"),
41.        lastCommittedOpTimeAtElection: { ts: Timestamp({ t: 1693858116, i: 1 }), t: Long("1") },
42.        lastSeenOpTimeAtElection: { ts: Timestamp({ t: 1693858116, i: 1 }), t: Long("1") },
43.        numVotesNeeded: 2,
44.        priorityAtElection: 1,
45.        electionTimeoutMillis: Long("10000"),
46.        priorPrimaryMemberId: 0,
47.        numCatchUpOps: Long("0"),
48.        newTermStartDate: ISODate("2023-09-04T20:10:39.035Z"),
49.        wMajorityWriteAvailabilityDate: ISODate("2023-09-04T20:10:39.738Z")
50.     },
51.     electionParticipantMetrics: {
52.        votedForCandidate: true,
53.        electionTerm: Long("1"),
54.        lastVoteDate: ISODate("2023-09-04T17:04:56.524Z"),
55.        electionCandidateMemberId: 0,
56.        voteReason: ',
57.        lastAppliedOpTimeAtElection: { ts: Timestamp({ t: 1693846962, i: 1 }), t: Long("-1") },
58.        maxAppliedOpTimeInSet: { ts: Timestamp({ t: 1693846962, i: 1 }), t: Long("-1") },
59.        priorityAtElection: 1
60.     },
61.     members: [
62.        {
63.          _id: 0,
64.          name: '10.10.2.72:27017',
65.          # 成员健康状态：1-正常，0-不可用
66.          health: 0,
67.          # 成员状态：8-不可用
68.          state: 8,
69.          stateStr: '(not reachable/healthy)',
70.          uptime: 0,
71.          optime: { ts: Timestamp({ t: 0, i: 0 }), t: Long("-1") },
72.          optimeDurable: { ts: Timestamp({ t: 0, i: 0 }), t: Long("-1") },
73.          optimeDate: ISODate("1970-01-01T00:00:00.000Z"),
74.          optimeDurableDate: ISODate("1970-01-01T00:00:00.000Z"),
75.          lastAppliedWallTime: ISODate("2023-09-04T20:10:49.067Z"),
76.          lastDurableWallTime: ISODate("2023-09-04T20:10:49.067Z"),
77.          lastHeartbeat: ISODate("2023-09-04T20:11:53.413Z"),
78.          lastHeartbeatRecv: ISODate("2023-09-04T20:10:53.697Z"),
79.          pingMs: Long("0"),
80.          lastHeartbeatMessage: 'Error connecting to 10.10.2.72:27017 :: caused by :: Connection refused',
81.          syncSourceHost: ',
82.          syncSourceId: -1,
83.          infoMessage: ',
84.          configVersion: 1,
85.          configTerm: 1
86.        },
```

```
87.       {
88.         _id: 1,
89.         name: '10.10.2.73:27017',
90.         health: 1,
91.         state: 1,
92.         stateStr: 'PRIMARY',
93.         uptime: 59859,
94.         optime: { ts: Timestamp({ t: 1693858309, i: 1 }), t: Long("2") },
95.         optimeDate: ISODate("2023-09-04T20:11:49.000Z"),
96.         lastAppliedWallTime: ISODate("2023-09-04T20:11:49.079Z"),
97.         lastDurableWallTime: ISODate("2023-09-04T20:11:49.079Z"),
98.         syncSourceHost: ',
99.         syncSourceId: -1,
100.        infoMessage: ',
101.        electionTime: Timestamp({ t: 1693858238, i: 1 }),
102.        electionDate: ISODate("2023-09-04T20:10:38.000Z"),
103.        configVersion: 1,
104.        configTerm: 2,
105.        self: true,
106.        lastHeartbeatMessage: "
107.      },
108.      {
109.        _id: 2,
110.        name: '10.10.2.74:27017',
111.        health: 1,
112.        state: 2,
113.        stateStr: 'SECONDARY',
114.        uptime: 11233,
115.        optime: { ts: Timestamp({ t: 1693858309, i: 1 }), t: Long("2") },
116.        optimeDurable: { ts: Timestamp({ t: 1693858309, i: 1 }), t: Long("2") },
117.        optimeDate: ISODate("2023-09-04T20:11:49.000Z"),
118.        optimeDurableDate: ISODate("2023-09-04T20:11:49.000Z"),
119.        lastAppliedWallTime: ISODate("2023-09-04T20:11:49.079Z"),
120.        lastDurableWallTime: ISODate("2023-09-04T20:11:49.079Z"),
121.        lastHeartbeat: ISODate("2023-09-04T20:11:53.152Z"),
122.        lastHeartbeatRecv: ISODate("2023-09-04T20:11:53.802Z"),
123.        pingMs: Long("0"),
124.        lastHeartbeatMessage: ',
125.        syncSourceHost: '10.10.2.73:27017',
126.        syncSourceId: 1,
127.        infoMessage: ',
128.        configVersion: 1,
129.        configTerm: 2
130.      }
131.  ],
132.  ok: 1,
133.  '$clusterTime': {
134.    clusterTime: Timestamp({ t: 1693858309, i: 1 }),
135.    signature: {
136.      hash: Binary(Buffer.from("daa8edfcf90888a2ede6de6bd05d501b8ed289e8", "hex"), 0),
```

```
137.        keyId: Long("7275017387823333381")
138.      }
139.    },
140.    operationTime: Timestamp({ t: 1693858309, i: 1 })
141.  }
142.  db-cluster-mongodb [direct: primary] admin>quit()
```

操作命令+配置文件+脚本程序+结束

（4）场景 4：mongodb-cluster-node-1 恢复正常，业务不受影响。

开启 mongodb-cluster-node-1，以模拟 mongodb-cluster-node-1 业务恢复。在 mongodb-cluster-node-1 上运行 rs.status()方法查看副本集状态。

操作命令：

```
1.   # 使用 openssl 命令生成密钥文件并选择存放在/var/lib/mongo/keyFile.file 中
2.   # 在 mongodb-cluster-node-1 使用 systemctl start 命令启用 mongod 服务
3.   [root@Project-07-Task-02 ~]# systemctl start mongod
4.   # 在 mongodb-cluster-node-2 使用 rs.status()查看副本集状态
5.   [root@Project-07-Task-02 ~]# mongosh
6.   Current Mongosh Log ID: 64f63aec3b55da946166d214
7.   Connecting to:              mongodb://127.0.0.1:27017/?directConnection=true&serverSelectionTimeoutMS=2
     000&appName=mongosh+1.9.1
8.   Using MongoDB:          6.0.8
9.   Using Mongosh:          1.9.1
10.
11.  For mongosh info see: https://docs.mongodb.com/mongodb-shell/
12.
13.  db-cluster-mongodb [direct: secondary] test> use admin;
14.  switched to db admin
15.  db-cluster-mongodb [direct: secondary] admin> db.auth("admin","openeuler@mongodb#123");
16.  { ok: 1 }
17.  db-cluster-mongodb [direct: secondary] admin> rs.status();
18.  {
19.    set: 'db-cluster-mongodb',
20.    date: ISODate("2023-09-04T20:16:18.200Z"),
21.    myState: 2,
22.    term: Long("3"),
23.    syncSourceHost: '10.10.2.72:27017',
24.    syncSourceId: 0,
25.    heartbeatIntervalMillis: Long("2000"),
26.    majorityVoteCount: 2,
27.    writeMajorityCount: 2,
28.    votingMembersCount: 3,
29.    writableVotingMembersCount: 3,
30.    optimes: {
31.      lastCommittedOpTime: { ts: Timestamp({ t: 1693858469, i: 13 }), t: Long("3") },
32.      lastCommittedWallTime: ISODate("2023-09-04T20:14:15.758Z"),
33.      readConcernMajorityOpTime: { ts: Timestamp({ t: 1693858469, i: 13 }), t: Long("3") },
34.      appliedOpTime: { ts: Timestamp({ t: 1693858469, i: 13 }), t: Long("3") },
35.      durableOpTime: { ts: Timestamp({ t: 1693858469, i: 13 }), t: Long("3") },
```

```
36.        lastAppliedWallTime: ISODate("2023-09-04T20:14:15.758Z"),
37.        lastDurableWallTime: ISODate("2023-09-04T20:14:15.758Z")
38.      },
39.    lastStableRecoveryTimestamp: Timestamp({ t: 1693858469, i: 10 }),
40.    electionParticipantMetrics: {
41.      votedForCandidate: true,
42.      electionTerm: Long("3"),
43.      lastVoteDate: ISODate("2023-09-04T20:14:32.082Z"),
44.      electionCandidateMemberId: 0,
45.      voteReason: ',
46.      lastAppliedOpTimeAtElection: { ts: Timestamp({ t: 1693858469, i: 1 }), t: Long("2") },
47.      maxAppliedOpTimeInSet: { ts: Timestamp({ t: 1693858469, i: 1 }), t: Long("2") },
48.      priorityAtElection: 1,
49.      newTermStartDate: ISODate("2023-09-04T20:12:35.700Z"),
50.      newTermAppliedDate: ISODate("2023-09-04T20:14:33.109Z")
51.    },
52.    members: [
53.      {
54.        _id: 0,
55.        name: '10.10.2.72:27017',
56.        health: 1,
57.        state: 1,
58.        stateStr: 'PRIMARY',
59.        uptime: 116,
60.        optime: { ts: Timestamp({ t: 1693858469, i: 13 }), t: Long("3") },
61.        optimeDurable: { ts: Timestamp({ t: 1693858469, i: 13 }), t: Long("3") },
62.        optimeDate: ISODate("2023-09-04T20:14:29.000Z"),
63.        optimeDurableDate: ISODate("2023-09-04T20:14:29.000Z"),
64.        lastAppliedWallTime: ISODate("2023-09-04T20:14:15.758Z"),
65.        lastDurableWallTime: ISODate("2023-09-04T20:14:15.758Z"),
66.        lastHeartbeat: ISODate("2023-09-04T20:16:17.418Z"),
67.        lastHeartbeatRecv: ISODate("2023-09-04T20:16:16.355Z"),
68.        pingMs: Long("1"),
69.        lastHeartbeatMessage: ',
70.        syncSourceHost: ',
71.        syncSourceId: -1,
72.        infoMessage: ',
73.        electionTime: Timestamp({ t: 1693858469, i: 2 }),
74.        electionDate: ISODate("2023-09-04T20:14:29.000Z"),
75.        configVersion: 1,
76.        configTerm: 3
77.      },
78.      {
79.        _id: 1,
80.        name: '10.10.2.73:27017',
81.        health: 1,
82.        state: 2,
83.        stateStr: 'SECONDARY',
84.        uptime: 60124,
85.        optime: { ts: Timestamp({ t: 1693858469, i: 13 }), t: Long("3") },
```

```
86.        optimeDate: ISODate("2023-09-04T20:14:29.000Z"),
87.        lastAppliedWallTime: ISODate("2023-09-04T20:14:15.758Z"),
88.        lastDurableWallTime: ISODate("2023-09-04T20:14:15.758Z"),
89.        syncSourceHost: '10.10.2.72:27017',
90.        syncSourceId: 0,
91.        infoMessage: ",
92.        configVersion: 1,
93.        configTerm: 3,
94.        self: true,
95.        lastHeartbeatMessage: "
96.      },
97.      {
98.        _id: 2,
99.        name: '10.10.2.74:27017',
100.       health: 1,
101.       state: 2,
102.       stateStr: 'SECONDARY',
103.       uptime: 11497,
104.       optime: { ts: Timestamp({ t: 1693858469, i: 13 }), t: Long("3") },
105.       optimeDurable: { ts: Timestamp({ t: 1693858469, i: 13 }), t: Long("3") },
106.       optimeDate: ISODate("2023-09-04T20:14:29.000Z"),
107.       optimeDurableDate: ISODate("2023-09-04T20:14:29.000Z"),
108.       lastAppliedWallTime: ISODate("2023-09-04T20:14:15.758Z"),
109.       lastDurableWallTime: ISODate("2023-09-04T20:14:15.758Z"),
110.       lastHeartbeat: ISODate("2023-09-04T20:16:17.418Z"),
111.       lastHeartbeatRecv: ISODate("2023-09-04T20:16:16.353Z"),
112.       pingMs: Long("2"),
113.       lastHeartbeatMessage: ",
114.       syncSourceHost: '10.10.2.73:27017',
115.       syncSourceId: 1,
116.       infoMessage: ",
117.       configVersion: 1,
118.       configTerm: 3
119.     }
120.   ],
121.   ok: 1,
122.   '$clusterTime': {
123.     clusterTime: Timestamp({ t: 1693858469, i: 13 }),
124.     signature: {
125.       hash: Binary(Buffer.from("ed1f5839f668bedab93d06966ec925469fe422d9", "hex"), 0),
126.       keyId: Long("7275017387823333381")
127.     }
128.   },
129.   operationTime: Timestamp({ t: 1693858469, i: 13 })
130. }
131. db-cluster-mongodb [direct: secondary] admin>
```

操作命令+配置文件+脚本程序+结束

【任务扩展】

1. MongoDB 配置副本集的流程

本任务配置 MongoDB 副本集的流程，如图 7-3-6 所示。

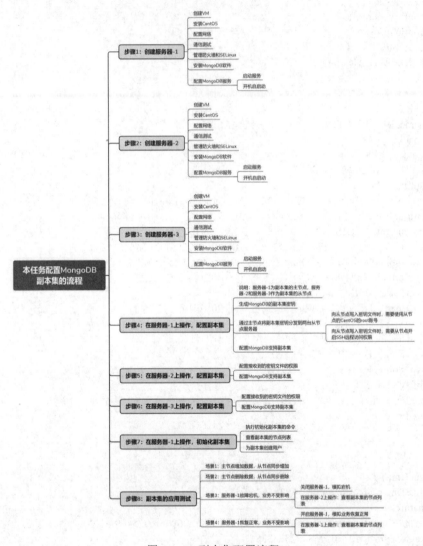

图 7-3-6　副本集配置流程

通过以上 4 个场景可知主节点数据的增加和删除，其两个从节点的数据均正常随主节点改变而改变；当主节点故障/恢复，不影响整个副本集的数据操作与同步。

2. 读取首选项（Read Preference）

（1）什么是读取首选项。读取首选项模式决定了 MongoDB 客户端如何将读操作路由到副本

项目七

集中的成员。默认情况下，应用程序将其读操作路由到副本集中的主节点，即读取首选项模式为"primary"。但是客户端可以指定读取首选项，将读操作路由到次节点。

（2）读取首选项的模式。读取首选项共有 5 种模式，具体见表 7-3-7。

表 7-3-7　MongoDB 读取首选项模式

模式	描述
primary	所有的读操作都在主节点上进行。包含读操作的多文档事务必须使用该模式。指定事务中的所有操作都必须路由到同一节点
primaryPreferred	默认在主节点上进行读操作，但如果主节点不可用，则在从节点上操作
secondary	所有读操作都在从节点上进行
secondaryPreferred	默认在从节点进行读操作，但如果没有可用的从节点，则在主节点上操作
nearest	在网络延迟最小的成员上进行读操作

由于从节点是异步方式进行数据同步的，所以除了 primary 模式之外，其他模式都有可能在读取数据时返回的不是最新的数据。

（3）设置读取首选项。

1）使用 MongoDB Compass 连接设置读取首选项。使用 MongoDB 驱动程序时，可以在连接字符串中指定读取首选项模式，MongoDB 客户端连接字符串，如下所示。

操作命令：

1.　mongodb://admin:openeuler@mongodb#123@10.10.2.72,10.10.2.73,10.10.2.74/?replicaSet=db-cluster-mongodb&readPreference=secondary

操作命令+配置文件+脚本程序+结束

在使用 MongoDB Compass 连接数据库时，可使用连接字符串设置读取首选项，也可以使用逐字段方式设置读取首选项模式。

2）使用 mongoDB shell 连接设置读取首选项。在使用 mongoDB shell 时可使用 cursor.readPref() 或 Mongo.setReadPref() 两种方法，其中使用 cursor.readPref() 是在查询时指定读取首选项，而使用 Mongo.setReadPref() 是在查询前指定读取首选项，具体操作如下所示。

操作命令：

```
1.   # 在 mongodb-cluster-node-1 上操作
2.   [root@Project-07-Task-02 ~]# mongosh
3.   Current Mongosh Log ID: 64f63bd71d5247c8814e4bc6
4.   Connecting to:        mongodb://127.0.0.1:27017/?directConnection=true&serverSelectionTimeoutMS=2000&appName=mongosh+1.9.1
5.   Using MongoDB:        6.0.8
6.   Using Mongosh:        1.9.1
7.
8.   For mongosh info see: https://docs.mongodb.com/mongodb-shell/
9.
10.  db-cluster-mongodb [direct: primary] test> use admin;
11.  switched to db admin
12.  db-cluster-mongodb [direct: primary] admin> db.auth("admin","openeuler@mongodb#123");
```

```
13.  { ok: 1 }
14.  db-cluster-mongodb [direct: primary] admin> db.test_collection.find({ }).readPref( "secondary")
15.  [ { _id: ObjectId("64f71db7aedf7e73203a4a6a") } ]
16.  db-cluster-mongodb [direct: primary] admin> db.getMongo().setReadPref('secondary');
17.
18.  db-cluster-mongodb [direct: primary] admin> db.test_collection.find({ })
19.  [ { _id: ObjectId("64f71db7aedf7e73203a4a6a") } ]
20.  db-cluster-mongodb [direct: primary] admin> quit()
```

操作命令+配置文件+脚本程序+结束

3. 写关注（Write Concern）

（1）什么是写关注。写关注影响了客户端在向 mongod 实例、副本集写数据时的返回结果，即在满足什么条件时返回操作成功，在满足什么条件时返回操作失败。

（2）设置语法。写关注的模式应与业务相结合，具体语法如下所示。

操作命令：
```
1.  # 写关注结构
2.  { w: <value>, j: <boolean>, wtimeout: <number> }
```

操作命令+配置文件+脚本程序+结束

具体内容见表 7-3-8。

表 7-3-8　MongoDB 写关注模式

选项	值类型	描述
w	\<number\>	值为 0：表示对客户端的写操作不使用写关注 值为 1：默认值，表示数据写入到主节点就向客户端返回操作成功 值为 majority：表示数据写入到副本集大多数成员后向客户端返回操作成功 值大于 1：表示数据写入到 number 个节点才向客户端返回操作成功
j	\<boolean\>	表示选项 w 中指定的节点将操作记录到操作日志时向客户端返回操作成功
wtimeout	\<number\>	超过 number 毫秒仍未向客户端返回操作成功，则客户端确认写入失败

【进一步阅读】

本项目关于使用 MongoDB 实现数据库服务的任务已经完成，如需进一步了解数据库运行状态与故障排除，掌握使用云服务、内置命令和实用工具实现 MongoDB 的运维管理方法，可进一步在线阅读【任务四　监控 MongoDB】（http://explain.book.51xueweb.cn/openeuler/extend/7/4）和【任务五　使用 Percona Monitoring and Management 监控 MongoDB】（http://explain.book.51xueweb.cn/openeuler/extend/7/5）深入学习。

扫码去阅读

扫码去阅读

项目八

实现文件服务

项目介绍

信息共享是互联网的基本需求。本项目基于 openEuler 操作系统，分别通过 FTP、NFS、Samba 以及 Nextcloud 实现文件传输与共享服务，并介绍文件服务的应用案例。

项目目的

- 了解文件服务器；
- 掌握 vsftpd 服务器的部署与应用；
- 掌握 NFS 服务器的部署与应用；
- 掌握 Samba 服务器的部署与应用；
- 掌握 Nextcloud 服务器的部署与应用。

项目讲堂

1. 文件共享服务

文件共享是指主动地在网络上共享文件，实现对共享文件的写入或读取。常见的文件共享服务有 FTP、NFS、Samba、云盘等。

2. FTP

FTP 服务是一种主机之间进行文件传输的服务，其重要特性是跨平台和精准授权。

（1）FTP 协议。FTP（File Transfer Protocol）是文件传输协议，属于 TCP/IP 协议族的一部分，工作于 OSI 七层模型的应用层、表示层和会话层，控制端口号为 TCP 21，数据通信端口号为 TCP 20。

FTP 用于控制文件的双向传输，是 Internet 文件传送的基础，其目标是提高文件的共享性，提供非直接使用远程计算机，使存储介质对用户透明和可靠高效地传送数据。FTP 支持跨路由的通信，能够面向互联网提供服务。

（2）FTP 的传输方式。在 Linux/UNIX 系统中，FTP 支持文本（ASCII）和二进制（Binary）

两种方式的文件传输。选择合适的传输方式可以有效地避免文件乱码。

1）在文本传输模式下，其传输方式会进行调整，主要体现为对不同操作系统的回车、换行、结束符等进行转译，将其自动文件转译成目的主机的文件格式。

2）在二进制传输模式下，会严格保存文件的位序，原始文件和复制文件逐位一一对应，该传输方式不对文件做任何修改。

（3）FTP 的工作模式。

1）FTP 有 Standard 和 Passive 两种工作模式。

a. Standard 模式，即主动模式。FTP 客户端首先与 FTP 服务器的 TCP 21 端口创建连接，客户端通过该通道发送用户名和密码进行登录，登录成功后要展示文件清单列表或读取数据时，客户端随机开放一个临时端口（也称为自由端口，端口号在 1024 ~ 65535 之间），发送 PORT 命令到 FTP 服务器，"告诉"服务器客户端采用主动模式并开放端口。FTP 服务器收到 PORT 主动模式命令和端口号后，服务器的 TCP 20 端口和客户端开放的端口连接，在主动模式下，FTP 服务器和客户端必须创建一个新的连接进行数据传输，其工作模式如图 8-0-1 所示。

b. Passive 模式，即被动模式，FTP 客户端连接到 FTP 服务器的 TCP 21 端口，发送用户名和密码进行登录，登录成功后要展示文件清单列表或者读取数据时，发送 PASV 命令到 FTP 服务器，服务器在本地随机开放一个临时端口，然后把开放的端口告诉客户端后，客户端连接到服务器开放的端口进行数据传输，在被动模式下，不再需要创建一个新的 FTP 服务器和客户端的连接，如图 8-0-2 所示。

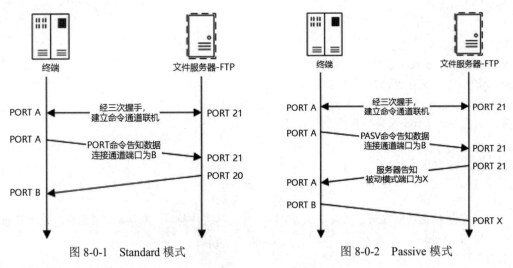

图 8-0-1　Standard 模式　　　　图 8-0-2　Passive 模式

2）主动模式和被动模式的区别可概述为两个方面。

a. 主动模式传输数据是服务器连接到客户端的端口，被动模式传输数据是客户端连接到服务器的端口。

b. 主动模式需要客户端必须开放端口给服务器，很多客户端都是在防火墙内，开放端口给 FTP 服务器访问比较困难，被动模式只需要服务器端开放端口给客户端连接即可。

（4）FTP 服务器的用户类型。在 FTP 服务中，根据使用者的登录情况可分为实体用户（Real User）、访客（Guest）和匿名用户（Anonymous）。

1）实体用户（Real User），即操作系统用户，FTP 服务器默认允许实体用户（即系统用户）的登录。

2）访客（Guest），即虚拟用户，为文件共享服务而创建的用户。

3）匿名用户（Anonymous），不需通过账户密码就可登录并访问 FTP 服务器资源的用户。

（5）FTP 软件。

FTP 属于 Client/Server（C/S）结构，包含客户端和服务器两部分软件。常见的 FTP 服务端软件有 WU-FTPD、ProFTPD、vsftpd 等，常见的 FTP 客户端软件有 FileZilla Client、FireFTP、NcFTP 等。

本项目使用的 FTP 服务端软件为 vsftpd，使用的 FTP 客户端软件为 FileZilla Client。

3. NFS

NFS（全称为 Network File System）即网络文件系统，是由 Sun 公司于 1985 年推出的协议，大部分的 Linux 发行版均支持 NFS。

NFS 允许网络中的计算机通过 TCP/IP 网络共享资源，其主要功能是通过网络使不同的操作系统之间可以彼此共享文件和目录。NFS 服务器允许 NFS 客户端将远端 NFS 服务器端的共享目录挂载到本地的 NFS 客户端中。在本地 NFS 客户端看来，NFS 服务器端共享的目录就如同外挂的磁盘分区和目录一样，也就是说 NFS 客户端可以透明地访问服务器共享的文件系统。

RPC（全称为 Remote Procedure Call Protocol）即远程过程调用协议，属于网络文件系统的核心，也是 NFS 服务器工作的重要支持。由于 NFS 支持功能很多，例如不同文件对不同用户开放不同权限，不同的功能会启动不同的端口来传输数据等。端口不固定会造成 NFS 客户端与 NFS 服务器端的通信障碍，就需要调用 RPC 服务来进行规划协调。

RPC 相当于 NFS 客户端与 NFS 服务器端数据传输的桥梁。RPC 最主要的功能就是指定每个 NFS 功能所对应的端口号，并且回报给客户端，让客户端可以连接到正确的端口上进行通信。当服务器在启动 NFS 时会随机选用某个端口，并主动地向 RPC 注册。RPC 则使用固定端口 111 来监听客户端的请求并返回客户端正确的端口，这样 RPC 就可以知道每个端口对应的 NFS 功能。

NFS 必须要在 RPC 运行时才能成功地提供服务。启动 NFS 之前，必须先启动 RPC，否则 NFS 无法向 RPC 注册。重新启动 RPC，需要将其管理的所有程序都重新启动，重新进行 RPC 注册。NFS 的各项功能都必须要向 RPC 注册，这样 RPC 才能了解 NFS 服务的各项功能的 port number、PID 和 NFS 在主机所监听的 IP 等，客户端才能够通过询问 RPC 获知 NFS 对应的端口。

4. Samba

Linux/UNIX 操作系统间可通过 NFS 实现资源共享，微软为了让 Windows/MS-DOS 操作系统间可以实现资源共享，提出了一个不同于 NFS 的协议 SMB（全称为 Server Message Block），实现 Windows/MS-DOS 间能够共享网络中的文件系统、打印机等资源。由于微软公司没有将 SMB 协议公开，如果想在 Linux/UNIX 与 Windows 之间共享资源，只能够通过 FTP 实现。

为了实现 Linux/UNIX 与 Windows 系统间进行资源共享，Samba 的创始人 Andrew Tridgwell 通过对数据包的分析，编写了 Samba 自由软件，实现了在 Linux/UNIX 系统上启用 Samba 服务后，可利用 SMB 协议与 Windows 系统之间实现资源共享。

Samba 是开放源代码的 GPL 自由软件，其实现了类 UNIX 与 Windows 之间通过 SMB 协议进行资源共享与访问。Samba 在设计上是让 Linux/UNIX 系统加入到 Windows 网络中，而不是让 Windows 加入类 UNIX 网络中。在 Windows 98、Windows Me、Windows NT 操作系统中 SMB 服务使用 UDP 137、UDP 138、TCP 139 端口；在 Windows 2000 以后版本的操作系统中使用 TCP 445 端口。

Samba 服务由 smbd 和 nmbd 两个核心进程组成。smbd 进程管理 Samba 服务器上的临时目录和打印机等，主要对网络上的共享资源进行管理。nmbd 进程进行 NetBIOS 名称解析，并提供浏览服务，可列出网络上的共享资源列表。

Samba 的官方网址是：https://www.samba.org。

任务一　实现 FTP 文件服务

扫码看视频

【任务介绍】

本任务在 openEuler 上安装 vsftpd 软件，实现 FTP 服务。

【任务目标】

（1）实现在线安装 vsftpd。
（2）实现 vsftpd 服务管理。
（3）实现通过 vsftpd 发布匿名访问的 FTP 服务。
（4）实现 FTP 服务的规划设计。
（5）实现企业内部的 FTP 服务。

【任务设计】

1. 应用场景
某研发型企业为了实现文件资源的共享，需构建一台企业内部的 FTP 服务器。
（1）共 4 个部门：行政部（2 人）、市场部（3 人）、设计部（2 人）和开发部（3 人）。
（2）独立账号访问，默认目录为部门目录。
（3）所有账号仅能够访问本部门目录，且具有读写权限。
（4）禁止匿名账号访问。
2. 需求分析
（1）为每个部门创建目录与账号。
（2）通过 vsftpd 实现文件共享服务。
（3）使用 PAM 进行账号管理。
（4）支持 Linux、Windows 等多终端、多操作系统。

3. 方案设计

通过 vsftpd 实现 FTP 文件共享服务。

部门用户列表见表 8-1-1。

表 8-1-1　部门用户列表

序号	部门	虚拟用户	虚拟用户密码
1	行政部	admin01	admin01@pwd
2		admin02	admin02@pwd
3	市场部	market01	market01@pwd
4		market02	market02@pwd
5		market03	market03@pwd
6	设计部	design01	design01@pwd
7		design02	design02@pwd
8	开发部	develop01	develop01@pwd
9		develop02	develop02@pwd
10		develop03	develop03@pwd

共享目录读写权限对应关系见表 8-1-2。

表 8-1-2　共享目录读写权限对应关系

序号	账号	/srv/ftp/admin	/srv/ftp/market	/srv/ftp/design	/srv/ftp/develop
1	admin01	○			
2	admin02	○			
3	market01		○		
4	market02		○		
5	market03		○		
6	design01			○	
7	design02			○	
8	develop01				○
9	develop02				○
10	develop03				○

注：○表示账号与共享目录权限相对应。

【操作步骤】

步骤 1： 创建虚拟机并完成 openEuler 的安装。

在 VirtualBox 中创建虚拟机，完成 openEuler 的安装。虚拟机与操作系统的配置信息见表 8-1-3，注意虚拟机网卡的工作模式为桥接。

表 8-1-3　虚拟机与操作系统配置

虚拟机配置	操作系统配置
虚拟机名称：VM-Project-08-Task-01-10.10.2.81 内存：1GB CPU：1 颗 1 核心 虚拟硬盘：20GB 网卡：1 块，桥接	主机名：Project-08-Task-01 IP 地址：10.10.2.81 子网掩码：255.255.255.0 网关：10.10.2.1 DNS：8.8.8.8

步骤 2：完成虚拟机的主机配置、网络配置及通信测试。

启动并登录虚拟机，依据表 8-1-3 完成主机名和网络的配置，能够访问互联网和本地主机。

提醒

（1）虚拟机的创建、操作系统的安装、主机名与网络的配置，具体方法参见项目一。

（2）建议通过虚拟机复制快速创建所需环境。通过复制创建的虚拟机需依据本任务虚拟机与操作系统规划配置信息设置主机名与网络，实现对互联网和本地主机的访问。

步骤 3：通过在线方式安装 vsftpd。

目前 vsftpd 的最新版本为 8.0.29。openEuler 默认为 YUM 仓库已更新，可直接安装。

操作命令：

```
1.    # 通过 yum 安装 vsftpd
2.    [root@Project-08-Task-01 ~]# yum -y install vsftpd
3.    Last metadata expiration check: 0:00:59 ago on Tue 26 Sep 2023 11:11:44 PM CST.
4.    Dependencies resolved.
5.    ================================================================================
6.     Package        Architecture      Version               Repository      Size
7.    ================================================================================
8.    # 安装的 vsftpd 版本、大小等信息
9.    Installing:
10.    Vsftpd         x86_64            3.0.3-33.oe2203sp2    OS              95 K
11.
12.   Transaction Summary
13.   ================================================================================
14.   Install  1 Package
15.   # 安装 vsftpd 需要安装 1 个软件，总下载大小为 95K，安装后将占用磁盘 215K
16.   Total download size: 95 K
17.   Installed size: 215 K
18.   Downloading Packages:
19.   vsftpd-3.0.3-33.oe2203sp2.x86_64.rpm             279 kB/s | 95 kB       00:00
20.   --------------------------------------------------------------------------------
21.   Total                                            277 kB/s | 95 kB       00:00
22.   Running transaction check
23.   Transaction check succeeded.
24.   Running transaction test
```

25. Transaction test succeeded.
26. Running transaction
27.   Preparing   1/1
28.   Installing   : vsftpd-3.0.3-33.oe2203sp2.x86_64   1/1
29.   Running scriptlet: vsftpd-3.0.3-33.oe2203sp2.x86_64   1/1
30.   Verifying   : vsftpd-3.0.3-33.oe2203sp2.x86_64   1/1
31.
32. Installed:
33.   vsftpd-3.0.3-33.oe2203sp2.x86_64
34.
35. Complete!

操作命令+配置文件+脚本程序+结束

步骤 4：启动 vsftpd 服务。

vsftpd 安装完成后将在 openEuler 中启动名为 vsftpd 的服务，该服务并未自动启动。

操作命令：

1. [root@Project-08-Task-01 ~]# systemctl start vsftpd
2. # 如果不出现任何提示，表示 vsftpd 服务启动成功

操作命令+配置文件+脚本程序+结束

（1）命令 systemctl stop vsftpd，可以停止 vsftpd 服务。
（2）命令 systemctl restart vsftpd，可以重启 vsftpd 服务。

步骤 5：查看 vsftpd 运行信息。

vsftpd 服务启动后，可通过使用 systemctl status 命令查看其运行信息。

操作命令：

1. # 使用 systemctl status 命令查看 vsftpd 服务
2. [root@Project-08-Task-01 ~]# systemctl status vsftpd
3. ● vsftpd.service - Vsftpd ftp daemon
4. # 服务位置；是否设置开机自启动
5.   Loaded: loaded (/usr/lib/systemd/system/vsftpd.service; disabled; vendor preset: disabled)
6.   Active: active (running) since Tue 2023-09-26 23:15:19 CST; 2min 44s ago
7.   Process: 1657 ExecStart=/usr/sbin/vsftpd /etc/vsftpd/vsftpd.conf (code=exited, status=0/SUCCESS)
8. # 主进程 ID 为：1658
9.   Main PID: 1658 (vsftpd)
10. # 任务数（最大限制数为：2703）
11.   Tasks: 1 (limit: 2703)
12. # 占用内存大小为：416.0K
13.   Memory: 416.0K
14. # vsftpd 的所有子进程
15.   CGroup: /system.slice/vsftpd.service
16.   └─ 1658 /usr/sbin/vsftpd /etc/vsftpd/vsftpd.conf
17. Sep 26 23:15:19 Project-08-Task-01 systemd[1]: Starting Vsftpd ftp daemon...
18. Sep 26 23:15:19 Project-08-Task-01 systemd[1]: Started Vsftpd ftp daemon.

操作命令+配置文件+脚本程序+结束

步骤 6：配置 vsftpd 服务为开机自启动。

操作系统进行重启操作后，为了使业务更快地恢复，通常会将重要的服务或应用设置为开机自启动。将 vsftpd 服务配置为开机自启动的方法如下。

操作命令：

1. # 命令 systemctl enable 可设置某服务为开机自启动
2. # 命令 systemctl disable 可设置某服务为开机不自动启动
3. [root@Project-08-Task-01 ~]# systemctl enable vsftpd.service
4. Created symlink /etc/systemd/system/multi-user.target.wants/vsftpd.service → /usr/lib/systemd/system/vsftpd.service.
5. # 使用 systemctl list-unit-files 命令确认 vsftpd 服务是否已配置为开机自启动
6. [root@Project-08-Task-01 ~]# systemctl list-unit-files | grep vsftpd.service
7. vsftpd.service   enabled   disabled

操作命令+配置文件+脚本程序+结束

步骤 7：配置安全措施。

openEuler 默认开启防火墙，为使 vsftpd 能正常对外提供服务，本任务暂时关闭防火墙等安全措施。

操作命令：

1. # 使用 systemctl stop 命令关闭防火墙
2. [root@Project-08-Task-01 ~]# systemctl stop firewalld
3. # 使用 setenforce 命令将 SELinux 设置为 permissive 模式
4. [root@Project-07-Task-01 ~]# setenforce 0
5. [root@Project-07-Task-01 ~]# sed -i 's/SELINUX=enforcing/SELINUX=Permissive/g' /etc/selinux/config

操作命令+配置文件+脚本程序+结束

步骤 8：创建用户。

创建系统用户与部门虚拟用户。

操作命令：

1. # 创建用于 FTP 虚拟账号服务的操作系统用户，并禁止该用户登录操作系统
2. [root@Project-08-Task-01 ~]# useradd -g ftp -d /home/vsftpd -s /sbin/nologin vsftpd
3. # 创建并编辑/etc/vsftpd/vuser_passwd.txt 文件，用于批量创建虚拟用户
4. [root@Project-08-Task-01 ~]# vi /etc/vsftpd/vuser_passwd.txt
5. # 配置文件内容如下
6. #open 为创建并打开 vuser_passwd.pag 文件
7. open /etc/vsftpd/vuser_passwd.pag
8. # store 为存储账户和密码
9. store admin01 admin01@pwd
10. store admin02 admin02@pwd
11. store market01 market01@pwd
12. store market02 market02@pwd
13. store market03 market03@pwd
14. store design01 design01@pwd
15. store design02 design02@pwd
16. store develop01 develop01@pwd

17. store develop02 develop02@pwd
18. store develop03 develop03@pwd
19. # vsftpd 软件不能识别用户文件，通过 gdbmtool 命令将文件转化为 vsftpd 可识别用户文件
20. [root@Project-08-Task-01 ~]# gdbmtool
21.
22. Welcome to the gdbmtool. Type ? for help.
23. # 执行/etc/vsftpd/vuser_passwd.txt 文件中命令
24. gdbmtool> source /etc/vsftpd/vuser_passwd.txt
25. #查看添加的数据
26. gdbmtool> list
27. admin01 admin01@pwd
28. admin02 admin02@pwd
29. design01 design01@pwd
30. market01 market01@pwd
31. develop02 develop02@pwd
32. develop01 develop01@pwd
33. develop03 develop03@pwd
34. design02 design02@pwd
35. market03 market03@pwd
36. market02 market02@pwd
37. gdbmtool>quit

操作命令+配置文件+脚本程序+结束

步骤9：创建共享目录。

为每个部门创建共享目录和配置目录权限，修改目录的属主与属组为 ftp:ftp。

操作命令：

1. # 创建共享虚拟目录
2. [root@Project-08-Task-01 ~]# mkdir -p /srv/ftp/admin
3. [root@Project-08-Task-01 ~]# mkdir -p /srv/ftp/market
4. [root@Project-08-Task-01 ~]# mkdir -p /srv/ftp/design
5. [root@Project-08-Task-01 ~]# mkdir -p /srv/ftp/develop
6. # 赋予 777 权限
7. [root@Project-08-Task-01 ~]# chmod -R 777 /srv/ftp/admin
8. [root@Project-08-Task-01 ~]# chmod -R 777 /srv/ftp/market
9. [root@Project-08-Task-01 ~]# chmod -R 777 /srv/ftp/design
10. [root@Project-08-Task-01 ~]# chmod -R 777 /srv/ftp/develop
11. # 将/srv/ftp 目录的属主与属组赋予 ftp 用户
12. [root@Project-08-Task-01 ~]# chown -R ftp:ftp /srv/ftp
13. # 查看/srv/ftp 目录信息
14. [root@Project-08-Task-01 ~]# ls -l /srv/ftp
15. total 16
16. drwxrwxrwx. 2 ftp ftp 4096 Sep 27 02:06 admin
17. drwxrwxrwx. 2 ftp ftp 4096 Sep 27 02:06 design
18. drwxrwxrwx. 2 ftp ftp 4096 Sep 27 02:06 develop
19. drwxrwxrwx. 2 ftp ftp 4096 Sep 27 02:06 market

操作命令+配置文件+脚本程序+结束

步骤 10：配置 vsftpd 全局。

1. 对/etc/vsftpd.conf 进行全局配置

操作命令：

```
1.    # 重命名/etc/vsftpd/vsftpd.conf 配置
2.    [root@Project-08-Task-01 ~]# mv /etc/vsftpd/vsftpd.conf /etc/vsftpd/vsftpd.conf.bak1
3.    # 新建并编辑/etc/vsftpd/vsftpd.conf 文件
4.    [root@Project-08-Task-01 ~]# vi /etc/vsftpd/vsftpd.conf
5.    # 配置文件内容如下
6.    ftpd_banner=Welcome to FTP Service.
7.    anonymous_enable=NO
8.    local_enable=YES
9.    write_enable=YES
10.   local_umask=022
11.   anon_upload_enable=NO
12.   anon_mkdir_write_enable=NO
13.   dirmessage_enable=YES
14.   xferlog_enable=YES
15.   connect_from_port_20=YES
16.   chown_uploads=NO
17.   xferlog_file=/var/log/xferlog
18.   xferlog_std_format=YES
19.   #nopriv_user=vsftpd
20.   async_abor_enable=YES
21.   ascii_upload_enable=YES
22.   ascii_download_enable=YES
23.   chroot_local_user=YES
24.   chroot_list_enable=YES
25.   chroot_list_file=/etc/vsftpd/chroot_list
26.   chroot_list_enable=YES
27.   listen=YES
28.   pam_service_name=vsftpd
29.   userlist_enable=YES
30.   guest_enable=YES
31.   guest_username=ftp
32.   virtual_use_local_privs=YES
33.   user_config_dir=/etc/vsftpd/vuser_passwd
34.
35.   # 创建 chroot_list 文件并写入文件内容
36.   [root@Project-08-Task-01 ~]# vi /etc/vsftpd/chroot_list
37.   # 配置文件内容如下
38.   vsftpd
```

操作命令+配置文件+脚本程序+结束

2. 对/etc/pam.d/vsftpd 进行全局配置

操作命令：

```
1.    # 重命名/etc/pam.d/vsftpd 配置
2.    [root@Project-08-Task-01 ~]# mv /etc/pam.d/vsftpd /etc/pam.d/vsftpd.bak1
```

3.　# 新建并编辑/etc/pam.d/vsftpd 文件
4.　[root@Project-08-Task-01 ~]# vi /etc/pam.d/vsftpd
5.　# 配置文件内容如下，注意无需加文件的后缀名
6.　auth　　　required　　　　　pam_userdb.so　　db=/etc/vsftpd/vuser_passwd
7.　account required　　　　　pam_userdb.so　　db=/etc/vsftpd/vuser_passwd

操作命令+配置文件+脚本程序+结束

步骤 11：创建共享目录。

1. 配置行政部用户权限

为行政部用户 admin01、admin02 创建权限配置文件。

操作命令：

1.　# 创建虚拟用户配置目录/etc/vsftpd/vsftpd_user_conf
2.　[root@Project-08-Task-01 ~]# mkdir -p /etc/vsftpd/vsftpd_user_conf
3.　# 创建并编辑/etc/vsftpd/vsftpd_user_conf/admin01 文件
4.　[root@Project-08-Task-01 ~]# vi /etc/vsftpd/vsftpd_user_conf/admin01
5.　# 配置文件内容如下
6.　ftpd_banner=Welcome to Admin.
7.　local_root=/srv/ftp/admin
8.　allow_writeable_chroot=YES
9.　anon_umask=022
10.　anon_world_readable_only=NO
11.　anon_upload_enable=YES
12.　anon_mkdir_write_enable=YES
13.　anon_other_write_enable=YES
14.
15.　# 复制/etc/vsftpd/vsftpd_user_conf/admin01 为/etc/vsftpd/vsftpd_user_conf/admin02
16.　[root@Project-08-Task-01 ~]# cp /etc/vsftpd/vsftpd_user_conf/admin01 /etc/vsftpd/vsftpd_user_conf/admin02

操作命令+配置文件+脚本程序+结束

2. 配置市场部用户权限

为市场部用户 market01、market02、market03 创建权限配置文件。

操作命令：

1.　# 创建并编辑/etc/vsftpd/vsftpd_user_conf/market01 文件
2.　[root@Project-08-Task-01 ~]# vi /etc/vsftpd/vsftpd_user_conf/market01
3.　# 配置文件内容如下
4.　ftpd_banner=Welcome to Market.
5.　local_root=/srv/ftp/market
6.　allow_writeable_chroot=YES
7.　anon_umask=022
8.　anon_world_readable_only=NO
9.　anon_upload_enable=YES
10.　anon_mkdir_write_enable=YES
11.　anon_other_write_enable=YES
12.
13.　# 复制/etc/vsftpd/vsftpd_user_conf/market01 为/etc/vsftpd/vsftpd_user_conf/market02
14.　[root@Project-08-Task-01 ~]# cp /etc/vsftpd/vsftpd_user_conf/market01 /etc/vsftpd/vsftpd_user_conf/market02
15.　# 复制/etc/vsftpd/vsftpd_user_conf/market01 为/etc/vsftpd/vsftpd_user_conf/market03

16. [root@Project-08-Task-01 ~]# cp /etc/vsftpd/vsftpd_user_conf/market01 /etc/vsftpd/vsftpd_user_conf/market03

操作命令+配置文件+脚本程序+结束

3. 配置设计部用户权限

为设计部用户 design01、design02 创建权限配置文件。

操作命令：

```
1.   # 创建并编辑/etc/vsftpd/vsftpd_user_conf/design01 文件
2.   [root@Project-08-Task-01 ~]# vi /etc/vsftpd/vsftpd_user_conf/design01
3.   # 配置文件内容如下
4.   ftpd_banner=Welcome to Design.
5.   local_root=/srv/ftp/design
6.   allow_writeable_chroot=YES
7.   anon_umask=022
8.   anon_world_readable_only=NO
9.   anon_upload_enable=YES
10.  anon_mkdir_write_enable=YES
11.  anon_other_write_enable=YES
12.
13.  # 复制/etc/vsftpd/vsftpd_user_conf/design01 为/etc/vsftpd/vsftpd_user_conf/design02
14.  [root@Project-08-Task-01 ~]# cp /etc/vsftpd/vsftpd_user_conf/design01 /etc/vsftpd/vsftpd_user_conf/design02
```

操作命令+配置文件+脚本程序+结束

4. 配置开发部用户权限

为开发部用户 develop01、develop02、develop03 创建权限配置文件。

操作命令：

```
1.   # 创建并编辑/etc/vsftpd/vsftpd_user_conf/develop01 文件-
2.   [root@Project-08-Task-01 ~]# vi /etc/vsftpd/vsftpd_user_conf/develop01
3.   # 配置文件内容如下
4.   ftpd_banner=Welcome to Develop.
5.   local_root=/srv/ftp/develop
6.   allow_writeable_chroot=YES
7.   anon_umask=022
8.   anon_world_readable_only=NO
9.   anon_upload_enable=YES
10.  anon_mkdir_write_enable=YES
11.  anon_other_write_enable=YES
12.  # 复制/etc/vsftpd/vsftpd_user_conf/develop01 为/etc/vsftpd/vsftpd_user_conf/develop02
13.  [root@Project-08-Task-01 ~]# cp /etc/vsftpd/vsftpd_user_conf/develop01 /etc/vsftpd/vsftpd_user_conf/develop02
14.  # 复制/etc/vsftpd/vsftpd_user_conf/develop01 为/etc/vsftpd/vsftpd_user_conf/develop03
15.  [root@Project-08-Task-01 ~]# cp /etc/vsftpd/vsftpd_user_conf/develop01 /etc/vsftpd/vsftpd_user_conf/develop03
```

操作命令+配置文件+脚本程序+结束

步骤 12：服务测试。

服务测试在本地主机上进行，使用 FileZilla Client 软件进行测试。

1. 安装 FileZilla Client 软件

在本地主机上安装 FileZilla Client 软件访问 FTP，FileZilla Client 安装程序可通过其官网

（https://filezilla-project.org）下载，本书选用面向 Windows 平台的版本，当前版本为 3.64.0。安装完成后，启动 FileZilla Client 软件，如图 8-1-1 所示。

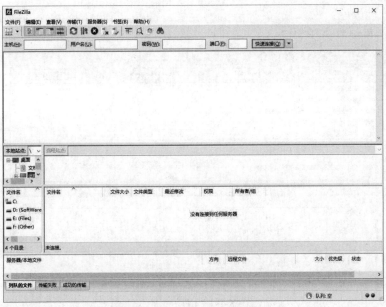

图 8-1-1　FileZilla Client

2．行政部测试

通过 FileZilla Client 软件使用行政部 admin01 用户访问 FTP 服务，创建 admin.txt 文件，如图 8-1-2 所示。

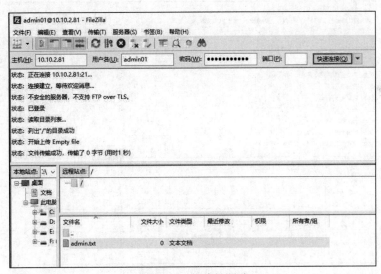

图 8-1-2　行政部测试

3. 市场部测试

通过 FileZilla Client 软件使用市场部 market01 用户访问 FTP 服务，创建 market.txt 文件，如图 8-1-3 所示。

图 8-1-3　市场部测试

4. 设计部测试

通过 FileZilla Client 软件使用设计部 design01 用户访问 FTP 服务，创建 design.txt 文件，如图 8-1-4 所示。

图 8-1-4　设计部测试

5. 开发部测试

通过 FileZilla Client 软件使用开发部 develop01 用户访问 FTP 服务，创建 develop.txt 文件，如图 8-1-5 所示。

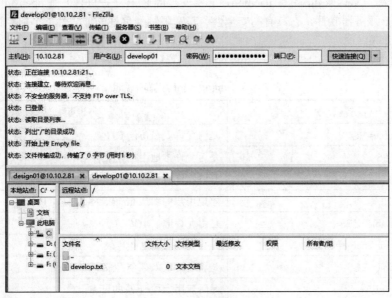

图 8-1-5　开发部测试

6. 测试结果

测试结果见表 8-1-4，通过测试结果可知满足需求。

表 8-1-4　部门用户及共享目录权限测试

序号	账号	/srv/ftp/admin	/srv/ftp/market	/srv/ftp/design	/srv/ftp/develop
1	admin01	读、写			
2	admin02	读、写			
3	market01		读、写		
4	market02		读、写		
5	market03		读、写		
6	design01			读、写	
7	design02			读、写	
8	develop01				读、写
9	develop02				读、写
10	develop03				读、写

【任务扩展】

1. 什么是 vsftpd

vsftpd（全称为 very secure FTP daemon，非常安全的 FTP 守护进程）是 openEuler 操作系统下最为常用的 FTP 服务器软件，它具有高安全性、带宽限制、良好的伸缩性、小巧轻快的特性。

2. vsftpd 配置文件

vsftpd 的主配置文件为/etc/vsftpd/vsftpd.conf，配置项说明见表 8-1-5。

表 8-1-5　vsftpd.conf 配置项说明

配置项	说明
anonymous_enable=NO	是否允许匿名访问 FTP
local_enable=YES	是否允许本地用户登录
allow_writeable_chroot=YES	是否允许写权限
local_umask=022	本地用户的默认 umask 为 022
anon_upload_enable=YES	是否允许匿名上传
anon_mkdir_write_enable=YES	是否允许匿名创建目录
dirmessage_enable=YES	是否允许进入某个目录
xferlog_enable=YES	是否启用上传/下载的日志记录
connect_from_port_20=YES	是否限制传输连接来自端口 20
chown_uploads=YES	是否允许改变上传文件的属主
chown_username=whoever	设置想要改变的上传文件的属主，whoever 表示任何人
xferlog_file=/var/log/xferlog	设置上传和下载的日志文件
xferlog_std_format=YES	是否以标准 xferlog 的格式记录日志文件
idle_session_timeout=600	设置数据传输中断间隔时间
data_connection_timeout=120	设置数据连接超时时间
async_abor_enable=YES	是否识别异步 abor 请求
ascii_upload_enable=YES	是否以 ASCII 方式上传数据
ascii_download_enable=YES	是否以 ASCII 方式下载数据
ftpd_banner=Welcome to blah FTP service	登录 FTP 服务器时显示的欢迎信息
deny_email_enable=YES	是否开启 Email 黑名单
banned_email_file=/etc/vsftpd/banned_emails	设置 Email 黑名单文件
chroot_local_user=YES	是否限制所有用户在其主目录
chroot_list_enable=YES	是否启动限制用户名单
chroot_list_file=/etc/vsftpd/chroot_list	设置限制在主目录的用户名单文件

项目八

续表

配置项	说明
ls_recurse_enable=YES	是否允许客户端递归查询目录
listen=NO	是否允许 vsftpd 服务监听 IPv4 端口
listen_ipv6=YES	是否允许 vsftpd 服务监听 IPv6 端口
pam_service_name=vsftpd	设置 PAM 外挂模块提供的认证服务所使用的配置文件名，即/etc/pam.d/vsftpd 文件
userlist_enable=YES	是否禁止 user_list 文件中的用户列表登录 FTP 服务

3. ftp 命令

ftp 命令是命令操作的 FTP 客户端软件，通过 ftp 命令可访问 FTP 服务器。

命令详解：

【语法】
ftp [选项] [参数]
【选项】
-d: 启用调试，显示所有客户端与服务器端传递的命令
-v: 禁止显示远程服务器相应信息
-n: 禁止自动登录
-i: 多文件传输过程中关闭交互提示
-g: 禁用文件名通配符，允许在本地文件和路径名中使用
-s: 指定包含 FTP 命令的文本文件；命令在 FTP 启动后自动运行。此参数中没有空格。可替代重定向符（>）使用
-a: 在绑定数据连接时使用所有本地接口
-w: 覆盖默认的传输缓冲区大小 65535
【参数】
主机: 指定要连接的 FTP 服务器的主机名或 ip 地址

操作命令+配置文件+脚本程序+结束

任务二   实现 NFS 文件服务

扫码看视频

【任务介绍】

本任务在 openEuler 上安装 NFS 软件，并通过 NFS 实现工作组内的网络共享存储服务。

【任务目标】

（1）实现在线安装 NFS。
（2）实现 NFS 服务管理。
（3）实现在 Windows 上访问 NFS 服务。

（4）实现 NFS 服务的规划设计。

（5）实现工作组内的网络共享存储服务。

【任务设计】

1. 应用场景

某设计工作室拥有大量的数字资源，若存储在本地会占用主机大量存储，且不利于资源共享。现需要构建公共网络存储，实现灵活的资源读取和共享。

2. 需求分析

（1）建设大容量、高可靠的网络共享存储服务。

（2）在存储服务器上安装多磁盘并通过 Raid 技术实现存储容灾。

（3）支持 MacOS、Linux、Windows 等多操作系统。

3. 方案设计

（1）通过 NFS 实现共享高容量网络存储。

（2）挂载两块磁盘并构建 RAID 1，实现存储容灾。

（3）通过访问限制，仅允许工作室内部网络可访问。

【操作步骤】

步骤 1：创建虚拟机并完成 openEuler 的安装。

在 VirtualBox 中创建虚拟机，完成 openEuler 的安装。虚拟机与操作系统的配置信息见表 8-2-1，注意虚拟机网卡的工作模式为桥接。

表 8-2-1　虚拟机与操作系统配置

虚拟机配置	操作系统配置
虚拟机名称：VM-Project-08-Task-02-10.10.2.82 内存：1GB CPU：1 颗 1 核心 虚拟硬盘：20GB 网卡：1 块，桥接	主机名：Project-08-Task-02 IP 地址：10.10.2.82 子网掩码：255.255.255.0 网关：10.10.2.1 DNS：8.8.8.8

步骤 2：完成虚拟机的主机配置、网络配置及通信测试。

启动并登录虚拟机，依据表 8-2-1 完成主机名和网络的配置，能够访问互联网和本地主机。

（1）虚拟机的创建、操作系统的安装、主机名与网络的配置，具体方法参见项目一。

（2）建议通过虚拟机复制快速创建所需环境。通过复制创建的虚拟机需依据本任务虚拟机与操作系统规划配置信息设置主机名与网络，实现对互联网和本地主机的访问。

步骤 3：通过在线方式安装 NFS。

通过 yum 工具安装 nfs-utils，当前版本为 2.5.4。

操作命令：

```
1.   # 使用 yum 工具安装 NFS
2.   [root@Project-08-Task-02 ~]# yum -y install nfs-utils
3.   Last metadata expiration check: 1:25:42 ago on Sun 15 Oct 2023 12:29:24 AM CST.
4.   Dependencies resolved.
5.   ================================================================================
6.    Package          Architecture    Version                Repository   Size
7.   ================================================================================
8.   # 安装的 NFS 版本、大小等信息
9.   Installing:
10.   nfs-utils        x86_64          2:2.5.4-9.oe2203sp2    OS           332 k
11.   # 安装的依赖软件信息
12.  Installing dependencies:
13.   ding-libs        86_64           0.6.1-44.oe2203sp2     OS           94 k
14.   Gssproxy         x86_64          0.9.1-2.oe2203sp2      update       95 k
15.   Keyutils         x86_64          1.6.3-4.oe2203sp2      OS           55 k
16.   krb5             x86_64          1.19.2-9.oe2203sp2     update       80 k
17.   Quota            x86_64          1:4.06-7.oe2203sp2     OS           226 k
18.   Rpcbind          x86_64          1.2.6-4.oe2203sp2      OS           47 k
19.  Installing weak dependencies:
20.   nfs-utils-help   x86_64          2:2.5.4-9.oe2203sp2    OS           99 k
21.
22.  Transaction Summary
23.  ================================================================================
24.  # 安装 NFS 需要安装 8 个软件，总下载大小为 1.0M，安装后将占用磁盘 3.9M
25.  Install  8 Packages
26.
27.  Total download size: 1.0 M
28.  Installed size: 3.9 M
29.  Downloading Packages:
30.  (1/8): keyutils-1.6.3-4.oe2203sp2.x86_64.rpm       51 kB/s | 55 kB       00:01
31.  (2/8): ding-libs-0.6.1-44.oe2203sp2.x86_64.rpm     20 kB/s | 94 kB       00:04
32.  (3/8): nfs-utils-help-2.5.4-9.oe2203sp2.x86_64.rpm 27 kB/s | 99 kB       00:03
33.  (4/8): rpcbind-1.2.6-4.oe2203sp2.x86_64.rpm        14 kB/s | 47 kB       00:03
34.  (5/8): gssproxy-0.9.1-2.oe2203sp2.x86_64.rpm       35 kB/s | 95 kB       00:02
35.  (6/8): quota-4.06-7.oe2203sp2.x86_64.rpm           25 kB/s | 226 kB      00:09
36.  (7/8): krb5-1.19.2-9.oe2203sp2.x86_64.rpm          28 kB/s | 80 kB       00:02
37.  (8/8): nfs-utils-2.5.4-9.oe2203sp2.x86_64.rpm      12 kB/s | 332 kB      00:28
38.  --------------------------------------------------------------------------------
39.  Total                                              36 kB/s | 1.0 MB      00:28
40.  # 运行事务检查
41.  Running transaction check
42.  # 事务检查成功
43.  Transaction check succeeded.
44.  # 运行事务测试
45.  Running transaction test
46.  # 事务测试成功
47.  Transaction test succeeded.
48.  # 运行事务
```

49. Running transaction
50.   Preparing   1/1
51.   Running scriptlet: rpcbind-i.2.6-4.oe2203sp2.x86_64   1/8
52.   Installing   : rpcbind-1.2.6-4.oe2203sp2.x86_64   1/8
53. # 为了排版方便此处省略了部分提示信息
54.   Verifying   : krb5-1.19.2-9.oe2203sp2.x86_64   8/8
55.
56. Installed:
57.   ding-libs-0.6.1-44.oe2203sp2.x86_64   gssproxy-0.9.1-2.oe2203sp2.x86_64 keyutils-1.6.3-4.oe2203sp2.x86_64 krb5-1.19.2-9.oe2203sp2.x86_64 nfs-utils-2:2.5.4-9.oe2203sp2.x86_64
58.   nfs-utils-help-2:2.5.4-9.oe2203sp2.x86_64 quota-1:4.06-7.oe2203sp2.x86_64   rpcbind-1.2.6-4.oe2203sp2.x86_64
59.
60. Complete!

操作命令+配置文件+脚本程序+结束

步骤 4：启动 NFS 服务。

NFS 安装完成后将在 openEuler 中创建名为 nfs-server 的服务，该服务并未自动启动。

操作命令：

1. # 使用 systemctl start 命令启动 rpcbind、NFS 服务
2. [root@Project-08-Task-02 ~]# systemctl start rpcbind
3. [root@Project-08-Task-02 ~]# systemctl start nfs-server

操作命令+配置文件+脚本程序+结束

如果不出现任何提示，表示 NFS 服务启动成功。

（1）命令 systemctl stop rpcbind nfs-server，可以停止 rpcbind、NFS 服务。
（2）命令 systemctl restart rpcbind nfs-server，可以重启 rpcbind、NFS 服务。
（3）命令 systemctl reload nfs-server，可以在不中断服务情况下重新载入 nfs-server 配置文件。

步骤 5：查看 NFS 运行信息。

NFS 服务启动后，可通过 systemctl status 命令查看其运行信息。

操作命令：

1. # 使用 systemctl status 命令查看 NFS 服务
2. [root@Project-08-Task-02 ~]# systemctl status rpcbind nfs-server
3. ● rpcbind.service - RPC Bind
4. # 服务位置；是否设置开机自启动
5.   Loaded: loaded (/usr/lib/systemd/system/rpcbind.service; enabled; vendor preset: enabled)
6. # rpcbind 的活跃状态，结果值为 active 表示活跃；inactive 表示不活跃
7.   Active: active (running) since Sun 2023-10-15 02:06:44 CST; 12min ago
8. TriggeredBy: ● rpcbind.socket
9.   Docs: man:rpcbind(8)
10. # 主进程 ID 为：1900
11.   Main PID: 1900 (rpcbind)
12. # 任务数 1 个，最大限制 2703

13.　　　　 Tasks: 1 (limit: 2703)
14.　# 占用内存 1.5M
15.　　　　 Memory: 1.5M
16.　　　　 CGroup: /system.slice/rpcbind.service
17.　　　　　　└─ 1900 /usr/bin/rpcbind -r -w -f
18.
19.　Oct 15 02:06:44 Project-08-Task-02 systemd[1]: Starting RPC Bind...
20.　Oct 15 02:06:44 Project-08-Task-02 systemd[1]: Started RPC Bind.
21.
22.　● nfs-server.service - NFS server and services
23.　# 服务位置；是否设置开机自启动
24.　　　　 Loaded: loaded (/usr/lib/systemd/system/nfs-server.service; disabled; vendor preset: disabled)
25.　# nfs-server 的活跃状态，结果值为 active 表示活跃；inactive 表示不活跃
26.　　　　 Active: active (exited) since Sun 2023-10-15 02:06:59 CST; 12min ago
27.　　　 Process: 1919 ExecStartPre=/usr/sbin/exportfs -r (code=exited, status=0/SUCCESS)
28.　　　 Process: 1920 ExecStart=/usr/sbin/rpc.nfsd (code=exited, status=0/SUCCESS)
29.　# 主进程 ID 为：1920
30.　　　 Main PID: 1920 (code=exited, status=0/SUCCESS)
31.
32.　Oct 15 02:06:59 Project-08-Task-02 systemd[1]: Starting NFS server and services...
33.　Oct 15 02:06:59 Project-08-Task-02 systemd[1]: Finished NFS server and services.

操作命令+配置文件+脚本程序+结束

步骤 6：配置 NFS 服务为开机自启动。

操作系统进行重启操作后，为了使业务更快地恢复，通常会将重要的服务或应用设置为开机自启动。将 NFS 服务配置为开机自启动的方法如下。

操作命令：

1.　# 命令 systemctl enable 可设置某服务为开机自启动
2.　# 命令 systemctl disable 可设置某服务为开机不自动启动
3.　[root@Project-08-Task-02 ~]# systemctl enable rpcbind
4.　[root@Project-08-Task-02 ~]# systemctl enable nfs-server
5.　Created symlink /etc/systemd/system/multi-user.target.wants/nfs-server.service → /usr/lib/systemd/system/nfs-server.service.
6.　# 使用 systemctl list-unit-files 命令确认 rpcbind 服务是否已配置为开机自启动
7.　[root@Project-08-Task-02 ~]# systemctl list-unit-files | grep rpcbind.service
8.　# 下述信息说明 rpcbind.service 已配置为开机自启动
9.　rpcbind.service　　　　　　　　　　　　 enabled　　　　 enabled　　　　　 -
10.　# 使用 systemctl list-unit-files 命令确认 NFS 服务是否已配置为开机自启动
11.　[root@Project-08-Task-02 ~]# systemctl list-unit-files | grep nfs.service
12.　# 下述信息说明 nfs.service 已配置为开机自启动
13.　nfs.service　　　　　　　　　　　　　 alias　　　　　 -

操作命令+配置文件+脚本程序+结束

步骤 7：构建 RAID 1。

本步骤需要为 NFS 文件服务器增加两块磁盘用于数据存储，磁盘管理和构建 RAID 1 的具体

项目八

操作参见项目三。本任务使用两块 10G 硬盘作为模拟进行操作。

1. 构建 RAID 1

操作命令：

```
1.    # 查看当前挂载的磁盘信息及分区情况
2.    [root@Project-08-Task-02 ~]# fdisk -l
3.    # 新增的磁盘名为/dev/sdb，大小为 10G
4.    Disk /dev/sdb: 10 GiB, 10737418240 bytes, 20971520 sectors
5.    Disk model: VBOX HARDDISK
6.    Units: sectors of 1 * 512 = 512 bytes
7.    Sector size (logical/physical): 512 bytes / 512 bytes
8.    I/O size (minimum/optimal): 512 bytes / 512 bytes
9.
10.   # 新增的磁盘名为/dev/sdc，大小为 10G
11.   Disk /dev/sdc: 10 GiB, 10737418240 bytes, 20971520 sectors
12.   Disk model: VBOX HARDDISK
13.   Units: sectors of 1 * 512 = 512 bytes
14.   Sector size (logical/physical): 512 bytes / 512 bytes
15.   I/O size (minimum/optimal): 512 bytes / 512 bytes
16.
17.   Disk /dev/sda: 20 GiB, 21474836480 bytes, 41943040 sectors
18.   Disk model: VBOX HARDDISK
19.   Units: sectors of 1 * 512 = 512 bytes
20.   Sector size (logical/physical): 512 bytes / 512 bytes
21.   I/O size (minimum/optimal): 512 bytes / 512 bytes
22.   Disklabel type: dos
23.   Disk identifier: 0xc6d5a8e1
24.   # 磁盘的分区及使用情况
25.   Device     Boot  Start     End       Sectors    Size  Id  Type
26.   /dev/sda1   *     2048      2099199   2097152    1G    83  Linux
27.   /dev/sda2         2099200   41943039  39843840   19G   8e  Linux LVM
28.
29.
30.   Disk /dev/mapper/openeuler-root: 17 GiB, 18249416704 bytes, 35643392 sectors
31.   Units: sectors of 1 * 512 = 512 bytes
32.   Sector size (logical/physical): 512 bytes / 512 bytes
33.   I/O size (minimum/optimal): 512 bytes / 512 bytes
34.
35.
36.   Disk /dev/mapper/openeuler-swap: 2 GiB, 2147483648 bytes, 4194304 sectors
37.   Units: sectors of 1 * 512 = 512 bytes
38.   Sector size (logical/physical): 512 bytes / 512 bytes
39.   I/O size (minimum/optimal): 512 bytes / 512 bytes
40.   # 使用 yum 工具安装 mdadm 命令
41.   [root@Project-08-Task-02 ~]# yum -y install mdadm
42.   Last metadata expiration check: 1:01:48 ago on Sun 15 Oct 2023 01:50:22 PM CST.
43.   Dependencies resolved.
44.   ================================================================
45.    Package      Architecture    Version          Repository      Size
```

```
46.  ==========================================================================
47.  Installing:
48.    Mdadm        x86_64          4.2-5.oe2203sp2      OS           335 k
49.
50.  Transaction Summary
51.  ==========================================================================
52.  Install  1 Package
53.
54.  Total download size: 335 k
55.  Installed size: 986 k
56.  Downloading Packages:
57.  mdadm-4.2-5.oe2203sp2.x86_64.rpm          59 kB/s | 335 kB       00:05
58.  --------------------------------------------------------------------------
59.  Total                                     58 kB/s | 335 kB       00:05
60.  Running transaction check
61.  Transaction check succeeded.
62.  Running transaction test
63.  Transaction test succeeded.
64.  Running transaction
65.    Preparing                                                      1/1
66.    Installing       : mdadm-4.2-5.oe2203sp2.x86_64                1/1
67.    Running scriptlet: mdadm-4.2-5.oe2203sp2.x86_64                1/1
68.  Created symlink /etc/systemd/system/multi-user.target.wants/mdmonitor.service → /usr/lib/systemd/system/
     mdmonitor.service.
69.
70.    Verifying        : mdadm-4.2-5.oe2203sp2.x86_64                1/1
71.
72.  Installed:
73.    mdadm-4.2-5.oe2203sp2.x86_64
74.
75.  Complete!
76.  # 创建 RAID1
77.  [root@Project-08-Task-02 ~]# mdadm -Cv /dev/md1 -a yes -l 1 -n 2 /dev/sd{b,c}
78.  mdadm: Note: this array has metadata at the start and
79.        may not be suitable as a boot device.  If you plan to
80.        store '/boot' on this device please ensure that
81.        your boot-loader understands md/v1.x metadata, or use
82.        --metadata=0.90
83.  mdadm: size set to 10476544K
84.  Continue creating array? y
85.  mdadm: Defaulting to version 1.2 metadata
86.  mdadm: array /dev/md1 started.
87.  # 查看 RAID 信息
88.  [root@Project-08-Task-02 ~]# cat /proc/mdstat
89.  Personalities : [raid1]
90.  md1 : active raid1 sdc[1] sdb[0]
91.        10476544 blocks super 1.2 [2/2] [UU]
92.        [=====>...............]  resync = 27.7% (2910016/10476544) finish=0.6min speed=207858K/sec
93.
94.  unused devices: <none>
```

```
95.   # 格式化
96.   [root@Project-08-Task-02 ~]# mkfs.ext4 /dev/md1
97.   mke2fs 1.46.4 (18-Aug-2021)
98.   Creating filesystem with 2619136 4k blocks and 655360 inodes
99.   Filesystem UUID: b7318af9-01c5-4d59-bd7e-599618398635
100.  Superblock backups stored on blocks:
101.          32768, 98304, 163840, 229376, 294912, 819200, 884736, 1605632
102.
103.  Allocating group tables: done
104.  Writing inode tables: done
105.  Creating journal (16384 blocks): done
106.  Writing superblocks and filesystem accounting information: done
107.  # 创建共享目录并赋予 777 权限
108.  [root@Project-08-Task-02 ~]# mkdir /srv/WorkGroupShare
109.  [root@Project-08-Task-02 ~]# chmod 777 /srv/WorkGroupShare
110.  # 挂载
111.  [root@Project-08-Task-02 ~]# mount /dev/md1 /srv/WorkGroupShare
112.  # 查看/dev/md1 的详细信息
113.  [root@Project-08-Task-02 ~]# mdadm -D /dev/md1
114.  /dev/md1:
115.              Version : 1.2
116.        Creation Time : Sun Oct 15 14:41:29 2023
117.           Raid Level : raid1
118.           Array Size : 10476544 (9.99 GiB 10.73 GB)
119.        Used Dev Size : 10476544 (9.99 GiB 10.73 GB)
120.         Raid Devices : 2
121.        Total Devices : 2
122.          Persistence : Superblock is persistent
123.
124.          Update Time : Sun Oct 15 14:58:19 2023
125.                State : clean
126.       Active Devices : 2
127.      Working Devices : 2
128.       Failed Devices : 0
129.        Spare Devices : 0
130.
131.  Consistency Policy : resync
132.
133.                 Name : Project-08-Task-02:1   (local to host Project-08-Task-02)
134.                 UUID : 696f506c:bce7b4fe:d45c71e0:64235907
135.               Events : 33
136.
137.     Number   Major   Minor   RaidDevice   State
138.     0        8       16      0            active sync   /dev/sdb
139.     1        8       32      1            active sync   /dev/sdc
140.  # 设置开机自动挂载
141.  [root@Project-08-Task-02 ~]# sed -i '$a /dev/md1 /srv/WorkGroupShare auto defaults 1 2 ' /etc/fstab
```

操作命令+配置文件+脚本程序+结束

2. 查看挂载信息

操作命令:

1. # 将构建的 RAID1 挂载在/srv/WorkGroupShare 目录下
2. [root@Project-08-Task-02 ~]# df -h /srv/WorkGroupShare
3. Filesystem　　　　Size　Used　Avail　Use%　Mounted on
4. /dev/md1　　　　　9.8G　24K　9.3G　1%　　/srv/WorkGroupShare

操作命令+配置文件+脚本程序+结束

步骤 8: 配置匿名访问。

1. 配置 NFS 访问权限

操作命令:

1. # 创建并编辑/etc/exports 文件
2. [root@Project-08-Task-02 ~]# vi /etc/exports
3. # 配置内容如下
4. /srv/WorkGroupShare 10.10.2.0/24(rw,root_squash,no_all_squash,sync,insecure)
5. # 重新载入配置文件
6. [root@Project-08-Task-02 ~]# exportfs -rv
7. exportfs: /etc/exports [1]: Neither 'subtree_check' or 'no_subtree_check' specified for export "10.10.2.0/24:/srv/WorkGroupShare".
8. Assuming default behaviour ('no_subtree_check').
9. NOTE: this default has changed since nfs-utils version 1.0.x
10.
11. exporting 10.10.2.0/24:/srv/WorkGroupShare
12. # 重新载入 nfs-server
13. [root@Project-08-Task-02 ~]# systemctl reload nfs-server

操作命令+配置文件+脚本程序+结束

2. 在 NFS 服务器上进行测试
当出现设置的共享目录后说明已经配置完成。

操作命令:

1. [root@Project-08-Task-02 ~]# showmount -e
2. Export list for Project-08-Task-02:
3. /srv/WorkGroupShare 10.10.2.0/24

操作命令+配置文件+脚本程序+结束

步骤 9: 服务测试。

1. 在 openEuler 上访问 NFS 服务
服务测试需要在任务一创建的虚拟机上进行操作,在 openEuler 上挂载 NFS 共享存储,需要安装 nfs-utils 软件。

操作命令:

1. # 使用 yum 工具安装 nfs-utils
2. [root@Project-08-Task-01 ~]# yum -y install nfs-utils

3.　# 这里省去安装过程
4.　# 使用 systemctl start 命令启动 rpcbind、NFS 服务
5.　[root@Project-08-Task-01 ~]# systemctl start rpcbind nfs-server
6.　# 查看可挂载的信息
7.　[root@Project-08-Task-01 ~]# showmount -e 10.10.2.82
8.　Export list for 10.10.2.82:
9.　/srv/WorkGroupShare 10.10.2.0/24
10.　# 创建挂载目录
11.　[root@Project-08-Task-01 ~]# mkdir -p /srv/share
12.　# 挂载 nfs 类型的磁盘
13.　[root@Project-08-Task-01 ~]# mount -t nfs 10.10.2.82:/srv/WorkGroupShare /srv/share
14.　# 查看挂载信息
15.　[root@Project-08-Task-01 ~]# df -h /srv/share/
16.　Filesystem　　　　　　　　　　　Size　Used　Avail　Use%　Mounted on
17.　10.10.2.82:/srv/WorkGroupShare　9.8G　128K　9.3G　1%　　/srv/share
18.　# 创建并编辑文件
19.　[root@Project-08-Task-01 ~]# vi /srv/share/linux.txt
20.　I am OpenEuler!

操作命令+配置文件+脚本程序+结束

　　创建并编辑 linux.txt 文件成功，说明 NFS 服务可用。

　　2. 在 Windows 操作系统上访问 NFS 服务

　　（1）启用 NFS 客户端。Windows 操作系统内置了 NFS 客户端，但默认是没有启用的。在 Windows 操作系统中访问 NFS 服务需要手动启用 NFS 客户端功能。按"Win+R"组合键启动运行，输入"OptionalFeatures"，选中"NFS 服务"前的复选框后单击"确定"按钮，等待完成安装即可，如图 8-2-1 所示。

　　（2）挂载。服务测试需要在本地主机上进行操作，打开 Windows 命令提示符，进行挂载操作。

图 8-2-1　启用 NFS 服务

操作命令：

1.　# 查看 NFS 服务的可挂载信息
2.　D:\>showmount -e 10.10.2.82
3.　Exports list on 10.10.2.82:
4.　/srv/WorkGroupShare　　　　　　　　　10.10.2.0/24
5.　# 将/srv/WorkGroupShare 挂载至 Z 盘
6.　D:\>mount 10.10.2.82:/srv/WorkGroupShare Z:
7.　Z: is now successfully connected to 10.10.2.82:/srv/WorkGroupShare
8.　The command completed successfully.

操作命令+配置文件+脚本程序+结束

项目八

（3）验证可用性。查看"此电脑"，可在网络位置栏下看到已挂载的 Z 盘，如图 8-2-2 所示。

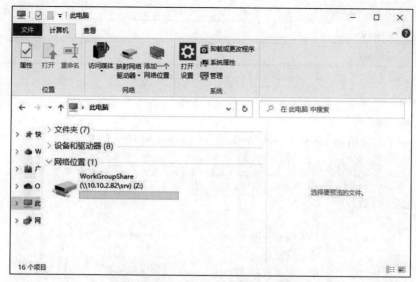

图 8-2-2　Windows 端挂载 NFS 服务

创建并编辑 windows.txt 内容为"I am Windows！"，如果操作成功说明 NFS 服务可用，如图 8-2-3 所示。

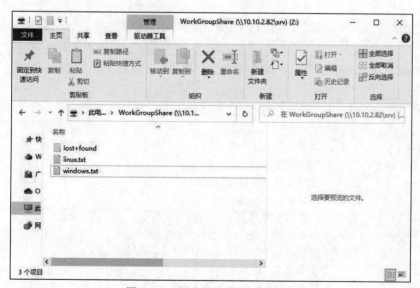

图 8-2-3　创建并编辑 windows.txt

3. 测试结果

测试结果见表 8-2-2，通过测试结果可知满足需求。

表 8-2-2　操作系统权限测试表

序号	操作系统	是否可挂载	共享目录权限
1	openEuler	是	读、写
2	Windows	是	读、写

【任务扩展】

1. NFS 的管理命令

（1）exportfs。使用 exportfs 命令可管理 NFS 服务器共享的文件系统。

命令详解：

【语法】

exportfs [选项] [参数]

【选项】

-a:	导出或卸载所有目录
-d:	开启调试功能
-o:	指定导出选项（如 rw，async，root_squash）
-i:	忽略/etc/exports 和/etc/exports.d 目录下的文件
-r:	更新共享的目录
-s:	显示当前可导出的目录列表
-v:	显示共享目录

【参数】

共享文件系统：　　　　指定要通过 NFS 服务器共享的目录，其格式为 "/home/directory"

操作命令+配置文件+脚本程序+结束

（2）nfsstat。使用 nfsstat 命令可查看 NFS 客户端和服务器的访问与运行情况。

命令详解：

【语法】

nfsstat [选项]

【选项】

-s:	仅显示服务器端的状态信息
-c:	仅显示客户端的状态信息
-n:	仅显示 NFS 状态信息
-2/3/4:	仅列出 NFS 版本 2/3/4 的状态
-m:	显示已加载的 NFS 文件系统状态
-r:	仅显示 rpc 状态
-o:	显示自定义的设备信息
-l:	以列表的形式显示信息

操作命令+配置文件+脚本程序+结束

（3）showmount。使用 showmount 命令可查询 "mountd" 守护进程，显示 NFS 服务器共享资源的访问信息。

命令详解：

【语法】	
showmount [选项]	
【选项】	
-a:	以 host:dir 格式来显示客户主机名和挂载点目录
-d:	仅显示被客户挂载的目录名
-e:	显示 NFS 服务器的输出清单
-h:	显示帮助信息
-v:	显示版本信息
--no-headers:	不输出描述头部信息

操作命令+配置文件+脚本程序+结束

2. NFS 共享参数

配置 NFS 共享的参数说明见表 8-2-3。

表 8-2-3　NFS 配置文件参数及说明表

参数	说明
rw（read-write）	对共享目录具有读写权限
ro（read-only）	对共享目录具有只读权限
sync	同步写入，数据写入内存的同时写入磁盘
async	异步写入，数据先写入内存，周期性地写入磁盘
root_squash	将 root 用户及所属组映射为匿名用户或用户组（默认设置）
no_root_squash	与 root_squash 参数功能相反
all_squash	将远程访问的所有普通用户及所属组映射为匿名用户或用户组
no_all_squash	与 all_squash 参数功能相反（默认设置）
anonuid	将远程访问的所有用户均映射为匿名用户，并指定该用户的本地用户 UID
anongid	将远程访问的所有用户组均映射为匿名用户组，并指定该匿名用户组的本地用户组 GID
secure	限制客户端只能从小于 1024 的 TCP/IP 端口连接 NFS 服务器（默认设置）
insecure	允许客户端从大于 1024 的 TCP/IP 端口连接服务器
subtree_check	若输出目录是子目录，NFS 服务器检查其父目录的权限
no_subtree_check	若输出目录是子目录，NFS 服务器不检查其父目录的权限

任务三　实现 Samba 文件服务

【任务介绍】

扫码看视频

本任务在 openEuler 上安装 Samba 软件，实现 Samba 服务。通过 Samba 实现面向全终端的文件共享服务。

项目八

【任务目标】

（1）实现在线安装 Samba。

（2）实现 Samba 服务管理。

（3）实现 Samba 服务的匿名访问。

（4）实现文件共享服务的规划设计。

（5）实现全终端的文件共享服务。

【任务设计】

1. 应用场景

某团队为提高信息化应用水平，提高数据共享和资源服务水平，现需要构建内部网络存储，并能够全面支持移动终端等智能设备，实现灵活的资源共享。

2. 需求分析

（1）建设内部共享服务。

（2）支持全终端智能设备。

3. 方案设计

（1）通过 Samba 建设网络存储服务。

（2）仅允许团队内部进行网络访问。

（3）支持多操作系统、支持多终端。

用户信息见表 8-3-1。

表 8-3-1 用户信息

序号	账号	密码
1	smbworkuser	smbworkuser@pwd
2	smbshareuser	smbshareuser@pwd

共享目录权限对应关系见表 8-3-2。

表 8-3-2 共享目录权限对应关系

序号	账号	/srv/smbfile/smbpublic	/srv/smbfile/smbshare	/srv/smbfile/smbwork
1	smbworkuser	读、写	读、写	读、写
2	smbshareuser	读、写	读、写	读

【操作步骤】

步骤 1： 创建虚拟机并完成 openEuler 的安装。

在 VirtualBox 中创建虚拟机，完成 openEuler 的安装。虚拟机与操作系统的配置信息见表 8-3-3，注意虚拟机网卡的工作模式为桥接。

表 8-3-3　虚拟机与操作系统配置

虚拟机配置	操作系统配置
虚拟机名称：VM-Project-08-Task-03-10.10.2.83 内存：1GB CPU：1 颗 1 核心 虚拟硬盘：20GB 网卡：1 块，桥接	主机名：Project-08-Task-03 IP 地址：10.10.2.83 子网掩码：255.255.255.0 网关：10.10.2.1 DNS：8.8.8.8

步骤 2： 完成虚拟机的主机配置、网络配置及通信测试。

启动并登录虚拟机，依据表 8-3-3 完成主机名和网络的配置，能够访问互联网和本地主机。

（1）虚拟机的创建、操作系统的安装、主机名与网络的配置，具体方法参见项目一。

（2）建议通过虚拟机复制快速创建所需环境。通过复制创建的虚拟机需依据本任务虚拟机与操作系统规划配置信息设置主机名与网络，实现对互联网和本地主机的访问。

步骤 3： 通过在线方式安装 Samba。

使用 yum 工具安装 Samba 与 Samba-client，当前版本为 4.17.5。

操作命令：

```
1.   # 使用 yum 工具安装 Samba
2.   [root@Project-08-Task-03 ~]# yum -y install samba samba-client
3.   update                                    2.5 kB/s | 3.5 kB      00:01
4.   update                                    31 kB/s | 32 MB       17:20
5.   update-source                             20 kB/s | 3.5 kB      00:00
6.   update-source                             79 kB/s | 507 kB      00:06
7.   Last metadata expiration check: 0:00:01 ago on Sun 15 Oct 2023 02:49:37 AM CST.
8.   Package samba-client-4.17.5-4.oe2203sp2.x86_64 is already installed.
9.   Dependencies resolved.
10.  ================================================================
11.   Package              Architecture   Version              Repository   Size
12.  ================================================================
13.  # 安装的 samba、samba-client 版本、大小等信息
14.  # 安装的依赖软件信息
15.  Installing:
16.   samba                x86_64         4.17.5-6.oe2203sp2   update       1.3 M
17.  # 安装 samba、samba-client 需升级部分依赖包
18.  Upgrading:
19.   libsmbclient         x86_64         4.17.5-6.oe2203sp2   update       65 k
20.  # 为了排版方便此处省略了部分提示信息
21.   samba-common         x86_64         4.17.5-6.oe2203sp2   update       95 k
22.  Installing dependencies:
23.   samba-common-tools   x86_64         4.17.5-6.oe2203sp2   update       388 k
```

| 24. | samba-libs | x86_64 | 4.17.5-6.oe2203sp2 | update | 123 k |

25.

26. Transaction Summary

27. ==

28. # 安装 samba、samba-client，需要安装 3 个软件，升级 5 个软件，总下载大小为 7.3M

29. Install   3 Packages

30. Upgrade   5 Packages

31. Total download size: 7.3 M

32. Downloading Packages:

33. (1/8): samba-libs-4.17.5-6.oe2203sp2.x86_64.rpm   45 kB/s | 123 kB   00:02

34. # 为了排版方便此处省略了部分提示信息

35. (8/8): samba-client-libs-4.17.5-6.oe2203sp2.x86_64.rpm   20 kB/s | 4.8 MB   04:01

36. --

37. Total   29 kB/s | 7.3 MB   04:18

38. Running transaction check

39. Transaction check succeeded.

40. Running transaction test

41. Transaction test succeeded.

42. Running transaction

43.   Preparing   1/1

44.   Upgrading   : samba-client-libs-4.17.5-6.oe2203sp2.x86_64   1/13

45.   Upgrading   : libwbclient-4.17.5-6.oe2203sp2.x86_64   2/13

46.   Running scriptlet:

47. # 为了排版方便此处省略了部分提示信息

48.   samba-common-4.17.5-4.oe2203sp2.x86_64   13/13

49.

50. Upgraded:

51.   libsmbclient-4.17.5-6.oe2203sp2.x86_64   libwbclient-4.17.5-6.oe2203sp2.x86_64   samba-client-4.17.5-6.oe2203sp2.x86_64   samba-client-libs-4.17.5-6.oe2203sp2.x86_64

52.   samba-common-4.17.5-6.oe2203sp2.x86_64

53. Installed:

54.   samba-4.17.5-6.oe2203sp2.x86_64   samba-common-tools-4.17.5-6.oe2203sp2.x86_64   samba-libs-4.17.5-6.oe2203sp2.x86_64

55.

56. Complete!

操作命令+配置文件+脚本程序+结束

步骤 4：启动 Samba 服务。

Samba 安装完成后将在 openEuler 中创建名为 smb 和 nmb 的服务，服务并未自动启动。

操作命令：

1.   # 使用 systemctl start 命令启动 Samba 服务

2.   [root@Project-08-Task-03 ~]# systemctl start smb nmb

操作命令+配置文件+脚本程序+结束

如果不出现任何提示，则表示 Samba 服务启动成功。

小贴士

（1）命令 systemctl stop smb nmb，可以停止 smb、nmb 服务。

（2）命令 systemctl restart smb nmb，可以重启 smb、nmb 服务。

（3）命令 systemctl reload smb nmb，可以在不中断服务的情况下重新载入 smb、nmb 配置文件。

步骤 5：查看 Samba 的运行信息。

Samba 服务启动后，可使用 systemctl status 命令查看其运行信息。

操作命令：

```
1.    # 使用 systemctl status 命令查看 Samba 服务
2.    [root@Project-08-Task-03 ~]# systemctl status smb nmb
3.    ● smb.service - Samba SMB Daemon
4.    # 服务位置；是否设置开机自启动
5.        Loaded: loaded (/usr/lib/systemd/system/smb.service; disabled; vendor preset: disabled)
6.    # smb 的活跃状态，结果值为 active 表示活跃；inactive 表示不活跃
7.        Active: active (running) since Sun 2023-10-15 02:54:19 CST; 188ms ago
8.        Docs: man:smbd(8)
9.              man:samba(7)
10.             man:smb.conf(5)
11.   # 主进程 ID 为 1577
12.      Main PID: 1577 (smbd)
13.   # 状态为准备连接
14.       Status: "smbd: ready to serve connections..."
15.   # 任务数：3 个，最大显示 2703 个
16.        Tasks: 3 (limit: 2703)
17.   # 占用内存 9.2M
18.       Memory: 9.2M
19.       CGroup: /system.slice/smb.service
20.              ├─1577 /usr/sbin/smbd --foreground --no-process-group
21.              ├─1581 /usr/sbin/smbd --foreground --no-process-group
22.              └─1582 /usr/sbin/smbd --foreground --no-process-group
23.
24.   Oct 15 02:54:17 Project-08-Task-03 systemd[1]: Starting Samba SMB Daemon...
25.   Oct    15    02:54:18    Project-08-Task-03    smbd[1577]:    [2023/10/15    02:54:18.736863,
      0] ../../source3/smbd/server.c:1741(main)
26.   Oct 15 02:54:18 Project-08-Task-03 smbd[1577]:    smbd version 4.17.5 started.
27.   Oct  15  02:54:18  Project-08-Task-03  smbd[1577]:    Copyright Andrew Tridgell and the Samba Team
      1992-2022
28.   Oct 15 02:54:19 Project-08-Task-03 systemd[1]: Started Samba SMB Daemon.
29.
30.   ● nmb.service - Samba NMB Daemon
31.   # 服务位置；是否设置开机自启动
32.       Loaded: loaded (/usr/lib/systemd/system/nmb.service; disabled; vendor preset: disabled)
33.   # nmb 的活跃状态，结果值为 active 表示活跃；inactive 表示不活跃
34.       Active: active (running) since Sun 2023-10-15 02:54:18 CST; 399ms ago
35.       Docs: man:nmbd(8)
36.             man:samba(7)
37.             man:smb.conf(5)
```

项目八

38.　# 主进程 ID 为 1578
39.　　Main PID: 1578 (nmbd)
40.　# 状态为准备连接
41.　　Status: "nmbd: ready to serve connections..."
42.　# 任务数为 1 个，最大显示 2703 个
43.　　Tasks: 1 (limit: 2703)
44.　# 占用内存 14.2M
45.　　Memory: 14.2M
46.　　CGroup: /system.slice/nmb.service
47.　　　└─1578 /usr/sbin/nmbd --foreground --no-process-group
48.
49.　Oct 15 02:54:17 Project-08-Task-03 systemd[1]: Starting Samba NMB Daemon...
50.　Oct 15 02:54:18 Project-08-Task-03 nmbd[1578]: [2023/10/15 02:54:18.730829, 0] ../../source3/nmbd/nmbd.c:901(main)
51.　Oct 15 02:54:18 Project-08-Task-03 nmbd[1578]: nmbd version 4.17.5 started.
52.　Oct 15 02:54:18 Project-08-Task-03 nmbd[1578]: Copyright Andrew Tridgell and the Samba Team 1992-2022
53.　Oct 15 02:54:18 Project-08-Task-03 systemd[1]: Started Samba NMB Daemon.

操作命令+配置文件+脚本程序+结束

步骤 6：配置 Samba 服务为开机自启动。

操作系统进行重启操作后，为了使业务更快地恢复，通常会将重要的服务或应用设置为开机自启动。将 Samba 服务配置为开机自启动的方法如下。

操作命令：

1.　# 命令 systemctl enable 可设置某服务为开机自启动
2.　# 命令 systemctl disable 可设置某服务为开机不自动启动
3.　[root@Project-08-Task-03 ~]# systemctl enable smb nmb
4.　Created symlink /etc/systemd/system/multi-user.target.wants/smb.service → /usr/lib/systemd/system/smb.service.
5.　Created symlink /etc/systemd/system/multi-user.target.wants/nmb.service → /usr/lib/systemd/system/nmb.service.
6.　# 使用 systemctl list-unit-files 命令确认 smb 服务是否已配置为开机自启动
7.　[root@Project-08-Task-03 ~]# systemctl list-unit-files | grep smb
8.　# 下述信息说明 smb.service 已配置为开机自启动
9.　smb.service　　　　　　　　　　enabled　　　disabled
10.　# 使用 systemctl list-unit-files 命令确认 nmb 服务是否已配置为开机自启动
11.　[root@Project-08-Task-03 ~]# systemctl list-unit-files | grep nmb
12.　# 下述信息说明 nmb.service 已配置为开机自启动
13.　nmb.service　　　　　　　　　　enabled　　　disabled

操作命令+配置文件+脚本程序+结束

步骤 7：配置安全措施。

openEuler 操作系统默认开启防火墙，为使 Samba 能正常对外提供服务，本任务暂时关闭防火墙等安全措施。

操作命令：

1.　# 使用 systemctl stop 命令关闭防火墙
2.　[root@Project-08-Task-03 ~]# systemctl stop firewalld

3. # 使用 setenforce 命令将 SELinux 设置为 permissive 模式
4. [root@Project-07-Task-03 ~]# setenforce 0

操作命令+配置文件+脚本程序+结束

步骤 8：创建共享服务目录。

操作命令：

```
1.  [root@Project-08-Task-03 ~]# mkdir -p /srv/smbfile/smbshare
2.  [root@Project-08-Task-03 ~]# mkdir -p /srv/smbfile/smbwork
3.  [root@Project-08-Task-03 ~]# mkdir -p /srv/smbfile/smbpublic
4.  # 为目录赋予 777 权限
5.  [root@Project-08-Task-03 ~]# chmod  777  -R  /srv/smbfile/smbshare
6.  [root@Project-08-Task-03 ~]# chmod  777  -R  /srv/smbfile/smbwork
7.  [root@Project-08-Task-03 ~]# chmod  777  -R  /srv/smbfile/smbpublic
8.  # 查看资源目录信息
9.  [root@Project-08-Task-03 ~]# ls -l /srv/smbfile/
10. total 12
11. drwxrwxrwx. 2 root root 4096 Oct 15 04:47 smbpublic
12. drwxrwxrwx. 2 root root 4096 Oct 15 04:47 smbshare
13. drwxrwxrwx. 2 root root 4096 Oct 15 04:47 smbwork
```

操作命令+配置文件+脚本程序+结束

步骤 9：创建用户。

操作命令：

```
1.  # 创建用户
2.  [root@Project-08-Task-03 ~]# useradd smbshareuser -s /sbin/nologin
3.  [root@Project-08-Task-03 ~]# useradd smbworkuser -s /sbin/nologin
4.  # 设置 smbshareuser 用户的 smb 密码为 smbshareuser@pwd
5.  [root@Project-08-Task-03 ~]# smbpasswd -a smbshareuser
6.  New SMB password:
7.  Retype new SMB password:
8.  Added  user smbshareuser.
9.  # 设置 smbworkuser 用户的 smb 密码为 smbworkuser@pwd
10. [root@Project-08-Task-03 ~]# smbpasswd -a smbworkuser
11. New SMB  password:
12. Retype new SMB password:
13. Added  user smbworkuser.
```

操作命令+配置文件+脚本程序+结束

步骤 10：修改配置文件。

使用 vi 工具编辑 smb.conf 配置文件，在配置文件中修改访问范围与目录权限等配置信息，编辑后的配置文件信息如下所示。

操作命令：

```
1.  # 备份配置文件
2.  [root@Project-08-Task-03 ~]# cp /etc/samba/smb.conf /etc/samba/smb.conf.bak
3.  # 编辑配置文件
4.  [root@Project-08-Task-03 ~]# vi /etc/samba/smb.conf
5.  # smb.conf 配置文件内容较多，本部分仅显示与 Samba 查询配置有关的内容
```

```
6.    # 全局内容
7.    [global]
8.        workgroup = Project8
9.        server string = Welcome to samba server version %v
10.        netbios name = Project8
11.        interfaces = enp0s3
12.        # 限制访问范围
13.        hosts allow = 10.10.2.0/24
14.        # 限制最大连接数 10
15.        max connections = 10
16.        # 日志文件的存储位置以及日志文件名称
17.        log file = /var/log/samba/samba-log.%m
18.        # 日志文件的最大容量
19.        max log size = 10240
20.
21.    [smbpublic]
22.        comment = workgroup public share disk
23.        path = /srv/smbfile/smbpublic
24.        # 该共享的管理者
25.        admin users = smbworkuser
26.        public = yes
27.        browseable = yes
28.        readonly = yes
29.        guest ok = yes
30.
31.    [smbshare]
32.        comment = workgroup open share disk
33.        path = /srv/smbfile/smbshare
34.        admin users = smbshareuser
35.        public = no
36.        browseable = yes
37.        # 允许访问该共享的用户
38.        valid users = smbshareuser, smbworkuser
39.        readonly = no
40.        writable = yes
41.        # 允许写入该共享的用户
42.        write list = smbshareuser, smbworkuser
43.        # 新建文件的掩码
44.        create mask = 0777
45.        # 新建目录的掩码
46.        directory mask = 0777
47.        # 强制创建文件权限
48.        force directory mode = 0777
49.        # 强制创建目录权限
50.        force create mode = 0777
51.
52.    [smbwork]
53.        comment = workgroup work share disk
54.        path = /srv/smbfile/smbwork
```

55.	admin users = smbworkuser
56.	public = no
57.	browseable = yes
58.	valid users = smbshareuser, smbworkuser
59.	readonly = no
60.	read list = smbshareuser
61.	writable = yes
62.	write list = smbworkuser
63.	create mask = 0777
64.	directory mask = 0777
65.	force directory mode = 0777
66.	force create mode = 0777

操作命令+配置文件+脚本程序+结束

步骤 11：服务测试。

在 Samba 服务器端，分别在/srv/smbfile/smbpublic、/srv/smbfile/smbshare、/srv/smbfile/smbwork 创建 samba.txt，并编辑内容 "Samba Server."

1. 在 openEuler 上访问 Samba 服务

服务测试需要在任务一创建的虚拟机上进行操作。

操作命令：

1.	# 创建资源目录
2.	[root@Project-08-Task-01 ~]# mkdir -p /srv/smbshare
3.	[root@Project-08-Task-01 ~]# mkdir -p /srv/smbwork
4.	[root@Project-08-Task-01 ~]# mkdir -p /srv/smbpublic
5.	# 挂载
6.	[root@Project-08-Task-01 ~]# mount -t cifs -o username=smbshareuser,password='smbshareuser@pwd' //10.10.2.83/smbshare /srv/smbshare
7.	[root@Project-08-Task-01 ~]# mount -t cifs -o username=smbworkuser,password='smbworkuser@pwd' //10.10.2.83/smbwork /srv/smbwork
8.	[root@Project-08-Task-01 ~]# mount -t cifs -o username=smbshareuser,password='smbshareuser@pwd' //10.10.2.83/smbpublic /srv/smbpublic
9.	# 查看挂载情况
10.	[root@Project-08-Task-01 ~] mount | grep cifs
11.	//10.10.2.83/smbshare on /srv/smbshare type cifs (rw,relatime,vers=3.1.1,cache=strict,username=smbshareuser,uid=0,noforceuid,gid=0,noforcegid,addr=10.10.2.83,file_mode=0755,dir_mode=0755,soft,nounix,serverino,mapposix,rsize=4194304,wsize=4194304,bsize=1048576,echo_interval=60,actimeo=1)
12.	//10.10.2.83/smbwork on /srv/smbwork type cifs (rw,relatime,vers=3.1.1,cache=strict,username=smbworkuser,uid=0,noforceuid,gid=0,noforcegid,addr=10.10.2.83,file_mode=0755,dir_mode=0755,soft,nounix,serverino,mapposix,rsize=4194304,wsize=4194304,bsize=1048576,echo_interval=60,actimeo=1)
13.	//10.10.2.83/smbpublic on /srv/smbpublic type cifs (rw,relatime,vers=3.1.1,cache=strict,username=smbshareuser,uid=0,noforceuid,gid=0,noforcegid,addr=10.10.2.83,file_mode=0755,dir_mode=0755,soft,nounix,serverino,mapposix,rsize=4194304,wsize=4194304,bsize=1048576,echo_interval=60,actimeo=1)
14.	# 查看文件
15.	[root@Project-08-Task-01 ~]# cat /srv/smbpublic/samba.txt
16.	samba Server.
17.	[root@Project-08-Task-01 ~]# cat /srv/smbshare/samba.txt
18.	samba Server.

19. [root@Project-08-Task-01 ~]# cat /srv/smbwork/samba.txt
20. samba Server.

2. 在 Windows 操作系统上访问 Samba 服务

服务测试需要在本地主机上进行操作，在"此电脑"→"地址栏"中输入"10.10.2.83"，使用 smbshareuser 用户登录，如图 8-3-1 所示。

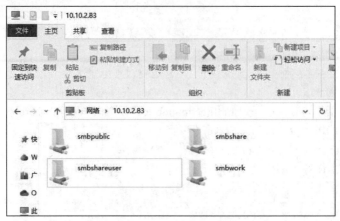

图 8-3-1　访问 Samba 服务

分别将 smbpublic、smbshare、smbwork 映射到网络驱动器，如图 8-3-2 所示。

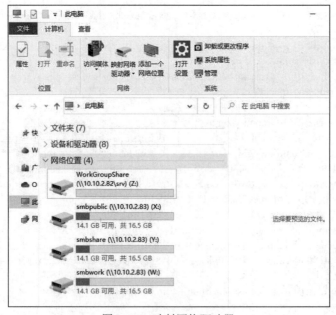

图 8-3-2　映射网络驱动器

进入 smbpublic 目录，查看 samba.txt 成功；创建文件失败，提示"目标文件夹访问被拒绝"，如图 8-3-3 所示。

图 8-3-3　在 smbpublic 目录下创建文件

进入 smbshare 目录，查看 samba.txt 成功；创建文件 windows.txt 成功，如图 8-3-4 所示。

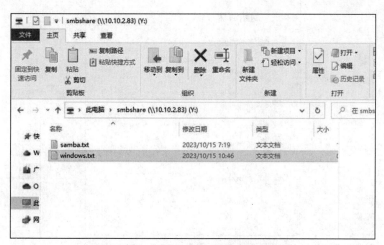

图 8-3-4　在 smbshare 目录下创建文件

进入 smbwork 目录，查看 samba.txt 成功；创建文件失败，提示"目标文件夹访问被拒绝"，如图 8-3-5 所示。

图 8-3-5　在 smbwork 创建文件

3. 在 Android 上访问 Samba 服务

服务测试在 Android 智能手机上进行操作，进入手机的文件管理软件，通过网络邻居扫描到 Samba 服务，使用 smbworkuser 用户登录，如图 8-3-6 所示。

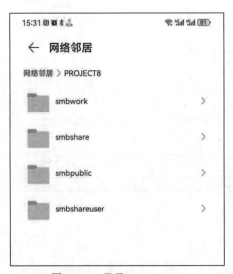

图 8-3-6　登录 PROJECT8

4. 测试结果

测试结果见表 8-3-4，通过测试结果可知满足需求。

表 8-3-4　测试结果统计表

序号	操作系统	/srv/smbfile/smbpublic	/srv/smbfile/smbshare	/srv/smbfile/smbwork
1	openEuler	读	读、写	读、写
2	Windows	读	读、写	读、写
3	Android	读	读、写	读、写

【任务扩展】

Samba 的管理命令如下。

（1）smbpasswd。使用 smbpasswd 命令可修改用户的 SMB 服务密码。

命令详解：

【语法】
smbpasswd [选项] [参数]
【选项】
-a:　　　　　　　　　添加用户
-x:　　　　　　　　　删除用户
-d:　　　　　　　　　冻结用户
-n:　　　　　　　　　密码置空
【参数】
用户名:　　　　　　　指定要修改的用户

操作命令+配置文件+脚本程序+结束

（2）smbclient。使用 smbclient 命令可访问 SMB/CIFS 服务的资源。

命令详解：

【语法】
smbclient [选项] [参数]
【选项】
-B<ip 地址>:　　　　　　传送广播数据包时所用的 IP 地址
-d<排错层级>:　　　　　指定记录文件所记载事件的详细程度
-E:　　　　　　　　　　将信息送到标准错误输出设备
-h:　　　　　　　　　　显示帮助
-i<范围>:　　　　　　　设置 NetBIOS 名称范围
-I<IP 地址>:　　　　　　指定服务器的 IP 地址
-l<记录文件>:　　　　　指定记录文件的名称
-L:　　　　　　　　　　显示服务器端所分享出来的所有资源
-M<NetBIOS 名称>:　　可利用 WinPopup 协议，将信息送给选项中所指定的主机
-n<NetBIOS 名称>:　　指定用户端所要使用的 NetBIOS 名称
-N:　　　　　　　　　　不用询问密码
-O<连接槽选项>:　　　设置用户端 TCP 连接槽的选项
-p<TCP 连接端口>:　　指定服务器端 TCP 连接端口编号
-R<名称解析顺序>:　　设置 NetBIOS 名称解析的顺序
-s<目录>:　　　　　　　指定 smb.conf 所在的目录

-t<服务器字码>：	设置用何种字符码来解析服务器端的文件名称
-T<tar 选项>：	备份服务器端分享的全部文件，并打包成 tar 格式的文件
-U<用户名称>：	指定用户名称
-w<工作群组>：	指定工作群组名称
【参数】	
smb 服务器	指定要访问的 smb 服务器

操作命令+配置文件+脚本程序+结束

（3）smbstatus。使用 smbstatus 命令可查看当前 Samba 服务器的连接状态。

命令详解：

【语法】	
smbstatus [选项] [参数]	
【选项】	
-b：	输出简短内容
-d：	输出详细内容
-p：	列出 smbd 进程的列表然后退出
-S：	仅显示共享资源项
-u <username>：	查看 username 用户的操作信息
【参数】	
smb 服务器	指定要访问的 smb 服务器

操作命令+配置文件+脚本程序+结束

【进一步阅读】

　　本项目关于实现文件服务的任务已经完成，如需进一步了解私有云盘，掌握通过实用工具搭建私有云盘服务的方法，可进一步在线阅读【任务四　实现私有云盘服务】（http://explain.book.51xueweb.cn/openeuler/extend/8/4）深入学习。

扫码去阅读

项目九

使用 KVM 实现虚拟化服务

◉ 项目介绍

虚拟化是云计算基础服务，更是数据中心和服务器的常见服务形态。openEuler 操作系统下常用的虚拟化软件有 Xen、KVM 等，其中 KVM 使用范围最广。

本项目介绍 KVM 的安装与配置，讲授 KVM 的网络、存储和服务管理，重点讲解通过 KVM 实现对虚拟机的管理维护。

◉ 项目目的

- 了解虚拟化；
- 了解 KVM 软件；
- 掌握 KVM 软件的安装、配置与管理；
- 掌握通过 KVM 软件创建虚拟机；
- 掌握通过 KVM 软件管理虚拟机；
- 掌握通过 KVM 软件维护虚拟机。

◉ 项目讲堂

1. 虚拟化

（1）虚拟化简介。虚拟化技术（Virtualization）是伴随着计算机技术的产生而出现的，在计算机技术的发展历程中一直扮演着重要的角色。

虚拟化是指通过虚拟化技术将一台物理计算机虚拟为多台逻辑计算机。在一台物理计算机上同时运行多个逻辑计算机，每个逻辑计算机可运行不同的操作系统，并且应用程序都可以在相互独立的空间内运行而互不影响，从而显著提高物理计算机的工作效率。

虚拟化是一种资源管理技术，将物理计算机的各种实体资源，如服务器、网络、内存及存储等，予以抽象、转换后呈现出来，打破实体结构间的不可切割的障碍，使用户可以更好地应用资源。

虚拟化是一个为了简化管理、优化资源分配的解决方案。

（2）虚拟化的工作原理。虚拟化技术通过把物理计算机资源抽象转换为逻辑上可以管理的资源，达到整合简化物理基础设施架构、提高资源整体利用率、降低运维管理成本等目标，解决物理基础设施之间耦合性强的弊端，实现基于业务运行实际的弹性自动化资源分配。

虚拟化技术通过透明化底层物理计算机硬件达到最大化利用物理计算机硬件的目标，解决高性能的物理计算机硬件产能过剩和老旧硬件产能过低的重组重用。简单来说，就是将底层资源进行分区，并向上层提供特定的、多样化的运算环境。

虚拟化技术通过有效地管理虚拟资源和物理资源之间的映射关系，达到充分共享物理资源的目标，解决应用系统从资源独占到资源共享的转变，实现业务服务的高可用。

虚拟化逻辑结构如图 9-0-1 所示。

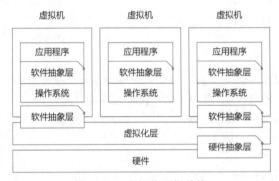

图 9-0-1　虚拟化逻辑结构

（3）虚拟化的实现方式。根据实现方式的不同，虚拟化技术可以分为全虚拟化、半虚拟化和操作系统级虚拟化等。

1）全虚拟化。在全虚拟化中，虚拟机（guest，客户机）和硬件之间，安装有"Hypervisor（超级管理器）"。Hypervisor 是一切硬件资源的管理者，并将其虚拟成各种设备，客户机操作系统无须做任何修改，就能直接对虚拟化的硬件发出请求。客户机操作系统内核执行的任何有特权的指令都需要经过 Hypervisor 翻译，才能正确地被处理。

全虚拟化是最为安全的一种虚拟化技术，因为客户机操作系统和底层硬件之间已被隔离。客户机操作系统的内核不要求做任何修改，可以在不同底层体系结构之间自由移植客户机操作系统。只要有虚拟化软件，客户机就能在任何体系结构的处理器上运行，但是在翻译 CPU 指令时会有一定的性能损失。

全虚拟化系统的结构如图 9-0-2 所示。

2）半虚拟化。半虚拟化技术也叫作准虚拟化技术，是在全虚拟化的基础上，对客户机操作系统进行修改，增加一个专门的 API，使用 API 将客户机操作系统发出的指令进行最优化处理，不需要 Hypervisor 耗费一定的资源进行翻译操作，因此 Hypervisor 的工作负担变得非常小，系统整体的性能会有较大提升。

半虚拟化技术的缺点是需要修改操作系统以包含 API，不能实现对通用操作系统的支持。

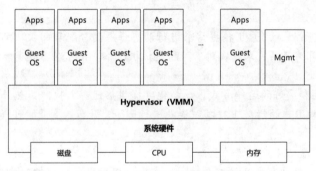

图 9-0-2　全虚拟化系统的结构

半虚拟化系统的结构如图 9-0-3 所示。

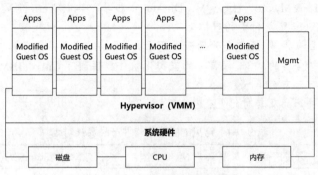

图 9-0-3　半虚拟化系统的结构

3）操作系统级虚拟化。操作系统级虚拟化并不是在硬件系统里创建多个虚拟机环境，而是让一个操作系统创建多个彼此相互独立的应用环境，这些应用环境访问同一内核。操作系统级的虚拟化可以想象是内核的一种功能，而不是抽象成一层独立的软件。

因为不存在实际的翻译层或者虚拟化层，所以操作系统级的虚拟机开销很小，大多数都能达到原本的性能。该类型不能使用多种操作系统，所有虚拟机需要共享一个内核。

操作系统级虚拟化系统结构如图 9-0-4 所示。

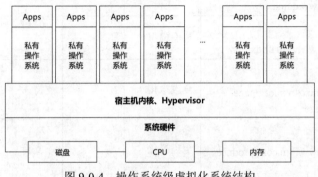

图 9-0-4　操作系统级虚拟化系统结构

（4）虚拟化的优势。

1）灵活性和可扩展性。用户可根据需求进行动态资源的分配和回收，满足动态变化的业务需求，同时也可根据不同的产品需求，规划不同的虚拟机规格，并可在不改变物理资源配置的情况下调整规模。

2）更高的可用性和更好的运维方式。虚拟化可提供热迁移、快照、热升级、容灾自动恢复等运维手段，可在不影响用户的情况下对物理资源进行删除、升级或变更，可提高业务的连续性，同时实现自动化运维。

3）提高安全性。虚拟化提供操作系统级隔离，同时实现基于硬件提供的处理器操作特权级控制，相比简单的共享机制具有更高的安全性，可实现数据和服务的可控和安全访问。

4）更高的资源利用率。虚拟化可支持实现物理资源和资源池的动态共享，提高资源利用率。

（5）虚拟化的解决方案。虚拟化产品分为开源虚拟化软件和商业虚拟化软件两大阵营，典型的代表有 Xen、KVM、VMware、Hyper-V、Docker 容器等，其中 Xen、KVM 是开源免费的虚拟化软件，VMware、Hyper-V 是付费的虚拟化软件。

虚拟化的软件产品有很多，无论是开源还是商业的，每款软件产品都有其自身特点及应用场景，需要根据业务场景选择合适的软件。最常见的虚拟化软件提供商有 Citrix、IBM、VMware、Microsoft 等，国产虚拟化平台有云宏 CNware 等。

常见的虚拟化软件产品及其对比见表 9-0-1。

表 9-0-1　常见的虚拟化软件产品及其对比

名称	开发厂商	虚拟类型	执行效率	GuestOS 跨平台	许可证
Xen	Virtual Iron https://www.xenserver.com/	半虚拟化	高	支持	GPL
OpenVZ	Swsoft https://www.openvz.org/	操作系统级 虚拟化	高	不支持	GPL
VMware	VMware https://www.vmware.com/	全虚拟化	中	支持	私有
QEMU	QEMU https://www.qemu.org/	仿真	低	支持	LGPL/GPL
VirtualBox	Oracle https://www.virtualbox.org/	桌面虚拟化	低	支持	GPL
KVM	KVM https://linux-kvm.org/page/ Main_Page	全虚拟化	中	支持	GPL
z/VM	IBM https://www.ibm.com/products/ 2vm	全虚拟化	高	不支持	私有

2. KVM

（1）KVM 简介。KVM 是基于 Linux 内核的虚拟机软件（全称为 Kernel-based Virtual Machine），是第一个整合到 Linux 内核的虚拟化软件。KVM 嵌入 Linux 系统内核，使 Linux 变成了一个 Hypervisor，通过优化内核来使用虚拟技术，使用 Linux 自身的调度器进行虚拟机管理。

KVM 的架构如图 9-0-5 所示，KVM 是内核的一个模块，用户空间通过 QEMU 模拟硬件提供虚拟机使用，一台虚拟机就是一个普通的 Linux 进程，通过对这个进程的管理，完成对虚拟机的管理。

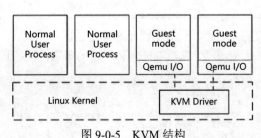

图 9-0-5　KVM 结构

（2）KVM 优势。KVM 的主要优势如下。

1）开源免费。KVM 是一个开源项目，一直以开放的姿态接收各种新技术，许多虚拟化的新技术都首先在 KVM 上应用，再到其他虚拟化引擎上推广。因为开源，绝大部分 KVM 的解决方案都是免费方案。随着 KVM 的发展，KVM 虚拟机越来越稳定，兼容性越来越好，因而得到了广泛的应用。

2）紧密结合 Linux。KVM 是第一个整合进 Linux 内核的虚拟化技术，和 Linux 系统紧密结合，因此形成了从底层 Linux 操作系统，中间层 Libvirt 管理工具，到云管平台 OpenStack 的 KVM 生态链。

3）性能优越。KVM 性能优越，在同样的硬件环境下，能提供更好的虚拟机性能。

任务一　安装 KVM

【任务介绍】

本任务通过 KVM 软件实现虚拟化服务，并进行虚拟化服务的测试与管理。

【任务目标】

（1）实现 KVM 软件的安装配置。
（2）实现 KVM 服务的测试与管理。

【操作步骤】

步骤 1：创建虚拟机并完成 openEuler 的安装。

在 VirtualBox 中创建虚拟机，完成 openEuler 的安装。虚拟机与操作系统的配置信息见表 9-1-1，注意虚拟机网卡的工作模式为桥接。

表 9-1-1　虚拟机与操作系统配置

虚拟机配置	操作系统配置
虚拟机名称：VM-Project-09-Task-01-10.10.2.91	主机名：Project-09-Task-01
内存：4GB	IP 地址：10.10.2.91
CPU：1 颗 4 核心	子网掩码：255.255.255.0
虚拟硬盘：100GB	网关：10.10.2.1
网卡：1 块，桥接	DNS：8.8.8.8

步骤 2：完成虚拟机的主机配置、网络配置及通信测试。

启动并登录虚拟机，依据表 9-1-1 完成主机名和网络的配置，能够访问互联网和本地主机。

> （1）虚拟机的创建、操作系统的安装、主机名与网络的配置，具体方法参见项目一。
> （2）建议通过虚拟机复制快速创建所需环境。通过复制创建的虚拟机需依据本任务虚拟机与操作系统规划配置信息设置主机名与网络，实现对互联网和本地主机的访问。
> （3）在本项目中出现的设备有 3 项：本地主机、宿主机和 KVM 虚拟机。
> - 本地主机：安装有 VirtualBox 软件的 Windows 11 操作系统，是物理计算机
> - 宿主机：由 VirtualBox 创建的虚拟机，安装有 KVM 软件的 openEuler 操作系统
> - KVM 虚拟机：在宿主机中使用 KVM 创建的虚拟机
> （4）在本书的其他项目中，使用的设备名称有两项：本地主机和虚拟机。
> - 本地主机：安装有 VirtualBox 软件的 Windows 11 操作系统，是物理计算机
> - 虚拟机：由 VirtualBox 创建的虚拟机，安装有 openEuler 操作系统
> （5）本项目中的宿主机等同于本书其他项目中的虚拟机。
> （6）本项目中的 KVM 虚拟机由宿主机中 KVM 软件创建，KVM 虚拟机也可安装操作系统。

步骤 3：配置宿主机支持虚拟化。

关闭宿主机并在 VirtualBox 软件中设置"VM-Project-09-Task-01-10.10.2.91"的处理器，启用扩展特性中的"启用嵌套 VT-x/AMD-V"选项，如图 9-1-1 所示。

> （1）如果"启用嵌套 VT-x/AMD-V"选项为灰色，不可操作，可依次依据下述步骤查看问题并解决。
> - 查看本地主机 CPU 是否支持虚拟化。如果支持，可进入本地主机的 BIOS，启用 CPU 的虚拟化支持
> - 查看本地主机是否安装"Hyper-V"。如果安装，请使用"启用或关闭 Windows 功能"卸载 Hyper-V
> （2）如果仍未解决，可进入 VirtualBox 安装目录，通过命令提示符（CMD）使

用 VBoxManage.exe modifyvm "虚拟机名称" --nested-hw-virt on 设置，执行命令如
"VBoxManage.exe modifyvm VM-Project-09-Task-01-10.10.2.91 --nested-hw-virt on"。

图 9-1-1　启用嵌套 VT-x/AMD-V

步骤 4：配置宿主机网络混杂模式。

配置网络高级选项中的混杂模式为"全部允许"，如图 9-1-2 所示。

步骤 5：验证是否支持 KVM 虚拟化。

在安装虚拟化组件前，需验证内核是否支持 KVM 虚拟化。

图 9-1-2　设置混杂模式为全部允许

操作命令：

1.　　# 使用 ls 命令查看 /dev/kvm 文件是否存在
2.　　[root@Project-09-Task-01 ~]# ls /dev/kvm

3.　　# 出现下述结果表示文件存在
4.　　/dev/kvm
5.　　# 使用 ls 命令查看/sys/module/kvm 文件是否存在
6.　　[root@Project-09-Task-01 ~]# ls /sys/module/kvm
7.　　# 出现下述结果表示文件存在
8.　　coresize holders initsize initstate notes parameters refcnt sections srcversion taint uevent

操作命令+配置文件+脚本程序+结束

步骤 6：安装虚拟化组件。

（1）安装虚拟化模拟器 QEMU。QEMU 是纯软件实现的虚拟化模拟器，几乎可以模拟任何硬件设备。QEMU 可配合 KVM 实现虚拟化，其主要负责 I/O 虚拟化。

操作命令：

1.　　# 使用 yum 工具安装 QEMU
2.　　[root@Project-09-Task-01 ~]# yum install -y qemu
3.　　# 使用 rpm 工具查看 QEMU 软件包信息
4.　　[root@Project-09-Task-01 ~]# rpm -qi qemu
5.　　Name   : qemu
6.　　Epoch   : 10
7.　　Version   : 6.2.0
8.　　Release   : 74.oe2203sp2
9.　　Architecture : x86_64
10.　Install Date : 2023 年 07 月 23 日 星期日 20 时 22 分 43 秒
11.　Group   : Unspecified
12.　Size   : 21830783
13.　License   : GPLv2 and BSD and MIT and CC-BY-SA-4.0
14.　Signature   : RSA/SHA256, 2023 年 06 月 28 日 星期三 15 时 45 分 12 秒, Key ID 007fb747fb37bc6f
15.　Source RPM : qemu-6.2.0-74.oe2203sp2.src.rpm
16.　Build Date : 2023 年 06 月 28 日 星期三 15 时 42 分 00 秒
17.　Build Host : dc-64g.compass-ci
18.　Packager   : http://openeuler.org
19.　URL   : http://www.qemu.org
20.　Summary   : QEMU is a generic and open source machine emulator and virtualizer
21.　Description :
22.　QEMU is a FAST! processor emulator using dynamic translation to achieve good emulation speed.
23.
24.　QEMU has two operating modes:
25.
26.　　　Full system emulation. In this mode, QEMU emulates a full system (for example a PC),
27.　　　including one or several processors and various peripherals. It can be used to launch
28.　　　different Operating Systems without rebooting the PC or to debug system code.
29.
30.　　　User mode emulation. In this mode, QEMU can launch processes compiled for one CPU on another CPU.
31.　　　It can be used to launch the Wine Windows API emulator (https://www.winehq.org) or to ease
32.　　　cross-compilation and cross-debugging.
33.　You can refer to https://www.qemu.org for more infortmation.

操作命令+配置文件+脚本程序+结束

（2）安装 libvirt 组件。libvirt 提供统一、稳定、开放的源代码应用程序接口（API）、守护进程（libvirtd）和一个默认命令行管理工具（virsh），可实现对宿主机及其虚拟化设备、网络和存储的管理。

操作命令：

```
1.   # 使用 yum 工具安装 libvirt
2.   [root@Project-09-Task-01 ~]# yum install -y libvirt
3.   # 使用 systemctl 命令启动 libvirtd 服务
4.   [root@Project-09-Task-01 ~]# systemctl start libvirtd
5.   # 使用 systemctl 命令查看 libvirtd 服务运行状态
6.   [root@Project-09-Task-01 ~]# systemctl status libvirtd
7.   ● libvirtd.service - Virtualization daemon
8.       Loaded: loaded (/usr/lib/systemd/system/libvirtd.service; enabled; vendor preset: enabled)
9.       Active: active (running) since Sun 2023-07-23 20:32:13 CST; 3h 57min ago
10.  TriggeredBy:  ● libvirtd-admin.socket
11.               ● libvirtd.socket
12.               ● libvirtd-ro.socket
13.       Docs:man:libvirtd(8)
14.               https://libvirt.org
15.     Main PID: 1943 (libvirtd)
16.     Tasks: 21 (limit: 32768)
17.     Memory: 87.0M
18.     CGroup: /system.slice/libvirtd.service
19.             ├─ 1669 /usr/sbin/dnsmasq --conf-file=/var/lib/libvirt/dnsmasq/default.conf --leasefile-ro --dhcp
     -script=/usr/libexec/libvirt_leaseshelper
20.             ├─ 1670 /usr/sbin/dnsmasq --conf-file=/var/lib/libvirt/dnsmasq/default.conf --leasefile-ro --dhcp
     -script=/usr/libexec/libvirt_leaseshelper
21.             └─ 1943 /usr/sbin/libvirtd --timeout 120
22.
23.  7 月 23 20:32:13 Project-09-Task-01 systemd[1]: Started Virtualization daemon.
24.  7 月 23 20:32:13 Project-09-Task-01 dnsmasq[1669]: read /etc/hosts - 8 names
25.  7 月 23 20:32:13 Project-09-Task-01 dnsmasq[1669]: read /var/lib/libvirt/dnsmasq/default.addnhosts - 0
     names
26.  7 月 23 20:32:13 Project-09-Task-01 dnsmasq-dhcp[1669]: read /var/lib/libvirt/dnsmasq/default.hostsfile
27.  7 月 23 20:32:54 Project-09-Task-01 libvirtd[1943]: libvirt version: 6.2.0, package: 57.oe2203sp2 (http://
     openeuler.org, 2023-06-28-15:51:04, dc-64g.compass->
28.  7 月 23 20:32:54 Project-09-Task-01 libvirtd[1943]: hostname: Project-09-Task-01
29.  # 使用 rpm 命令查看 libvirt 软件包信息
30.  [root@Project-09-Task-01 ~]# rpm -qi libvirt
31.  Name         : libvirt
32.  Version      : 6.2.0
33.  Release      : 57.oe2203sp2
34.  Architecture : x86_64
35.  Install Date : 2023 年 07 月 23 日 星期日 20 时 23 分 31 秒
36.  Group        : Unspecified
37.  Size         : 0
38.  License      : LGPLv2+
39.  Signature    : RSA/SHA256, 2023 年 06 月 28 日 星期三 15 时 52 分 29 秒, Key ID 007fb747fb37bc6f
```

40. Source RPM   : libvirt-6.2.0-57.oe2203sp2.src.rpm
41. Build Date   : 2023 年 06 月 28 日 星期三 15 时 51 分 04 秒
42. Build Host   : dc-64g.compass-ci
43. Packager   : http://openeuler.org
44. URL   : https://libvirt.org/
45. Summary   : Library providing a simple virtualization API
46. Description   :
47. Libvirt is a C toolkit to interact with the virtualization capabilities
48. of recent versions of Linux (and other OSes). The main package includes
49. the libvirtd server exporting the virtualization support.

操作命令+配置文件+脚本程序+结束

在 openEuler 系统中安装虚拟化组件，最低硬件要求如下。
- AArch64 处理器架构：ARMv8 以上并且支持虚拟化扩展
- x86_64 处理器架构：支持 VT-x
- 2 核 CPU
- 4GB 的内存
- 16GB 可用磁盘空间

libvirt 已经成为使用最为广泛的对各种虚拟机进行管理的工具和应用程序接口（API），常用的虚拟机管理工具（如 virsh、virt-install、virt-manager 等）和云计算管理软件（如 OpenStack、OpenNebula、Eucalyptus 等）都使用 libvirt 的应用程序接口。

步骤 7：检测 KVM 是否已经安装成功。

通过查看 KVM 软件虚拟机列表，验证 KVM 软件是否安装成功。

操作命令：

1. # 使用 virsh 工具查看 KVM 虚拟机列表
2. [root@Project-09-Task-01 ~]# virsh list
3. # 出现下述信息表明 KVM 安装成功
4. Id   名称   状态
5. --------------------------------

操作命令+配置文件+脚本程序+结束

任务二　创建 KVM 虚拟机

【任务介绍】

本任务使用 KVM 软件创建 KVM 虚拟机，并为 KVM 虚拟机安装操作系统。
本任务在任务一的基础上进行。

【任务目标】

（1）实现宿主机网桥配置。
（2）实现宿主机的连通性测试。

（3）实现 KVM 虚拟机的创建。

（4）实现 KVM 虚拟机操作系统的安装。

【任务设计】

KVM 虚拟机配置见表 9-2-1。

表 9-2-1　KVM 虚拟机配置

KVM 虚拟机配置
虚拟机名称：VM-CentOS-Temp
内存：2GB
CPU：1 颗 1 核心
虚拟硬盘：20GB
网卡：1 块，桥接

【操作步骤】

步骤 1：查看宿主机的网络情况。

为使虚拟机可与外部网络通信，需要为虚拟机配置网络环境。KVM 虚拟化支持 Linux Bridge、Open vSwitch 网桥等多种类型的网桥，本项目选用 Linux Bridge 方式实现。

操作命令：

```
1.   # 使用 ip addr 命令查看宿主机的网络情况
2.   [root@Project-09-Task-01 ~]# ip addr
3.   1: lo: <LOOPBACK,UP,LOWER_UP> mtu 65536 qdisc noqueue state UNKNOWN group default qlen
     1000
4.       link/loopback 00:00:00:00:00:00 brd 00:00:00:00:00:00
5.       inet 127.0.0.1/8 scope host lo
6.          valid_lft forever preferred_lft forever
7.       inet6 ::1/128 scope host
8.          valid_lft forever preferred_lft forever
9.   2: enp0s3: <BROADCAST,MULTICAST,UP,LOWER_UP> mtu 1500 qdisc fq_codel state UP group
     default qlen 1000
10.      link/ether 08:00:27:25:54:cf brd ff:ff:ff:ff:ff:ff
11.      inet 10.10.2.91/24 brd 10.10.2.255 scope global noprefixroute enp0s3
12.         valid_lft forever preferred_lft forever
13.      inet6 fe80::a00:27ff:fe25:54cf/64 scope link noprefixroute
14.         valid_lft forever preferred_lft forever
15.  3: virbr0: <NO-CARRIER,BROADCAST,MULTICAST,UP> mtu 1500 qdisc noqueue state DOWN group
     default qlen 1000
16.      link/ether 52:54:00:83:97:14 brd ff:ff:ff:ff:ff:ff
17.      inet 192.168.122.1/24 brd 192.168.122.255 scope global virbr0
18.         valid_lft forever preferred_lft forever
19.  4: virbr0-nic: <BROADCAST,MULTICAST> mtu 1500 qdisc fq_codel master virbr0 state DOWN group
     default qlen 1000
20.      link/ether 52:54:00:83:97:14 brd ff:ff:ff:ff:ff:ff
```

操作命令+配置文件+脚本程序+结束

步骤 2：创建 Linux Bridge。

创建 bridge 时需使用 nmcli 命令创建 br0，并将其绑定到可以正常工作的网络接口上，让 br0 成为连接宿主机与互联网的接口。

操作命令：

1. # 使用 nmcli 命令创建 bridge
2. [root@Project-09-Task-01 ~]# nmcli connection add type bridge con-name br0 ifname br0 autoconnect yes
3. 连接 "br0" (72703b6c-da4e-468b-bcf3-80409da3f5ce) 已成功添加
4.
5. # 使用 nmcli 命令查看 bridge 是否创建成功
6. [root@Project-09-Task-01 ~]# nmcli c
7. # 出现 br0 代表网桥创建成功
8. NAME   UUID   TYPE   DEVICE
9. br0   72703b6c-da4e-468b-bcf3-80409da3f5ce   bridge   br0
10. enp0s3   a5a63e57-616f-4dc7-994e-ee8fdda92e96ethernet   enp0s3
11. virbr0   c7304c06-f86a-4fb2-9dfa-c415da872981   bridge   virbr0
12.
13. # 网桥创建成功后会自动生成网桥配置文件，使用 ls 命令查看网桥配置文件
14. # ifcfg-br0 是已经创建的网桥文件
15. [root@Project-09-Task-01 ~]# ls -l /etc/sysconfig/network-scripts/
16. 总用量 8
17. -rw-r--r-- 1   root root 311 8月 5   00:00   ifcfg-br0
18. -rw-r--r--. 1   root root 309 7月 23   20:19   ifcfg-enp0s3
19.
20. # 使用 sed 工具完成"/etc/sysconfig/network-scripts/ifcfg-br0"的配置
21. [root@Project-09-Task-01 ~]# nmcli connection add type bridge con-name br0 ifname br0 autoconnect yes
22. [root@Project-09-Task-01 ~]# sed -i 's/dhcp/static/' /etc/sysconfig/network-scripts/ifcfg-br0
23. [root@Project-09-Task-01 ~]# sed -i '$a IPADDR=10.10.2.91' /etc/sysconfig/network-scripts/ifcfg-br0
24. [root@Project-09-Task-01 ~]# sed -i '$a GATEWAY=10.10.2.1' /etc/sysconfig/network-scripts/ifcfg-br0
25. [root@Project-09-Task-01 ~]# sed -i '$a PREFIX=24' /etc/sysconfig/network-scripts/ifcfg-br0
26. [root@Project-09-Task-01 ~]# sed -i '$a DNS1=8.8.8.8' /etc/sysconfig/network-scripts/ifcfg-br0
27.
28. # 使用 sed 工具完成"/etc/sysconfig/network-scripts/ifcfg-enp0s3"的配置
29. [root@Project-09-Task-01 ~]# sed -i '15,$d' /etc/sysconfig/network-scripts/ifcfg-enp0s3
30. [root@Project-09-Task-01 ~]# sed -i '$a BRIDGE="br0"' /etc/sysconfig/network-scripts/ifcfg-enp0s3
31.
32. # 使用 nmcli 命令重启网络
33. [root@Project-09-Task-01 ~]# nmcli c reload && nmcli c down br0 && nmcli c up br0 && nmcli c up enp0s3
34. 成功停用连接 "br0"（D-Bus 活动路径：/org/freedesktop/NetworkManager/ActiveConnection/4）
35. 连接已成功激活（master waiting for slaves）（D-Bus 活动路径：/org/freedesktop/NetworkManager/ActiveConnection/6）
36. 连接已成功激活（D-Bus 活动路径：/org/freedesktop/NetworkManager/ActiveConnection/7）
37. # 使用 ip addr 命令查看宿主机的网络情况
38. [root@Project-09-Task-01 ~]# ip addr

39.　　1: lo: <LOOPBACK,UP,LOWER_UP> mtu 65536 qdisc noqueue state UNKNOWN group default qlen 1000

40.　　　　link/loopback 00:00:00:00:00:00 brd 00:00:00:00:00:00

41.　　　　inet 127.0.0.1/8 scope host lo

42.　　　　　　valid_lft forever preferred_lft forever

43.　　　　inet6 ::1/128 scope host

44.　　　　　　valid_lft forever preferred_lft forever

45.　　2: enp0s3: <BROADCAST,MULTICAST,UP,LOWER_UP> mtu 1500 qdisc fq_codel master br0 state UP group default qlen 1000

46.　　　　link/ether 08:00:27:25:54:cf brd ff:ff:ff:ff:ff:ff

47.　　3: virbr0: <NO-CARRIER,BROADCAST,MULTICAST,UP> mtu 1500 qdisc noqueue state DOWN group default qlen 1000

48.　　　　link/ether 52:54:00:83:97:14 brd ff:ff:ff:ff:ff:ff

49.　　　　inet 192.168.122.1/24 brd 192.168.122.255 scope global virbr0

50.　　　　　　valid_lft forever preferred_lft forever

51.　　4: virbr0-nic: <BROADCAST,MULTICAST> mtu 1500 qdisc fq_codel master virbr0 state DOWN group default qlen 1000

52.　　　　link/ether 52:54:00:83:97:14 brd ff:ff:ff:ff:ff:ff

53.　　6: br0: <BROADCAST,MULTICAST,UP,LOWER_UP> mtu 1500 qdisc noqueue state UP group default qlen 1000

54.　　　　link/ether 08:00:27:25:54:cf brd ff:ff:ff:ff:ff:ff

55.　　　　inet 10.10.2.91/24 brd 10.10.2.255 scope global noprefixroute br0

56.　　　　　　valid_lft forever preferred_lft forever

57.　　　　inet6 fe80::b123:3627:50cd:a9dd/64 scope link noprefixroute

58.　　　　　　valid_lft forever preferred_lft forever

59.　# 使用 ping 命令验证配置是否成功，宿主机是否能够上网

60.　[root@Project-09-Task-01 ~]# ping www.baidu.com -c 4

61.　PING www.a.shifen.com (110.242.68.3) 56(84) 字节的数据。

62.　64 字节，来自 110.242.68.3 (110.242.68.3): icmp_seq=1 ttl=54 时间=19.9 毫秒

63.　64 字节，来自 110.242.68.3 (110.242.68.3): icmp_seq=2 ttl=54 时间=18.4 毫秒

64.　64 字节，来自 110.242.68.3 (110.242.68.3): icmp_seq=3 ttl=54 时间=23.1 毫秒

65.　64 字节，来自 110.242.68.3: icmp_seq=4 ttl=54 时间=18.1 毫秒

66.

67.　--- www.a.shifen.com ping 统计 ---

68.　已发送 4 个包，已接收 4 个包，0% packet loss, time 3018ms

69.　rtt min/avg/max/mdev = 18.106/19.872/23.125/1.993 ms

操作命令+配置文件+脚本程序+结束

步骤 3： 安装 virt-install 工具。

virt-install 是一个基于命令行创建 KVM 虚拟机的工具，使用 virt-install 可完成 KVM 虚拟机的创建及操作系统安装。

操作命令：

1.　# 安装 virsh-install 工具

2.　[root@Project-09-Task-01 ~]# yum install -y virt-install

3.　OS　　　　　　　　　　　　　　607 B/s　| 3.4 kB　　00:05

4.　Everything　　　　　　　　　　6.9 kB/s　| 3.5 kB　　00:00

5.　EPOL　　　　　　　　　　　　10 kB/s　| 3.5 kB　　00:00

6.　debuginfo　　　　　　　　　　6.9 kB/s　| 3.5 kB　　00:00

	Package	Architecture	Version	Repository	Size
7. source   10 kB/s | 3.4 kB   00:00
8. update   11 kB/s | 3.2 kB   00:00
9. update   838 kB/s | 5.2 MB   00:06
10. update-source   9.7 kB/s | 3.2 kB   00:00
11. update-source   56 kB/s | 63 kB   0:01
12. Dependencies resolved.
13. ==
14. Package   Architecture   Version   Repository   Size
15. ==
16. Installing:
17. virt-install   noarch   2.1.0-8.oe2203sp2   OS   26 k
18. Installing dependencies:
19. Genisoimage   x86_64   1.1.11-49.oe2203sp2   OS   270 k
20. glib-networking   x86_64   2.68.1-5.oe2203sp2   OS   158 k
21. gsettings-desktop-schemas x86_64   41.0-2.oe2203sp2   OS   702 k
22. json-glib   x86_64   1.6.6-2.oe2203sp2   OS   150 k
23. Libosinfo   x86_64   1.10.0-1.oe2203sp2   OS   257 k
24. Libproxy   x86_64   0.4.18-1.oe2203sp2   OS   108 k
25. Libsoup   x86_64   2.74.2-2.oe2203sp2   OS   339 k
26. Libusal   x86_64   1.1.11-49.oe2203sp2   OS   68 k
27. osinfo-db   x86_64   20220214-3.oe2203sp2   OS   258 k
28. osinfo-db-tools   x86_64   1.10.0-1.oe2203sp2   OS   50 k
29. python3-argcomplete   noarch   2.0.0-1.oe2203sp2   OS   61 k
30. python3-chardet   noarch   5.0.0-2.oe2203sp2   OS   230 k
31. python3-charset-normalizer noarch   2.0.12-1.oe2203sp2   OS   76 k
32. python3-idna   noarch   3.2-2.oe2203sp2   OS   86 k
33. python3-libvirt   x86_64   6.2.0-6.oe2203sp2   OS   292 k
34. python3-libxml2   x86_64   2.9.14-7.oe2203sp2   OS   225 k
35. python3-pysocks   noarch   1.7.1-2.oe2203sp2   OS   33 k
36. python3-requests   noarch   2.26.0-8.oe2203sp2   OS   108 k
37. python3-urllib3   noarch   1.26.12-4.oe2203sp2   OS   205 k
38. virt-manager-common   noarch   2.1.0-8.oe2203sp2   OS   1.0 M
39. Installing weak dependencies:
40. abattis-cantarell-fonts noarch   0.303.1-1.oe2203sp2   OS   112 k
41.
42. Transaction Summary
43. ==
44. Install 22 Packages
45.
46. Total download size: 4.8 M
47. Installed size: 24 M
48. Downloading Packages:
49. (1/22): abattis-cantarell-fonts-0.303.1-1.oe2203sp2.noarch.rpm   125 kB/s | 112 kB   00:00
50. # 为了排版方便此处省略了部分提示信息   1.9 MB/s | 1.0 MB   00:00
51. --
52. Total   1.3 MB/s | 4.8 MB   00:03
53. Running transaction check
54. Transaction check succeeded.
55. Running transaction test
56. Transaction test succeeded.

57.	Running transaction	
58.	Preparing	1/1
59.	Installing : python3-idna-3.2-2.oe2203sp2.noarch	1/22
60.	# 为了排版方便此处省略了部分提示信息	22/22
61.		
62.	Installed:	
63.	abattis-cantarell-fonts-0.303.1-1.oe2203sp2.noarch	
64.	# 为了排版方便此处省略了部分提示信息	
65.		
66.	Complete!	

操作命令+配置文件+脚本程序+结束

步骤 4：获取 CentOS 7。

本任务为 KVM 虚拟机，选用 CentOS 7 操作系统，版本为 CentOS-7-x86_64-Minimal-2009，版本号是 7.9.2009，其镜像可通过官方网址（http://mirrors.163.com/centos/7.9.2009/isos/x86_64/CentOS-7-x86_64-Minimal-2009.iso）下载。

操作命令：

1. # 使用 mkdir 命令创建/opt/iso 目录，存放 iso 文件
2. [root@Project-09-Task-01 ~]# mkdir -p /opt/iso/
3. # 使用 wget 工具下载 CentOS-7-x86_64-Minimal-2009.iso 到指定目录。
4. [root@Project-09-Task-01 ~]# wget -O /opt/iso/CentOS-7-x86_64-Minimal-2009.iso http://mirrors.163.com /centos/7.9.2009/isos/x86_64/CentOS-7-x86_64-Minimal-2009.iso

操作命令+配置文件+脚本程序+结束

步骤 5：安装 CentOS 7。

本步骤使用 virt-install 工具以命令行的方式创建 KVM 虚拟机，并实现 CentOS 7 系统的安装。

操作命令：

1. # 使用 mkdir 命令创建/opt/disk 目录，存放虚拟机磁盘文件
2. [root@Project-09-Task-01 ~]# mkdir -p /opt/disk
3. # 使用 virt-install 工具安装 KVM 虚拟机
4. [root@Project-09-Task-01 ~]# virt-install --name=VM-CentOS-Temp --vcpus=1 --memory=2048 --network bridge=br0,model=virtio --os-type=linux --os-variant=rhel7.9 --location=/opt/iso/CentOS-7-x86_64-Minimal-2009.iso --disk /opt/disk/VM-CentOS-Temp.qcow2,format=qcow2,size=20 --console=pty,target_type=serial --graphics=none --extra-args="console=tty0 console=ttyS0 noapic"
5. # 出现以下信息表示 KVM 虚拟机已经开始安装操作系统，请按照操作提示逐步完成操作系统的安装
6. 开始安装......
7. 搜索文件 vmlinuz...... | 6.5 MB   00:00:00
8. 搜索文件 initrd.img...... | 53 MB   00:00:00
9. 正在分配 'VM-CentOS-Temp.qcow2'   0% [   ]   0 B/s | 968 kB   --:--:--
10. 连接到域 VM-CentOS-Temp
11. Escape character is ^] (Ctrl +])
12. [0.000000] Initializing cgroup subsys cpuset
13. [0.000000] Initializing cgroup subsys cpu
14. [0.000000] Initializing cgroup subsys cpuacct

操作命令+配置文件+脚本程序+结束

命令详解：

virt-install 工具参数说明如下。	
name:	KVM 虚拟机名称，本任务配置为"VM-CentOS-Temp"
vcpus:	配置 KVM 虚拟机虚拟 CPU 数量，本任务配置为"1"
memory:	配置 KVM 虚拟机内存大小，单位为 MB，本任务配置为 2048
network:	配置 KVM 虚拟机网络，网络模式为 bridge，网卡为 br0
os-type:	配置系统类型，本任务配置为"Linux"
os-variant:	配置系统版本，本任务配置为"rhel7.9"
location:	配置安装源，本任务配置为"/opt/iso/CentOS-7-x86_64-Minimal-2009.iso"
disk:	配置磁盘选项，本任务配置路径为 "/opt/disk/VM-CentOS-KVM.qcow2"，格式为"qcow2"，大小为 10G
console:	配置控制台连接 KVM 虚拟机
graphics:	配置 KVM 虚拟机显示选项，本任务配置为"none"，不启用图形化界面
extra-args:	将附加参数添加到由--location 引导的内核中

操作命令+配置文件+脚本程序+结束

VM-CentOS-Temp 安装启动后，将进入安装向导，如图 9-2-1 所示，可按照向导开展安装操作。

图 9-2-1　VM-CentOS-Temp 安装向导

VM-CentOS-Temp 安装成功后，将进入登录界面，如图 9-2-2 所示，可输入预先设置的用户名和密码登录。

图 9-2-2　VM-CentOS-Temp 登录界面

　CentOS 7 操作系统安装完成后，可以按"Ctrl+]"组合键，退出 KVM 软件的控制台。

任务三　管理 KVM 虚拟机

扫码看视频

【任务介绍】

本任务通过 KVM 软件实现虚拟机的管理，包括 KVM 虚拟机的启动、关闭、开机自启动与网络配置。

【任务目标】

（1）实现 KVM 软件管理 KVM 虚拟机。
（2）实现 KVM 虚拟机的网络配置。

【任务设计】

KVM 虚拟机需实现对互联网的访问，其操作系统配置见表 9-3-1。

表 9-3-1　KVM 虚拟机配置

KVM 虚拟机配置
主机名：vm-centos-temp
IP 地址：10.10.2.92
子网掩码：255.255.255.0
网关：10.10.2.1
DNS：8.8.8.8

【操作步骤】

步骤 1： 查看 KVM 虚拟机的状态。

virsh 是基于命令行的虚拟机管理工具，使用 virsh 的 virsh list 命令可查看宿主机上处于运行和暂停状态的 KVM 虚拟机列表。

操作命令：

```
1.   # 使用 virsh 的 list 命令查看宿主机上处于运行和暂停状态的 KVM 虚拟机列表
2.   [root@Project-09-Task-01 ~]# virsh list
3.    Id  名称              状态
4.   ------------------------------------
5.    1   VM-CentOS-Temp    运行中
```

操作命令+配置文件+脚本程序+结束

 　　"virsh list --all" 命令可以列出所有 KVM 虚拟机，包括运行、暂停和关闭状态的虚拟机。

步骤 2： 更改 KVM 虚拟机的状态。

使用 virsh 工具的 virsh shutdown 命令关闭 KVM 虚拟机，使用 virsh 工具的 virsh start 命令可开启处于关闭状态的 KVM 虚拟机。

操作命令：

```
1.   # 使用 virsh 工具的 virsh shutdown 命令关闭 KVM 虚拟机
2.   [root@Project-09-Task-01 ~]# virsh shutdown   VM-CentOS-Temp
3.   域 VM-CentOS-Temp 被关闭
4.
5.   # 使用 virsh 工具的 virsh list --all 命令查询宿主机上已创建的 KVM 虚拟机信息列表
6.   [root@Project-09-Task-01 ~]# virsh list --all
7.    Id   名称                  状态
8.   --------------------------------------
9.    -    VM-CentOS-Temp     关闭
10.
11.  # 使用 virsh 工具的 virsh start 命令启动 KVM 虚拟机
12.  [root@Project-09-Task-01 ~]# virsh start VM-CentOS-Temp
13.  域 VM-CentOS-Temp 已开始
14.
15.  # 使用 virsh 工具的 virsh domstate 命令查看指定 KVM 虚拟机的状态
16.  [root@Project-09-Task-01 ~]# virsh domstate VM-CentOS-Temp
17.  运行中
```

操作命令+配置文件+脚本程序+结束

（1）virsh 工具中常见的 KVM 虚拟机生命周期管理命令如下。

- virsh define <XMLFile>：定义 KVM 虚拟机，执行命令后 KVM 虚拟机创建成功，并处于关闭状态
- virsh create <XMLFile>：创建一个临时性的 KVM 虚拟机，创建完成后 KVM 虚拟机处于运行状态
- virsh start <VMInstance>：启动虚拟机
- virsh shutdown <VMInstance>：关闭虚拟机。此命令用于启动虚拟机关机流程，若关机失败可使用强制关闭
- virsh destroy <VMInstance>：对 KVM 虚拟机执行强制关闭操作
- virsh reboot <VMInstance>：重启虚拟机。
- virsh save <VMInstance> <DumpFile>：将虚拟机状态存储到文件中
- virsh restore <DumpFile>：从虚拟机状态转储文件中恢复虚拟机
- virsh suspend <VMInstance>：暂停虚拟机的运行，使虚拟机处于 paused 状态
- virsh resume <VMInstance>：唤醒虚拟机，将处于 paused 状态的虚拟机恢复到运行状态
- virsh undefine <VMInstance>：销毁虚拟机，虚拟机生命周期完结，不能继续对该虚拟机操作

（2）VMInstance 可以是 KVM 虚拟机名称、KVM 虚拟机 ID 或者 KVM 虚拟机 UUID，XMLFile 是 KVM 虚拟机 XML 配置文件，DumpFile 为 KVM 虚拟机转储文件，使用时请根据实际情况修改。

步骤 3：查看 KVM 虚拟机的基本信息。

使用 virsh dominfo 查询"VM-CentOS-Temp"虚拟机的基本信息。

操作命令：

1. # 使用 virsh 工具的 virsh dominfo 命令查看 KVM 虚拟机的基本信息
2. [root@Project-09-Task-01 ~]# virsh dominfo VM-CentOS-Temp
3. Id:　　　　　　1
4. 名称:　　　　　VM-CentOS-Temp
5. UUID:　　　　d26f6bb5-b19b-4c9d-b5e6-a925d25c1683
6. OS 类型:　　　hvm
7. 状态:　　　　　运行中
8. CPU:　　　　　1
9. 最大内存:　　　1048576 KiB
10. 使用的内存:　　1048576 KiB
11. 持久:　　　　　是
12. 自动启动:　　　禁用
13. 管理的保存:　　否
14. 安全性模式:　　none
15. 安全性 DOI:　 0

操作命令+配置文件+脚本程序+结束

步骤 4：更改 KVM 虚拟机的基本信息。

使用 virsh domrename 命令更改 KVM 虚拟机的名称。

操作命令：

1. # 使用 virsh 工具的 virsh shutdown 命令关闭 KVM 虚拟机，虚拟机关闭后才可以更改其名称
2. [root@Project-09-Task-01 ~]# virsh shutdown VM-CentOS-Temp
3. 域 VM-CentOS-Temp 被关闭
4.
5. # 使用 virsh 工具的 virsh domrename 命令将 KVM 虚拟机名称"VM-CentOS-Temp"更改为"VM-CentOS-Temp-IN-KVM"
6. [root@Project-09-Task-01 ~]# virsh domrename VM-CentOS-Temp VM-CentOS-Temp-IN-KVM
7. Domain successfully renamed
8. # 使用 virsh 工具的 virsh dominfo 命令查看 KVM 虚拟机的基本信息
9. [root@Project-09-Task-01 ~]# virsh dominfo VM-CentOS-Temp-IN-KVM
10. Id:　　　　　　-
11. 名称:　　　　　VM-CentOS-Temp-IN-KVM
12. UUID:　　　　d26f6bb5-b19b-4c9d-b5e6-a925d25c1683
13. OS 类型:　　　hvm
14. 状态:　　　　　关闭
15. CPU:　　　　　1
16. 最大内存:　　　1048576 KiB
17. 使用的内存:　　1048576 KiB
18. 持久:　　　　　是
19. 自动启动:　　　禁用
20. 管理的保存:　　否

21.　安全性模式：　　none
22.　安全性 DOI:　　0

操作命令+配置文件+脚本程序+结束

步骤 5： 查看 KVM 虚拟机的配置信息。

virsh 提供了一组查询命令可查看 KVM 虚拟机的设备信息。

操作命令：

```
1.  # 使用 virsh 工具的 virsh vcpucount 命令查看 KVM 虚拟机的 vCPU 个数
2.  [root@Project-09-Task-01 ~]# virsh vcpucount VM-CentOS-Temp-IN-KVM
3.  最大值        配置        1
4.  最大值        live        1
5.  当前          配置        1
6.  当前          live        1
7.
8.  # 使用 virsh 工具的 virsh domiflist 命令查看 KVM 虚拟机的网卡信息
9.  [root@Project-09-Task-01 ~]# virsh domiflist VM-CentOS-Temp-IN-KVM
10.   接口     类型      源       型号       MAC
11.  --------------------------------------------------
12.   vnet0    bridge    br0      virtio     52:54:00:56:ff:54
13.
14.  # 使用 virsh 工具的 virsh domblklist 命令查看 KVM 虚拟机的磁盘设备信息
15.  [root@Project-09-Task-01 ~]# virsh domblklist VM-CentOS-Temp-IN-KVM
16.   目标          源
17.  -------------------------------------------
18.   vda          /opt/disk/VM-CentOS-Temp.qcow2
19.   sda          -
```

操作命令+配置文件+脚本程序+结束

查询 KVM 虚拟机基本信息的命令如下。
- virsh dominfo <VMInstance>：查看虚拟机 ID、UUID，虚拟机规格等信息
- virsh domstate <VMInstance>：可以使用 --reason 选项查询虚拟机变为当前状态的原因
- virsh schedinfo <VMInstance>：包括 vCPU 份额等信息
- virsh vcpucount <VMInstance>：查询虚拟机 vCPU 的个数
- virsh domblkstat <VMInstance>：虚拟机块设备状态，查询块设备名称可以使用 virsh domblklist 命令
- virsh domifstat <VMInstance>：虚拟网卡状态，查询网卡名称可以使用 virsh domiflist 命令
- virsh iothreadinfo <VMInstance>：查询虚拟机 I/O 线程及其 CPU 亲和性信息

步骤 6： 更改 KVM 虚拟机的配置信息。

KVM 虚拟机创建成功后，在使用过程中可能会根据需求进行调整，本步骤主要完成以下 3 项内容的调整：
- 通过更改配置文件的方式调整 KVM 虚拟机的配置

- 为 KVM 虚拟机增加虚拟磁盘
- 为 KVM 虚拟机增加虚拟网卡

（1）通过更改配置文件的方式调整 KVM 虚拟机的配置。KVM 虚拟机创建完成后将生成 XML 格式的 KVM 配置文件，其中定义了 KVM 虚拟机的环境与配置信息。通过修改 KVM 虚拟机配置文件的方式实现对 KVM 虚拟机配置的更改。

操作命令：

```
1.   # 使用 virsh 工具的 virsh dominfo 命令查看 VM-CentOS-Temp 信息
2.   [root@Project-09-Task-01 ~]# virsh dominfo VM-CentOS-Temp-IN-KVM
3.   Id:              1
4.   Name:            VM-CentOS-Temp-IN-KVM
5.   UUID:            185543b6-c7a0-43f1-a908-8e6f3a25f9df
6.   OS Type:         hvm
7.   State:           running
8.   CPU(s):          1
9.   CPU time:        3.6s
10.  Max memory:      2097152 KiB
11.  Used memory:     2097152 KiB
12.  Persistent:      yes
13.  Autostart:       enable
14.  Managed save:    no
15.  Security model:  none
16.  Security DOI:    0
17.
18.  # 使用 virsh 工具的 virsh shutdown 命令关闭 KVM 虚拟机
19.  [root@Project-09-Task-01 ~]# virsh shutdown VM-CentOS-Temp-IN-KVM
20.  # 下述信息表明虚拟机即将关闭
21.  Domain VM-CentOS-Temp is being shutdown
22.
23.  # 使用 virsh 工具的 virsh list 命令查看 KVM 虚拟机状态
24.  [root@Project-09-Task-01 ~]# virsh list --all
25.  # 目前只存在一个虚拟机，且虚拟机状态为关闭
26.   Id   Name                          State
27.  ----------------------------------------------------------
28.   1    VM-CentOS-Temp-IN-KVM         shut down
29.
30.  # 使用 virsh 工具的 virsh edit 命令修改 VM-CentOS-Temp CPU 核心数量
31.  [root@Project-09-Task-01 ~]# virsh edit VM-CentOS-Temp-IN-KVM
32.  编辑了域 VM-CentOS-Temp-IN-KVM XML 配置
33.  # 查看编辑后的虚拟机配置
34.  [root@Project-09-Task-01 ~]# virsh dominfo VM-CentOS-Temp-IN-KVM
35.  Id:              -
36.  名称:            VM-CentOS-Temp-IN-KVM
37.  UUID:            d26f6bb5-b19b-4c9d-b5e6-a925d25c1683
38.  OS 类型:         hvm
39.  状态:            关闭
40.  CPU:             2
41.  最大内存:        1048576 KiB
```

42.	使用的内存:	1048576 KiB
43.	持久:	是
44.	自动启动:	禁用
45.	管理的保存:	否
46.	安全性模式:	none
47.	安全性 DOI:	0

48. 操作命令+配置文件+脚本程序+结束
49. 编辑的 KVM 虚拟机配置文件示例如下，修订其中的 vcpu，将原来的 1 更改为 2
50. 操作命令:
51. `<!--KVM 虚拟机配置文件内容较多，本部分仅显示与 CPU 配置有关的内容-->`
52. `<!--内存大小为 2097152KiB-->`
53. `<memory unit='KiB'>2097152</memory>`
54. `<!--可用内存大小为 2097152KiB-->`
55. `<currentMemory unit='KiB'>2097152</currentMemory>`
56.
57. `<!——修改虚拟 CPU 个数为 2 个-->`
58. `<vcpu placement='static'>2</vcpu>`
59. `<resource>`
60.   `<partition>/machine</partition>`
61. `</resource>`
62. `<os>`
63.   `<!--操作系统架构 x86_64-->`
64.   `<type arch='x86_64' machine='pc-q35-rhel7.6.0'>hvm</type>`
65.   `<!--从硬盘启动虚拟机-->`
66.   `<boot dev='hd'/>`
67. `</os>`

操作命令+配置文件+脚本程序+结束

（2）为 KVM 虚拟机增加虚拟磁盘。KVM 虚拟机创建后，可能会出现添加或删除虚拟磁盘的需求，通过 virsh attach-disk 可挂载虚拟磁盘。

操作命令:

1.   # 进入/opt/disk 目录创建磁盘镜像文件
2.   [root@Project-09-Task-01 ~]# cd /opt/disk
3.   # 使用 qemu-img 工具创建新的磁盘镜像文件
4.   [root@Project-09-Task-01 disk]# qemu-img create -f qcow2 VM-CentOS-Temp-Disk-Add.qcow2 4G
5.   Formatting 'VM-CentOS-Temp-Disk-Add.qcow2', fmt=qcow2 cluster_size=65536 extended_l2=off compression_type=zlib size=4294967296 lazy_refcounts=off refcount_bits=16 cache=writeback
6.   # 使用 virsh 工具的 virsh attach-disk 命令为 KVM 虚拟机 "VM-CentOS-Temp-IN-KVM" 增加新的虚拟硬盘
7.   [root@Project-09-Task-01 disk]# virsh attach-disk VM-CentOS-Temp-IN-KVM /opt/disk/VM-CentOS-Temp-Disk-Add.qcow2 vdb --subdriver qcow2 --config
8.
9.   # 使用 virsh 工具的 virsh domblklist 命令查看磁盘
10.   [root@Project-09-Task-01 disk]# virsh domblklist VM-CentOS-Temp-IN-KVM
11.   目标   源
12.   --
13.   vda   /opt/disk/VM-CentOS-Temp.qcow2

```
14.    vdb        /opt/disk/VM-CentOS-Temp-Disk-Add.qcow2
15.    sda        -
16.
17.    # 登录 VM-CentOS-Temp-IN-KVM 查看硬盘情况
18.    [root@Project-09-Task-01 disk]# virsh console VM-CentOS-Temp-IN-KVM
19.    CentOS Linux 7 (Core)
20.    Kernel 3.10.0-1160.el7.x86_64 on an x86_64
21.    # 输入账号名、密码登录
22.    localhost login: root
23.    Password:
24.    # 使用 fdisk 命令查看磁盘情况
25.    [root@localhost ~]# fdisk -l
26.
27.    Disk /dev/vda: 21.5 GB, 21474836480 bytes, 41943040 sectors
28.    Units = sectors of 1 * 512 = 512 bytes
29.    Sector size (logical/physical): 512 bytes / 512 bytes
30.    I/O size (minimum/optimal): 512 bytes / 512 bytes
31.    Disk label type: dos
32.    Disk identifier: 0x0000023e
33.
34.       Device Boot      Start         End      Blocks    Id   System
35.    /dev/vda1   *         2048     2099199     1048576   83   Linux
36.    /dev/vda2           2099200    41943039    19921920  8e   Linux LVM
37.    # 此为新挂载的 10GB 磁盘
38.    Disk /dev/vdb: 10.7 GB, 10737418240 bytes, 20971520 sectors
39.    Units = sectors of 1 * 512 = 512 bytes
40.    Sector size (logical/physical): 512 bytes / 512 bytes
41.    I/O size (minimum/optimal): 512 bytes / 512 bytes
42.
43.
44.    Disk /dev/mapper/centos-root: 18.2 GB, 18249416704 bytes, 35643392 sectors
45.    Units = sectors of 1 * 512 = 512 bytes
46.    Sector size (logical/physical): 512 bytes / 512 bytes
47.    I/O size (minimum/optimal): 512 bytes / 512 bytes
48.
49.
50.    Disk /dev/mapper/centos-swap: 2147 MB, 2147483648 bytes, 4194304 sectors
51.    Units = sectors of 1 * 512 = 512 bytes
52.    Sector size (logical/physical): 512 bytes / 512 bytes
53.    I/O size (minimum/optimal): 512 bytes / 512 bytes
54.    # 删除已经添加的磁盘
55.    [root@Project-09-Task-01 disk]#  virsh detach-disk VM-CentOS-Temp-IN-KVM /opt/disk/VM-CentOS-Temp-Disk-Add.qcow2  --config
```

操作命令+配置文件+脚本程序+结束

小贴士

（1）虚拟磁盘的挂载与卸载支持热添加，即可在开机情况下直接添加。
（2）virsh attach-disk 命令与 virsh detach-disk 命令中增加 "--config" 时表示永久生效，不增加时 KVM 虚拟机重启后失效。

（3）为 KVM 虚拟机增加虚拟网卡。KVM 虚拟机创建后，可能出现添加或删除虚拟网卡的需求，使用 virsh attach-device 命令可挂载、卸载虚拟网卡。

操作命令：

1. # 使用 virsh 工具的 virsh attach-interface 命令为 KVM 虚拟机 "VM-CentOS-Temp-IN-KVM" 增加新的虚拟网卡
2. [root@Project-09-Task-01 disk]# virsh attach-interface VM-CentOS-Temp-IN-KVM --type bridge --source br0 --config
3. # 使用 virsh 工具的 virsh domiflist 命令查看网卡
4. [root@Project-09-Task-01 disk]# virsh domiflist VM-CentOS-Temp-IN-KVM
5. 接口   类型   源   型号   MAC
6. ---
7. -   bridge   br0   virtio   52:54:00:89:4e:ab
8. -   bridge   br0   rtl8139   52:54:00:01:9f:68
9. # 登录 VM-CentOS-Temp-IN-KVM 查看硬盘情况
10. [root@Project-09-Task-01 disk]# virsh console VM-CentOS-Temp-IN-KVM
11. CentOS Linux 7 (Core)
12. Kernel 3.10.0-1160.el7.x86_64 on an x86_64
13. # 输入账号名、密码登录
14. localhost login: root
15. Password:
16. # 使用 nmcli 命令查看磁盘情况
17. [root@localhost ~]# nmcli device status
18. DEVICE   TYPE   STATE   CONNECTION
19. ens1   ethernet   connected   Wired connection 1
20. eth0   ethernet   disconnected   --
21. lo   loopback   unmanaged --
22. # 删除已经添加的网卡
23. [root@Project-09-Task-01 disk]#   virsh detach-interface VM-CentOS-Temp-IN-KVM --mac 52:54:00:e4:63:93 --type bridge --config

操作命令+配置文件+脚本程序+结束

（1）虚拟网卡的挂载与卸载支持热添加，即可在开机情况下直接添加。

（2）virsh attach-interface 命令与 virsh detach-interface 命令中增加 "--config" 表示永久生效，不增加时表示 KVM 虚拟机重启后失效。

步骤 7：登录 KVM 虚拟机。

操作命令：

1. # 使用 virsh 工具的 virsh console 命令登录到 KVM 虚拟机
2. [root@Project-09-Task-01 ~]# virsh console VM-CentOS-Temp-IN-KVM
3. # 连接到域 VM-CentOS-Temp-IN-KVM
4. Escape character is ^] (Ctrl +])
5. # 下述信息表明 KVM 虚拟机连接成功，输入预先设置好的账号、密码即可登录
6. CentOS Linux 7 (Core)
7. Kernel 3.10.0-1160.el7.x86_64 on an x86_64

8.

9.　localhost login:

操作命令+配置文件+脚本程序+结束

　　依据表 9-3-1 中 KVM 虚拟机配置中的操作系统配置，完成 KVM 虚拟机的主机名和网络的配置，使 KVM 虚拟机能够访问互联网和本地主机。

　　根据 KVM 虚拟机网络配置修订 KVM 虚拟机的网络配置文件。

操作命令：

```
1.   # 使用 hostnamectl 命令更改主机名
2.   [root@localhost ~]# hostnamectl set-hostname vm-centos-temp
3.   # 使用 cat 命令查看网络配置文件
4.   [root@localhost ~]# cat /etc/sysconfig/network-scripts/ifcfg-eth0
5.   TYPE=Ethernet
6.   PROXY_METHOD=none
7.   BROWSER_ONLY=no
8.   BOOTPROTO=dhcp
9.   DEFROUTE=yes
10.  IPV4_FAILURE_FATAL=no
11.  IPV6INIT=yes
12.  IPV6_AUTOCONF=yes
13.  IPV6_DEFROUTE=yes
14.  IPV6_FAILURE_FATAL=no
15.  IPV6_ADDR_GEN_MODE=stable-privacy
16.  NAME=eth0
17.  UUID=256903e3-cd8c-4f2e-aa22-d924ad6514eb
18.  DEVICE=eth0
19.  ONBOOT=no
20.  # 使用 sed 工具更新网络配置
21.  # 使用 sed 工具完成"/etc/sysconfig/network-scripts/ifcfg-eth0"的配置
22.  [root@localhost ~]# sed -i 's/dhcp/static/' /etc/sysconfig/network-scripts/ifcfg-eth0
23.  [root@localhost ~]# sed -i '$a IPADDR=10.10.2.92' /etc/sysconfig/network-scripts/ifcfg-eth0
24.  [root@localhost ~]# sed -i '$a GATEWAY=10.10.2.1' /etc/sysconfig/network-scripts/ifcfg-eth0
25.  [root@localhost ~]# sed -i '$a PREFIX=24' /etc/sysconfig/network-scripts/ifcfg-eth0
26.  [root@localhost ~]# sed -i '$a DNS1=8.8.8.8' /etc/sysconfig/network-scripts/ifcfg-eth0
27.  # 使用 systemctl restart 重启网络
28.  [root@localhost ~]# systemctl restart network
29.  # 使用 ip addr 命令查看 IP 地址配置
30.  [root@localhost ~]# ip addr
31.  1: lo: <LOOPBACK,UP,LOWER_UP> mtu 65536 qdisc noqueue state UNKNOWN group default qlen 1000
32.      link/loopback 00:00:00:00:00:00 brd 00:00:00:00:00:00
33.      inet 127.0.0.1/8 scope host lo
34.      valid_lft forever preferred_lft forever
35.      inet6 ::1/128 scope host
36.      valid_lft forever preferred_lft forever
37.  2: eth0: <BROADCAST,MULTICAST,UP,LOWER_UP> mtu 1500 qdisc fq_codel state UP group default qlen 1000
38.      link/ether 52:54:00:10:43:69 brd ff:ff:ff:ff:ff:ff
```

```
39.        altname enp1s0
40.        inet 10.10.2.92/24 brd 10.10.2.255 scope global eth0
41.        valid_lft forever preferred_lft forever
42.        inet6 fd00:6868:6868:0:5054:ff:fe10:4369/64 scope global dynamic mngtmpaddr
43.        valid_lft forever preferred_lft forever
44.        inet6 fe80::5054:ff:fe10:4369/64 scope link
45.        valid_lft forever preferred_lft forever
```
操作命令+配置文件+脚本程序+结束

步骤 8：维护 KVM 虚拟机。

KVM 虚拟机可设置为开机自启动，开机自启动的 KVM 虚拟机将随着宿主机的开机自动启动。

操作命令：
```
1.   # 使用 virsh 工具的 virsh autostart 命令设置 KVM 虚拟机随宿主机开机自启动
2.   [root@Project-09-Task-01 ~]# virsh autostart VM-CentOS-Temp-IN-KVM
```
操作命令+配置文件+脚本程序+结束

KVM 虚拟机可设置为挂起状态，挂起时 KVM 虚拟机将记录当前操作系统状态，恢复挂起后，操作系统恢复运行状态，可继续工作。

操作命令：
```
1.   # 使用 virsh 工具的 virsh suspend 命令挂起 KVM 虚拟机
2.   [root@Project-09-Task-01 ~]# virsh suspend VM-CentOS-Temp-IN-KVM
3.   # 下述命令表明 KVM 虚拟机 VM-CentOS-Temp-IN-KVM 已经挂起
4.   Domain VM-CentOS-Temp-IN-KVM suspended
5.
6.   # 使用 virsh 工具 virsh list 命令查看 KVM 中所有虚拟机状态
7.   [root@Project-09-Task-01 ~]# virsh list --all
8.   # 下述信息表示 VM-CentOS-Temp-IN-KVM 为挂起状态
9.    Id   名称                          状态
10.  -------------------------------------------------------
11.   1    VM-CentOS-Temp-IN-KVM         暂停
12.
13.  # 使用 virsh 工具 virsh resume 命令可以恢复挂起的 KVM 虚拟机
14.  [root@Project-09-Task-01 ~]# virsh resume VM-CentOS-Temp-IN-KVM
15.
16.  # 使用 virsh 工具 virsh list 命令查看 KVM 中所有虚拟机状态
17.  [root@Project-09-Task-01 ~]# virsh list --all
18.  # 下述信息表示 VM-CentOS-Temp-IN-KVM 为运行状态
19.   Id   名称                          状态
20.  -------------------------------------------------------
21.   1    VM-CentOS-Temp-IN-KVM         运行中
```
操作命令+配置文件+脚本程序+结束

步骤 9：克隆 KVM 虚拟机。

创建虚拟机并安装操作系统和应用软件需要耗费一定时间，使用虚拟机克隆可更为便捷地为 KVM 虚拟机创建多个虚拟机副本。

本步骤完成两个操作，具体如下。

（1）关闭 VM-CentOS-Temp-IN-KVM 并克隆为 VM-CentOS-Clone-IN-KVM。

（2）开启 VM-CentOS-Clone-IN-KVM 并登录操作系统配置主机名。

关闭 KVM 虚拟机 VM-CentOS-Temp-IN-KVM，并克隆该 KVM 虚拟机，克隆后虚拟机的名称为 VM-CentOS-Clone-IN-KVM。

操作命令：

```
1.   # 使用 virsh 工具的 shutdown 命令关闭 KVM 虚拟机
2.   [root@Project-09-Task-01 ~]# virsh shutdown VM-CentOS-Temp-IN-KVM
3.   # VM-CentOS-Temp-IN-KVM 正在关机
4.   Domain VM-CentOS-Temp-IN-KVM is being shutdown
5.
6.   # 使用 virsh list 查看 KVM 中所有虚拟机状态
7.   [root@Project-09-Task-01 ~]# virsh list –all
8.   # 下述信息表示 VM-CentOS-Temp-IN-KVM 为关机状态
9.   Id   Name                         State
10.  -------------------------------------------------------
11.  -    VM-CentOS-Temp-IN-KVM         shut down
12.
13.  # 使用 virt-clone 工具克隆虚拟机
14.  [root@Project-09-Task-01 ~]#  virt-clone -o VM-CentOS-Temp-IN-KVM -n VM-CentOS-Clone-IN-KVM
     --auto-clone
15.  # 为 VM-CentOS-Clone-IN-KVM 创建 10G 大小名称为 VM-CentOS-Clone-IN-KVM.qcow2 的虚拟磁盘
16.  正在分配 'VM-CentOS-Clone-IN-KVM.qcow2'                |   10 GB      00:00:02
17.  # VM-CentOS-Clone-IN-KVM 克隆成功
18.  成功克隆 'VM-CentOS-Clone-IN-KVM'
19.
20.  # 使用 virsh 工具的 list 命令查看 KVM 中所有虚拟机的状态
21.  [root@Project-09-Task-01 ~]# virsh list --all
22.  # 下述信息表示为运行状态
23.  Id   Name                         State
24.  -------------------------------------------------------
25.  -    VM-CentOS-Temp-IN-KVM         shut down
26.  -    VM-CentOS-Clone-IN-KVM        shut down
```

操作命令+配置文件+脚本程序+结束

开启 VM-CentOS-Clone-IN-KVM 并登录操作系统，设置主机名。

操作命令：

```
1.   #使用 virsh 工具的 start 命令开启克隆的 KVM 虚拟机
2.   [root@Project-09-Task-01 ~]#  virsh start VM-CentOS-Clone-IN-KVM
3.
4.   #使用 virsh 工具 console 命令连接 VM-CentOS-Clone-IN-KVM
5.   [root@Project-09-Task-01 ~]#  virsh console VM-CentOS-Clone-IN-KVM
6.   #连接到 VM-CentOS-Clone-IN-KVM 控制台
7.   Connected to domain VM-CentOS-Clone-IN-KVM
8.   #按 "Ctrl+]" 键退出 console 控制台
9.   Escape character is ^]
10.  #按 "Enter" 键进入 KVM 虚拟机
```

```
11.
12.   #下述为 KVM 虚拟机的控制台，后续将在 KVM 虚拟机中操作，配置网络
13.   CentOS  Linux  7  (Core)
14.   Kernel  3.10.0-1062.el7.x86_64  on  an  x86_64
15.
16.   #输入 VM-CentOS-Temp-IN-KVM 中设置的用户名、密码，登录 VM-CentOS-Clone-IN-KVM
17.   localhost  login:
18.   Password:
19.   #出现下述信息表示 KVM 虚拟机登录成功
20.   [root@vm-centos-temp ~]#
21.   #使用 hostnamectl 设置主机名，并重启 KVM 虚拟机
22.   [root@vm-centos-temp ~]# hostnamectl set-hostname vm-centos-clone
23.   [root@vm-centos-temp ~]# reboot
```

操作命令+配置文件+脚本程序+结束

步骤 10：创建 KVM 虚拟机快照。

KVM 虚拟机的快照用于保存虚拟机在某个时间点的内存、磁盘或者设备状态。通过快照可将 KVM 虚拟机回滚至创建 KVM 虚拟机快照的时间点。

本步骤完成 5 个操作，具体如下。

（1）登录 VM-CentOS-Clone-IN-KVM 操作系统，在/opt 目录下创建 dev 目录。

（2）关闭 VM-CentOS-Clone-IN-KVM 并创建快照。

（3）开启 VM-CentOS-Clone-IN-KVM 并登录操作系统，删除/opt 目录下的 dev 目录。

（4）关闭 VM-CentOS-Clone-IN-KVM 并恢复快照。

（5）开启 VM-CentOS-Clone-IN-KVM 并登录操作系统，查看/opt 目录下是否存在 dev 目录。

登录 VM-CentOS-Clone-IN-KVM 并在/opt 目录中创建 dev 目录。

操作命令：

```
1.   #进入/opt 目录
2.   [root@vm-centos-clone ~]# cd /opt/
3.   #创建 dev 目录
4.   [root@vm-centos-clone opt]# mkdir dev
5.   #查看当前目录的内容
6.   [root@vm-centos-clone opt]# ls
7.   dev
```

操作命令+配置文件+脚本程序+结束

退出 VM-CentOS-Clone-IN-KVM 的 console 控制台，并关闭 KVM 虚拟机创建快照。

操作命令：

```
1.   # 使用 virsh shutdown 关闭 KVM 虚拟机
2.   [root@Project-09-Task-01 ~]# virsh shutdown VM-CentOS-Clone-IN-KVM
3.   Domain VM-CentOS-Clone-IN-KVM is being shutdown
4.   # 使用 virsh snapshot-create 创建 VM-CentOS-Clone-IN-KVM 的快照
5.   [root@Project-09-Task-01 ~]# virsh snapshot-create VM-CentOS-Clone-IN-KVM
6.   已生成域快照 1697036181
7.   # 使用 virsh snapshot-list 命令创建一个快照
```

```
8.   [root@Project-09-Task-01 ~]# virsh snapshot-list VM-CentOS-Clone-IN-KVM
9.   # 下述信息表明当前已成功创建一个快照
10.  名称              生成时间                        状态
11.  ------------------------------------------------------------------
12.  1697036181      2023-10-11 22:56:21 +0800       shutoff
```

操作命令+配置文件+脚本程序+结束

开启 VM-CentOS-Clone-IN-KVM 并登录操作系统，删除/opt 目录下的 dev 目录。

操作命令：

```
1.   # 进入 opt 目录并删除 dev 目录
2.   [root@vm-centos-clone ~]# cd /opt/
3.   [root@vm-centos-clone opt]# ls
4.   dev
5.   [root@vm-centos-clone opt]# rm -rf dev/
6.   [root@vm-centos-clone opt]# ls
```

操作命令+配置文件+脚本程序+结束

关闭 VM-CentOS-Clone-IN-KVM 并恢复虚拟机快照。

操作命令：

```
1.   # 使用 virsh 工具 shutdown 命令关闭 KVM 虚拟机
2.   [root@Project-09-Task-01 ~]# virsh shutdown VM-CentOS-Clone-IN-KVM
3.   Domain VM-CentOS-Clone-IN-KVM is being shutdown
4.   # 使用 virsh snapshot-revert 命令恢复 KVM 虚拟机
5.   [root@Project-09-Task-01 ~]# virsh snapshot-revert VM-CentOS-Clone-IN-KVM 1697036181
```

操作命令+配置文件+脚本程序+结束

开启 VM-CentOS-Clone-IN-KVM 并查看虚拟机快照是否恢复成功。

操作命令：

```
1.   # 查看 opt 目录
2.   [root@vm-centos-clone ~]# cd /opt/
3.   [root@vm-centos-clone opt]# ls
4.   # opt 目录中存在 dev 目录，虚拟机快照恢复成功
5.   dev
```

操作命令+配置文件+脚本程序+结束

【任务扩展】

1. KVM 虚拟机生命周期

KVM 虚拟机主要有如下几种状态。

（1）未定义（undefined）：虚拟机未定义或未创建，即虚拟机不存在。

（2）关闭状态（shut off）：虚拟机已经被定义但未运行，或者虚拟机被终止。

（3）运行中（running）：虚拟机处于运行状态。

（4）暂停（paused）：虚拟机运行被挂起，其运行状态被临时保存在内存中，可以恢复到运行状态。

项目九

（5）保存（saved）：与暂停（paused）状态类似，其运行状态被保存在持久性存储介质中，可以恢复到运行状态。

（6）崩溃（crashed）：通常是由于内部错误导致虚拟机崩溃，不可恢复到运行状态。

KVM 虚拟机不同状态之间可以相互转化，但必须满足一定规则，KVM 虚拟机不同状态之间的转换常用规则如图 9-3-1 所示。

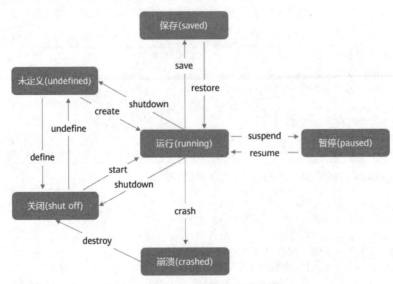

图 9-3-1　KVM 虚拟机状态转化图

2. KVM 虚拟机的配置

libvirt 工具使用 XML 格式的文件描述一个虚拟机特征，包括虚拟机名称、CPU、内存、磁盘、网卡、鼠标、键盘等信息。

一个 KVM 虚拟机的 XML 配置文件以 domain 为根元素，其中包含多个其他元素。XML 配置文件中的部分元素可以包含对应属性和属性值（表 9-3-2），用以详细地描述虚拟机信息，同一元素的不同属性使用空格分开，其基本格式如下所示。

配置文件：

```
1.    <!--domain 元素的 type 属性值为 "kvm"，表示虚拟机类型为 kvm-->
2.    <domain type='kvm'>
3.        <!--name 元素表示虚拟机名称为 "VM-CentOS-Temp" -->
4.        <name>VM-CentOS-Temp</name>
5.        <!--memory 元素的属性值为 8，表示内存值为 8-->
6.        <memory attribute='value'>8</memory>
7.        <!--vcpu 元素表示虚拟 CPU 为 4 个-->
8.        <vcpu>4</vcpu>
9.        <os>
10.           <label attribute='value' attribute='value'>
11.               ...
12.           </label>
```

```
13.        </os>
14.        <label attribute='value' attribute='value'>
15.           ...
16.        </label>
17.  </domain>
```

操作命令+配置文件+脚本程序+结束

表 9-3-2　KVM 虚拟机的 XML 配置文件

元素	介绍	属性
虚拟机描述		
domain	虚拟机 XML 配置文件的根元素，用于配置运行此虚拟机的 hypervisor 的类型	type：虚拟化中 domain 的类型
name	虚拟机名称，虚拟机名称为一个字符串，同一个主机上的虚拟机名称不能重复，虚拟机名称必须由数字、字母、"_""—"":"组成，但不支持全数字的字符串，且虚拟机名称不超过 64 个字符	
虚拟 CPU		
vcpu	虚拟处理器的个数	
cpu	虚拟处理器模式	mode：表示虚拟 CPU 的模式 host-passthrough：表示虚拟 CPU 的架构和特性与主机保持一致 custom：表示虚拟 CPU 的架构和特性由此 cpu 元素控制
	cpu 子元素	
	topology：用于描述虚拟 CPU 模式的拓扑结构	socket：虚拟机具有多少个 cpu socket cores：每个 cpu socket 中包含多少个处理核心（core） threads：每个处理器核心具有多少个超线程（threads），属性值为正整数且三者的乘积等于虚拟 CPU 的个数
	model：当 mode 为 custom 时用于描述 CPU 的模型	
	feature：当 mode 为 custom 时用于描述某一特性的使能情况	name：表示特性的名称，属性 policy 表示这一特性的使能控制策略 force：表示强制使能该特性，无论主机 CPU 是否支持该特性 require：表示使能该特性，当主机 CPU 不支持该特性并且 hypervisor 不支持模拟该特性时，创建虚拟机失败 optional：表示该特性的使能情况与主机上该特性的使能情况保持一致

元素	介绍	属性
cpu	feature：当 mode 为 custom 时用于描述某一特性的使能情况	disable：禁用该特性 forbid：禁用该特性，当主机支持该特性时创建虚拟机失败
虚拟内存		
memory	虚拟内存的大小	unit：指定内存的单位，属性值支持 KiB（210 字节），MiB（220 字节），GiB（230 字节），TiB（240 字节）等
存储设备		
disk	配置虚拟存储设备信息，包括软盘、磁盘、光盘等存储介质及其存储类型等信息	type：指定后端存储介质类型 block：块设备 file：文件设备 dir：目录路径 network:网络磁盘 device：指定呈现给虚拟机的存储介质 disk：磁盘（默认） floppy：软盘 cdrom：光盘
	disk 子元素	
	source：指定后端存储介质，与 disk 元素的属性"type"指定类型相对应	file：对应 file 类型，值为对应文件的完全限定路径 dev：对应 block 类型，值为对应主机设备的完全限定路径 dir：对应 dir 类型，值为用作磁盘目录的完全限定路径 protocol：使用的协议 name: rbd 磁盘名称，格式为：$pool/$volume host name：mon 地址 port：mon 地址的端口
	driver：指定后端驱动的详细信息	type：磁盘格式的类型，常用的有"raw"和"qcow2"，需要与 source 的格式一致 io：磁盘 IO 模式，支持"native"和"threads"选项 cache：磁盘的 cache 模式，可选项有"none""writethrough""writeback""directsync"等 iothread：指定为磁盘分配的 IO 线程 error_policy：IO 写错误发生时的处理策略，可选项有"stop""report""ignore""enospace""retry"等 rerror_policy：IO 读错误发生时的处理策略，可选项有"stop""report""ignore""enospac""retry"等

元素	介绍	属性
disk	driver：指定后端驱动的详细信息	retry_interval：IO 错误重试间隔，范围为 0-MAX_INT，单位为毫秒，仅 error_policy="retry" 或 rerror_policy="retry" 时可配置 retry_timeout：IO 错误重试超时时间，范围为 0-MAX_INT，单位为 ms，仅 error_policy="retry" 或 rerror_policy="retry" 时可配置
	target：表示磁盘呈现给虚拟机的总线和设备	dev：指定磁盘的逻辑设备名称，如 SCSI、SATA、USB 类型总线常用命令习惯为 sd[a-p]，IDE 类型设备磁盘常用命名习惯为 hd[a-d] bus：指定磁盘设备的类型，常见的有 "scsi" "usb" "sata" "virtio" 等类型
	boot：表示此磁盘可以作为启动盘使用	order：指定磁盘的启动顺序
	Readonly：表示磁盘具有只读属性，磁盘内容不可以被虚拟机修改，通常与光驱结合使用	
网络设备		
interface	配置虚拟网络设备	"type" 表示虚拟网卡的模式，可选的值有 "thernet" "bridge" "vhostuser"
	interface 子元素	
	mac：虚拟网卡的 mac 地址	address：指定 mac 地址，若不配置，会自动生成
	target：后端虚拟网卡名	dev：创建的后端 tap 设备的名称
	source：指定虚拟网卡后端	bridge：与 bridge 模式联合使用，值为网桥名称
	boot：表示此网卡可以作为远程启动	order：指定网卡的启动顺序
	model：表示虚拟网卡的类型	type：bridge 模式网卡通常使用 virtio
	virtualport：端口类型	type：若使用 OVS 网桥，需要配置为 openvswitch
	driver：后端驱动类型	name：驱动名称，通常取值为 vhost queues：网卡设备队列数
controller	控制器元素，表示一个总线	type：控制器必选属性，表示总线类型。常用取值有 "pci" "usb" "scsi" "virtio-serial" "fdc" "ccid" index：控制器必选属性，表示控制器的总线 "bus" 编号（编号从 0 开始），可以在地址元素 "address" 元素中使用 model：控制器必选属性，表示控制器的具体型号，其可选择的值与控制器类型 "type" 的值相关 pci pcie-root：PCIe 根节点，可挂载 PCIe 设备或控制器

元素	介绍	属性
总线		
controller	控制器元素，表示一个总线	pcie-root-port：只有一个 slot，可以挂载 PCIe 设备或控制器 pcie-to-pci-bridge：PCIe 转 PCI 桥控制器，可挂载 PCI 设备 usb ehci：USB 2.0 控制器，可挂载 USB 2.0 设备 nec-xhci：USB 3.0 控制器，可挂载 USB 3.0 设备 scsi virtio-scsi：virtio 类型 SCSI 控制器，可以挂载块设备，如磁盘、光盘等 virtio-serial virtio-serial：virtio 类型串口控制器，可挂载串口设备，如 pty 串口
	controller 子元素	
	address：为设备或控制器指定其在总线网络中的挂载位置	type：设备地址类型。常用取值有"pci""usb""drive"address 的 type 类型不同，对应的属性也不同 pci：地址类型为 PCI 地址，表示该设备在 PCI 总线网络中的挂载位置 domain：PCI 设备的域号 bus：PCI 设备的 bus 号 slot：PCI 设备的 device 号 function：PCI 设备的 function 号 multifunction：controller 元素可选，是否开启 multifunction 功能 usb：地址类型为 USB 地址，表示该设备在 USB 总线中的位置 bus：USB 设备的 bus 号 port：USB 设备的 port 号 drive：地址类型存储设备地址，表示所属的磁盘控制器及其在总线中的位置 controller：指定所属控制器号 bus：设备输出的 channel 号 target：存储设备 target 号 unit：存储设备 lun 号
其他常用配置		
serial	串口设备	type：用于指定串口类型。常用的属性值为 pty、tcp、pipe、file

续表

元素	介绍	属性
video	媒体设备	type：媒体设备类型。AArch 架构常用属性值为 virtio，x86_64 架构通常使用的属性值为 vga 或 cirrus
	video 子元素	
	model：video 的子元素，用于指定媒体设备类型	model：video 的子元素，用于指定媒体设备类型 vram 属性代表显存大小，单位默认为 KB
output	输出设备	type：指定输出设备类型。常用的属性值为 tabe、keyboard，分别表示输出设备为写字板、键盘 bus：指定挂载的总线。常用属性值为 USB
emulator	模拟器应用路径	
graphics	图形设备	type：指定图形设备类型。常用属性值为 vnc listen：指定侦听的 IP 地址

VM-CentOS-Temp 的配置文件如下所示。

配置文件：

```
1.    <!--
2.    WARNING: THIS IS AN AUTO-GENERATED FILE. CHANGES TO IT ARE LIKELY TO BE
3.    OVERWRITTEN AND LOST. Changes to this xml configuration should be made using:
4.      virsh edit VM-CentOS-Temp
5.    or other application using the libvirt API.
6.    -->
7.
8.    <domain type='qemu'>
9.      <name>VM-CentOS-Temp</name>
10.     <uuid>62c13369-abe7-4e9c-9bbf-fead078b2933</uuid>
11.     <metadata>
12.       <libosinfo:libosinfo xmlns:libosinfo="http://libosinfo.org/xmlns/libvirt/domain/1.0">
13.         <libosinfo:os id="http://redhat.com/rhel/7.9"/>
14.       </libosinfo:libosinfo>
15.     </metadata>
16.     <memory unit='KiB'>4194304</memory>
17.     <currentMemory unit='KiB'>4194304</currentMemory>
18.     <vcpu placement='static'>2</vcpu>
19.     <os>
20.       <type arch='x86_64' machine='pc-q35-6.2'>hvm</type>
21.       <boot dev='hd'/>
22.     </os>
23.     <features>
24.       <acpi/>
25.       <apic/>
26.     </features>
27.     <cpu mode='custom' match='exact' check='none'>
28.       <model fallback='forbid'>qemu64</model>
```

```
29.     </cpu>
30.     <clock offset='utc'>
31.       <timer name='rtc' tickpolicy='catchup'/>
32.       <timer name='pit' tickpolicy='delay'/>
33.       <timer name='hpet' present='no'/>
34.     </clock>
35.     <on_poweroff>destroy</on_poweroff>
36.     <on_reboot>restart</on_reboot>
37.     <on_crash>destroy</on_crash>
38.     <pm>
39.       <suspend-to-mem enabled='no'/>
40.       <suspend-to-disk enabled='no'/>
41.     </pm>
42.     <devices>
43.       <emulator>/usr/libexec/qemu-kvm</emulator>
44.       <disk type='file' device='disk'>
45.         <driver name='qemu' type='qcow2'/>
46.         <source file='/opt/disk/VM-CentOS-Temp-2.qcow2'/>
47.         <target dev='vda' bus='virtio'/>
48.         <address type='pci' domain='0x0000' bus='0x04' slot='0x00' function='0x0'/>
49.       </disk>
50.       <disk type='file' device='cdrom'>
51.         <driver name='qemu' type='raw'/>
52.         <target dev='sda' bus='sata'/>
53.         <readonly/>
54.         <address type='drive' controller='0' bus='0' target='0' unit='0'/>
55.       </disk>
56.       <controller type='usb' index='0' model='qemu-xhci' ports='15'>
57.         <address type='pci' domain='0x0000' bus='0x02' slot='0x00' function='0x0'/>
58.       </controller>
59.       <controller type='sata' index='0'>
60.         <address type='pci' domain='0x0000' bus='0x00' slot='0x1f' function='0x2'/>
61.       </controller>
62.       <controller type='pci' index='0' model='pcie-root'/>
63.       <controller type='virtio-serial' index='0'>
64.         <address type='pci' domain='0x0000' bus='0x03' slot='0x00' function='0x0'/>
65.       </controller>
66.       <controller type='pci' index='1' model='pcie-root-port'>
67.         <model name='pcie-root-port'/>
68.         <target chassis='1' port='0x8'/>
69.         <address type='pci' domain='0x0000' bus='0x00' slot='0x01' function='0x0' multifunction='on'/>
70.       </controller>
71.       <controller type='pci' index='2' model='pcie-root-port'>
72.         <model name='pcie-root-port'/>
73.         <target chassis='2' port='0x9'/>
74.         <address type='pci' domain='0x0000' bus='0x00' slot='0x01' function='0x1'/>
75.       </controller>
76.       <controller type='pci' index='3' model='pcie-root-port'>
```

项目九

```
77.        <model name='pcie-root-port'/>
78.        <target chassis='3' port='0xa'/>
79.        <address type='pci' domain='0x0000' bus='0x00' slot='0x01' function='0x2'/>
80.      </controller>
81.      <controller type='pci' index='4' model='pcie-root-port'>
82.        <model name='pcie-root-port'/>
83.        <target chassis='4' port='0xb'/>
84.        <address type='pci' domain='0x0000' bus='0x00' slot='0x01' function='0x3'/>
85.      </controller>
86.      <controller type='pci' index='5' model='pcie-root-port'>
87.        <model name='pcie-root-port'/>
88.        <target chassis='5' port='0xc'/>
89.        <address type='pci' domain='0x0000' bus='0x00' slot='0x01' function='0x4'/>
90.      </controller>
91.      <controller type='pci' index='6' model='pcie-root-port'>
92.        <model name='pcie-root-port'/>
93.        <target chassis='6' port='0xd'/>
94.        <address type='pci' domain='0x0000' bus='0x00' slot='0x01' function='0x5'/>
95.      </controller>
96.      <controller type='pci' index='7' model='pcie-root-port'>
97.        <model name='pcie-root-port'/>
98.        <target chassis='7' port='0xe'/>
99.        <address type='pci' domain='0x0000' bus='0x00' slot='0x01' function='0x6'/>
100.     </controller>
101.     <interface type='bridge'>
102.       <mac address='52:54:00:d1:b6:a3'/>
103.       <source bridge='br0'/>
104.       <model type='virtio'/>
105.       <address type='pci' domain='0x0000' bus='0x01' slot='0x00' function='0x0'/>
106.     </interface>
107.     <serial type='pty'>
108.       <target type='isa-serial' port='0'>
109.         <model name='isa-serial'/>
110.       </target>
111.     </serial>
112.     <console type='pty'>
113.       <target type='serial' port='0'/>
114.     </console>
115.     <channel type='unix'>
116.       <target type='virtio' name='org.qemu.guest_agent.0'/>
117.       <address type='virtio-serial' controller='0' bus='0' port='1'/>
118.     </channel>
119.     <input type='mouse' bus='ps2'/>
120.     <input type='keyboard' bus='ps2'/>
121.     <memballoon model='virtio'>
122.       <address type='pci' domain='0x0000' bus='0x05' slot='0x00' function='0x0'/>
123.     </memballoon>
124.     <rng model='virtio'>
```

125.	<backend model='random'>/dev/urandom</backend>
126.	<address type='pci' domain='0x0000' bus='0x06' slot='0x00' function='0x0'/>
127.	</rng>
128.	</devices>
129.	</domain>

操作命令+配置文件+脚本程序+结束

任务四　使用 KVM 虚拟机部署 Zabbix

扫码看视频

【任务介绍】

本任务通过 KVM 软件实现 Zabbix 的部署与应用。

【任务目标】

（1）实现使用 KVM 软件创建 Zabbix 虚拟机。

（2）实现 Zabbix 软件的初始化。

【任务设计】

KVM 虚拟机需实现对互联网的访问，其操作系统配置见表 9-4-1。

表 9-4-1　KVM 虚拟机与操作系统配置

虚拟机配置	操作系统配置
虚拟机名称：VM-Zabbix-IN-KVM	主机名：vm-zabbix
内存：2048MB	IP 地址：10.10.2.93
CPU：1 颗 2 核心	子网掩码：255.255.255.0
虚拟硬盘：100GB	网关：10.10.2.1
网卡：1 块，桥接	DNS：8.8.8.8

【操作步骤】

步骤 1：获取 Zabbix。

本任务使用 wget 工具从 Zabbix 官方网站下载支持 KVM 平台的 Zabbix Appliance。openEuler 已默认安装 wget，Zabbix 程序的下载路径可通过官方网站查看获得。

操作命令：

1.	# 使用 wget 工具获取 Zabbix Appliance
2.	[root@Project-09-Task-01 ~]# wget https://cdn.zabbix.com/zabbix/appliances/stable/6.4/6.4.6/zabbix_appliance-6.4.6-qcow2.tar.gz
3.	--2023-08-29 22:52:05-- https://cdn.zabbix.com/zabbix/appliances/stable/6.4/6.4.6/zabbix_appliance-6.4.6-qcow2.tar.gz
4.	正在解析主机 cdn.zabbix.com (cdn.zabbix.com)... 172.67.69.4, 104.26.7.148, 104.26.6.148, ...

项目九

5.	正在连接 cdn.zabbix.com (cdn.zabbix.com)|172.67.69.4|:443... 已连接
6.	已发出 HTTP 请求，正在等待回应... 200 OK
7.	长度：438797883 (418M) [application/octet-stream]
8.	正在保存至："zabbix_appliance-6.4.6-qcow2.tar.gz"
9.	
10.	zabbix_appliance-6.4.6-qcow2.tar.gz 100%[=========>] 418.47M 13.6MB/s 用时 33s
11.	
12.	2023-08-29 22:52:39 (12.6 MB/s) - 已保存 "zabbix_appliance-6.4.6-qcow2.tar.gz" [438797883/438797883])

操作命令+配置文件+脚本程序+结束

步骤 2：安装 Zabbix。

Zabbix Appliance 提供支持 KVM，QEMU(.qcow2)格式的虚拟机镜像，可使用 virsh-install 安装。

操作命令：

1.	# 使用 yum 命令安装 tar 工具
2.	[root@Project-09-Task-01 ~]# yum install -y tar
3.	# 使用 tar 工具解压
4.	[root@Project-09-Task-01 ~]# tar -zxvf zabbix_appliance-6.4.6-qcow2.tar.gz
5.	zabbix_appliance-6.4.6-qcow2/
6.	zabbix_appliance-6.4.6-qcow2/zabbix_appliance-6.4.6.qcow2
7.	# 使用 cp 命令复制 zabbix_appliance-6.4.6.qcow2 至/opt/disk 目录中
8.	[root@Project-09-Task-01 ~]# cp zabbix_appliance-6.4.6-qcow2/zabbix_appliance-6.4.6.qcow2 /opt/disk/
9.	# 使用 virt-install 工具导入 Zabbix Appliance
10.	[root@Project-09-Task-01 ~]# virt-install --name=VM-Zabbix-IN-KVM --vcpus=1 --memory=1024 --network bridge=br0,model=virtio --os-type=linux --os-variant=rhel7.9 --import --disk /opt/disk/zabbix_appliance-6.4.6.qcow2,bus=virtio --console=pty,target_type=serial --graphics=none --import --autostart
11.	
12.	开始安装......
13.	连接到域 VM-Zabbix
14.	Escape character is ^] (Ctrl +])
15.	# 进入 Zabbix Appliance 的安装界面，等待安装完成即可，安装完成后提示如下信息
16.	AlmaLinux 8.8 (Sapphire Caracal)
17.	Kernel 4.18.0-477.21.1.el8_8.x86_64 on an x86_64
18.	
19.	appliance login:
20.	
21.	# 输入 Zabbix Appliance 的默认用户名：root，默认密码：zabbix 即可进入操作系统
22.	# 登录成功后提示信息如下所示
23.	**
24.	
25.	Zabbix frontend credentials:
26.	
27.	Username: Admin
28.	
29.	Password: zabbix
30.	
31.	
32.	To learn about available professional services, including technical suppport and training, please visit https://www.zabbix.com/services

33.

34. Official Zabbix documentation available at https://www.zabbix.com/documentation/current/

35.

36. Note! Do not forget to change timezone PHP variable in /etc/php-fpm.d/zabbix.conf file.

37.

38.

39. ***

40. [root@appliance ~]#

41.

42. # 输入"Ctrl +]"退出 KVM 虚拟机

43. # 使用 virsh list 查看 KVM 虚拟机

44. [root@Project-09-Task-01 ~]# virsh list --all

45. Id 名称   状态

46. ---

47. 1   VM-Zabbix-IN-KVM   运行中

48. -   VM-CentOS-Temp-IN-KVM   关闭

49. -   VM-CentOS-Clone-IN-KVM   关闭

操作命令+配置文件+脚本程序+结束

步骤 3：初始化 Zabbix。

Zabbix 安装完成后需配置 IP 地址实现访问。

操作命令：

1. # 使用 virsh console 命令连接 VM-Zabbix-IN-KVM

2. [root@Project-09-Task-01 ~]# virsh console VM-Zabbix-IN-KVM

3. # 输入用户名、密码登录 VM-Zabbix-IN-KVM

4.

5. # 使用 hostnamectl 设置主机名

6. [root@appliance ~]# hostnamectl set-hostname vm-zabbix

7. # 使用 sed 工具完成 "/etc/sysconfig/network-scripts/ifcfg-eth0" 的配置

8. [root@appliance ~]# sed -i 's/dhcp/static/' /etc/sysconfig/network-scripts/ifcfg-eth0

9. [root@appliance ~]# sed -i '$a IPADDR=10.10.2.93' /etc/sysconfig/network-scripts/ifcfg-eth0

10. [root@appliance ~]# sed -i '$a GATEWAY=10.10.2.1' /etc/sysconfig/network-scripts/ifcfg-eth0

11. [root@appliance ~]# sed -i '$a PREFIX=24' /etc/sysconfig/network-scripts/ifcfg-eth0

12. [root@appliance ~]# sed -i '$a DNS1=8.8.8.8' /etc/sysconfig/network-scripts/ifcfg-eth0

13. # 使用 systemctl restart 重启网络

14. [root@appliance ~]# systemctl restart network

15. # 使用 ip addr 命令查看 IP 地址配置

16. [root@appliance ~]# ip addr

17. 1: lo: <LOOPBACK,UP,LOWER_UP> mtu 65536 qdisc noqueue state UNKNOWN group default qlen 1000

18.   link/loopback 00:00:00:00:00:00 brd 00:00:00:00:00:00

19.   inet 127.0.0.1/8 scope host lo

20.   valid_lft forever preferred_lft forever

21.   inet6 ::1/128 scope host

22.   valid_lft forever preferred_lft forever

23. 2: eth0: <BROADCAST,MULTICAST,UP,LOWER_UP> mtu 1500 qdisc fq_codel state UP group default qlen 1000

24.   link/ether 52:54:00:10:43:69 brd ff:ff:ff:ff:ff:ff

```
25.          altname enp1s0
26.          inet 10.10.2.93/24 brd 10.10.2.255 scope global eth0
27.             valid_lft forever preferred_lft forever
28.          inet6 fd00:6868:6868:0:5054:ff:fe10:4369/64 scope global dynamic mngtmpaddr
29.             valid_lft forever preferred_lft forever
30.          inet6 fe80::5054:ff:fe10:4369/64 scope link
31.             valid_lft forever preferred_lft forever
```

操作命令+配置文件+脚本程序+结束

　　在本地主机打开浏览器输入 VM-Zabbix-IN-KVM 中配置的 IP 地址，如 "http://10.10.2.93" 即可访问 Zabbix，如图 9-4-1。

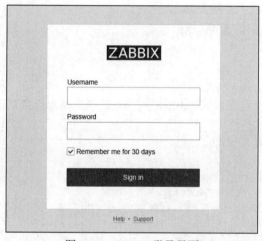

图 9-4-1　Zabbix 登录界面

 　Zabbix Appliance 默认账号为 Admin，密码为 zabbix。

【任务扩展】

　　Zabbix 是一个企业级的分布式开源监控系统，基于 GPLv2 协议编写并发布，其支持通过源码编译、镜像、容器等多种方式安装，本任务即通过镜像方式安装。Zabbix 支持基于 SNMP、Telnet、SSH、IPMI、JMX 等多种协议的运行数据采集，并提供可视化界面，可实现基于邮件、短信、微信等各种方式告警。

　　Zabbix 的用途如下：

　　（1）实现主机基础信息的监控，主要用于监控主机的操作系统版本、运行时间等。

　　（2）实现主机状态信息的监控，主要监控 CPU 负载、CPU 温度、内存、磁盘、丢包率、流入流量、流出流量、磁盘 IO 等情况。也可用于监控路由器、交换机等网络设备。

　　（3）实现中间件状态监控，主要监控 Nginx、MySQL、Java、Zookeeper、Kafka 等服务的存活情况、服务性能。

（4）实现网页状态监控，主要监控网页的端口连通性、Web 网页返回值、网页响应时间等。

任务五 KVM 监控

【任务介绍】

本任务实现对 KVM 虚拟机的监控。

【任务目标】

（1）实现使用 KVM 软件监控 KVM 虚拟机。

（2）实现使用 vmtop 监控 KVM 虚拟机。

【操作步骤】

步骤 1：使用 virsh 监控 KVM 虚拟机。

使用 virsh dominfo 命令可获取 KVM 虚拟机信息，包括基本信息及状态信息。

操作命令：
1.　　# 查看 VM-Zabbix-IN-KVM 虚拟机的简要信息
2.　　[root@Project-09-Task-01 ~]# virsh dominfo VM-Zabbix-IN-KVM
3.　　Id:　　　　　　1
4.　　名称：　　　　VM-Zabbix-IN-KVM
5.　　UUID:　　　　c2019e76-f67e-436f-a579-86f7dabc42bf
6.　　OS 类型：　　hvm
7.　　状态：　　　　运行中
8.　　CPU：　　　　1
9.　　CPU 时间：　 3599.1s
10.　最大内存：　　1048576 KiB
11.　使用的内存：　1048576 KiB
12.　持久：　　　　是
13.　自动启动：　　启用
14.　管理的保存：　否
15.　安全性模式：　none
16.　安全性 DOI：　0
17.　# 列出 VM-Zabbix-IN-KVM 上所有的网卡
18.　[root@Project-09-Task-01 ~]# virsh domiflist VM-Zabbix-IN-KVM
19.　接口　　类型　　　源　　　　型号　　　MAC
20.　---
21.　vnet0　　bridge　　　br0　　　virtio　　52:54:00:10:43:69
22.　# 查看 VM-Zabbix-IN-KVM 的 IP 地址
23.　[root@Project-09-Task-01 ~]# virsh domifaddr VM-Zabbix-IN-KVM
24.　名称　　MAC 地址　　Protocol　　Address
25.　---
26.
27.

```
28.
29.    # 查看 VM-Zabbix-IN-KVM 指定网卡的状态信息
30.    [root@Project-09-Task-01 ~]# virsh domifstat VM-Zabbix-IN-KVM vnet0
31.    vnet0 rx_bytes 7886264
32.    vnet0 rx_packets 33376
33.    vnet0 rx_errs 0
34.    vnet0 rx_drop 306
35.    vnet0 tx_bytes 34041
36.    vnet0 tx_packets 254
37.    vnet0 tx_errs 0
38.    vnet0 tx_drop 0
39.    # 查看 VM-Zabbix-IN-KVM 内存相关状态信息
40.    [root@Project-09-Task-01 ~]# virsh dommemstat VM-Zabbix-IN-KVM
41.    actual 1048576
42.    swap_in 0
43.    swap_out 0
44.    major_fault 276
45.    minor_fault 100142
46.    unused 842920
47.    available 985688
48.    usable 807948
49.    last_update 1693328701
50.    disk_caches 66428
51.    hugetlb_pgalloc 0
52.    hugetlb_pgfail 0
53.    rss 2015160
54.    # 列出 VM-Zabbix-IN-KVM 上所有磁盘
55.    [root@Project-09-Task-01 ~]# virsh domblklist VM-Zabbix-IN-KVM
56.    目标      源
57.    --------------------------------------------
58.    vda         /opt/disk/zabbix_appliance-6.4.6.qcow2
59.    # 查看 VM-Zabbix-IN-KVM 上指定磁盘的信息
60.    [root@Project-09-Task-01 ~]# virsh domblkinfo VM-Zabbix-IN-KVM vda --human
61.    容量：     10.000 GiB
62.    分配：     1.531 GiB
63.    物理：     1.531 GiB
64.    # 查看 VVM-Zabbix-IN-KVM 的详细状态信息
65.    [root@Project-09-Task-01 ~]# virsh domstats VM-Zabbix-IN-KVM
66.    Domain: 'VM-Zabbix-IN-KVM'
67.      state.state=1
68.      state.reason=1
69.      cpu.time=4454233916198
70.      cpu.user=2296510000000
71.      cpu.system=717870000000
72.      cpu.cache.monitor.count=0
73.      balloon.current=1048576
74.      balloon.maximum=1048576
75.      balloon.swap_in=0
76.      balloon.swap_out=0
```

77.   balloon.major_fault=276
78.   balloon.minor_fault=100142
79.   balloon.unused=842920
80.   balloon.available=985688
81.   balloon.usable=807948
82.   balloon.last-update=1693328701
83.   balloon.disk_caches=66428
84.   balloon.hugetlb_pgalloc=0
85.   balloon.hugetlb_pgfail=0
86.   balloon.rss=2015172
87.   vcpu.current=1
88.   vcpu.maximum=1
89.   vcpu.0.state=1
90.   vcpu.0.time=3487550000000
91.   vcpu.0.wait=0
92.   net.count=1
93.   net.0.name=vnet0
94.   net.0.rx.bytes=8712600
95.   net.0.rx.pkts=37002
96.   net.0.rx.errs=0
97.   net.0.rx.drop=306
98.   net.0.tx.bytes=34755
99.   net.0.tx.pkts=267
100.   net.0.tx.errs=0
101.   net.0.tx.drop=0
102.   block.count=1
103.   block.0.name=vda
104.   block.0.path=/opt/disk/zabbix_appliance-6.4.6.qcow2
105.   block.0.backingIndex=1
106.   block.0.rd.reqs=716675
107.   block.0.rd.bytes=23869210624
108.   block.0.rd.times=313180973442
109.   block.0.wr.reqs=67183
110.   block.0.wr.bytes=1318745088
111.   block.0.wr.times=56416140796
112.   block.0.fl.reqs=49031
113.   block.0.fl.times=258131145259
114.   block.0.allocation=1643380736
115.   block.0.capacity=10737418240
116.   block.0.physical=1643388928
117.   dirtyrate.calc_status=0
118.   dirtyrate.calc_start_time=0
119.   dirtyrate.calc_period=0

操作命令+配置文件+脚本程序+结束

步骤 2：使用 vmtop 监控 KVM 虚拟机。

vmtop 是运行在宿主机上的 KVM 虚拟机监控工具，使用 vmtop 命令可实时查看虚拟机资源的使用情况，如 CPU 占用率、内存占用率等，vmtop 可作为虚拟化问题定位和性能调优的工具。

操作命令：

```
1.   # 使用 yum 工具安装 vmtop
2.   [root@Project-09-Task-01 ~]# yum install vmtop
3.   Last metadata expiration check: 0:02:56 ago on 2023 年 08 月 30 日 星期三 01 时 34 分 35 秒.
4.   Dependencies resolved.
5.   ================================================================================
6.    Package        Architecture       Version              Repository      Size
7.   ================================================================================
8.   Installing:
9.    Vmtop         x86_64            1.1-7.oe2203sp2     everything      25 k
10.
11.  Transaction Summary
12.  ================================================================================
13.  Install  1 Package
14.
15.  Total download size: 25 k
16.  Installed size: 58 k
17.  Is this ok [y/N]: y
18.  Downloading Packages:
19.  vmtop-1.1-7.oe2203sp2.x86_64.rpm                   134 kB/s | 25 kB       00:00
20.  --------------------------------------------------------------------------------
21.  Total                                              57 kB/s | 25 kB       00:00
22.  Running transaction check
23.  Transaction check succeeded.
24.  Running transaction test
25.  Transaction test succeeded.
26.  Running transaction
27.    Preparing                                                     1/1
28.    Installing       : vmtop-1.1-7.oe2203sp2.x86_64                1/1
29.    Verifying        : vmtop-1.1-7.oe2203sp2.x86_64                1/1
30.
31.  Installed:
32.    vmtop-1.1-7.oe2203sp2.x86_64
33.
34.  Complete!
35.  # 运行 vmtop 命令查看虚拟机资源的使用情况
36.  [root@Project-09-Task-01 ~]# vmtop
```

操作命令+配置文件+脚本程序+结束

命令详解：

vmtop 工具参数说明如下。

-d:	设置显示刷新的时间间隔，单位：s
-H:	显示虚拟机的线程信息
-h:	设置显示刷新的次数，刷新完成后退出
-b:	Batch 模式显示，可以用于重定向到文件 Batch 模式显示，可以用于重定向到文件
-p:	监控指定 id 的虚拟机

vmtop 在运行状态下可使用快捷键，说明如下。

H:	显示或关闭虚拟机线程信息，默认显示该信息

up/down:	向上/向下移动显示的虚拟机列表
left/right:	向左/向右移动显示的信息，从而显示因屏幕宽度被隐藏的列
f:	进入监控项编辑模式，选择要开启的监控项
q:	退出 vmtop 进程

操作命令+配置文件+脚本程序+结束

【任务扩展】

vmtop 支持 AArch64 和 x86_64 处理器架构，但不同的处理器架构的操作系统 vmtop 的显示项存在差异，具体见表 9-5-1。

表 9-5-1　不同的处理器架构的操作系统 vmtop 的显示项

同时支持 AArch64 和 x86_64 架构的显示项目	
VM/task-name	虚拟机/进程名称
DID	虚拟机 id
PID	虚拟机 qemu 进程的 pid
%CPU	进程的 CPU 占用率
EXTsum	kvm exit 总次数（采样差）
S	进程状态
P	进程所占用的物理 CPU 号
%ST	被抢占时间与 CPU 运行时间的比
%GUE	虚拟机内部占用时间与 CPU 运行时间的比
%HYP	虚拟化开销占比
仅 AArch64 架构的显示项	
EXThvc	hvc-exit 次数（采样差）
EXTwfe	wfe-exit 次数（采样差）
EXTwfi	wfi-exit 次数（采样差）
EXTmmioU	mmioU-exit 次数（采样差）
EXTmmioK	mmioK-exit 次数（采样差）
EXTfp	fp-exit 次数（采样差）
EXTirq	irq-exit 次数（采样差）
EXTsys64	sys64 exit 次数（采样差）
EXTmabt	mem abort exit 次数（采样差）
仅 x86_64 架构的显示项	
PFfix	缺页次数（采样差）

仅 x86_64 架构的显示项	
Pfgu	向 guest OS 注入缺页次数（采样差）
INvlpg	冲刷 tlb 某项次数（tlb 其中一项，并不固定）
EXTio	io VM-exit 次数（采样差）
EXTmmio	mmio VM-exit 次数（采样差）
EXThalt	halt VM-exit 次数（采样差）
EXTsig	信号处理引起的 VM-exit 次数（采样差）
EXTirq	中断引起的 VM-exit 次数（采样差）
EXTnmiW	处理不可屏蔽中断引起的 VM-exit 次数（采样差）
EXTirqW	interruptwindow 机制，开启中断使用时 exit，以便注入中断（采样差）
IrqIn	注入 irq 中断次数（采样差）
NmiIn	注入 nmi 中断次数（采样差）
TLBfl	冲刷整个 tlb 次数（采样差）
TLBfl	重载主机状态次数（采样差）
Hyperv	模拟 Guest 操作系统辅助虚拟化调用 hypercall 的处理次数（采样差）
EXTcr	访问 CR 寄存器退出次数（采样差）
EXTrmsr	读 msr 退出次数（采样差）
EXTwmsr	写 msr 退出次数（采样差）
EXTapic	写 apic 次数（采样差）
EXTeptv	Ept 缺页退出次数（采样差）
EXTeptm	Ept 错误退出次数（采样差）
EXTpau	vCPU 暂停退出次数（采样差）

项目十

使用 Docker 实现容器服务

◆ 项目介绍

　　Docker 是开源容器项目，可为任何应用程序创建轻量级、可移植、自给自足的容器。Docker 容器中包含应用程序以及应用程序运行的环境，并能实现对容器版本管理、复制、分享、修改等功能。

　　本项目介绍 Docker 软件的安装与配置、Docker 的镜像与仓库、容器管理和应用，并介绍使用 Docker Compose 管理 Docker 容器，实现对 Docker 软件的状态监控与性能分析。

◆ 项目目的

- 了解容器技术;
- 理解 Docker;
- 掌握 Docker 软件的安装、配置与管理;
- 掌握创建 Docker 镜像的方法;
- 掌握使用 Docker 容器发布 Web 服务的方法;
- 掌握使用 Docker Compose 管理 Docker 容器;
- 掌握 Docker 软件的监控与性能分析。

◆ 项目讲堂

　　1. 容器

　　（1）什么是容器。容器是一种标准化的概念，其特点是规格统一，并且可层层堆叠。在 IT 领域，容器名称为 Linux Container（简称 "LXC"），是一种操作系统层面的虚拟化技术，使用容器技术可将应用程序打包成标准的单元，便于开发、交付与部署。其主要特点如下。

　　1）容器是轻量级的可执行独立软件包，包含应用程序运行所需的所有内容，如代码、运行环境、系统工具、系统库与设置等。

2）容器适用于基于 Linux 和 Windows 的应用程序，在任何环境中都能够始终如一地运行。

3）容器赋予了应用程序的独立性，使其免受外在环境差异的影响，有助于减少相同基础设施上运行不同应用程序时的冲突。

（2）LXC。LXC 提供了对命令空间（Namespace）和资源控制组（CGroup）等 Linux 基础工具的操作能力，是基于 Linux 内核的容器虚拟化技术。LXC 可以有效地将操作系统管理的资源划分到独立的组中，在共享操作系统底层资源的基础上，让应用程序独立运行。

旧版本的 Docker 软件依托 LXC 实现，但由于 LXC 是基于 Linux 的，不易实现跨平台，故 Docker 公司开发了名为 Libcontainer 的工具用于替代 LXC。Libcontainer 是与平台无关的工具，可基于不同的内核为 Docker 软件上层提供容器交互功能。

2. Docker

（1）什么是 Docker。Docker 是基于 Go 语言实现的开源容器项目，其官方定义 Docker 为以 Docker 容器为资源分割和调度的基本单位，封装整个软件运行时的环境，为开发者和系统管理员设计，用于构建、发布、运行分布式应用的平台。

Docker 是一个跨平台的、可移植并简单易用的容器解决方案。其目标是实现轻量级的操作系统虚拟化解决方案，通过对应用的封装、分发、部署、运行生命周期的管理，达到应用组件"一次封装，到处运行"的目的。

目前已形成围绕 Docker 容器的生态体系，Docker 的官方网站为：https://www.docker.com，本项目使用的版本为 24.0.6。

（2）Docker 架构。Docker 架构如图 10-0-1 所示。

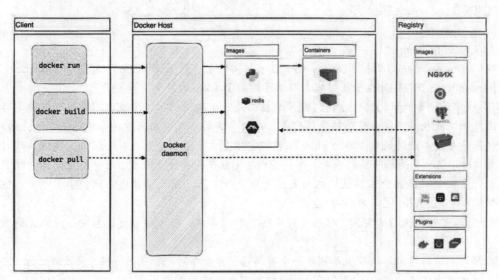

图 10-0-1　Docker 架构

1）Docker daemon：Docker 守护进程（dockerd），用于监听 Docker API 请求并管理 Docker 对象，如镜像、容器、网络和存储卷。Docker daemon 还可与其他守护程序通信以管理 Docker 服务。

2）Docker client：Docker 客户端（docker），用户与 Docker 交互的主要方式，当使用诸如 docker run 之类的命令时，Docker client 将发送命令到 Docker daemon，由其执行。Docker 客户端可与多个 Docker daemon 通信。

3）Docker registries：Docker 仓库，用于存储 Docker 镜像。Docker Hub（https://hub.docker.com）是 Docker 官方提供的镜像仓库，当使用 docker pull 之类的命令时，Docker 会从 Docker 仓库中获取镜像，当使用 docker push 命令时，Docker 会将本地镜像推送至 Docker 仓库中。

（3）Docker Engine。Docker Engine 是用于运行和编排容器的基础设施工具，是运行容器的核心运行环境，相当于 VMware 体系中的 ESXi，其中包括以下组件。

1）持续运行的守护进程（dockerd）。

2）可与守护进程（dockerd）通信的 API。

3）Docker 命令行客户端（cli）。

（4）Docker Desktop。Docker Desktop 是可一键安装的 Docker 应用程序，支持 Mac、Linux 或 Windows 环境，可构建、共享和运行 Docker 容器。Docker Desktop 提供图形界面（GUI），使容器、应用、镜像的管理更加方便。其中包括以下组件。

1）Docker Engine。

2）Docker CLI client。

3）Docker Scout (additional subscription may apply)。

4）Docker Buildx。

5）Docker Extensions。

6）Docker Compose。

7）Docker Content Trust。

8）Kubernetes。

9）Credential Helper。

（5）Docker 的核心概念。Docker 包含 3 个核心概念：镜像（Image）、容器（Container）和仓库（Repository）。理解 Docker 核心概念有助于理解 Docker 的整个生命周期。

1）镜像是一个只读的文件系统。镜像的核心是一个精简的操作系统，同时包含软件运行所必需的文件和依赖包。镜像由多个镜像层构成，每次叠加后，从外部来看镜像就是一个独立的对象。

镜像是分层存储的架构。每个 Docker 镜像实际是由多层文件系统联合组成。镜像构建时，会一层层构建，前一层是后一层的基础。每一层构建完就不会再发生改变，后一层上的任何改变只发生在自己所在的层。因为容器设计的初衷就是快速和小巧，因此镜像通常比较小。例如，Docker 官方镜像 Alpine Linux 仅有 4MB 左右。

2）容器是镜像运行的实例。容器是镜像运行时的实体，可以被创建、启动、停止、删除、暂停等。

容器启动时将在容器的最上层创建一个可写层，其生存周期和容器一样，容器消亡时，容器可写层也随之消亡。任何保存于容器可写层的信息都会随容器删除而丢失。

3）仓库是集中存放镜像文件的地方。仓库是集中存储、分发镜像的服务，分为公开和私有两种。Docker 默认使用的是公开仓库服务，默认选择的公开仓库服务是官方提供的 Docker Hub，网址是 https://hub.docker.com。

（6）Docker 容器与虚拟机。Docker 容器和虚拟机有很多相似的地方，比如在资源隔离和分配优势方面，但其功能并不相同，如图 10-0-2 所示。

1）Docker 容器虚拟化的是操作系统，虚拟机虚拟化的是硬件。虚拟机是将硬件物理资源划分为虚拟资源，属于硬件虚拟化。容器将操作系统资源划分为虚拟资源，属于操作系统虚拟化。

2）虚拟机是虚拟出一套硬件后，在其上运行一个完整的操作系统，在该系统上再运行所需应用进程；而 Docker 容器内的应用进程则直接运行于宿主机的内核，Docker 容器没有自己的内核，而且也没有进行硬件虚拟，相对来讲，Docker 容器比虚拟机更加简洁、高效。

3）Docker 技术与虚拟机技术有着不同的使用场景。虚拟机更擅长于彻底隔离整个运行环境。例如，云服务提供商通常采用虚拟机技术隔离不同的用户。Docker 技术通常用于隔离不同的应用。例如，前端、后端以及数据库的部署。

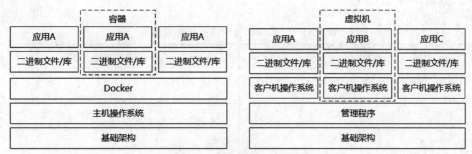

图 10-0-2　容器与虚拟机对比

（7）Docker 的优势。Docker 的主要优势如下。

1）轻量，在一台机器上运行的多个 Docker 容器可以共享这台机器的操作系统内核；它们能够迅速启动，只需占用很少的计算和内存资源。

2）标准，Docker 容器基于开放式标准，能够在所有主流 Linux 版本、Microsoft Windows 以及包括 VM、裸机服务器和云在内的任何基础设施上运行。

3）安全，Docker 赋予应用的隔离性不仅限于彼此隔离，还独立于底层的基础设施。Docker 默认提供强隔离，因此应用出现问题，也只是单个容器的问题，不会波及整台机器。

（8）Docker 的应用场景。使用 Docker 可以实现开发人员的开发环境、测试人员的测试环境、运维人员的生产环境的整体一致性，因此 Docker 的主要应用场景如下。

1）Web 应用的自动化打包和发布。

2）自动化测试和持续集成、发布。

3）在服务型环境中部署和调整数据库或其他的后台应用。

任务一　安装 Docker

【任务介绍】

本任务在 openEuler 上安装 Docker 软件，进行 Docker 服务的测试与管理。

【任务目标】

（1）实现在线安装 Docker。

（2）实现 Docker 服务管理。

（3）实现 Docker 服务状态的查看。

【操作步骤】

步骤 1：创建虚拟机并完成 openEuler 操作系统的安装。

在 VirtualBox 中创建虚拟机，完成 openEuler 的安装。虚拟机与操作系统配置信息见表 10-1-1，注意虚拟机的网卡模式为桥接。

表 10-1-1　虚拟机与操作系统配置信息

虚拟机配置	操作系统配置
虚拟机名称：VM-Project-10-Task-01-10.10.2.101	主机名：Project-10-Task-01
内存：1GB	IP 地址：10.10.2.101
CPU：1 颗 1 核心	子网掩码：255.255.255.0
虚拟硬盘：20GB	网关：10.10.2.1
网卡：1 块，桥接	DNS：8.8.8.8

步骤 2：完成宿主机主机配置、网络配置及通信测试。

启动并登录虚拟机，依据表 10-1-1 完成主机名和网络的配置，能够访问互联网和本地主机。

（1）虚拟机的创建、操作系统的安装、主机名与网络的配置，具体方法参见项目一。

（2）建议通过虚拟机复制快速创建所需环境。通过复制创建的虚拟机需依据本任务虚拟机与操作系统配置信息设置主机名与网络，实现对互联网和本地主机的访问。

步骤 3：通过二进制方式安装 Docker 软件。

目前 Docker 的最新版本为 24.0.6。

操作命令：

```
1.   # 验证是否满足 Docker 安装的条件
2.   # 使用 uname 命令查看当前操作系统内核及操作系统版本
3.   [root@Project-10-Task-01 ~]# uname -r
4.   # 当前内核版本为 5.10.0，64 位操作系统，符合 Docker 二进制安装要求
5.   5.10.0-153.12.0.92.oe2203sp2.x86_64
6.   # 查看 iptables 版本
7.   [root@Project-10-Task-01 ~]# iptables --version
8.   # 当前版本为 v1.8.7，符合 Docker 二进制安装要求
9.   iptables  v1.8.7 (legacy)
10.  # 查看 XZ Utils 版本
```

11. [root@Project-10-Task-01 ~]# xz --version
12. # 当前版本为 5.25，符合 Docker 二进制安装要求
13. xz (XZ Utils) 5.2.5
14. liblzma 5.2.5
15. # 执行 ps 命令，符合 Docker 二进制安装要求
16. [root@Project-10-Task-01 ~]# ps
17. 　　PID TTY　　　　TIME CMD
18. 　1512　pts/0　　　00:00:00 bash
19. 　6818　pts/0　　　00:00:00 ps
20.
21. # 使用 wget 命令下载 Docker 最新版二进制安装包
22. [root@Project-10-Task-01 ~]# wget https://download.docker.com/linux/static/stable/x86_64/docker-24.0.6.tgz
23. --2023-10-20 23:09:13--　https://download.docker.com/linux/static/stable/x86_64/docker-24.0.6.tgz
24. 正在解析主机 download.docker.com (download.docker.com)... 18.172.31.22, 18.172.31.47, 18.172.31.28,
　　　...
25. 正在连接 download.docker.com (download.docker.com)|18.172.31.22|:443... 已连接
26. 已发出 HTTP 请求，正在等待回应... 200 OK
27. 长度：69797795 (67M) [application/x-tar]
28. 正在保存至：“docker-24.0.6.tgz”
29.
30. docker-24.0.6.tgz　　　100%[===================>]　　　66.56M　　3.06MB/s 用时 20s
31.
32. 2023-10-20 23:09:35 (3.27 MB/s) - 已保存 "docker-24.0.6.tgz" [69797795/69797795])
33. # 使用 yum 工具安装 tar
34. [root@Project-10-Task-01 ~]# yum install tar
35. OS　　　　　　　　　　　　130 kB/s | 3.4 MB　　00:26
36. everything　　　　　　　　1.4 MB/s | 17 MB　　00:12
37. EPOL　　　　　　　　　　1.8 MB/s | 4.5 MB　　00:02
38. debuginfo　　　　　　　　1.9 MB/s | 4.0 MB　　00:02
39. source　　　　　　　　　　1.1 MB/s | 1.8 MB　　00:01
40. update　　　　　　　　　　2.6 MB/s | 12 MB　　00:04
41. update-source　　　　　　212 kB/s | 205 kB　　00:00
42. Last metadata expiration check: 0:00:01 ago on 2023 年 10 月 20 日 星期五 23 时 10 分 52 秒.
43. Dependencies resolved.
44. ===
45. Package　　　　Architecture　　Version　　　　　Repository　　Size
46. ===
47. Installing:
48. Tar　　　　　　x86_64　　　　2:1.34-4.oe2203sp2　OS　　　　　784 k
49.
50. Transaction Summary
51. ===
52. Install 1 Package
53.
54. Total download size: 784 k
55. Installed size: 3.3 M
56. Is this ok [y/N]: y
57. Downloading Packages:
58. tar-1.34-4.oe2203sp2.x86_64.rpm　　　　692 kB/s | 784 kB　　00:01

```
59.  ----------------------------------------------------------------------------------------
60.  Total                            557 kB/s | 784 kB         00:01
61.  retrieving repo key for OS unencrypted from http://repo.openeuler.org/openEuler-22.03-LTS-SP2/OS/x86_
     64/RPM-GPG-KEY-openEuler
62.  OS                               19 kB/s  | 3.0 kB         00:00
63.  Importing GPG key 0xB675600B:
64.   Userid     : "openeuler <openeuler@compass-ci.com>"
65.   Fingerprint : 8AA1 6BF9 F2CA 5244 010D CA96 3B47 7C60 B675 600B
66.   From       : http://repo.openeuler.org/openEuler-22.03-LTS-SP2/OS/x86_64/RPM-GPG-KEY-openEuler
67.  Is this ok [y/N]: y
68.  Key imported successfully
69.  Running transaction check
70.  Transaction check succeeded.
71.  Running transaction test
72.  Transaction test succeeded.
73.  Running transaction
74.   Preparing        :                                          1/1
75.   Running scriptlet :    tar-2:1.34-4.oe2203sp2.x86_64         1/1
76.   Installing       :    tar-2:1.34-4.oe2203sp2.x86_64         1/1
77.   Running scriptlet :    tar-2:1.34-4.oe2203sp2.x86_64         1/1
78.   Verifying        :    tar-2:1.34-4.oe2203sp2.x86_64         1/1
79.
80.  Installed:
81.   tar-2:1.34-4.oe2203sp2.x86_64
82.
83.  Complete!
84.  # 对下载好的 Dokcer 二进制文件执行解压操作
85.  [root@Project-10-Task-01 ~]# tar -zxvf docker-24.0.6.tgz
86.  docker/
87.  docker/docker
88.  docker/docker-init
89.  docker/dockerd
90.  docker/runc
91.  docker/ctr
92.  docker/containerd-shim-runc-v2
93.  docker/containerd
94.  docker/docker-proxy
95.  # 进入 Docker 目录查看 Docker 目录
96.  [root@Project-10-Task-01 ~]# cd docker
97.  [root@Project-10-Task-01 docker]# ls
98.  containerd  containerd-shim-runc-v2  ctr  docker  dockerd  docker-init  docker-proxy  runc
99.  # 使用 cp 命令复制 Docker 二进制文件至/usr/bin/
100. [root@Project-10-Task-01 ~]# cp docker/* /usr/bin/
101. # 使用 echo 命令配置 Docker 二进制文件为系统服务
102. [root@Project-10-Task-01 ~]# cat > /etc/systemd/system/docker.service << EOF
103. [Unit]
104. Description=Docker Application Container Engine
105. Documentation=https://docs.docker.com
106. After=network-online.target firewalld.service
107. Wants=network-online.target
```

```
108.
109.  [Service]
110.  Type=notify
111.  ExecStart=/usr/bin/dockerd
112.  ExecReload=/bin/kill -s HUP $MAINPID
113.  LimitNOFILE=infinity
114.  LimitNPROC=infinity
115.  TimeoutStartSec=0
116.  Delegate=yes
117.  KillMode=process
118.  Restart=on-failure
119.  StartLimitBurst=3
120.  StartLimitInterval=60s
121.
122.  [Install]
123.  WantedBy=multi-user.target
124.  EOF
125.  # 使用 chmod 命令赋予执行权限
126.  [root@Project-10-Task-01 ~]# chmod +x /etc/systemd/system/docker.service
127.  # 重新加载 systemd 配置文件使配置生效
128.  [root@Project-10-Task-01 ~]# systemctl daemon-reload
```

操作命令+配置文件+脚本程序+结束

在使用二进制文件安装 Docker 之前，Docker 宿主机需满足以下几个先决条件：
- 64 位操作系统
- 3.10 版本及以上的 Linux kernel
- 1.4 版本及以上的 iptables
- 可执行 ps 命令
- 4.9 版本及以上的 XZ Utils
- 正确挂载的 cgroupfs 层次结构

步骤 4：启动 Docker 服务。

Docker 安装完成后将在系统中创建名为 Docker 的服务，该服务并未自动启动。

操作命令：

```
1.    # 使用 systemctl 命令启动 docker 服务
2.    [root@Project-10-Task-01 ~]# systemctl start docker
3.    # 如果不出现任何提示，表示 docker 服务启动成功
```

操作命令+配置文件+脚本程序+结束

小贴士

（1）命令 systemctl stop docker，可停止 docker 服务。
（2）命令 systemctl restart docker，可重启 docker 服务。

步骤 5：查看 Docker 运行信息。

Docker 服务启动后，可通过 systemctl status 命令查看其运行信息。

操作命令：

```
1.    # 使用 systemctl status 命令查看 docker 服务状态
```

2. [root@Project-10-Task-01 ~]# systemctl status docker
3. ● docker.service - Docker Application Container Engine
4.   Loaded: loaded (/usr/lib/systemd/system/docker.service; enabled; vendor preset: disabled)
5.   Active: active (running) since Thu 2023-10-12 22:23:18 CST; 6min ago
6.   Docs: https://docs.docker.com
7. Main PID: 1742 (dockerd)
8.   Tasks: 24 (limit: 21593)
9.   Memory: 70.9M
10.   CGroup: /system.slice/docker.service
11.   ├── 1742 /usr/bin/dockerd --live-restore
12.   └── 1752 containerd --config /var/run/docker/containerd/containerd.toml --log-level info
13.
14. 10 月 12 22:23:02 Project-10-Task-01 dockerd[1742]: time="2023-10-12T22:23:02.643143005+08:00" level=warning msg="Failed to cleanup netns file /var/run/docker/runtime-runc: remove /var/ru>
15. 10 月 12 22:23:02 Project-10-Task-01 dockerd[1742]: time="2023-10-12T22:23:02.853254454+08:00" level=info msg="Default bridge (docker0) is assigned with an IP address 172.17.0.0/16. Daemo>
16. 10 月 12 22:23:02 Project-10-Task-01 dockerd[1742]: time="2023-10-12T22:23:02.857111162+08:00" level=info msg="Setup IP tables begin"
17. 10 月 12 22:23:03 Project-10-Task-01 dockerd[1742]: time="2023-10-12T22:23:03.128051151+08:00" level=info msg="Setup IP tables end"
18. 10 月 12 22:23:03 Project-10-Task-01 dockerd[1742]: time="2023-10-12T22:23:03.542234152+08:00" level=info msg="Loading containers: done."
19. 10 月 12 22:23:18 Project-10-Task-01 dockerd[1742]: time="2023-10-12T22:23:18.019329717+08:00" level=info msg="Docker daemon" commit=ce4ae23 graphdriver(s)=overlay2 version=18.09.0
20. 10 月 12 22:23:18 Project-10-Task-01 dockerd[1742]: time="2023-10-12T22:23:18.019479448+08:00" level=info msg="Daemon has completed initialization"
21. 10 月 12 22:23:18 Project-10-Task-01 dockerd[1742]: time="2023-10-12T22:23:18.057628776+08:00" level=warning msg="Could not register builder git source: failed to find git binary: exec: \>
22. 10 月 12 22:23:18 Project-10-Task-01 dockerd[1742]: time="2023-10-12T22:23:18.064521084+08:00" level=info msg="API listen on /var/run/docker.sock"
23. 10 月 12 22:23:18 Project-10-Task-01 systemd[1]: Started Docker Application Container Engine.
24. lines 1-21/21 (END)

操作命令+配置文件+脚本程序+结束

步骤 6： 配置 Docker 服务为开机自启动。

操作系统重启操作后，为了使业务更快地恢复，通常会将重要的服务或应用设置为开机自启动，本步骤将 Docker 服务配置为开机自启动。

操作命令：

1. # 使用 systemctl enable 命令设置 docker 开机自启动
2. [root@Project-10-Task-01 ~]# systemctl enable docker.service
3. Created symlink /etc/systemd/system/multi-user.target.wants/docker.service → /etc/systemd/system/docker.service.
4. # 使用 systemctl list-unit-files 命令确认 docker 服务是否已配置为开机自启动
5. [root@Project-10-Task-01 ~]# systemctl list-unit-files | grep docker.service
6. # 下述信息说明 docker.service 已经设置为开机自启动
7. docker.service   enabled   disabled

操作命令+配置文件+脚本程序+结束

步骤 7：验证 Docker 软件是否安装成功。

Docker 软件安装结束后，可通过运行 hello-world 容器来验证 Docker 软件是否安装成功。

操作命令：

```
1.   # 使用 Docker 工具的 run 命令运行 hello-world 容器
2.   [root@Project-10-Task-01 ~]# docker run hello-world
3.   # 本地未检索到"hello-world:latest"镜像
4.   Unable to find image 'hello-world:latest' locally
5.   # 从远程的 Docker Hub 仓库拉取 hello-world 镜像
6.   latest: Pulling from library/hello-world
7.   719385e32844: Pull complete
8.   Digest: sha256:88ec0acaa3ec199d3b7eaf73588f4518c25f9d34f58ce9a0df68429c5af48e8d
9.   Status: Downloaded newer image for hello-world:latest
10.  # 出现下述信息表明 docker 已经运行成功
11.  Hello from Docker!
12.  This message shows that your installation appears to be working correctly.
13.
14.  To generate this message, Docker took the following steps:
15.   1. The Docker client contacted the Docker daemon.
16.   2. The Docker daemon pulled the "hello-world" image from the Docker Hub.
17.      (amd64)
18.   3. The Docker daemon created a new container from that image which runs the
19.      executable that produces the output you are currently reading.
20.   4. The Docker daemon streamed that output to the Docker client, which sent it
21.      to your terminal.
22.
23.  To try something more ambitious, you can run an Ubuntu container with:
24.   $ docker run -it ubuntu bash
25.
26.  Share images, automate workflows, and more with a free Docker ID:
27.   https://hub.docker.com/
28.
29.  For more examples and ideas, visit:
30.   https://docs.docker.com/get-started/
```

操作命令+配置文件+脚本程序+结束

任务二　使用 Docker 实现 PostgreSQL 数据库服务

扫码看视频

【任务介绍】

本任务使用 Docker 实现 PostgreSQL 数据库服务。

本任务在任务一的基础上进行。

【任务目标】

（1）实现 Docker 镜像的检索与下载。

（2）实现 Docker 容器的运行。

（3）实现 PostgreSQL 数据库服务。

【操作步骤】

步骤 1：拉取 PostgreSQL 镜像。

Docker 容器的运行需基于 Docker 镜像，当运行容器时，如果使用的镜像在本地中不存在，Docker 服务会自动从 Docker 镜像仓库中下载，默认的 Docker 镜像仓库是 Docker Hub。

操作命令：

1.	# 使用 docker 工具的 image 命令查看本地镜像		
2.	[root@Project-10-Task-01 ~]# docker image ls		
3.	# 下述信息表明本地镜像仅有任务一下载的 Docker 镜像 "hello-world"		

4.	REPOSITORY	TAG	IMAGE ID	CREATED	SIZE
5.	hello-world	latest	9c7a54a9a43c	5 months ago	13.3kB

6.
7. # 使用 docker 工具的 search 命令检索 docker 镜像仓库中的 postgres 镜像
8. [root@Project-10-Task-01 ~]# docker search postgres

9.	NAME	DESCRIPTION	STARS	OFFI
	CIAL	AUTOMATED		
10.	Postgres	The PostgreSQL object-relational database sy...	12693	[OK]
11.	bitnami/postgresql	Bitnami PostgreSQL Docker Image	238	[OK]
12.	circleci/postgres	The PostgreSQL object-relational database sy...	32	
13.	ubuntu/postgres	PostgreSQL is an open source object-relation...	31	
14.	bitnami/postgresql-repmgr		22	
15.	rapidfort/postgresql	RapidFort optimized, hardened image for Post...	19	
16.	bitnami/postgres-exporter		12	
17.	rapidfort/postgresql-official	RapidFort optimized, hardened image for Post...	12	
18.	rapidfort/postgresql12-ib	RapidFort optimized, hardened image for Post...	11	
19.	bitnami/postgrest		2	
20.	bitnamicharts/postgresql		2	
21.	kasmweb/postgres	Postgres image maintained by Kasm Technologi...	1	
22.	cimg/postgres		1	
23.	bitnamicharts/postgresql-ha		1	
24.	dockette/postgres	My PostgreSQL image with tunning and preinst...	1	
25.	elestio/postgres	Postgres, verified and packaged by Elestio	0	
26.	vmware/postgresql		0	
27.	pachyderm/postgresql		0	
28.	vmware/postgresql-photon		0	
29.	cockroachdb/postgres-test	An environment to run the CockroachDB accept...	0	[OK]
30.	hashicorp/postgres-nomad-demo	Used in Nomad-Vault integration guide	0	
31.	objectscale/postgresql-repmgr		0	
32.	wodby/postgres	Alpine-based PostgreSQL container image with...	0	
33.	circleci/postgres-upgrade	This image is for internal use	0	
34.	circleci/postgres-script-enhance	Postgres with one change: Run all scripts un...	0	

35. # 使用 docker 工具的 pull 命令拉取最新版 postgres 镜像
36. [root@Project-10-Task-01 ~]# docker pull postgres:latest
37. latest: Pulling from library/postgres
38. a378f10b3218: Pull complete

```
39.   2ebc5690e391: Pull complete
40.   8fe57f734687: Pull complete
41.   a2ddbb09cd9a: Pull complete
42.   5a2499e87ab8: Pull complete
43.   a45f5c4adf1b: Pull complete
44.   178017fd978e: Pull complete
45.   428dff1cb77d: Pull complete
46.   4667364adfc4: Pull complete
47.   4eea1f5281a9: Pull complete
48.   369467411787: Pull complete
49.   51184495a2bc: Pull complete
50.   d3e246f01410: Pull complete
51.   Digest: sha256:3d9ed832906091d609cfd6f283e79492ace01ba15866b21d8a262e8fd1cdfb55
52.   Status: Downloaded newer image for postgres:latest
53.   docker.io/library/postgres:latest
```
操作命令+配置文件+脚本程序+结束

步骤 2：创建 PostgreSQL 的数据卷。

Docker 容器运行时可设置数据卷，实现 Docker 容器指定目录数据的持久化存储。

操作命令：
```
1.    # 使用 docker 工具的 volume 命令创建用于存放 PostgreSQL 数据的数据卷 pgdata
2.    [root@Project-10-Task-01 ~]# docker volume create pgdata
3.    pgdata
4.    # 使用 docker 工具的 volume 命令查看已经创建的 pgdata 数据卷详细信息
5.    [root@Project-10-Task-01 ~]# docker volume inspect pgdata
6.    [
7.        {
8.            "CreatedAt": "2023-10-13T23:19:30+08:00",
9.            "Driver": "local",
10.           "Labels": {},
11.           "Mountpoint": "/var/lib/docker/volumes/pgdata/_data",
12.           "Name": "pgdata",
13.           "Options": {},
14.           "Scope": "local"
15.       }
16.   ]
```
操作命令+配置文件+脚本程序+结束

Docker 容器的数据持久化存储支持数据卷(Volumes)和目录挂载(Bind mounts)两种方式。
- 数据卷和目录挂载均是容器与主机之间共享数据的方式
- 数据卷是基于 Docker 软件来实现的，更具有移植性和持久性，并且支持快照和备份功能
- 目录挂载是直接从主机的文件系统中挂载

步骤 3：启动 PostgreSQL 容器。

使用 docker run 命令可启动容器，docker 启动时其执行过程如下。

（1）检查本地是否存在指定的 Docker 镜像，如果不存在将从 Docker 仓库下载。

（2）使用 Docker 镜像创建并启动 Docker 容器。

（3）为 Docker 容器分配一个文件系统，并在只读的镜像层外面挂载一层可读写层。

（4）从 Docker 宿主机中配置的网桥接口中桥接一个虚拟接口到容器。

（5）从 Docker 网络的地址池中分配一个 IP 地址给当前容器。

（6）启动容器内部的应用进程，并将控制权交给容器内的应用进程。

（7）应用进程开始运行，并监听指定的端口等待外部连接请求。

操作命令：

1. # 使用 docker 工具的 run 命令运行 PostgreSQL 容器
2. [root@Project-10-Task-01 ~]# docker run --name docker-postgresql -p 5432:5432 -e POSTGRES_PASS WORD=pgSQL#123 -v pgdata:/var/lib/postgresql/data --restart=always -d postgres:latest
3. 9236a4efbab13ce6e499918b5aff4ba781845764967c56fd4cbd416f1709061d
4. # 使用 docker 工具的 ps 命令查看当前正在运行的 Docker 容器
5. [root@Project-10-Task-01 ~]# docker ps
6. CONTAINER ID   IMAGE   COMMAND   CREATED
   STATUS   PORTS   NAMES
7. 9236a4efbab1   postgres:latest   "docker-entrypoint.s…"   About a minute ago
   Up About a minute   0.0.0.0:5432->5432/tcp   docker-postgresql
8. # 使用 docker 工具的 inspect 命令查看 docker-postgresql 容器的详细信息
9. [root@Project-10-Task-01 ~]# docker inspect docker-postgresql
10. [
11.   {
12.   "Id": "9236a4efbab13ce6e499918b5aff4ba781845764967c56fd4cbd416f1709061d",
13.   "Created": "2023-10-13T15:23:46.943060617Z",
14.   "Path": "docker-entrypoint.sh",
15.   "Args": [
16.   "postgres"
17.   ],
18.   "State": {
19.   "Status": "running",
20.   "Running": true,
21.   "Paused": false,
22.   "Restarting": false,
23.   "OOMKilled": false,
24.   "Dead": false,
25.   "Pid": 2466,
26.   "ExitCode": 0,
27.   "Error": "",
28.   "StartedAt": "2023-10-13T15:23:48.730492758Z",
29.   "FinishedAt": "0001-01-01T00:00:00Z"
30.   },
31.   "Image": "sha256:f7d9a0d4223bcd1329bcd9d09d68d84acced94479e1c1e81d4b3a361f92e8003",
32.   "ResolvConfPath": "/var/lib/docker/containers/9236a4efbab13ce6e499918b5aff4ba781845764967c5 6fd4cbd416f1709061d/resolv.conf",
33.   "HostnamePath": "/var/lib/docker/containers/9236a4efbab13ce6e499918b5aff4ba781845764967c56f d4cbd416f1709061d/hostname",
34.   "HostsPath": "/var/lib/docker/containers/9236a4efbab13ce6e499918b5aff4ba781845764967c56fd4cb

项目十

```
         d416f1709061d/hosts",
35.          "LogPath": "/var/lib/docker/containers/9236a4efbab13ce6e499918b5aff4ba781845764967c56fd4cbd
         416f1709061d/9236a4efbab13ce6e499918b5aff4ba781845764967c56fd4cbd416f1709061d-json.log",
36.          "Name": "/docker-postgresql",
37.          "RestartCount": 0,
38.          "Driver": "overlay2",
39.          "Platform": "linux",
40.          "MountLabel": "",
41.          "ProcessLabel": "",
42.          "AppArmorProfile": "",
43.          "ExecIDs": null,
44.          "HostConfig": {
45.              "Binds": [
46.                  "pgdata:/var/lib/postgresql/data"
47.              ],
48.              "ContainerIDFile": "",
49.              "LogConfig": {
50.                  "Type": "json-file",
51.                  "Config": {}
52.              },
53.              "NetworkMode": "default",
54.              "PortBindings": {
55.                  "5432/tcp": [
56.                      {
57.                          "HostIp": "",
58.                          "HostPort": "5432"
59.                      }
60.                  ]
61.              },
62.              "RestartPolicy": {
63.                  "Name": "always",
64.                  "MaximumRetryCount": 0
65.              },
66.              "AutoRemove": false,
67.              "VolumeDriver": "",
68.              "VolumesFrom": null,
69.              "CapAdd": null,
70.              "CapDrop": null,
71.              "Dns": [],
72.              "DnsOptions": [],
73.              "DnsSearch": [],
74.              "ExtraHosts": null,
75.              "GroupAdd": null,
76.              "IpcMode": "shareable",
77.              "Cgroup": "",
78.              "Links": null,
79.              "OomScoreAdj": 0,
80.              "PidMode": "",
81.              "Privileged": false,
82.              "PublishAllPorts": false,
```

```
83.          "ReadonlyRootfs": false,
84.          "SecurityOpt": null,
85.          "UTSMode": "",
86.          "UsernsMode": "",
87.          "ShmSize": 67108864,
88.          "Runtime": "runc",
89.          "ConsoleSize": [
90.              0,
91.              0
92.          ],
93.          "Isolation": "",
94.          "HookSpec": "",
95.          "CpuShares": 0,
96.          "Memory": 0,
97.          "NanoCpus": 0,
98.          "CgroupParent": "",
99.          "BlkioWeight": 0,
100.         "BlkioWeightDevice": [],
101.         "BlkioDeviceReadBps": null,
102.         "BlkioDeviceWriteBps": null,
103.         "BlkioDeviceReadIOps": null,
104.         "BlkioDeviceWriteIOps": null,
105.         "CpuPeriod": 0,
106.         "CpuQuota": 0,
107.         "CpuRealtimePeriod": 0,
108.         "CpuRealtimeRuntime": 0,
109.         "CpusetCpus": "",
110.         "CpusetMems": "",
111.         "Devices": [],
112.         "DeviceCgroupRules": null,
113.         "DiskQuota": 0,
114.         "KernelMemory": 0,
115.         "MemoryReservation": 0,
116.         "MemorySwap": 0,
117.         "MemorySwappiness": null,
118.         "OomKillDisable": false,
119.         "PidsLimit": 0,
120.         "FilesLimit": 0,
121.         "Ulimits": null,
122.         "CpuCount": 0,
123.         "CpuPercent": 0,
124.         "IOMaximumIOps": 0,
125.         "IOMaximumBandwidth": 0,
126.         "Hugetlbs": [],
127.         "MaskedPaths": [
128.             "/proc/acpi",
129.             "/proc/config.gz",
130.             "/proc/cpuirqstat",
131.             "/proc/fdenable",
132.             "/proc/fdstat",
```

```
133.              "/proc/fdthreshold",
134.              "/proc/files_panic_enable",
135.              "/proc/iomem_ext",
136.              "/proc/kbox",
137.              "/proc/kcore",
138.              "/proc/keys",
139.              "/proc/latency_stats",
140.              "/proc/livepatch",
141.              "/proc/lru_info",
142.              "/proc/lru_info_file",
143.              "/proc/memstat",
144.              "/proc/net_namespace",
145.              "/proc/oom_extend",
146.              "/proc/pagealloc_statistics",
147.              "/proc/pagealloc_bt",
148.              "/proc/pagealloc_module",
149.              "/proc/pin_memory",
150.              "/proc/slaballoc_bt",
151.              "/proc/slaballoc_module",
152.              "/proc/slaballoc_statistics",
153.              "/proc/sched_debug",
154.              "/proc/scsi",
155.              "/proc/sig_catch",
156.              "/proc/signo",
157.              "/proc/timer_list",
158.              "/proc/timer_stats",
159.              "/sys/firmware"
160.          ],
161.          "ReadonlyPaths": [
162.              "/proc/asound",
163.              "/proc/bus",
164.              "/proc/fs",
165.              "/proc/irq",
166.              "/proc/sys",
167.              "/proc/sysrq-trigger"
168.          ]
169.      },
170.      "GraphDriver": {
171.          "Data": {
172.              "LowerDir": "/var/lib/docker/overlay2/3de9b1c849e270c0c2d6ffba3ceeeec22fdc387c4affd
3caaf21ff33a18004a6-init/diff:/var/lib/docker/overlay2/7a88081b4c8ec3c65b7ba6644e9309d7e048c2e771b250
252059ef77e84e46da/diff:/var/lib/docker/overlay2/a6af364134e08e9d7767f8afa98fc55ac7461d565c1a7b5ee02
3eb51e4807dd3/diff:/var/lib/docker/overlay2/a326ab31ae3510374a765b0a8657ae660f635f2a3def725fb0a29b4
06008a807/diff:/var/lib/docker/overlay2/f5182d5c224080422e8d2dadf91bb6a18dcc61e0cfeed96a53306a2c271
ff914/diff:/var/lib/docker/overlay2/ea84568924898ad053a2f453a9662f214e2df07fbcf5e11ad6e6f7b95d3a63b4/
diff:/var/lib/docker/overlay2/095c0f6b255ca01c5b7cf3a62f49bd093a7bed98b19cced35b41d02ff034a7a7/diff:/v
ar/lib/docker/overlay2/dd9412b74c4d0b042a2c7d404f9461205aae2e84279a79690cd9aa46c7fd5c46/diff:/var/li
b/docker/overlay2/1a95901efa1acc0a81d3c49289c72769602313e6c03e01b9470dbf903c026604/diff:/var/lib/do
cker/overlay2/bf4beee1e78635515f15a63a665482eb7b999bdda6e7b332be74572c9408bead/diff:/var/lib/docker/
overlay2/a5c552d0d1070360ed684860a59b6051f7cd84b64a6b152e738661f077ed4ea5/diff:/var/lib/docker/over
```

lay2/48a58942ab4b58d127c4c3889faa311fc37ff8f6c9966fcdb8880de9f183a389/diff:/var/lib/docker/overlay2/1
d8cc2a6f841682d1f7c6bdd7b32c8602db68eebe6b7846f4b8c8b6aab63c033/diff:/var/lib/docker/overlay2/c773f
982dd3a79906764a35f9d3e98c7c7ce5db281f8c3776acbcc29e0ad4bc3/diff",
173.   "MergedDir": "/var/lib/docker/overlay2/3de9b1c849e270c0c2d6ffba3ceeeec22fdc387c4aff
d3caaf21ff33a18004a6/merged",
174.   "UpperDir": "/var/lib/docker/overlay2/3de9b1c849e270c0c2d6ffba3ceeeec22fdc387c4affd
3caaf21ff33a18004a6/diff",
175.   "WorkDir": "/var/lib/docker/overlay2/3de9b1c849e270c0c2d6ffba3ceeeec22fdc387c4affd3
caaf21ff33a18004a6/work"
176.   },
177.   "Name": "overlay2"
178.   },
179.   "Mounts": [
180.   {
181.   "Type": "volume",
182.   "Name": "pgdata",
183.   "Source": "/var/lib/docker/volumes/pgdata/_data",
184.   "Destination": "/var/lib/postgresql/data",
185.   "Driver": "local",
186.   "Mode": "z",
187.   "RW": true,
188.   "Propagation": ""
189.   }
190.   ],
191.   "Config": {
192.   "Hostname": "9236a4efbab1",
193.   "Domainname": "",
194.   "User": "",
195.   "AttachStdin": false,
196.   "AttachStdout": false,
197.   "AttachStderr": false,
198.   "ExposedPorts": {
199.   "5432/tcp": {}
200.   },
201.   "Tty": false,
202.   "OpenStdin": false,
203.   "StdinOnce": false,
204.   "Env": [
205.   "POSTGRES_PASSWORD=pgSQL#123",
206.   "PATH=/usr/local/sbin:/usr/local/bin:/usr/sbin:/usr/bin:/sbin:/bin:/usr/lib/postgresql/16/bin",
207.   "GOSU_VERSION=1.16",
208.   "LANG=en_US.utf8",
209.   "PG_MAJOR=16",
210.   "PG_VERSION=16.0-1.pgdg120+1",
211.   "PGDATA=/var/lib/postgresql/data"
212.   ],
213.   "Cmd": [
214.   "postgres"
215.   ],
216.   "ArgsEscaped": true,

```
217.            "Image": "postgres:latest",
218.            "Volumes": {
219.                "/var/lib/postgresql/data": {}
220.            },
221.            "WorkingDir": "",
222.            "Entrypoint": [
223.                "docker-entrypoint.sh"
224.            ],
225.            "OnBuild": null,
226.            "Labels": {},
227.            "Annotations": {
228.                "native.umask": "secure"
229.            },
230.            "StopSignal": "SIGINT"
231.        },
232.        "NetworkSettings": {
233.            "Bridge": "",
234.            "SandboxID": "1569c4d94b41bfa556bc39fb76e9e100979e508b8de8751072c563b56496b49c",
235.            "HairpinMode": false,
236.            "LinkLocalIPv6Address": "",
237.            "LinkLocalIPv6PrefixLen": 0,
238.            "Ports": {
239.                "5432/tcp": [
240.                    {
241.                        "HostIp": "0.0.0.0",
242.                        "HostPort": "5432"
243.                    }
244.                ]
245.            },
246.            "SandboxKey": "/var/run/docker/netns/1569c4d94b41",
247.            "SecondaryIPAddresses": null,
248.            "SecondaryIPv6Addresses": null,
249.            "EndpointID": "90e0f789d0e817e3a999fe39ffc09080e8dddc38bb852fa65ce97a1d48fd428e",
250.            "Gateway": "172.17.0.1",
251.            "GlobalIPv6Address": "",
252.            "GlobalIPv6PrefixLen": 0,
253.            "IPAddress": "172.17.0.2",
254.            "IPPrefixLen": 16,
255.            "IPv6Gateway": "",
256.            "MacAddress": "02:42:ac:11:00:02",
257.            "Networks": {
258.                "bridge": {
259.                    "IPAMConfig": null,
260.                    "Links": null,
261.                    "Aliases": null,
262.                    "NetworkID": "0b30a8cf0841708187faa64bb1b6175091095bb2f786ede9c0897ee935
      35a354",
263.                    "EndpointID": "90e0f789d0e817e3a999fe39ffc09080e8dddc38bb852fa65ce97a1d48f
      d428e",
264.                    "Gateway": "172.17.0.1",
```

```
265.                    "IPAddress": "172.17.0.2",
266.                    "IPPrefixLen": 16,
267.                    "IPv6Gateway": "",
268.                    "GlobalIPv6Address": "",
269.                    "GlobalIPv6PrefixLen": 0,
270.                    "MacAddress": "02:42:ac:11:00:02",
271.                    "DriverOpts": null
272.                }
273.            }
274.        }
275.    }
276. ]
```

操作命令+配置文件+脚本程序+结束

docker run 的参数说明如下。

- --name: 指定容器名称
- -p: 指定端口映射，格式为：主机端口:容器端口
- -e: 指定环境变量
- -v: 容器挂载的存储卷
- --restart: 指定容器停止后的重启策略
  - no: 容器退出时不重启
  - on-failure: 容器故障退出时重启
  - always: 容器退出时总是重启
- -d: 后台运行容器，并返回容器 ID
- postgres:latest: 指定镜像名称

步骤 4：管理 PostgreSQL 容器。

容器创建后可进行启动、停止、重启、删除等操作。

操作命令：

```
1.   # 使用 docker 工具的 stop 命令停止 docker 容器
2.   [root@Project-10-Task-01 ~]# docker stop docker-postgresql
3.   docker-postgresql
4.   # 使用 docker 工具的 start 命令启动 docker 容器
5.   [root@Project-10-Task-01 ~]# docker start docker-postgresql
6.   docker-postgresql
7.   # 使用 docker 工具的 exec 命令可在容器中执行命令
8.   [root@Project-10-Task-01 ~]# docker exec -it docker-postgresql /bin/bash
9.   # 使用 psql 命令查看 PostgreSQL 的版本
10.  root@9236a4efbab1:/# psql --version
11.  psql (PostgreSQL) 16.0 (Debian 16.0-1.pgdg120+1)
```

操作命令+配置文件+脚本程序+结束

步骤 5：使用 PgAdmin 远程连接 PostgreSQL 数据库。

PgAdmin 是 PostgreSQL 官方提供的图形界面管理工具，在本地主机上下载并安装 PgAdmin，根据提示信息完成 PostgreSQL 数据库的注册，即可在其中使用 PostgreSQL 数据库服务。如图 10-2-1

所示为使用 PgAdmin 连接 PostgreSQL。

如图 10-2-2 所示为使用 PgAdmin 查看 PostgreSQL 中的数据库。

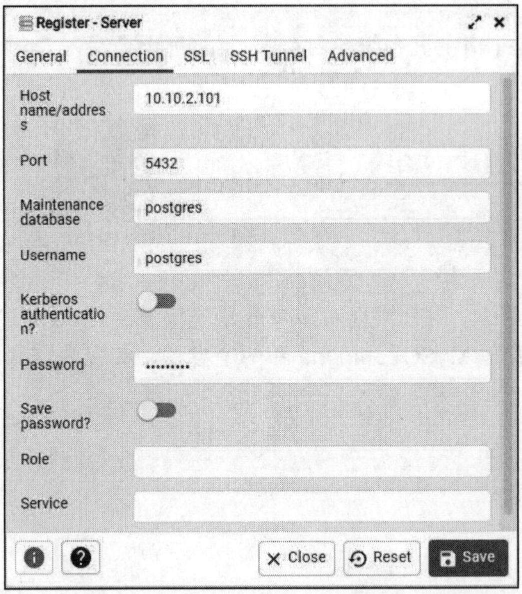

图 10-2-1　使用 PgAdmin 连接 PostgreSQL

图 10-2-2　使用 PgAdmin 查看 PostgreSQL 中的数据库

【任务扩展】

在默认情况下，容器内创建的所有文件都存储在容器的可写层上，当容器消亡时，容器可写层也随之消亡，任何保存于容器可写层的信息都会随容器删除而丢失。Docker 支持 3 种方式的数据存储，它们分别是：数据卷（volume）、目录挂载（bind mount）和内存文件系统挂载（tmpfs）。其中，数据卷和目录挂载可实现持久化存储，而内存文件系统挂载将随容器停止而删除，无法持久化。如图 10-2-3 所示为 Docker 容器存储说明。

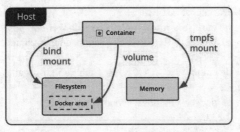

图 10-2-3　Docker 容器存储说明

Docker 支持 3 种方式的数据存储，如下所示。

（1）数据卷（volume）由 Docker 管理，是 Docker 宿主机文件系统中的一部分，在 Linux 系统中默认的目录为/var/lib/docker/volumes/，非 Docker 进程不应修改此文件系统，数据卷是 Docker 推荐的数据持久化方式。

（2）目录挂载（bind mount）可存储数据至 Docker 宿主机的任何地方。Docker 宿主机或者 Docker 容器中的非 Docker 进程可随时修改此文件系统。

（3）内存文件系统挂载(tmpfs)仅存储在 Docker 宿主机系统的内存中，且永远不会写入 Docker 宿主机的文件系统。

任务三　使用 Docker Compose 部署 Drupal

扫码看视频

【任务介绍】

Docker Compose 是 Docker 官方提供的管理工具，用来实现对多个容器的快速管理。本任务以 Drupal 程序为例，使用 Docker Compose 统一管理 MySQL 和 Drupal 两个容器，实现内容网站的发布。

本任务在任务一的基础上进行。

【任务目标】

（1）实现在线安装 Docker Compose。

（2）实现使用 Docker Compose 管理多个容器。

（3）实现使用 Docker 软件发布 Drupal 应用。

【操作步骤】

步骤 1：安装 Docker Compose。

目前，Docker Compose 的最新版本为 2.23.0。

操作命令：

```
1.   # 设置 DOCKER_CONFIG 环境变量
2.   [root@Project-10-Task-01 ~]# DOCKER_CONFIG=${DOCKER_CONFIG:-$HOME/.docker}
3.   # 使用 mkdir 命令创建 Compose CLI 的工作目录
4.   [root@Project-10-Task-01 ~]# mkdir -p $DOCKER_CONFIG/cli-plugins
5.   # 使用 curl 工具下载并安装 Compose CLI 插件
6.   [root@Project-10-Task-01 ~]# curl -SL https://github.com/docker/compose/releases/download/v2.23.0/docke
     r-compose-linux-x86_64 -o $DOCKER_CONFIG/cli-plugins/docker-compose
7.   # 使用 chmod 命令设置可执行权限
8.   [root@Project-10-Task-01 ~]# chmod +x $DOCKER_CONFIG/cli-plugins/docker-compose
9.   # 查看 Docker Compose 的版本
10.  [root@Project-10-Task-01 ~]# docker compose version
11.  Docker Compose version v2.23.0
```

操作命令+配置文件+脚本程序+结束

步骤 2：创建 Docker Compose 的配置文件。

Drupal 部署时需要两个容器，创建 Docker Compose 配置文件 docker-compose.yaml 实现两个 Docker 容器的管理，其内容如下所示。

配置文件：docker-compose.yaml

```
1.    # 指定 Compose 文件的版本
2.    version: '3'
3.    # 定义所有的 service 信息
4.    services:
5.      # 第一个 service 的名称
6.      rdb:
7.        # 指定 Docker 镜像，可以是本地镜像也可以是远程仓库的镜像
8.        image: mysql:latest
9.        # 执行 Docker 容器的名称
10.       container_name: drupal-rdb
11.       # 设置环境变量
12.       environment:
13.         MYSQL_DATABASE: drupal
14.         MYSQL_USER: drupal
15.         MYSQL_PASSWORD: drupal@PWD
16.         MYSQL_ROOT_PASSWORD: mysql#PWD
17.       # 定义重启策略
18.       restart: always
19.       # 指定主机和容器之间的端口映射关系
20.       ports:
21.         - "3306:3306"
22.       # 定义主机和容器之间的卷映射关系
23.       volumes:
24.         - drupal-rdb:/var/lib/mysql
25.       # 定义容器的网络信息
26.       networks:
27.         - drupal-network
28.     # 第一个 service 的名称
29.     web:
30.       # 指定 Docker 镜像，可以是本地镜像也可以是远程仓库的镜像
31.       image: drupal:latest
32.       # 执行 Docker 容器的名称
33.       container_name: drupal-web
34.       # 定义容器启动顺序
35.       depends_on:
36.         - rdb
37.       # 指定主机和容器之间的端口映射关系
38.       ports:
39.         - "80:80"
40.       # 定义主机和容器之间的卷映射关系
41.       volumes:
42.         - drupal-web:/opt/drupal
43.       # 定义容器的网络信息
```

```
44.      networks:
45.          - drupal-network
46.
47.  # 定义网络信息
48.  networks:
49.      drupal-network:
50.          driver: bridge
51.  # 定义卷信息，在所有容器中都可用
52.  volumes:
53.      drupal-rdb:
54.      drupal-web:
```

操作命令+配置文件+脚本程序+结束

 小贴士　　YAML 是一个可读性高，用来表示数据序列化的格式，通常被用作配置文件，Docker Compose 便采用了此格式作为配置文件格式。

步骤 3：使用 Docker Compose 发布 Drupal 命令。

操作命令：

```
1.   # 使用 Docker Compose 运行 Drupal
2.   [root@Project-10-Task-01 ~]# docker compose -f /root/docker-compose.yaml up -d
3.   [+] Running 30/30
4.   # 下载镜像
5.   ✔ web 18 layers [▦▦▦▦▦▦▦▦▦▦▦▦▦▦▦▦▦▦]        0B/0B      Pulled      352.6s
6.       ✔ a378f10b3218 Already exists                                     0.0s
7.       ✔ 20ad076dff2e Pull complete                                     42.4s
8.       ✔ 6d17b5cade1b Pull complete                                    203.9s
9.       ✔ d71c28a64564 Pull complete                                     67.8s
10.      ✔ 1bfddb7ff535 Pull complete                                     90.8s
11.      ✔ 8d5225155d20 Pull complete                                     93.0s
12.      ✔ 4b78f518026d Pull complete                                     95.3s
13.      ✔ b479e1692536 Pull complete                                    113.5s
14.      ✔ 1eb21432624b Pull complete                                    116.5s
15.      ✔ 3aa1d71e94e8 Pull complete                                    128.0s
16.      ✔ d430bcc41315 Pull complete                                    130.1s
17.      ✔ 530401502d4c Pull complete                                    132.1s
18.      ✔ e8b3c86ba253 Pull complete                                    134.2s
19.      ✔ b3fe48010d57 Pull complete                                    143.6s
20.      ✔ 1afd308d3258 Pull complete                                    145.5s
21.      ✔ cd37e600835d Pull complete                                    149.5s
22.      ✔ 65a273e15f1f Pull complete                                    151.8s
23.      ✔ b8c84a22cc09 Pull complete                                    166.7s
24.  ✔ rdb 10 layers [▦▦▦▦▦▦▦▦▦▦]                0B/0B      Pulled      281.2s
25.      ✔ 8e0176adc18c Pull complete                                     35.5s
26.      ✔ 14e977b0f4b2 Pull complete                                      2.1s
27.      ✔ a7b58dd6f78b Pull complete                                      7.5s
28.      ✔ fba70cc872a5 Pull complete                                      9.3s
29.      ✔ 5db2cc6eab8f Pull complete                                     10.6s
```

30.	✔ 081f41f573ba Pull complete		13.4s
31.	✔ 86bf2dc4ded9 Pull complete		65.6s
32.	✔ 47f08b0e916e Pull complete		20.2s
33.	✔ 850e29ae8eeb Pull complete		154.9s
34.	✔ 13517fe0d921 Pull complete		40.1s
35.	[+] Building 0.0s (0/0)		
36.	docker:default		
37.	[+] Running 5/5		
38.	# 创建网络		
39.	✔ Network root_drupal-network	Created	
40.	# 挂载存储卷		0.6s
41.	✔ Volume "root_drupal-rdb"	Created	0.0s
42.	✔ Volume "root_drupal-web"	Created	0.0s
43.			
44.	# 创建容器		
45.	✔ Container drupal-rdb	Started	9.1s
46.	✔ Container drupal-web	Started	18.8s

操作命令+配置文件+脚本程序+结束

步骤 4：初始化安装。

（1）在本地主机通过浏览器访问"https://Docker 宿主机 IP 地址:80"，即可查看 Drupal 的安装界面，单击"Save and continue"按钮开始安装，如图 10-3-1 所示。

图 10-3-1　Drupal 安装界面

（2）选择 Drupal 的安装配置，如图 10-3-2 所示。

图 10-3-2　选择 Drupal 的安装配置

（3）配置 Drupal 的数据库信息，如图 10-3-3 所示，本任务使用 Docker Compose 中配置的数据库账号及密码。

（4）执行 Drupal 安装，如图 10-3-4 所示。

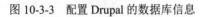

图 10-3-3　配置 Drupal 的数据库信息

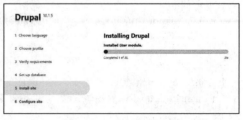

图 10-3-4　安装 Drupal

（5）配置 Drupal 网站，如图 10-3-5 所示。

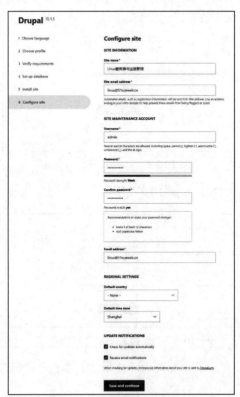

图 10-3-5　配置 Drupal 网站

（6）查看创建好的 Drupal 网站信息，如图 10-3-6 所示。

图 10-3-6   查看 Drupal 网站

步骤 5：查看容器的运行状态。

操作命令：

```
1.    # 使用 Docker 工具的 ps 命令查看当前运行的容器
2.    [root@Project-10-Task-01 ~]# docker ps
3.    CONTAINER ID    IMAGE          COMMAND           CREATED         STATUS          PORTS
                      NAMES
4.    debc80b6573d    drupal:lates    "docker-php-entrypoi…"    34 minutes ago Up 34 minutes        0.0.0.
      0:80->80/tcp                    drupal-web
5.    e1fa9679c1cb    mysql:latest    "docker-entrypoint.s…"    34 minutes ago Up 34 minutes        0.0.0.
      0:3306->3306/tcp, 33060/tcp     drupal-rdb
6.    9236a4efbab1    postgres:latest  "docker-entrypoint.s…"   3 days ago      Up 25 hours          0.0.0.
      0:5432->5432/tcp                docker-postgresql
```

操作命令+配置文件+脚本程序+结束

【任务扩展】

    Docker Compose 是 Docker 官方的开源项目，是定义和运行多个 Docker 容器的工具，项目代码在 https://github.com/docker/compose 上开源。

    （1）Compose 文件。Docker Compose 使用 YAML 文件来定义多服务应用，Compose 文件是 Docker Compose 运行的核心。Compose 文件默认使用的文件名为 docker-compose.yml，也可使用-f 参数指定具体文件。

    标准的 Compose 文件中应该包含 version、services 和 networks 3 个部分，其中 version 定义 Compose 文件的版本，services 定义应用中所包含的服务，networks 定义 docker 容器的网络，其文件格式如下所示。

配置文件：docker-compose.yml

```
1.    version: "3"
2.    services:
```

```
3.    webapp:
4.        image: examples/web
5.        ports:
6.          - "80:80"
7.        volumes:
8.          - "/data"
9.    networks:
10.      counter-net:
11.        driver: bridge
```

操作命令+配置文件+脚本程序+结束

表 10-3-1 所示为 Compose 文件常用的配置指令。

表 10-3-1　Compose 文件常用的配置指令

指令	作用
version	指明需要构建的新镜像的基础镜像
services	定义应用中所包含的服务，每个服务代表一个容器，可包含多个
image	从指定的镜像中启动容器
volumes	需要挂载的目录
build	指定为构建镜像上下文路径
command	容器启动时的命令
depends_on	设置依赖关系
environment	设置环境变量

（2）Compose 常用命令。使用 Docker Compose 可以创建、启动、停止、删除应用，并可获取应用运行状态，其常用命令见表 10-3-2。

表 10-3-2　Compose 常用命令

命令	作用
docker-compose up	部署一个 Compose 应用 默认情况下该命令会读取名为 docker-compose.yml 的文件，用户可使用-f 命令启动其他文件
docker-compose stop	停止 Compose 应用相关容器 只停止应用并不删除，可通过 docker-compose restart 命令重新启动
docker-compose rm	删除已停止的 Compose 应用 只删除容器和网络，不删除卷和镜像
docker-compose restart	重启已停止的 Compose 应用
docker-compose ps	列出 Compose 应用的各个容器 输出内容包含当前状态、容器运行的命令以及网络端口

项目十

命令	作用
docker-compose down	停止并删除运行中的 Compose 应用 只删除容器和网络，不删除卷和镜像
docker-compose up	部署一个 Compose 应用 默认情况下该命令会读取名为 docker-compose.yml 的文件，用户可使用-f 命令启动其他文件
docker-compose stop	停止 Compose 应用相关容器 只停止应用并不删除，可通过 docker-compose restart 命令重新启动

任务四　Docker 监控

【任务介绍】

cAdvisor 是开源的 Docker 容器监控工具，支持对安装 Docker 的宿主机、Docker 自身的实时监控和性能数据采集。

本任务通过 cAdvisor 工具实现对 Docker 容器的监控与性能分析。

本任务在任务三的基础上进行。

【任务目标】

（1）使用 docker stats 监控 Docker。

（2）实现 cAdvisor 的安装。

（3）实现 docker 性能监控。

【操作步骤】

步骤 1：使用 docker stats 命令监控 Docker。

docker stats 用于显示运行中的 Docker 容器的资源使用情况。

操作命令：
```
1.  使用 docker stats 查看容器的资源使用情况
2.  [root@Project-10-Task-01 ~]# docker stats
3.  CONTAINER ID    NAME        CPU %    MEM USAGE / LIMIT        MEM %            N E T
       I/O                    BLOCK I/O           PIDS
4.  debc80b6573d   drupal-web        0.01%    272.8MiB/3.328GiB    8.00%    34.1MB / 11.5MB
       44.2MB / 9.85MB     11
5.  e1fa9679c1cb   drupal-rdb        1.73%    457.1MiB/3.328GiB    13.41%   11.1MB / 24.5MB
       2.69MB / 1.07GB     39
6.  9236a4efbab1   docker-postgresql   0.00%    40.86MiB/3.328GiB   1.20%    12.8kB / 7.49kB
       119MB / 254kB      6
```

操作命令+配置文件+脚本程序+结束

（1）docker stats 命令执行后会每隔 1s 刷新一次输出的内容，按 "Ctrl +C" 组合键可停止刷新。
（2）使用--all 或者-a 参数可显示所有容器（包括未运行的）的资源使用情况。
（3）使用--format 参数可指定返回值的模板文件。
（4）使用--no-stream 参数则可在展示当前状态后直接退出，不再继续更新。

步骤 2：安装 cAdvisor 工具。

操作命令：

```
1.    # 使用 Docker 容器部署 cAdvisor
2.    [root@Project-10-Task-01 ~]# docker run \
3.    >    --volume=/:/rootfs:ro \
4.    >    --volume=/var/run:/var/run:rw \
5.    >    --volume=/sys:/sys:ro \
6.    >    --volume=/var/lib/docker/:/var/lib/docker:ro \
7.    >    --volume=/dev/disk/:/dev/disk:ro \
8.    >    --publish=8080:8080 \
9.    >    --detach=true \
10.   >    --name=cadvisor \
11.   >    google/cadvisor:latest
12.   Unable to find image 'google/cadvisor:latest' locally
13.   latest: Pulling from google/cadvisor
14.   ff3a5c916c92: Pull complete
15.   44a45bb65cdf: Pull complete
16.   0bbe1a2fe2a6: Pull complete
17.   Digest: sha256:815386ebbe9a3490f38785ab11bda34ec8dacf4634af77b8912832d4f85dca04
18.   Status: Downloaded newer image for google/cadvisor:latest
19.   4d96e74be31894e59257c12faa0c68560e3f7b0692b8f96339bb39f6d3209166
```

操作命令+配置文件+脚本程序+结束

使用本地主机通过浏览器访问 "http://虚拟机 IP 地址:8080"，可查看 cAdvisor 界面，如图 10-4-1 所示。

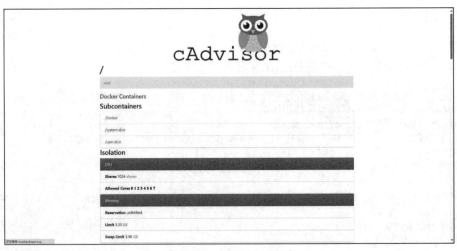

图 10-4-1　cAdvisor 界面

步骤 3：监控数据解读。

使用 cAdvisor 可监控 Docker 宿主机的运行情况与容器的运行情况。

（1）Docker 宿主机的运行情况监控。在 Docker 宿主机运行情况监控中，可监控 Docker 宿主机 CPU、内存、网络、文件的使用情况，Docker 宿主机所运行容器的 CPU 使用率、内存使用率排行。

（2）Docker 容器列表。单击"Docker Containers"命令可查看 Docker 容器的运行情况，其中包含 Docker 容器列表和 Docker 环境状态。

（3）Docker 运行情况监控。单击 Docker 容器列表中的某个容器名称可查看容器运行情况，其中包括 Docker 容器的 CPU、内存、网络、文件的使用情况，见表 10-4-1。

表 10-4-1　Docker 运行情况监控

监控对象	监控内容	监控说明
Overview 概览	CPU	CPU 使用率
	Memory	内存使用率
	FS#1	存储空间使用率
CPU CPU 使用情况	Total Usage	CPU 总使用率
	Usage per Core	每个 CPU 核心的使用率
	Usage Breakdown	CPU 使用详情
Memory 内存使用情况	Total Usage	内存使用量
	Usage Breakdown	内存使用详情，包含内存总量和已使用量
Network 网络使用情况	Throughput	网络吞吐量
	Errors	网络包错误数
Filesystem 存储空间使用情况	FS #1 tmpfs	列出所有存储空间，并展示每个存储空间总大小，使用大小与使用率
Subcontainers 容器使用情况	Top CPU Usage	CPU 使用最高的容器，默认展示 10 个

小贴士

　　cAdvisor 支持 REST API，其路径为：http://\<hostname\>:\<port\>/api/\<version\>/\<request\>，可通过 API 的方式从 cAdvisor 获取 Docker 宿主机与容器的 CPU、内存、磁盘、网络等信息，如 http://10.10.2.101:8080/api/v2.1/machine 可获取 Dokcer 宿主机的运行情况。

项目十一

运维管理

▶ 项目介绍

深入了解系统的运行状况，持续保障业务的稳定运行是运维管理基本的工作内容。本项目通过查看系统的硬件信息、CPU 负载、存储使用、网络通信等运行情况，并通过第三方工具和可视化监控系统实现对主机的运维管理，实时掌握系统的运行状态，提升系统运维服务质量。

▶ 项目目的

- 了解系统运维管理的基本要素；
- 掌握查看系统硬件信息的方法；
- 掌握查看 CPU 负载的方法；
- 掌握查看系统存储使用的方法；
- 掌握查看系统网络通信状况的方法；
- 掌握使用工具监控系统运行的方法；
- 掌握通过文件系统监控系统运行的方法；
- 掌握可视化监控系统的搭建与运维的方法。

▶ 项目讲堂

1. 操作系统运维管理

（1）什么是运维管理。运维管理是对系统运行状态进行控制，快速响应并调整业务运行性能等，使之与业务运行的预期目标一致，实现对操作系统未来发展趋势的维护和保障。

（2）运维管理的内容。作为一名系统运维人员，针对系统维护的主要内容如下。

1）系统运行监控。负责查看服务器硬件信息及运行状态，了解操作系统的基本信息以及所安装部署的业务情况等。

2）权限管理。负责了解系统用户的权限设置、为新用户增设账号、将不再活动的用户删除、将近期不再访问的用户禁用等账号处理相关事务，及时更新系统权限配置，保障系统用户权限安全。

3）CPU 管理。负责监控 CPU 的负载情况，优化资源利用，降低系统负载压力。

4）内存管理。负责监控业务系统内存、缓存、交换空间等方面的使用情况，合理调配业务资源，保障业务高性能运转。

5）磁盘管理。负责检查硬件磁盘的运行状态、及时更换物理磁盘并配置系统能够识别新的磁盘信息，从而使系统使用新增的存储资源。负责查看磁盘的使用情况、了解磁盘的 IO 读写速率、利用率、吞吐量等指标运行情况，保障业务数据的存储效率。

6）网络管理。负责了解主机的网络流量，合理规划网络结构，能够及时发现网络故障并做出响应与解决。

7）进程管理。负责查看系统的相关进程信息，处理系统无用进程占用系统资源，降低系统运行负载。

8）日志管理。合理记录系统日志，便于操作追溯和日志审查分析。

（3）运维管理的方式。系统运维管理的方式可分为命令管理和自动化管理。

1）命令管理。通过操作系统的命令实现系统配置管理，常用的管理命令有 vi（对文件进行编辑管理）、fdisk（对磁盘进行管理）、nmcli（对网络进行管理）、systemctl（对服务进行管理）等。

2）自动化管理。通过自动化运维工具实现对批量主机进行配置管理，实现对系统的网络、存储、应用交付等自动化配置，降低运维管理人员的压力，减少或避免重复性工作。

2. 操作系统监控

（1）什么是系统监控。随着信息化建设不断深入，应用系统不断增多，运维人员管理的设备、业务数量也急剧增加，如何直观地查看多个设备、业务的运行情况，并保证出现异常时能及时发现，已成为运维人员最关心也需要迫切解决的问题，在此需求下，系统监控应运而生。

通过系统监控可以实时了解系统的运行状态，快速发现系统异常，及时解决异常问题，保障业务服务的可靠性和稳定性。

（2）系统监控的内容。系统监控是对操作系统整体运行情况的监控，通常监控系统的 CPU、物理内存、虚拟内存、进程、存储、网络等运行状态。

（3）系统监控的方式。按照监控实现方式不同，系统监控可分为命令监控和软件监控两类。

1）命令监控。通过操作系统的命令实现对系统运行情况的监控，常用的监控命令有 top（查看所有正在运行且处于活动状态的实时进程）、netstat（查看系统网络性能情况）、iostat（查看系统 CPU 使用情况与磁盘 I/O 情况）等。

2）软件监控。通过专用的监控软件，借助简单网络管理协议（Simple Network Management Protocol，SNMP）、Agent、探针等手段，对系统运行情况进行周期性监控，记录监控数据，实现监控历史数据查看及系统运行情况分析，并将系统异常情况通过某种方式（如电子邮件、短信、微信、App 等）通知相关人员。

任务一　查看 openEuler 的硬件信息

【任务介绍】

本任务通过不同命令查看 openEuler 的磁盘、CPU、内存、主板等物理硬件信息，了解服务器的硬件设备配置情况。

【任务目标】

（1）了解主机的硬件组成结构。

（2）实现对主机物理硬件信息的查看。

【操作步骤】

步骤 1：创建虚拟机并完成 openEuler 的安装。

在 VirtualBox 中创建虚拟机，完成 openEuler 的安装。虚拟机与操作系统的配置信息见表 11-1-1，注意虚拟机网卡的工作模式为桥接。

表 11-1-1　虚拟机与操作系统配置

虚拟机配置	操作系统配置
虚拟机名称：VM-Project-11-Task-01-10.10.2.111	主机名：Project-11-Task-01
内存：1GB	IP 地址：10.10.2.111
CPU：1 颗 1 核心	子网掩码：255.255.255.0
虚拟硬盘：20GB	网关：10.10.2.1
网卡：1 块，桥接	DNS：8.8.8.8

步骤 2：完成虚拟机的主机配置、网络配置及通信测试。

启动并登录虚拟机，依据表 11-1-1 完成主机名和网络的配置，能够访问互联网和本地主机。

（1）虚拟机的创建、操作系统的安装、主机名与网络的配置，具体方法参见项目一。
（2）建议通过虚拟机复制快速创建所需环境。通过复制创建的虚拟机需依据本任务虚拟机与操作系统规划配置信息设置主机名与网络，实现对互联网和本地主机的访问。

步骤 3：使用 dmidecode 命令查看系统硬件信息。

（1）使用 dmidecode 命令查看系统硬件信息。

操作命令：

```
1.  # 查看系统硬件信息
2.  [root@Project-11-Task-01 ~]# dmidecode -t system
3.  # dmidecode 3.4
```

```
4.    Getting SMBIOS data from sysfs.
5.    SMBIOS 2.5 present.
6.
7.    Handle 0x0001, DMI type 1, 27 bytes
8.    System Information
9.        Manufacturer: innotek GmbH
10.       Product Name: VirtualBox
11.       Version: 1.2
12.       Serial Number: 0
13.       UUID: f920d3c8-2e2c-034f-8bd8-00ca821898ec
14.       Wake-up Type: Power Switch
15.       SKU Number: Not Specified
16.       Family: Virtual Machine
```

操作命令+配置文件+脚本程序+结束

查看系统硬件信息结果中，部分字段的相关含义如下。

小贴士

- Handle: 查询硬件标识
- DMI type: 标识所查硬件类型，指出记录大小
- Manufacturer: 设备厂商
- Product Name: 设备产品名称
- Version: 产品版本信息
- Serial Number: 设备序列号
- UUID: 设备唯一 ID
- Wake-up Type: 主机唤醒类型，Power Switch 为通过电源开关唤醒
- SKU Number: 库存量单位编号或产品编号，厂商用来识别和跟踪产品的唯一数字组合
- Family: 设备家族类型，Virtual Machine 为 VirtualBox 虚拟机

（2）使用 dmidecode 命令查看系统主板硬件信息。

操作命令：

```
1.    # 查看系统主板硬件信息
2.    [root@Project-11-Task-01 ~]# dmidecode -t baseboard
3.    # dmidecode 3.4
4.    Getting SMBIOS data from sysfs.
5.    SMBIOS 2.5 present.
6.
7.    Handle 0x0008, DMI type 2, 15 bytes
8.    Base Board Information
9.        Manufacturer: Oracle Corporation
10.       Product Name: VirtualBox
11.       Version: 1.2
12.       Serial Number: 0
13.       Asset Tag: Not Specified
14.       Features:
15.           Board is a hosting board
16.       Location In Chassis: Not Specified
17.       Chassis Handle: 0x0003
```

```
18.        Type: Motherboard
19.        Contained Object Handles: 0
```

小贴士

查看系统主板硬件信息结果中，部分字段的相关含义如下。
- Handle: 查询硬件标识
- DMI type: 标识所查硬件类型，指出记录大小
- Manufacturer: 设备厂商
- Product Name: 设备产品名称
- Version: 产品版本信息
- Serial Number: 产品序列号
- Asset Tag: 设备标签
- Features: 设备特征描述
- Location In Chassis: 设备在机箱的位置
- Chassis Handle: 机箱标识符号
- Type: 硬件类型，Motherboard 为主板
- Contained Object Handles: 控制系统标识符号

（3）通过 dmidecode 命令查看机箱硬件信息。

操作命令：

```
1.    # 查看机箱硬件信息
2.    [root@Project-11-Task-01 ~]# dmidecode -t chassis
3.    # dmidecode 3.4
4.    Getting SMBIOS data from sysfs.
5.    SMBIOS 2.5 present.
6.
7.    Handle 0x0003, DMI type 3, 13 bytes
8.    Chassis Information
9.        Manufacturer: Oracle Corporation
10.       Type: Other
11.       Lock: Not Present
12.       Version: Not Specified
13.       Serial Number: Not Specified
14.       Asset Tag: Not Specified
15.       Boot-up State: Safe
16.       Power Supply State: Safe
17.       Thermal State: Safe
18.       Security Status: None
```

小贴士

查看机箱硬件信息结果中，部分字段的相关含义如下。
- Handle: 查询硬件标识
- DMI type: 标识所查硬件类型，指出记录大小
- Manufacturer: 设备厂商
- Type: 机箱的型号信息

- Lock: 机箱是否锁住，Not Present 为不存在锁
- Version: 设备版本信息
- Serial Number: 设备序列号
- Asset Tag: 设备标签
- Boot-up State: 系统启动时机箱的状态
- Power Supply State: 电源供应状态
- Thermal State: 机箱散热状态
- Security Status: 机箱安全状态

命令详解：

【语法】
dmidecode [选项]
【选项】

空：	输出所有硬件信息
-q：	输出硬件信息，比较简洁
-d：	从设备文件读取信息
-s：	只显示指定 DMI 字符串的信息
-t bios：	查看 BIOS 相关的硬件信息
-t system：	查看系统相关的硬件信息
-t baseboard：	查看主板相关的硬件信息
-t chassis：	查看机箱相关的硬件信息
-t processor：	查看处理器相关的硬件信息
-t memory：	查看内存相关的硬件信息
-t cache：	查看缓存的相关信息
-t connector：	查看端口连接器的相关信息
-t slot：	查看系统槽的相关信息

操作命令+配置文件+脚本程序+结束

提醒 本项目使用的是 VirtualBox 虚拟机，无法通过 dmidecode 命令获取物理内存卡、CPU 处理器、磁盘等相关设备的物理信息。

步骤 4：使用 lspci 命令查看系统硬件信息。

（1）使用 lspci 命令总览主机硬件设备列表信息。

操作命令：

```
1.    #  查看主机中所有 PCI 总线设备的硬件信息
2.    [root@Project-11-Task-01 ~]# lspci
3.    00:00.0 Host bridge: Intel Corporation 440FX - 82441FX PMC [Natoma] (rev 02)
4.    00:01.0 ISA bridge: Intel Corporation 82371SB PIIX3 ISA [Natoma/Triton II]
5.    00:01.1 IDE interface: Intel Corporation 82371AB/EB/MB PIIX4 IDE (rev 01)
6.    00:02.0 VGA compatible controller: VMware SVGA II Adapter
7.    00:03.0 Ethernet controller: Intel Corporation 82540EM Gigabit Ethernet Controller (rev 02)
8.    00:04.0 System peripheral: InnoTek Systemberatung GmbH VirtualBox Guest Service
9.    00:05.0 Multimedia audio controller: Intel Corporation 82801AA AC'97 Audio Controller (rev 01)
10.   00:06.0 USB controller: Apple Inc. KeyLargo/Intrepid USB
11.   00:07.0 Bridge: Intel Corporation 82371AB/EB/MB PIIX4 ACPI (rev 08)
```

项目十一

12.   00:0b.0 USB controller: Intel Corporation 82801FB/FBM/FR/FW/FRW (ICH6 Family) USB2 EHCI Controller

13.   00:0d.0 SATA controller: Intel Corporation 82801HM/HEM (ICH8M/ICH8M-E) SATA Controller [AHCI mode] (rev 02)

操作命令+配置文件+脚本程序+结束

（1）在查看主机 PCI 总线设备的硬件信息结果中，所涉及的硬件设备如下。

- Host bridge：主板桥接器，用于连接 CPU 和其他 PCI 设备的桥接器
- ISA bridge：南桥，将 ISA 总线的数据传输到其他总线上
- IDE interface：IDE 接口，用于主机内部数据传输
- VGA compatible controller：VGA 兼容控制器，用于控制显示器的输出
- Ethernet controller：网卡控制器，用于计算机中的以太网通信
- System peripheral：系统外围设备，即该设备为系统提供一些额外的功能（如供电等）
- Multimedia audio controller：音频控制器，用于输入/输出、处理/控制计算机音频
- USB controller：USB 控制器，用于控制和管理各种外部 USB 设备的连接和数据传输
- Bridge：PCI 桥接器，用于将数据从一个 PCI 总线传输到另一个 PCI 总线
- SATA controller：SATA 控制器，用于接口存储设备的读写操作

（2）在展示 PCI 设备的硬件信息时，其对应的每一列格式含义如下。

- 第 1 列：设备编号，通常默认按照 PCI 总线号、设备编号、设备对应的功能号进行呈现
- 第 2 列：Vendor ID 和 Device ID（设备的厂商和型号）
- 第 3 列：Subsystem Vendor ID 和 Subsystem ID（设备所属的下级子厂商和下级子型号）
- 第 4 列：Class（设备的类别），明确了设备的作用和特定功能
- 第 5 列：IRQ 和 I/O ports（设备的中断请求和 I/O 端口地址）
- 第 6 列：Kernel driver in use（呈现设备是否被驱动程序占用），如果该设备已经被运行驱动程序占用，则显示驱动程序名称

（2）使用 lspci 命令查看主板设备硬件的详细信息。

操作命令：

```
1.    # 查看主板设备硬件的详细信息
2.    [root@Project-11-Task-01 ~]# lspci -s 00:00.0 -v
3.    00:00.0 Host bridge: Intel Corporation 440FX - 82441FX PMC [Natoma] (rev 02)
4.        # 标识：PCI 快速选择设备
5.            Flags: fast devsel
```

操作命令+配置文件+脚本程序+结束

查看主板硬件信息结果中，部分字段的相关含义如下。

- 00:00.0：位于 PCI 总线上的位置，其中 00 表示总线号，00 表示设备号，0 表示功能号

项目十一

- Host bridge：主机桥接器，用于连接 CPU 和其他 PCI 设备的桥接器
- Intel Corporation 440FX：制造商是 Intel Corporation，型号为 440FX
- 82441FX：表示该设备所属的子系统型号为 82441FX
- PMC：表示该设备的作用为主机调动和进度控制
- rev 02：表示该设备的版本号为 02

（3）使用 lspci 命令查看网卡设备硬件的详细信息。

操作命令：

```
1.   # 查看网卡设备硬件的详细信息
2.   [root@Project-11-Task-01 ~]# lspci -s 00:03.0 -v
3.   00:03.0 Ethernet controller: Intel Corporation 82540EM Gigabit Ethernet Controller (rev 02)
4.       # 子系统：Intel 千兆桌面适配器网卡
5.       Subsystem: Intel Corporation PRO/1000 MT Desktop Adapter
6.       # 标识：总线主机，66MHz，PCI 中等选择设备，延迟 64μs，中断 19μs
7.       Flags: bus master, 66MHz, medium devsel, latency 64, IRQ 19
8.       # 网卡内存大小为 128K，32 位
9.       Memory at f0200000 (32-bit, non-prefetchable) [size=128K]
10.      I/O ports at d020 [size=8]
11.      # 网卡功能说明
12.      Capabilities: [dc] Power Management version 2
13.      Capabilities: [e4] PCI-X non-bridge device
14.      # 内核驱动使用：以太网 千兆
15.      Kernel driver in use: e1000
16.      Kernel modules: e1000
```

操作命令+配置文件+脚本程序+结束

（4）使用 lspci 命令查看磁盘接口设备硬件的详细信息。

操作命令：

```
1.   # 查看磁盘接口设备硬件信息
2.   [root@Project-11-Task-01 ~]# lspci -s 00:0d.0 -v
3.   00:0d.0 SATA controller: Intel Corporation 82801HM/HEM (ICH8M/ICH8M-E) SATA Controller [AHCI
     mode] (rev 02) (prog-if 01 [AHCI 1.0])
4.       # 标识：总线主机，66MHz，PCI 快速选择设备，延迟 64μs，中断 21μs
5.       Flags: bus master, fast devsel, latency 64, IRQ 21
6.       # I/O 端口位置
7.       I/O ports at d240 [size=8]
8.       I/O ports at d248 [size=4]
9.       I/O ports at d250 [size=8]
10.      I/O ports at d258 [size=4]
11.      I/O ports at d260 [size=16]
12.      # 磁盘接口内存大小为 8KB，32 位
13.      Memory at f0806000 (32-bit, non-prefetchable) [size=8K]
14.      # 网卡功能说明
15.      Capabilities: [70] Power Management version 3
16.      Capabilities: [a8] SATA HBA v1.0
17.      # 内核使用接口类型为：AHCI
```

```
18.        Kernel driver in use: ahci
19.        Kernel modules: ahci
```

 小贴士

　　　　　　AHCI（Advanced Host Controller Interface）为高级主机控制器接口，是一种由 Intel 制定的技术标准，允许软件与 SATA 存储设备沟通的硬件机制，可让 SATA 存储设备激活高级 SATA 功能，例如原生指令队列及热插拔等。

命令详解：

【语法】
lspci [选项]
【选项】

选项	说明
空：	输出所有 PCI 硬件设备信息
-t：	以树形方式显示包含所有总线、桥、设备和 PCI 连接的关系
-b：	以总线为中心进行查看
-d [<vendor>]：	只显示指定生产厂商和设备 ID 的设备
-n：	以数字形式显示 PCI 生产厂商和设备号
-s [[<bus>]:][<slot>][.[<func>]]：	显示指定总线、插槽上的设备或设备上的功能块信息
-i <file>：	指定 PCI 编号列表文件
-m：	以可读的方式显示 PCI 设备信息
-v：	以冗余模式显示所有设备的详细信息
-vv：	以更冗余模式显示所有设备的更详细的信息

　　步骤 5： 使用 lshw 命令查看系统硬件信息。
　　（1）使用 lshw 命令总览主机硬件设备的列表信息。

操作命令：

```
1.    # 以 PCI 总线方式，查看主机中硬件设备列表信息
2.    [root@Project-11-Task-01 ~]# lshw -businfo
3.    Bus info              Device          Class           Description
4.    ===============================================================
5.                                          System          VirtualBox
6.                                          Bus             VirtualBox
7.                                          Memory          128KiB BIOS
8.                                          Memory          1GiB System memory
9.    cpu@0                                 processor       Intel(R) Core(TM) i5-4300U CPU @ 1.90GHz
10.   pci@0000:00:00.0                      bridge          440FX - 82441FX PMC [Natoma]
11.   pci@0000:00:01.0                      bridge          82371SB PIIX3 ISA [Natoma/Triton II]
12.   pci@0000:00:01.1     scsi1           storage         82371AB/EB/MB PIIX4 IDE
13.   scsi@1:0.0.0         /dev/cdrom      disk            CD-ROM
14.   pci@0000:00:02.0                      display         SVGA II Adapter
15.   pci@0000:00:03.0     enp0s3          network         82540EM Gigabit Ethernet Controller
16.   pci@0000:00:04.0                      generic         VirtualBox Guest Service
17.   pci@0000:00:05.0                      multimedia      82801AA AC'97 Audio Controller
18.   pci@0000:00:06.0                      bus             KeyLargo/Intrepid USB
19.   usb@2               usb2            bus             OHCI PCI host controller
20.   pci@0000:00:07.0                      bridge          82371AB/EB/MB PIIX4 ACPI
```

21.	pci@0000:00:0b.0		bus	82801FB/FBM/FR/FW/FRW (ICH6 Family) USB
	2 EHCI Controller			
22.	usb@1	usb1	bus	EHCI Host Controller
23.	pci@0000:00:0d.0	scsi2	storage	82801HM/HEM (ICH8M/ICH8M-E) SATA Contr
	oller　[AHCI mode]			
24.	scsi@2:0.0.0	/dev/sda	disk	21GB VBOX HARDDISK
25.	scsi@2:0.0.0,1	/dev/sda1	volume	1GiB EXT4 volume
26.	scsi@2:0.0.0,2	/dev/sda2	volume	18GiB Linux LVM Physical Volume partition
27.			Input	PnP device PNP0303
28.			Input	PnP device PNP0f03

操作命令+配置文件+脚本程序+结束

在查看主机中设备硬件信息的结果中，设备列表的字段信息如下。

小贴士

- Bus info: *硬件总线位置信息*
- Device: *硬件设备信息*
- Class: *硬件设备类型*
- Description: *硬件描述信息*

（2）使用 lshw 命令查看 CPU 设备的硬件信息。

操作命令：

```
1.    # 查看 CPU 设备的硬件信息
2.    [root@Project-11-Task-01 ~]# lshw -C cpu
3.    *-cpu
4.       # 产品：品牌与型号，主频
5.       product: Intel(R) Core(TM) i5-4300U CPU @ 1.90GHz
6.       # 供应商：Intel
7.       vendor: Intel Corp.
8.       # 物理封装 ID 标识
9.       physical id: 2
10.      # 总线信息：CPU 1 颗
11.      bus info: cpu@0
12.      # 运行模式为 64 位
13.      width: 64 bits
14.      # 功能标记
15.      capabilities: fpu fpu_exception wp vme de pse tsc msr pae mce cx8 apic sep mtrr pge mca cmo
v pat pse36 clflush mmx fxsr sse sse2 ht syscall nx rdtscp x86-64 constant_tsc rep_good nopl xtopolo
gy nonstop_tsc cpuid tsc_known_freq pni pclmulqdq monitor ssse3 cx16 pcid sse4_1 sse4_2 x2apic mo
vbe popcnt aes xsave avx rdrand hypervisor lahf_lm abm invpcid_single pti fsgsbase bmi1 avx2 bmi2
invpcid
```

操作命令+配置文件+脚本程序+结束

（3）使用 lshw 命令查看内存条设备的硬件信息。

操作命令：

```
1.    # 查看内存条设备的硬件信息
2.    [root@Project-11-Task-01 ~]# lshw -C memory
3.    # 硬件信息
4.    *-firmware
```

5.　　　# 描述：BIOS 的硬件信息
6.　　　description: BIOS
7.　　　# 供应商：innotek GmbH
8.　　　vendor: innotek GmbH
9.　　　# 物理封装 ID 标识
10.　　　physical id: 0
11.　　　# 版本：VirtualBox 虚拟机
12.　　　version: VirtualBox
13.　　　date: 12/01/2006
14.　　　# 内存分配大小 128KB
15.　　　size: 128KiB
16.　　　capacity: 128KiB
17.　　　# 功能标记
18.　　　capabilities: isa pci cdboot bootselect int9keyboard int10video acpi
19.　# 内存信息
20.　*-memory
21.　　　# 描述信息：系统内存
22.　　　description: System memory
23.　　　# 物理封装 ID 标识
24.　　　physical id: 1
25.　　　# 内存大小：1GB
26.　　　size: 1GiB

操作命令+配置文件+脚本程序+结束

（4）使用 lshw 命令查看磁盘设备的硬件信息。

操作命令：

1.　# 查看磁盘设备的硬件信息
2.　[root@Project-11-Task-01 ~]# lshw -C disk
3.　# DVD 光驱存储信息
4.　*-cdrom
5.　　　description: DVD reader
6.　　　# 产品：CD-ROM
7.　　　product: CD-ROM
8.　　　# 供应商：VBOX
9.　　　vendor: VBOX
10.　　　physical id: 0.0.0
11.　　　bus info: scsi@1:0.0.0
12.　　　# 逻辑名称
13.　　　logical name: /dev/cdrom
14.　　　logical name: /dev/sr0
15.　　　version: 1.0
16.　　　# 功能标记
17.　　　capabilities: removable audio dvd
18.　　　# 配置信息
19.　　　configuration: ansiversion=5 status=nodisc
20.　# 磁盘硬件信息
21.　*-disk
22.　　　description: ATA Disk

```
23.        product: VBOX HARDDISK
24.        vendor: VirtualBox
25.        physical id: 0.0.0
26.        bus info: scsi@2:0.0.0
27.        logical name: /dev/sda
28.        version: 1.0
29.        # 序列号
30.        serial: VB3f1c9cb9-05307313
31.        # 磁盘大小 20GB，1GB 的内存空间
32.        size: 20GiB (21GB)
33.        capabilities: partitioned partitioned:dos
34.        # 配置信息
35.        configuration: ansiversion=5 logicalsectorsize=512 sectorsize=512 signature=8bc9622d
```

操作命令+配置文件+脚本程序+结束

命令详解：

【语法】
lshw [选项]
【选项】

空：	输出所有硬件设备信息
-short：	显示设备列表，输出包括设备路径(path)、类别(class)以及简单描述
-businfo：	显示设备列表，输出包括总线信息、SCSI、USB、IDE、PCI 地址等
-C <Class>：	根据类型查看相应的设备信息

操作命令+配置文件+脚本程序+结束

任务二　查看 openEuler 的 CPU 负载

【任务介绍】

本任务实现查看 CPU 的运行信息，了解 CPU 的负载情况，对 CPU 运行状态进行监控分析。本任务在任务一的基础上进行。

【任务目标】

（1）掌握查看 CPU 运行负载的方法。
（2）实现第三方工具对 CPU 的负载监控。

【操作步骤】

步骤 1：使用 lscpu 命令查看 CPU 信息。
使用 lscpu 命令可查看当前主机的 CPU 架构、数量、型号、主频等详细统计信息。

操作命令：

```
1.    # 查看主机 CPU 详细信息
2.    [root@Project-11-Task-01 ~]# lscpu
3.    架构：                          x86_64#CPU 架构
```

4.	CPU 运行模式：	32-bit, 64-bit
5.	Address sizes:	39 bits physical, 48 bits virtual#可访问地址空间位数
6.	字节序：	Little Endian
7. CPU:		1 # CPU 数量
8.	在线 CPU 列表：	0
9.	厂商 ID：	GenuineIntel
10.	型号名称：	Intel(R) Core(TM) i5-4300U CPU @ 1.90GHz
11.	CPU 系列：	6
12.	型号：	69
13.	每个核的线程数：	1
14.	每个座的核数：	1
15.	座：	1
16.	步进：	1
17.	BogoMIPS:	4988.45
18.	标记：	fpu vme de pse tsc msr pae mce cx8 apic sep mtrr pge mc
19.		a cmov pat pse36 clflush mmx fxsr sse sse2 ht syscall n
20.		x rdtscp lm constant_tsc rep_good nopl xtopology nonsto
21.		p_tsc cpuid tsc_known_freq pni pclmulqdq monitor ssse3
22.		cx16 pcid sse4_1 sse4_2 x2apic movbe popcnt aes xsave a
23.		vx rdrand hypervisor lahf_lm abm invpcid_single pti fsg
24.		sbase bmi1 avx2 bmi2 invpcid
25. # CPU 支持虚拟化技术		
26. Virtualization features:		
27.	超管理器厂商：	KVM
28.	虚拟化类型：	完全
29. # CPU 数据缓存大小		
30. Caches (sum of all):		
31.	L1d:	32 KiB (1 instance)
32.	L1i:	32 KiB (1 instance)
33.	L2:	256 KiB (1 instance)
34.	L3:	3 MiB (1 instance)
35. NUMA:		
36.	NUMA 节点：	1
37.	NUMA 节点 0 CPU：	0
38. # 漏洞信息		
39. Vulnerabilities:		
40.	Itlb multihit:	KVM: Mitigation: VMX unsupported
41.	L1tf:	Mitigation; PTE Inversion
42.	Mds:	Vulnerable: Clear CPU buffers attempted, no microcode;
43.		SMT Host state unknown
44.	Meltdown:	Mitigation; PTI
45.	Mmio stale data:	Unknown: No mitigations
46.	Retbleed:	Not affected
47.	Spec store bypass:	Vulnerable
48.	Spectre v1:	Mitigation; usercopy/swapgs barriers and __user pointer
49.		sanitization
50.	Spectre v2:	Mitigation; Retpolines, STIBP disabled, RSB filling, PB
51.		RSB-eIBRS Not affected

| 52. | Srbds: | Unknown: Dependent on hypervisor status |
| 53. | Tsx async abort: | Not affected |

操作命令+配置文件+脚本程序+结束

 小贴士

Byte Order 为字节顺序，指多字节的值在硬件中的存储顺序。
- Big Endian: 先存储高字节（高字节存储在低地址，低字节存储在高地址）
- Little Endian: 先存储低字节（低字节存储在低地址，高字节存储在高地址）

命令详解：

【语法】
lscpu [选项]
【选项】
| -e: | 以扩展可读的格式显示 |
| -p: | 以可解析的格式显示 |

操作命令+配置文件+脚本程序+结束

步骤 2：使用 top 命令查看 CPU 的运行状态。

使用 top 命令实时监控 CPU 的使用情况。

操作命令：

```
1.   # 使用 top 命令查看 CPU 的运行状态
2.   [root@Project-11-Task-01 ~]# top
3.   # 总览运行信息
4.   top - 14:51:33 up  5:51,      1 user,    load average: 0.00, 0.00, 0.00
5.   # 进程运行信息
6.   Tasks: 91 total,1 running,    90 sleeping,    0 stopped,    0 zombie
7.   # CPU 运行信息:
8.   %Cpu(s): 0.0 us,   0.0 sy, 0.0 ni, 100.0 id, 0.0 wa, 0.0 hi, 0.0 si, 0.0 st
9.   # 物理内存信息
10.  MiB Mem :  456.0 total,  48.8 free,  131.1 used,  276.1 buff/cache
11.  # Swap 交换空间信息
12.  MiB Swap: 2048.0 total, 2047.7 free,  0.3 used. 309.2 avail Mem
13.  # 进程详细信息
```

	PID	USER	PR	NI	VIRT	RES	SHR	S	%CPU	%MEM	TIME+	COMMAND
14.	PID	USER	PR	NI	VIRT	RES	SHR	S	%CPU	%MEM	TIME+	COMMAND
15.	1644	root	20	0	15892	5164	3796	S	0.3	1.1	0:00.15	sshd
16.	1972	root	20	0	26620	5444	3344	R	0.3	1.2	0:00.42	top
17.	1980	root	20	0	0	0	0	I	0.3	0.0	0:00.25	kworker+
18.	1	root	20	0	101772	13828	8712	S	0.0	3.0	0:01.39	systemd

命令详解+操作命令+配置文件+脚本程序+结束

小贴士

（1）在总览运行信息呈现中，"load average"共有 3 个值，分别代表前 1 分钟平均 CPU 负载、前 5 分钟平均 CPU 负载、前 15 分钟平均 CPU 负载。

（2）在 CPU 运行信息呈现中，每个字段所表示的具体含义如下。
- us: 用户使用 CPU 的百分比
- sy: 内核使用 CPU 的百分比

- ni：进程优先级改变使用 CPU 的百分比
- id：空闲 CPU 的百分比
- wa：I/O 等待使用 CPU 的百分比
- hi：硬件中断使用 CPU 的百分比
- si：软件中断使用 CPU 的百分比
- st：系统实时使用 CPU 的百分比

（3）在执行 top 命令时，可使用交互命令进行快捷操作。

- k：终止一个进程
- i：忽略闲置和僵死进程
- q：退出程序
- r：重新设置一个进程的优先级别
- S：切换到累积模式
- s：改变刷新时间（单位为 s），输入 0 值则不断刷新，默认值是 5s
- f 或 F：从当前显示中添加或删除项目
- o 或 O：改变显示项目的顺序
- I：切换显示平均负载和启动时间信息
- m：切换显示内存信息
- t：切换显示进程和 CPU 状态信息
- c：切换显示命令名称和完整命令行
- M：根据驻留内存大小进行排序
- P：根据 CPU 使用百分比大小进行排序
- T：根据时间/累积时间进行排序

命令详解：

【语法】

top [选项]

【选项】

选项	说明
-b：	以批处理模式操作
-c：	显示整个命令行
-d：	屏幕刷新间隔时间
-l：	忽略失效过程
-s：	保密模式
-S：	累积模式
-I <时间>：	设置间隔时间
-u <用户名>：	指定用户名
-p <进程号>：	指定进程号
-n <次数>：	循环次数

操作命令+配置文件+脚本程序+结束

步骤 3：使用 htop 工具查看 CPU 负载。

htop 是具有操作互动的监控查看器，可查看 CPU 运行负载信息。系统默认未安装 htop，需使用 yum 工具在线安装。

（1）使用 yum 工具在线安装 htop。

操作命令：

1.　# 使用 yum 工具安装 htop
2.　[root@Project-11-Task-01 ~]# yum install -y htop
3.　# 为了排版方便此处省略了部分信息
4.　# 下述信息说明安装 htop 将会安装以下软件，且已安装成功
5.　Installed:
6.　　　htop-3.1.2-1.oe2203sp2.x86_64
7.
8.　Complete!

操作命令+配置文件+脚本程序+结束

（2）对当前主机 CPU 运行负载进行实时监控，执行结果如图 11-2-1 所示。

操作命令：

1.　# 查看系统 CPU 负载信息
2.　[root@Project-11-Task-01 ~]# htop

操作命令+配置文件+脚本程序+结束

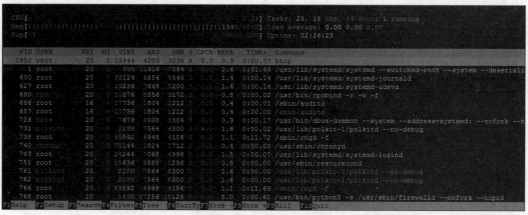

图 11-2-1　htop 执行结果

在执行 htop 命令时，可使用交互命令进行快捷操作，主要操作命令如下。
- 上/下键或 PgUp/PgDn：选定想要的进程
- 左/右键或 Home/End：移动字段
- Space：编辑/取消：标记一个进程
- U：取消标记所有进程
- s：选择某一进程，用 strace 追踪进程的系统调用
- l：显示进程打开的文件，如果安装了 lsof 工具，按此键可以显示进程所打开的文件
- I：倒序排序，如果排序是正序的，则反转成倒序的，反之亦然
- +，-：在树视图模式下，展开或折叠子树
- a：在有多个处理器核心上，设置 CPU affinity，标记一个进程允许使用哪些 CPU

- u: 显示特定用户进程
- M: 按内存使用顺序
- P: 按 CPU 使用排序
- T: 按 Time+使用排序
- F: 跟踪进程，如果排序引起选定的进程在列表上到处移动，让选定条跟随该进程
- K: 显示/隐藏内核线程
- H: 显示/隐藏用户线程
- Ctrl-L: 刷新
- Numbers: 用户 PID 查找，光标将移动到相应的进程上

命令详解：

【语法】
htop [选项]
【选项】
-C 或--no-color:　　　　　　使用一个单色的配色方案
-d 或--delay=DELAY:　　　　设置更新时间，单位 s
-u 或--user=USERNAME:　　只显示一个给定的用户的进程
-p 或--pid= PID,[,PID,PID...]:　只显示给定的 PIDs（进程号组信息）
-s 或--sort-key COLUMN:　　以给定的列进行排序

操作命令+配置文件+脚本程序+结束

【任务扩展】

1. CPU 简介

（1）基本概念。操作系统中 CPU 相关的概念及其含义见表 11-2-1。

表 11-2-1　CPU 的基本概念及其含义

概念	说明
物理 CPU	主板上实际接入的 CPU 个数
CPU 核数	每个物理 CPU 上实际接入的芯片组数量，如双核、四核等
逻辑 CPU	一般情况下，逻辑 CPU 数=物理 CPU 数量×CPU 核数，如果逻辑 CPU 多于物理 CPU，说明该 CPU 支持超线程技术

（2）CPU 缓存。CPU 的缓存分为 3 个级别：L1、L2、L3，级别越小越接近 CPU 处理器，速度越快，容量越小。CPU 缓存结构如图 11-2-2 所示，缓存指标见表 11-2-2。

表 11-2-2　CPU 的缓存指标及其含义

指标	说明
Main Memory	物理运行内存信息
Bus	Linux 系统总线

项目十一

指标	说明
L3 Cache	CPU 三级缓存
L2 Cache	CPU 二级缓存
L1i Cache	CPU 一级缓存，用于存储指令
L1d Cache	CPU 一级缓存，用于存储数据
CPU Core	CPU 内核

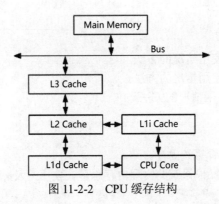

图 11-2-2　CPU 缓存结构

（3）CPU 负载。CPU 负载表示系统上正在运行或等待运行的任务数量。负载可以使用负载平均值来衡量，通常是一段时间内的平均值，如 1min、5min、15min 的负载平均值。负载平均值是运行队列中的平均任务数量，包括正在执行和等待执行的任务。

2. CPU 监控工具

（1）top。top 命令能够实时显示系统中各个进程的资源占用状况（比如 CPU、内存以及进程的使用），默认 5s 刷新一下进程列表，类似于 Windows 的任务管理器。

该工具集成在 openEuler 操作系统安装软件中，随系统一并安装。

（2）mpstat。mpstat（全称为 multiprocessor state）可以查看所有 CPU 的平均负载，也可以查看指定 CPU 的负载，是一款常用的多核 CPU 性能分析工具，用来实时监控 CPU 的性能指标。该工具集成在 sysstat 软件中，可使用 yum 工具安装。

（3）vmstat。vmstat 是最常见的 Linux/Unix 监控工具，可以呈现一定时间间隔的服务器状态值，包括服务器的 CPU 使用率、内存的使用情况、虚拟内存的交换情况、IO 读写情况等。该工具集成在 sysstat 软件中，可使用 yum 工具安装。

（4）pidstat。pidstat 工具可用来监控 Linux 内核管理的独立进程，可查看每个进程的 CPU 使用情况。该工具集成在 sysstat 软件中，可使用 yum 工具安装。

（5）dstat。dstat 是一个全能系统信息统计工具，支持即时刷新，也可以收集指定的性能资源（如 dstat -c 即显示 CPU 的使用情况）。该工具为单独软件，可使用 yum 工具安装。

（6）nmon。nmon 工具能够动态地展示 openEuler 的多项性能，也可手动输入命令单项查看

CPU 性能。其支持获取 openEuler 性能数据，并通过 nmon_analyser 图形化工具进行分析后呈现其运行状态。该工具为单独软件，可使用 yum 工具安装。

任务三　查看 openEuler 的存储使用情况

【任务介绍】

本任务实现查看系统的磁盘、系统内存等相关使用情况，掌握系统存储的整体运行状态。

本任务在任务一的基础上进行。

【任务目标】

（1）掌握查看系统内存使用情况的方法。

（2）掌握查看磁盘分区使用情况的方法。

（3）掌握查看磁盘 IO 使用情况的方法。

【操作步骤】

步骤 1： 使用 free 命令查看系统内存。

free 命令可查看当前主机操作系统的物理内存总量、使用量及剩余量等信息。

操作命令：

```
1.  # 查看操作系统的当前内存运行情况
2.  [root@Project-11-Task-01 ~]# free -h
3.           Total    used     free     shared    buff/cache    available
4.  Mem:     967Mi    308Mi    325Mi    7.4Mi     497Mi         659Mi
5.  Swap:    2.0Gi    0B       2.0Gi
```

命令详解+操作命令+配置文件+脚本程序+结束

> 小贴士
>
> （1）执行 free -h 命令可查看 Mem（物理内存）和 Swap（交换分区）的使用信息。
>
> （2）在查看系统内存的运行结果中，涉及字段相关含义如下。
> - total：内存空间的总大小
> - used：已使用内存的大小，包括缓存和应用程序实际使用的内存大小
> - free：剩余未被使用的内存大小
> - shared：共享内存大小，进程间通信使用
> - buffers：被缓冲区占用的内存大小
> - cached：被缓存占用的内存大小
> - available：可被应用程序使用的内存大小

命令详解：

【语法】

free [选项]

【选项】

-b:	以 Byte 为单位显示内存的使用情况
-k:	以 KB 为单位显示内存的使用情况
-m:	以 MB 为单位显示内存的使用情况
-o:	不显示缓冲区调节列
-s <间隔秒数>:	持续观察内存使用状况，按照指定时间刷新数据
-t:	显示内存总和列

操作命令+配置文件+脚本程序+结束

步骤 2： 使用 lsblk 命令查看存储信息。

使用 lsblk 命令可查看磁盘的相关信息以及磁盘分区分布情况等信息。

操作命令：

```
1.   # 查看磁盘和分区分布信息
2.   [root@Project-11-Task-01 ~]# lsblk
3.   NAME              MAJ:MIN    RM    SIZE    RO    TYPE    MOUNTPOINTS
4.   sda               8:0        0     20G     0     disk
5.   ├─sda1            8:1        0     1G      0     part    /boot
6.   └─sda2            8:2        0     19G     0     part
7.     ├─openEuler-root 253:0     0     17G     0     lvm     /
8.     └─openEuler-swap 253:1     0     2G      0     lvm     [SWAP]
9.   sr0               11:0       1     1024M   0     rom
```

操作命令+配置文件+脚本程序+结束

小贴士

（1）结合 lsblk 命令结果信息可得出：本主机只有一块物理磁盘（sda），大小共计 20GB。
- 分区 1：sda1，大小 1GB，用于系统启动
- 分区 2：sda2，大小 19GB，用于系统存储，含有 root 和 swap 两个目录
（2）在查看存储信息的运行结果中，涉及字段相关含义如下。
- NAME：设备名称
- MAJ:MIN：主要和次要设备号
- RM：设备是否是可移动设备，上述结果中 sr0 为可移动设备
- SIZE：设备的容量大小信息
- RO：表明设备是否为只读
- TYPE：表明设备类型，disk（磁盘）、part（分区）、lvm（逻辑卷）、rom（移动光驱）
- MOUNTPOINTS：表明设备的挂载点

命令详解：

【语法】
lsblk [选项] [设备]
【选项】

-a:	打印所有设备
-b:	以字节的形式输出
-m:	输出磁盘分区的存储权限信息
-S:	输出有关 SCSI 设备的信息

-n:	不输出标题信息
-l:	使用列表格式输出
-d:	不输出从属关系的分区信息

操作命令+配置文件+脚本程序+结束

步骤 3：使用 iotop 工具查看存储使用。

iotop 工具可监控磁盘 IO 的使用状况，并将关联的进程、用户等相关信息也一并输出，相当于从进程层面监控磁盘 IO。系统默认未安装 iotop 工具，可使用 yum 工具进行安装。

（1）使用 yum 工具在线安装 iotop。

操作命令：

```
1.   # 使用 yum 工具安装 iotop
2.   [root@Project-11-Task-01 ~]# yum install -y iotop
3.   # 为了排版方便此处省略了部分信息
4.   # 下述信息说明安装 iotop 将会安装以下软件，且已安装成功
5.   Installed:
6.        iotop-0.6-24.oe2203sp2.noarch
7.   Complete!
```

操作命令+配置文件+脚本程序+结束

（2）使用 iotop 工具对主机磁盘 IO 情况进行实时监控分析。

操作命令：

```
1.   # 使用 iotop 工具监控主机磁盘 IO 的使用情况
2.   [root@Project-11-Task-01 ~]# iotop
3.   # 查看磁盘 IO 总览信息
4.   Total DISK READ :  0.00 B/s | Total DISK WRITE :  0.00 B/s
5.   Actual DISK READ: 0.00 B/s | Actual DISK WRITE: 0.00 B/s
6.   # 根据进程信息查看磁盘运行信息
7.   TID   PRIO  USER   DISK READ    DISK WRITE    SWAPIN     IO        COMMAND
8.   1596  be/4  root   0.00 B/s     0.00 B/s      0.00       %0.01 %   [kworker/0:1-events]
9.   1     be/4  root   0.00 B/s     0.00 B/s      0.00       %0.00 %   systemd --switched-root
       --system --deserialize 16
10.  2     be/4  root   0.00 B/s     0.00 B/s      0.00       %0.00 %   [kthreadd]
11.  3     be/0  root   0.00 B/s     0.00 B/s      0.00       %0.00 %   [rcu_gp]
12.  4     be/0  root   0.00 B/s     0.00 B/s      0.00       %0.00 %   [rcu_par_gp]
13.  # 为了排版方便此处省略了部分信息
```

操作命令+配置文件+脚本程序+结束

小贴士

（1）执行 iotop 命令过程中，所涉及的操作快捷键如下。
- 左右箭头：改变排序方式，默认是按 IO 大小排序
- r：改变排序顺序
- o：只显示有 IO 输出的进程
- p：进程/线程显示方式的切换
- a：显示累计使用量
- q：退出

（2）主机磁盘 IO 总览结果的字段如下。

- Total DISK READ：每秒磁盘总读取大小
- Total DISK WRITE：每秒磁盘总写入大小
- Actual DISK READ：实际每秒磁盘读取大小
- Actual DISK WRITE：实际每秒磁盘写入大小

（3）主机磁盘 IO 详细信息结果的字段如下。

- TID：线程 ID
- PRIO：线程优先级
- USER：所属用户
- DISK READ：每秒钟磁盘读取大小
- DISK WRITE：每秒钟磁盘写入大小
- SWAPIN：写入交换分区占比
- IO：IO 使用率大小
- COMMAND：线程执行命令

（3）使用 iotop 工具指定每隔 5s 检测一次。

操作命令：

1.　# 使用 iotop 工具定时监控主机磁盘 IO 的使用情况
2.　[root@Project-11-Task-01 ~]# iotop -d 5
3.　# 查看磁盘总览信息
4.　Total DISK READ : 0.00 B/s | Total DISK WRITE :0.00 B/s
5.　Actual DISK READ: 0.00 B/s | Actual DISK WRITE:　　 0.00 B/s
6.　# 根据进程信息查看磁盘信息
7.　TID　 PRIO USER DISK　　 READ　 DISK　 WRITE　 SWAPIN　 IO　 > COMMAND
8.　1　　 be/4　 root　　 0.00 B/s　 0.00 B/s　 0.00 %　 0.00 %　　 systemd --switched-root --system --deseri
　　alize 16
9.　#为了排版方便此处省略了部分信息

操作命令+配置文件+脚本程序+结束

命令详解：

【语法】

iotop [选项]

【选项】

-o:	只显示有 IO 操作的进程
-b:	批量显示，无交互，主要用作记录到文件
-n NUM:	显示 NUM 次，主要用于非交互式模式
-d SEC:	间隔 SEC 秒显示一次
-p PID:	针对进程进行输出
-u USER:	根据进程执行用户进行输出

操作命令+配置文件+脚本程序+结束

【任务扩展】

1. 系统内存

（1）物理内存。物理内存由半导体器件制成，是 CPU 能直接寻址的存储空间，具有存取速度快的特点，具有以下方面的作用。

1）暂时存放 CPU 的运算数据。

2）存储硬盘等外部存储器交换的数据。

3）保障 CPU 计算的稳定性和高性能。

（2）虚拟内存。虚拟内存是操作系统为了解决物理内存不足而提出的策略，其利用磁盘空间虚拟出一块逻辑内存，用作虚拟内存的磁盘空间被称为交换空间（Swap Space）。

作为物理内存的扩展，Linux 操作系统会在物理内存不足时，将暂时不用的内存块信息写到交换空间，从而释放部分物理内存，方便其他进程使用。当需要使用存储的内存信息时，内核将信息重新从交换空间读入物理内存中进行操作。

使用虚拟内存的主要优势如下。

1）获取更多的内存空间，且空间地址是连续的。

2）程序隔离。不同进程的虚拟地址之间没有关系，单个进程操作不会对其他进程造成影响。

3）数据保护。每块虚拟内存都有相应的读写属性，保护程序的代码段不被修改，数据块不能被执行等，增加了系统的安全性。

4）内存映射。可直接映射磁盘上的文件到虚拟地址空间，从而做到物理内存长时间分配，只需要在读取相应文件的时候，从虚拟内存加载到物理内存中。

5）共享内存。进程间的内存共享可通过映射同一块物理内存到不同虚拟内存空间来实现共享。

6）使用虚拟内存后，可方便使用交换空间和复制写入（copy on write，COW）等功能。

（3）内存工作机制。在 Linux 操作系统中，以应用程序读写文件数据为例介绍内存的执行过程，具体过程如下。

1）操作系统分配内存，将读取的数据从磁盘读入到内存中。

2）从内存中将数据分发给应用程序。

3）向文件中写数据时，操作系统分配内存接收用户数据。

4）接收完成后，内存将数据写入磁盘。

如果有大量数据需要从磁盘读取到内存或者由内存写入磁盘时，系统的读写性能就变得非常低下，因为无论是从磁盘读数据，还是写数据到磁盘，都是很消耗时间和资源的过程。

（4）内存相关的常见指标。操作系统中物理内存相关指标及其含义说明见表 11-3-1。

表 11-3-1　物理内存常见指标及其含义

指标	说明
MMU	内存管理单元，是 CPU 用来将进程的虚拟内存转换为物理内存的模块，它的输入是进程的页表和虚拟内存，输出是物理内存。将虚拟内存转换成物理内存的速度直接影响着系统的速度，所有 CPU 均包含该硬件模块用于系统加速
TLB	查找缓存区，存在 CPU L1 Cache 中，用于查找虚拟内存和物理内存的映射信息
Buffer Cache	缓冲区缓存，用来缓冲设备上的数据，当读写磁盘时，系统会将相应的数据存放到 Buffer Cache，等下次访问时，直接从缓存中拿数据，从而提高系统效率
Page Cache	页面缓存，用来加快读写磁盘上文件的速度，数据结构是文件 ID 和 offset 到文件内容的映射，根据文件 ID 和 offset 就能找到相应的数据

2. 文件系统

（1）概述。文件和目录的操作命令、存储、组织和控制的总体结构统称为文件系统。文件系统是指格式化后用于存储文件的设备（如硬盘分区、光盘、软盘、闪盘及其他存储设备）。文件系统还会对存储空间进行组织和分配，并对文件的访问进行保护和控制。不同的操作系统对文件的组织方式会有所区别，其所支持的文件系统类型也不一样。

在 Linux 操作系统中，文件系统的组织方式是树状的层次式目录结构，在这个结构中处于最顶层的是根目录，用"/"代表，往下延伸是其各级子目录，如图 11-3-1 所示为一个 Linux 操作系统的文件系统结构示例。

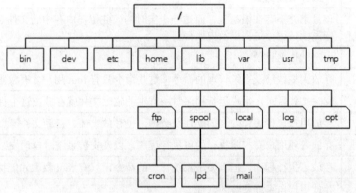

图 11-3-1　Linux 操作系统的文件系统结构示例

（2）常见的目录描述。Linux 操作系统在安装过程中会创建一些默认的目录，这些默认的目录是有特殊功能的。用户在不确定的情况下最好不要更改这些目录下的文件，以免造成系统错误。系统中常用的目录及其说明见表 11-3-2。

表 11-3-2　常用的 Linux 操作系统中的默认目录及说明

目录	说明
/	Linux 操作系统的文件系统的入口，也是整个文件系统的最顶层目录
/bin	存放可执行的命令文件，供系统管理员和普通用户使用，例如 cp、mv、rm、cat 和 ls 等。此外，该目录还包含诸如 bash、csh 等 Shell 程序
/boot	存放内核映像及引导系统所需要的文件，例如 vmlinuz、initrd.img 等内核文件以及 GRUB 等系统引导管理程序
/dev	存放设备文件，Linux 中每个设备都有对应的设备文件
/etc	存放系统配置文件
/etc/init.d	存放系统中以 System V init 模式启动的程序脚本
/etc/xinit.d	存放系统中以 xinetd 模式启动的程序脚本
/ect/rc.d	存放系统中不同运行级别的启动和关闭脚本
/home	存放普通用户的个人主目录

目录	说明
/lib	存放库文件
/lost+found	存放因系统意外崩溃或机器意外关机而产生的文件碎片，当系统启动的过程中 fsck 工具会检查这个目录，并修复受损的文件系统
/media	存放即插即用型存储设备自动创建的挂载点
/mnt	存放存储设备的挂载目录
/opt	存放较大型的第三方软件
/proc	该目录并不存在磁盘上，而是一个实时的、驻留在内存中的文件系统，用于存放操作系统、运行进程以及内核等信息
/root	用户默认主目录
/sbin	存放大多数涉及系统管理的命令，这些命令只有 root 用户才有权限执行
/tmp	临时文件目录，用户运行程序时所产生的临时文件就存放在这个目录下
/usr	存放用户自行编译安装的软件及数据，也存放字体、帮助文件等
/usr/bin	存放普通用户有权限执行的可执行程序，以及安装系统时自动安装的可执行文件
/usr/sbin	存放可执行程序，但大多是系统管理的命令，只有 root 权限才能执行
/usr/local	存放用户自编译安装的软件
/usr/share	存放系统共用的文件，如字体文件、帮助文件等
/usr/src	存放内核源码
/var	存放系统运行时要改变的数据
/var/log	存放系统日志
/var/spool	存放打印机、邮件等假脱机文件

3. 磁盘 IO

（1）工作模式。磁盘 IO 是一种文件操作，用户进程产生的数据 IO 请求将通过 VFS、文件系统交给调度层进行排序和合并处理，再发送给块设备驱动进行最终的数据读取和写入操作，其工作模式如图 11-3-2 所示。

（2）性能指标。

1）利用率。磁盘处理 IO 的时间百分比，磁盘 IO 利用率=(磁盘读取速度+磁盘写入速度)/(磁盘最大读取速度+磁盘最大写入速度)。如果过度使用通常意味着磁盘 IO 存在性能瓶颈。

2）饱和度。磁盘处理 IO 的繁忙程度。过度饱和意味着磁盘存在严重的性能瓶颈。当饱和度为 100%时，磁盘无法接收新的 IO 请求。

3）IOPS。每秒 IO 请求的数量，也可以理解为每秒钟磁盘进行多少次 IO 读写。

4）吞吐量。每秒磁盘 IO 请求数量的大小，也可以理解为每秒读写数据的总大小，吞吐量=IOPS*IO 大小。

5）响应时间。发送磁盘 IO 请求和接收响应之间的时间间隔。

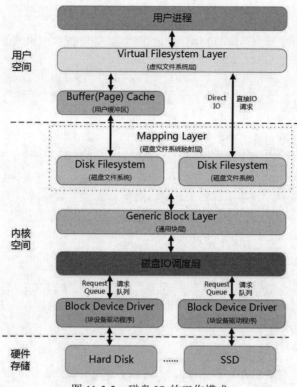

图 11-3-2　磁盘 IO 的工作模式

任务四　查看 openEuler 的网络通信情况

【任务介绍】

本任务通过介绍网络运行状态、流量、连通性和稳定性等方面的监控，掌握主机网络通信状态；通过对主机网络通信进行监控分析，及时发现网络问题，增强主机网络通信和业务保障能力。

本任务在任务一的基础上进行。

【任务目标】

（1）掌握查看主机网络状态的方法。

（2）掌握查看主机网络流量的方法。

（3）掌握查看主机网络稳定性的方法。

（4）掌握对主机网络通信路由追踪分析的方法。

（5）掌握对主机网络流量抓包分析的方法。

【操作步骤】

步骤 1： 使用 ip 命令查看 MAC 地址表。

ip neigh 命令可显示系统中存储的 MAC 地址表信息，能够查看主机网络通信的硬件地址信息。

（1）查看主机存储的 MAC 地址表信息。

操作命令：

```
1.   # 查看主机存储的 MAC 地址表信息
2.   [root@Project-11-Task-01 ~]# ip neigh
3.   10.10.2.1       dev enp0s3    lladdr 04:f9:f8:41:7f:b0    STALE
4.   10.10.2.200     dev enp0s3    lladdr e8:2a:ea:c1:68:a3    REACHABLE
```

操作命令+配置文件+脚本程序+结束

小贴士

（1）查看 MAC 地址表信息时，其结果信息中每列含义如下。
- 第 1 列：目标主机的 IP 地址
- 第 2 列：dev+设备的网卡名称
- 第 3 列：lladdr+目标主机的链路地址（MAC 地址）
- 第 4 列：MAC 地址信息记录状态

（2）MAC 地址信息表中的记录状态主要包含以下选项。
- permanent：永久状态
- noarp：无 ARP 状态
- stale：过时状态，未及时更新
- reachable：可达状态
- none：无状态
- incomplete：不完整状态
- delay：延迟状态
- probe：探测状态
- failed：失败状态

（2）针对当前主机存储的 MAC 地址表信息进行添加、更改和删除操作。

操作命令：

```
1.    # 添加新的 MAC 地址表信息
2.    # 在设备 enp0s3 上，为地址 10.10.2.201 添加一个永久状态的信息表
3.    [root@Project-11-Task-01 ~]# ip neigh add 10.10.2.201 lladdr ba:f8:a3:f2:9b:8f dev enp0s3 nud permanent
4.
5.    # 更新刚添加的 MAC 地址表中的记录状态，把状态改为可达状态
6.    [root@Project-11-Task-01 ~]#ip neigh change 10.10.2.201 dev enp0s3 nud reachable
7.    # 更改后查看地址表信息
8.    [root@Project-11-Task-01 ~]# ip neigh
9.    10.10.2.201     dev enp0s3    lladdr ba:f8:a3:f2:9b:8f    REACHABLE
10.   10.10.2.1       dev enp0s3    lladdr 04:f9:f8:41:7f:b0    STALE
11.   10.10.2.200     dev enp0s3    lladdr e8:2a:ea:c1:68:a3    REACHABLE
12.
```

13.　# 删除刚添加的 MAC 地址表信息
14.　[root@Project-11-Task-01 ~]#ip neigh delete 10.10.2.201 dev enp0s3

操作命令+配置文件+脚本程序+结束

命令详解：

【语法】
ip neigh [选项] [参数]
【选项】
add（a）:	添加新的 MAC 地址表信息，对应参数见表 11-4-1
change（chg）:	更改 MAC 地址表信息，对应参数见表 11-4-1
replace（repl）:	替换 MAC 地址表信息，对应参数见表 11-4-1
delete（del/d）:	删除 MAC 地址表信息，对应参数见表 11-4-2
fulsh（f）:	刷新 MAC 地址表信息，无需具体参数
show/list（sh/ls）:	查看 MAC 地址表信息，可根据添加时的参数进行指定筛选查找

操作命令+配置文件+脚本程序+结束

表 11-4-1　添加/更改/替换 MAC 地址表对应参数

参数	说明
<ADDRESS(default)>	记录目标主机的 IP 地址，可以是 IPv4 或 IPv6
dev <NAME>	对应连接的网卡设备接口
lladdr <LLADDRESS>	目标主机的链路地址（MAC 地址）
nud <NUD_STATE>	MAC 地址表状态 nud 是 Neighbour Unreachability Detection 的缩写

表 11-4-2　删除 MAC 地址表对应参数

参数	说明
<ADDRESS>	指定待删除目标主机 IP 地址
dev <NAME>	指定待删除的网卡设备接口

步骤 2：使用 ss 命令查看网络会话。

ss 命令可显示处于活动状态的套接字信息，能够显示详细的网络会话连接状态信息。

（1）查看当前主机所有的网络通信连接。

操作命令：

1.　# 查看主机当前网络通信连接
2.　[root@Project-11-Task-01 ~]# ss -a
3.　Netid　State　　Recv-Q　　Send-Q　　Local Address:Port　　　Peer Address:Port
4.　nl　　UNCONN　0　　　　0　　　　rtnl:kernel　　　　　　　*
5.　nl　　UNCONN　0　　　　0　　　　rtnl:NetworkManager/772　*
6.　nl　　UNCONN　768　　　0　　　　tcpdiag:kernel　　　　　*
7.　#为了排版方便此处省略了部分信息

操作命令+配置文件+脚本程序+结束

查看网络通信连接信息结果中所涉及的字段含义如下。

小贴士

- Netid: 网络号
- State: 网络连接状态
- Recv-Q: 网络接收队列
- Send-Q: 网络发送队列
- Local Address:Port: 本地网络地址与端口信息
- Peer Address:Port: 对端网络地址与端口信息

（2）查看系统中处于监听状态的协议与端口信息。

操作命令:

```
1.   # 查看系统中处于监听状态的 TCP 端口信息
2.   [root@Project-11-Task-01 ~]# ss -lt
3.   # 对应的字段含义，参考上述小贴士内容
4.   State      Recv-Q    Send-Q    Local Address:Port    Peer Address:Port
5.   LISTEN     0         4096      0.0.0.0:sunrpc        0.0.0.0:*
6.   LISTEN     0         128       0.0.0.0:ssh           0.0.0.0:*
7.   LISTEN     0         4096      [::]:sunrpc           [::]:*
8.   LISTEN     0         128       [::]:ssh              [::]:*
9.   #为了排版方便此处省略了部分信息
```

操作命令+配置文件+脚本程序+结束

（3）查看当前具有网络连接的进程 ID 和进程名称信息。

操作命令:

```
1.   # 查看当前网络连接的进程信息
2.   [root@Project-11-Task-01 ~]# ss -pt
3.   #对应的字段含义，参考上述小贴士内容
4.   #通过结果可查看当前仅 SSH 进程具有网络数据通信
5.   State      Recv-Q    Send-Q    Local Address:Port    Peer Address:Port
6.   ESTAB      0         64        10.10.2.111:ssh       10.10.2.200:9336
7.   users:(("sshd",pid=1944,fd=4),("sshd",pid=1940,fd=4))
```

操作命令+配置文件+脚本程序+结束

命令详解:

【语法】

ss [选项]

【选项】

选项	说明
-n:	不解析服务名称，以数字方式显示
-a:	显示所有的套接字
-l:	显示处于监听状态的套接字
-o:	显示计时器信息
-m:	显示套接字的内存使用情况
-p:	显示使用套接字的进程信息
-i:	显示内部的 TCP 信息
-4:	显示 IPv4 套接字
-6:	显示 IPv6 套接字
-t:	显示 TCP 套接字

-u:	显示 UDP 套接字
-d:	显示 DCCP 套接字
-w:	显示 RAW 套接字
-x:	显示 UNIX 域套接字

操作命令+配置文件+脚本程序+结束

步骤 3：使用 iftop 工具查看网络流量。

iftop 是一个实时流量监控工具，可监控网卡的流量情况、通信 IP 地址、使用端口等信息。系统默认未安装 iftop 工具，可使用 yum 工具安装。

（1）使用 yum 工具在线安装 iftop。

操作命令：

```
1.   # 使用 yum 工具安装 iftop
2.   [root@Project-11-Task-01 ~]# yum install -y iftop
3.   # 为了排版方便此处省略了部分信息
4.   # 下述信息说明安装 iftop 将会安装以下软件，且已安装成功
5.   Installed:
6.       iftop-1.0pre4-1.oe2203sp2.x86_64
7.
8.   Complete!
```

操作命令+配置文件+脚本程序+结束

（2）使用 iftop 工具查看主机实时网络流量。

操作命令：

```
1.   # 使用 iftop 工具实时监控网络流量
2.   [root@Project-11-Task-01 ~]# iftop
3.   # 网络接口名称为 enp0s3
4.   interface: enp0s3
5.   # 主机 IP 地址
6.   IP address is: 10.10.2.111
7.   # 主机 MAC 地址
8.   MAC address is: 08:00:27:bc:0b:6c
9.   # 为界面显示流量大小，所参照的标尺范围
10.          12.5Kb      25.0Kb      37.5Kb      50.0Kb      62.5Kb
11.
12.  # 显示主机网络流量
13.  Project-11-Task-01 => 10.10.2.1      848b       1.68Kb      1.50Kb
14.                    <=               208b       355b        361b
15.
16.  # 对主机网络流量进行统计计算
17.  TX:        cum:7.48KB    peak:4.34Kb    rates:3.78Kb    2.26Kb    1.66Kb
18.  RX:        1.72KB        1.59Kb         944b            502b      392b
19.  TOTAL:     9.20KB        5.27Kb         4.70Kb          2.75Kb    2.04Kb
```

操作命令+配置文件+脚本程序+结束

（1）显示流量部分中<==、==>两个左右箭头，表示流量的方向。
（2）流量统计结果中所涉及的字段含义如下。

- TX: 发送流量大小
- RX: 接收流量大小
- TOTAL: 网卡通过总流量大小
- cum: 运行 iftop 到目前的时间范围内总流量大小
- peak: 流量峰值
- rates: 分别表示过去 2s、10s、40s 的平均流量

（3）查看系统主机网卡接口与 10.10.2.0/24 网络段的网络通信流量。

操作命令：

```
1.   # 查看主机与网络段通信流量信息
2.   [root@Project-11-Task-01 ~]# iftop -F 10.10.2.0/24
3.   # 网络接口名称为 enp0s3
4.   interface: enp0s3
5.   # 主机 IP 地址
6.   IP address is: 10.10.2.111
7.   # 主机 MAC 地址
8.   MAC address is: 08:00:27:bc:0b:6c
9.   # 显示网络流量刻度范围，为显示流量图形的长条做标尺使用
10.          12.5Kb       25.0Kb       37.5Kb       50.0Kb       62.5Kb
11.
12.  Project-11-Task-01=>  10.10.2.200    1.03Kb    1.42Kb    1.71Kb
13.               <=                   184b      221b      245b
14.
15.  # 对主机网络流量进行统计计算
16.  TX:        cum:2.77KB    peak:3.12Kb    rates:1.03Kb   1.59Kb   1.84Kb
17.  RX:        727B          1.76Kb         184b           508b     485b
18.  TOTAL:     3.48KB        4.77Kb         1.21Kb         2.08Kb   2.32Kb
```

操作命令+配置文件+脚本程序+结束

命令详解：

【语法】

iftop [选项]

【选项】

-i:	设定检测的网卡
-B:	以 bytes 为单位显示流量（默认是 bits）
-n:	使 host 信息默认显示 IP
-N:	使端口信息默认显示端口号
-F:	显示特定网段的流入/流出流量大小
-p:	运行混杂模式（显示在同一网段上其他主机的通信）
-b:	显示流量图形条，默认显示
-f:	用于计算过滤包信息
-P:	使 host 信息及端口信息默认均显示
-m:	设置界面最上边的刻度的最大值，刻度分为 5 个大段显示

操作命令+配置文件+脚本程序+结束

步骤 4：使用 ping 命令查看网络的连通性。

ping 是一种因特网包探索器，用于测试网络连接情况，主要是向特定的目的主机发送因特网报文控制协议（Internet Control Message Protocol，ICMP）请求报文，测试目的主机是否可达。

操作命令：

```
1.   # 访问局域网地址，验证主机所在局域网内部是否连通
2.   [root@Project-11-Task-01 ~]# ping 10.10.2.191
3.   PING 10.10.2.191 (10.10.2.191) 56(84) 字节的数据。
4.   64 B，来自 10.10.2.191: icmp_seq=1 ttl=128 时间=0.201 ms
5.   64 B，来自 10.10.2.191: icmp_seq=2 ttl=128 时间=0.270 ms
6.   # 为了排版方便此处省略了部分检测信息
7.
8.   # 访问互联网地址，验证主机是否能够访问外网
9.   [root@Project-11-Task-01 ~]# ping www.baidu.com
10.  PING www.a.shifen.com (39.156.66.18) 56(84) 字节的数据。
11.  64 B，来自 39.156.66.18 (39.156.66.18): icmp_seq=1 ttl=53 时间=21.9 ms
12.  64 B，来自 39.156.66.18 (39.156.66.18): icmp_seq=2 ttl=53 时间=21.3 ms
13.  # 为了排版方便此处省略了部分检测信息
```

操作命令+配置文件+脚本程序+结束

小贴士

（1）ping 命令检测主机连通性结果中所涉及的字段含义如下。
- icmp_seq: 发送 ICMP 请求报文的标记号
- ttl: 生存周期数
- 时间: 发送 ICMP 请求数据包到返回接收总时间

（2）TTL 最大值由 Linux 操作系统默认设置，通常是 64、128，最大值为 255。ICMP 请求数据包每经过 1 个路由器，则 TTL 减 1；当 TTL 减为 0 时，则数据包被丢弃，避免网络中的死循环传递。

（3）ping 命令中数据包大小的相关说明如下。
- Linux 操作系统发送 ICMP 数据包总大小为 84B，分别为 20B IP 数据报头、8B ICMP 数据报头和 56B 请求数据
- ping 命令结果中显示 64B，是由 8B ICMP 数据报头和 56B 请求数据相结合

命令详解：

【语法】

ping [选项] 访问地址

【选项】

选项	说明
-c <次数>:	指定 ping 命令请求的次数
-i <时间>:	指定每个 ping 命令请求之间的时间间隔（以 s 为单位）
-s <数据包大小>:	指定发送的数据包大小（以 B 为单位），默认值为 56B
-t <生存时间>:	指定 ping 请求的生存周期最大时间，在 Linux 操作系统中默认最大为 128
-q:	只显示结果，不显示每个 ping 请求的详细信息
-v:	显示每个 ping 请求的详细信息

操作命令+配置文件+脚本程序+结束

步骤 5：使用 traceroute 工具进行路由追踪。

traceroute 工具用于追踪数据包在网络上传输的全部节点及路径信息，能够及时追踪网络故障断点，帮助快速进行网络运维分析。系统默认未安装 traceroute 工具，可使用 yum 工具安装。

（1）使用 yum 工具在线安装 traceroute。

操作命令：

```
1.   # 使用 yum 工具安装 traceroute
2.   [root@Project-11-Task-01 ~]# yum install -y traceroute
3.   # 为了排版方便此处省略了部分信息
4.   # 下述信息说明安装 traceroute 将会安装以下软件，且已安装成功
5.   Installed:
6.       traceroute-3:2.1.0-11.oe2203sp2.x86_64
7.
8.   Complete!
```

操作命令+配置文件+脚本程序+结束

（2）对主机访问百度（www.baidu.com）所经过的网络路由信息进行追踪分析。

操作命令：

```
1.   # 使用 traceroute 查看网络路由信息
2.   [root@Project-11-Task-01 ~]# traceroute www.baidu.com
3.   # 查看百度对应 IP 地址，最大跳跃数，发送数据包大小为 60B
4.   traceroute to www.baidu.com (14.119.104.254), 30 hops max, 60 byte packets
5.   # 路由追踪检查返回信息
6.   1      _gateway (10.10.2.1)            1.772 ms        3.305 ms        4.769 ms
7.   # 为了排版方便此处省略了部分信息
8.   11     121.14.67.182 (121.14.67.182)  46.793 ms         *               *
9.   12   * * *
```

操作命令+配置文件+脚本程序+结束

命令详解：

【语法】
traceroute [选项] [参数]
【选项】

选项	说明
-d:	使用 Socket 进行排错
-f <存活数值>:	设置第一个检测数据包的存活数值 TTL 的大小
-F:	不使用碎片数据报文
-g <网关>:	设置来源路由网关，最多可设置 8 个
-i <设备接口>:	使用指定的设备接口发送数据包
-I:	使用 ICMP 取代 UDP 响应报文
-m <存活数值>:	设置检测数据包的最大存活数值 TTL 的大小
-n:	直接使用 IP 地址而非主机名称
-p <通信端口>:	指定传输协议的通信端口
-r:	忽略普通的路由表，直接将数据包送到远端主机上
-s <来源地址>:	设置本地主机送出数据包的 IP 地址
-t <服务类型>:	设置检测数据包的 TOS 数值

| -w <超时秒数>: | 设置等待远端主机响应的时间 |
| -x: | 开启或关闭数据包的正确性检验 |

操作命令+配置文件+脚本程序+结束

步骤 6：使用 mtr 工具查看网络稳定性。

mtr 工具内置集成类似 traceroute、ping、nslookup 的功能，主要用于主机网络的诊断与网络连通性的判断。系统默认未安装 mtr 工具，可使用 yum 工具安装。

（1）使用 yum 工具在线安装 mtr。

操作命令：

```
1.   # 使用 yum 工具安装 mtr
2.   [root@Project-11-Task-01 ~]# yum install -y mtr
3.   # 为了排版方便此处省略了部分信息
4.   # 下述信息说明安装 mtr 将会安装以下软件，且已安装成功
5.   Installed:
6.       mtr-2:0.95-1.oe2203sp2.x86_64
7.
8.   Complete!
```

操作命令+配置文件+脚本程序+结束

（2）对主机访问百度（www.baidu.com）所经过的网络路由、网络连通性、网络稳定性进行检测分析。

操作命令：

```
1.   # 使用 mtr 监控主机网络情况
2.   [root@Project-11-Task-01 ~]# mtr www.baidu.com
3.                         My traceroute  [v0.95]
4.   Project-11-Task-01 (10.10.2.111)                2023-07-06T21:32:39+0800
5.   Keys:  Help   Display mode   Restart statistics   Order of fields   quit
6.                                    Packets                   Pings
7.   Host                 Loss%    Snt   Last    Avg    Best   Wrst    StDev
8.   1. _gateway          0.0%     289   2.4     5.3    2.2    152.3   11.3
9.   2. 172.28.254.9      7.0%     288   2.8     5.9    1.9    112.0   13.9
10.  3. 172.28.254.81     8.0%     288   7.5     4.4    1.4    128.3   12.1
11.  4. 183.64.203.69     10.6%    288   2.4     21.1   2.0    209.4   27.1
12.  5. 222.176.85.13     22.6%    288   8.0     8.9    3.4    208.6   21.0
13.  6. 222.176.9.93      39.2%    288   3.5     7.8    2.6    192.1   21.4
14.  7. 202.97.28.166     59.0%    288   31.8    32.9   31.8   34.4    1.4
15.  8. 113.96.4.238      40.8%    288   35.7    41.7   31.2   95.9    15.1
16.  9. 90.96.135.219.broad.fs.gd.dynamic.163data.com.cn   16.0%  288  37.2  44.5  36.5  269.3  24.2
17.  10. 121.14.67.166    23.8%    288   32.3    40.9   32.2   264.7   28.4
18.  11. 14.119.104.189   8.3%     288   32.2    35.7   31.6   258.6   16.1
```

操作命令+配置文件+脚本程序+结束

小贴士

使用 mtr 命令检测网络稳定性结果中涉及的字段含义如下。
- Host：IP 地址和域名，按 N 键可以切换 IP 地址和域名
- Loss%：检测数据包的丢包率
- Snt：设置每秒发送数据包的数量，默认值是 10

- Last：最近一次请求的时延
- Avg：平均时延
- Best：时延最短值
- Wrst：时延最长值
- StDev：时延标准偏差

命令详解：

【语法】
mtr [选项] [参数]
【选项】

-r：	以报告模式显示
-s：	指定 ping 数据包的大小
--no-dns：	不对 IP 地址做域名解析操作
-a：	设置发送数据包的 IP 地址（主机中设置多个 IP 地址时指定）
-i：	设置 ICMP 返回之间的时间，默认是 1s
-4：	指定检测 IPv4 地址
-6：	指定检测 IPv6 地址
-c：	指定每秒发送数据包的数量

【参数】
hostname：　　　　　　　　　指定检测的主机 IP 地址、主机名、域名

操作命令+配置文件+脚本程序+结束

步骤 7： 使用 tcpdump 工具进行网络包分析。

tcpdump 是一种网络数据报文嗅探工具，用于抓取网卡上的网络数据报文进行网络分析，掌握主机的网络流量及通信情况。系统默认未安装 tcpdump 工具，可使用 yum 工具安装。

（1）使用 yum 工具在线安装 tcpdump。

操作命令：

```
1.   # 使用 yum 工具安装 tcpdump
2.   [root@Project-11-Task-01 ~]# yum install -y tcpdump
3.   # 为了排版方便此处省略了部分信息
4.   # 下述信息说明安装 tcpdump 将会安装以下软件，且已安装成功
5.   Installed:
6.       tcpdump-14:4.99.3-2.oe2203sp2.x86_64
7.
8.   Complete!
```

操作命令+配置文件+脚本程序+结束

（2）对主机网卡接口通信网络包内容进行抓取与分析，了解主机网络流量情况。

操作命令：

```
1.   # 看主机网卡的网络流量报文
2.   [root@Project-11-Task-01 ~]# tcpdump
3.   # 指定 tcpdump 命令操作时为管理员权限
4.   dropped privs to tcpdump
5.   # -v 输出更为详细的信息，捕获所有协议数据
6.   tcpdump: verbose output suppressed, use -v[v]... for full protocol decode
```

7.　# 监听网卡端口为：enp0s3，链路类型为以太网 10MB，捕获数据包 262144 bytes 大小

8.　listening on enp0s3, link-type EN10MB (Ethernet), snapshot length 262144 bytes

9.　20:46:07.043566 IP Project-11-Task-01.ssh > 10.10.2.7.pgps: Flags [P.], seq 3082667017:3082667257, ack 3170929644, win 1002, length 240

10.　20:46:07.043727 IP 10.10.2.7.pgps > Project-11-Task-01.ssh: Flags [.], ack 240, win 16285, length 0

11.　20:46:07.138441 IP Project-11-Task-01.47713 > dns.google.domain: 20563+ PTR? 7.2.10.10.in-addr.arpa. (40)

12.　20:46:07.171756 IP dns.google.domain > Project-11-Task-01.47713: 20563 NXDomain 0/0/0 (40)

13.　20:46:07.172286 IP Project-11-Task-01.43816 > dns.google.domain: 61585+ PTR? 131.2.10.10.in-addr.arpa. (42)

14.　20:46:07.207332 IP dns.google.domain > Project-11-Task-01.43816: 61585 NXDomain 0/0/0 (42)

15.　20:46:07.207714 IP Project-11-Task-01.ssh > 10.10.2.7.pgps: Flags [P.], seq 240:528, ack 1, win 1002, length 288

16.　# 为了排版方便此处省略了部分数据报抓取信息

操作命令+配置文件+脚本程序+结束

小贴士

（1）抓取网络数据报文时，报文结果信息中每列含义如下。
- 第 1 列：发送数据报文的时间，时分秒毫秒
- 第 2 列：网络协议（IP）
- 第 3 列：发送方的 IP 地址
- 第 4 列：箭头>，代表数据流向
- 第 5 列：接收方 IP 地址
- 第 6 列：冒号
- 第 7 列：数据包内容，包括 Flags 标识符、seq 号、ack 号、win 窗口、数据长度 length

（2）数据报文中 Flags 标识符主要包含以下类型。
- [S]: SYN（开始连接）
- [S.]: SYN 同步标识，以及确认[S]的 ACK
- [P.]: PSH（推送数据）
- [F.]: FIN（结束连接）
- [R.]: RST（重置连接）
- [.]: 没有 Flag 标识
- [FP]: 标记 FIN、PUSH、ACK 组合，提升网络效率

命令详解：

【语法】
tcpdump [选项] [参数]
【选项】
- -c <数量>:　　　　指定具体接收的数据报文数量
- -i <端口>:　　　　指定监听的网络端口
- -b <协议>:　　　　指定监听的网络协议类型
- -f:　　　　　　　不显示主机名，将主机的 IP 地址呈现
- L:　　　　　　　列出网络接口已知的数据链路
- -nn:　　　　　　不进行端口名称的转换
- -w:　　　　　　将捕获到的信息保存到文件中，且不分析和打印在屏幕中

-t:	在输出的每一行不打印时间戳
-v:	输出详细的数据报文信息
【参数】	
host:	指定获取数据报文的 IP 地址
net:	指定获取数据报文的网络段地址
port:	指定获取流量协议端口
src:	指定数据包源地址
dst:	指定数据包目的地址

操作命令+配置文件+脚本程序+结束

【任务扩展】

1. 网络接口卡

（1）网卡概述。服务器通常有多块网卡，有板载集成的，也有插在 PCIe 插槽的。Linux 操作系统的命名原来是 eth0~n 形式，但是这个编号往往不一定能准确对应网卡接口的物理顺序。为了方便定位和区分网络设备，采用一致性网络设备命名（CONSISTENT NETWORK DEVICE NAMING）规范。

其命名规范为：设备类型+设备位置。

其基本原理为：根据固件、拓扑和位置信息分配固定名称。

其中设备类型的规范见表 11-4-3，设备位置的规范见表 11-4-4。

表 11-4-3 设备类型规范标识

规范标识	说明
en	表示以太网设备
wl	表示无线局域网设备（WLAN）
ww	表示无线广域网设备（WWAN）

表 11-4-4 设备位置规范标识

规范标识	说明
o<on-board_index_number>	表示主板 BIOS 内置的网卡
s<hot_plug_slot_index_number>[f<function>][d<device_id>]	表示主板 BIOS 内置的 PCI-E 网卡
x<MAC>	表示有 MAC 地址的设备
p<bus>s<slot>[f<function>][d<device_id>]	表示 PCI-E 独立网卡
[P<domain_number>]p<bus>s<slot>[f<function>][u<usb_port>] [...][c<config>][i<interface>]	表示 USB 网卡

例如，本任务中的主机网卡名称为"enp0s3"，则表示以太网独立 PCI-E 网卡的 3 号端口。

（2）网卡 Bond。网卡 Bond 是通过把多张物理网卡绑定为一个逻辑网卡，让多块网卡"看起来"是一个单独的以太网接口设备并具备相同的 IP 地址，实现本地网卡的冗余、带宽扩容和负载均衡。

Linux 操作系统中网卡绑定的模式有 7 种，不同绑定模式的含义说明见表 11-4-5。

表 11-4-5　Linux 操作系统中网卡绑定模式表

模式	策略	特点	负载均衡	交换机配置
bond0	Round-robin policy 平衡轮询策略	依次传输（即：数据包依次通过不同网卡进行发送，依次轮询网卡直到最后一个传输完毕）	是	静态聚合
bond1	Active-backup policy 主-备份策略	只有一个物理端口处于活动状态，当一个宕掉后另一个状态由备变为主，MAC 地址唯一	否	否
bond2	XOR policy 平衡策略	基于指定的 HASH 策略传输数据包	是	静态聚合
bond3	broadcast 广播策略	每个备用接口上传输每个数据包	否	静态聚合
bond4	IEEE 802.3ad Dynamic link aggregation IEEE 802.3ad 动态链接聚合	创建一个聚合组，共享相同的速率和双工设定，根据 802.3ad 规范将多个备用接口工作在同一个激活的聚合体下	是	支持 IEEE 802.3ad 动态聚合
bond5	Adaptive transmit load balancing 适配器传输负载均衡	根据每个备用接口的负载情况选择接口进行发送，接收时使用当前轮到的接口	是	否
bond6	Adaptive load balancing 适配器适应性负载均衡	先把第一个物理网卡流量占满，再依次占用其他网卡。该模式包含了 balance-tlb 模式，同时加上针对 IPv4 流量的接收负载均衡	是	否

2．iproute2

iproute2 是 Linux 操作系统下的高级网络管理工具软件，通过 rtnetlink sockets 方式动态配置网络协议栈，实现对操作系统的网络管理。iproute2 工具中常用的操作命令见表 11-4-6。

表 11-4-6　iproute2 工具中常用的操作命令

命令	操作说明
ip link	对网络设备的状态、连接等方面的管理
ip addr	设置网络设备的 IP 地址
ip route	设置网络路由
ip rule	管理路由策略数据库
ip neigh	管理网络的 MAC 地址表
ip monitor	监控 IP 地址和路由状态
ip maddr	多播地址管理
ip mroute	多播路由管理

3. ping

ping 命令常用于测试目标主机是否可达以及计算往返时间（RTT），来测试网络连接的连通性。

ping 命令测试目标主机的连通性时，会向目标主机发送一个 ICMP 回显请求数据，在数据包中包含 IP 数据包（源 IP 地址、目的 IP 地址、其他标准 IP 头字段）和 ICMP 数据包（ICMP 的类型、序号、发送时间等）；当目标主机接收到 ICMP 回显请求时，验证 IP 数据包和 ICMP 数据包信息，验证无误时则返回一个 ICMP 回显响应数据。如果请求被正确接收并返回响应，那么 ping 命令会计算往返时间（RTT）并将其显示出来，其工作原理如图 11-4-1 所示。

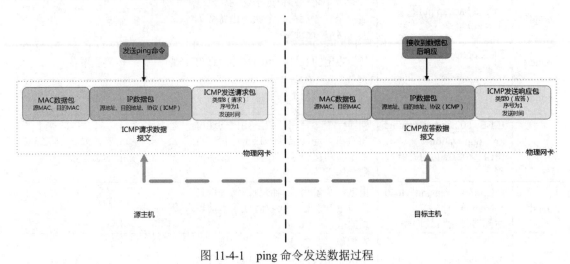

图 11-4-1　ping 命令发送数据过程

4. traceroute

traceroute 工具常用于测试网络连通性以及显示传输路径中每一跳地址，能够清晰地观察与目标主机之间的路径信息，同时也能准确地输出每一跳的通信延迟时间，了解网络的拓扑结构和网络通信的情况。

traceroute 工具的操作过程如下，如图 11-4-2 所示。

（1）发送 TTL 字段为 1 的 IP 数据报给目标主机，处理这份数据报的第一个路由节点（路由器、网关等）将 TTL 值减 1，丢弃该数据报，并返回超时 ICMP 报文。traceroute 工具通过该地址得到第一跳显示的数据信息。

（2）依次递增 TTL 的值，这样就会依次得到相应的路由节点的地址，从而显示相应的路由数据，直至到达目标主机。

5. mtr

mtr（My Traceroute）是一种网络故障排查工具，可以帮助网络管理员快速定位网络故障的根源，相当于 traceroute 工具的增强版，可同时显示出 traceroute 和 ping 工具的检测结果，从而更加全面地分析网络故障。

mtr 工具同样利用 ICMP 协议进行网络故障排查，其操作过程主要实现以下几个方面。

（1）发送 ICMP 数据包。mtr 工具向目标主机发送一系列的 ICMP 数据包，这些数据包会在网络中跳跃，每经过一个路由节点就会返回一个响应信息。

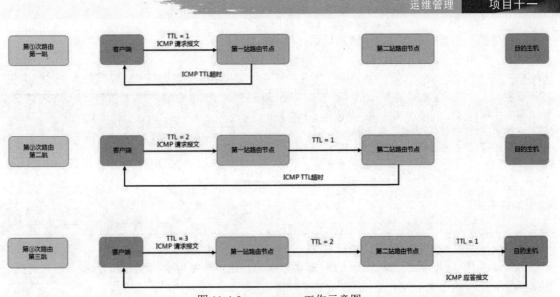

图 11-4-2　traceroute 工作示意图

（2）统计网络数据包的传输信息。mtr 工具会记录数据包的丢失情况以及数据包的响应时间，从而可以分析网络延迟的情况。如果某个路由节点的响应时间过长，就说明这个路由节点可能存在故障。

（3）显示路由路径。mtr 工具会显示数据包经过的路由路径，能帮助网络运维人员快速定位故障节点的位置。

任务五　使用 sysstat 监控 openEuler 系统运行

【任务介绍】

本任务使用 sysstat 工具集监控系统的运行情况，实现对 openEuler 系统的状态、性能等方面进行综合分析。

本任务在任务一的基础上进行。

【任务目标】

（1）掌握 sysstat 工具集的安装和使用。

（2）实现对主机状态实时的监控。

（3）实现对主机运行性能的监控。

（4）实现对主机整体运行情况的监控。

【操作步骤】

步骤 1：了解和安装 sysstat 工具。

sysstat 是一个软件包，其包含监测系统性能的一组工具，通过对主机的性能数据进行收集与分析，能够监控系统状态，及时了解系统运行性能。系统默认未安装 sysstat 软件，可使用 yum 工具安装。

操作命令：

```
1.  # 使用 yum 工具在线安装 sysstat
2.  [root@Project-11-Task-01 ~]# yum install -y sysstat
3.  # 为了排版方便此处省略了部分信息
4.  # 下述信息说明安装 sysstat 将会安装以下软件，且已安装成功
5.  Installed:
6.      lm_sensors-3.6.0-6.oe2203sp2.x86_64
7.      sysstat-12.5.4-9.oe2203sp2.x86_64
8.  Complete!
```

操作命令+配置文件+脚本程序+结束

步骤 2：使用 mpstat 工具监控系统 CPU。

mpstat 工具可实时监控主机系统 CPU 的运行状态，也可指定单个物理 CPU 查看其运行情况。

操作命令：

```
1.  # 监控系统全部 CPU 的运行状态
2.  [root@Project-11-Task-01 ~]# mpstat -P ALL
3.  Linux 5.10.0-153.22.0.98.oe2203sp2.x86_64 (Project-11-Task-01) 2023 年 7 月 01 日 _x86_64_  (1 CPU)
4.
5.  20 时 25 分 37 秒 CPU   %usr  %nice  %sys  %iowait  %irq  %soft  %steal  %guest  %gnice  %idle
6.  20 时 25 分 37 秒 all   36.15  0.00   9.43  6.85     1.08  0.19   0.00    0.00    0.00    46.30
7.  20 时 25 分 37 秒 0     36.15  0.00   9.43  6.85     1.08  0.19   0.00    0.00    0.00    46.30
8.
9.  # 查看当前系统 CPU 的平均运行状态（每隔 5s，采集 2 次查看平均运行情况）
10. [root@Project-11-Task-01 ~]# mpstat -P ALL 5 2
11. Linux 5.10.0-153.22.0.98.oe2203sp2.x86_64 (Project-11-Task-01)  2023 年 7 月 01 日 _x86_64_ (1 CPU)
12.
13. 20 时 26 分 12 秒 CPU   %usr  %nice  %sys  %iowait  %irq  %soft  %steal  %guest  %gnice  %idle
14. 20 时 26 分 12 秒 all   0.00   0.00   0.00  0.00     0.33  0.00   0.00    0.00    0.00    99.67
15. 20 时 26 分 12 秒 0     0.00   0.00   0.00  0.00     0.33  0.00   0.00    0.00    0.00    99.67
16.
17. 20 时 26 分 17 秒 CPU   %usr  %nice  %sys  %iowait  %irq  %soft  %steal  %guest  %gnice  %idle
18. 20 时 26 分 17 秒 all   0.00   0.00   0.00  0.00     0.00  0.00   0.00    0.00    0.00    100.00
19. 20 时 26 分 17 秒 0     0.00   0.00   0.00  0.00     0.00  0.00   0.00    0.00    0.00    100.00
20.
21. 平均时间: CPU         %usr  %nice  %sys  %iowait  %irq  %soft  %steal  %guest  %gnice  %idle
22. 平均时间: all         0.00   0.00   0.00  0.00     0.17  0.00   0.00    0.00    0.00    99.83
23. 平均时间: 0           0.00   0.00   0.00  0.00     0.17  0.00   0.00    0.00    0.00    99.83
24.
25. # 监控当前系统单颗 CPU 的运行状态（指定第一颗 CPU 查看运行情况）
26. [root@Project-11-Task-01 ~]# mpstat -P 0
27. Linux 5.10.0-153.22.0.98.oe2203sp2.x86_64 (Project-11-Task-01)  2023 年 7 月 01 日 _x86_64_ (1 CPU)
28.
29. 21 时 27 分 12 秒 CPU   %usr  %nice  %sys  %iowait  %irq  %soft  %steal  %guest  %gnice  %idle
```

| 30. | 21 时 27 分 12 秒 | 0 | 1.62 | 0.00 | 0.46 | 0.03 | 0.21 | 0.06 | 0.00 | 0.00 | 0.00 | 97.62 |

操作命令+配置文件+脚本程序+结束

mpstat 工具监控 CPU 运行状态结果中涉及的字段含义如下。

- usr：用户操作占用 CPU 的时间百分比
- nice：进程占用 CPU 的时间百分比
- sys：系统内核处理占用 CPU 的时间百分比
- iowait：磁盘 IO 等待的时间百分比
- irq：CPU 硬中断的时间百分比
- soft：CPU 软中断的时间百分比
- steal：虚拟 CPU 处在非自愿等待下占用的时间百分比
- guest：运行虚拟处理器时 CPU 的时间百分比
- gnice：低优先级进程占用 CPU 的时间百分比
- idle：除磁盘 IO 等待外，CPU 空闲的时间百分比

命令详解：

【语法】
mpstat [选项] [参数]
【选项】
-P：　　　　　　　指定 CPU 编号[0~n-1，物理 CPU 编号从 0 开始]，或者输入 ALL 表示监控所有 CPU
【参数】
时间间隔：　　　　指定监控报告执行输出的时间间隔（s）
次数：　　　　　　显示系统 CPU 检测的执行次数

操作命令+配置文件+脚本程序+结束

步骤 3：使用 sar 工具监控系统内存。

sar 是系统运行状态统计工具，可对系统当前的内存运行情况进行取样，然后通过计算数据和比例来分析系统的当前状态。

操作命令：

1. # 监控系统内存的使用情况
2. [root@Project-11-Task-01 ~]# sar -r
3. # 输出系统的内核版本与主机名、检测时间、CPU 架构、CPU 核心数
4. Linux 5.10.0-153.22.0.98.oe2203sp2.x86_64 (Project-11-Task-01)　2023 年 07 月 08 日　_x86_64_ (1 CPU)
5.
6. 21 时 53 分 19 秒　　kbmemfree　　kbavail　　kbmemused　%memused　kbbuffers　kbcached
　　kbcommit　　%commit　　kbactive　　kbinact　　kbdirty
7. 21 时 53 分 20 秒　73396　　286244　　134028　　28.78　　18912　　175216
　　1721316　　67.16　　112708　　170456　　52
8. 21 时 53 分 21 秒　73396　　286244　　134028　　28.78　　18912　　175216
　　1721316　　67.16　　112708　　170456　　52
9. # 为了排版方便此处省略了部分信息
10. 平均时间：　　73247　　286143　　134117　　28.80　　18912　　175266
　　1721400　　67.17　　112708　　170528　　107

操作命令+配置文件+脚本程序+结束

sar 工具监控系统内存运行状态结果中涉及的字段含义如下。

小贴士

- kbmemfree：空闲物理内存大小（单位 KB）
- kbavail：可使用的物理内存大小（单位 KB）
- kbmemused：正在使用的物理内存大小（单位 KB）
- %memused：物理内存使用率
- kbbuffers：缓冲区正在使用的内存大小（单位 KB）
- kbcached：缓存的文件大小（单位 KB）
- kbcommit：保证当前系统运行所需内存总大小（单位 KB）
- %commit：实际可用内存占比
- kbactive：活动内存量大小（单位 KB）
- kbinact：非活动内存量大小（单位 KB）
- kbdirty：已修改但尚未写回磁盘的内存页大小（单位 KB）

命令详解：

【语法】

sar [选项] [参数]

【选项】

-A:	显示所有的报告信息
-b:	显示 I/O 速率
-B:	显示换页状态
-c:	显示进程创建活动
-d:	显示每个块设备的状态
-e:	设置显示报告的结束时间
-f:	从指定文件提取报告
-i:	设置状态信息刷新的间隔时间
-P:	显示每个 CPU 的状态
-R:	显示内存状态
-u:	显示 CPU 利用率
-v:	显示索引节点，文件和其他内核表的状态
-w:	显示交换分区状态
-x:	显示给定进程状态

【参数】

时间间隔：	设置采集数据的时间周期（单位：s）
次数：	设置采集数据的总次数

操作命令+配置文件+脚本程序+结束

步骤 4： 使用 vmstat 工具监控系统存储。

vmstat 工具可统计系统整体的存储情况，包括内核进程、内存使用、虚拟内存、磁盘 IO 和 CPU 状态等信息。

操作命令：

```
1.    # 监控系统存储的使用情况
2.    [root@Project-11-Task-01 ~]# vmstat
```

```
3.  procs  ------memory------  ------swap------  ----------io----------  ---system---  ----------cpu----------
4.  r  b   swpd    free      buff     cache   si  so  bi  bo    in   cs    us  sy  id  wa  st
5.  3  0   3608   334076   370844   72444   0   0   13  41   113  111   1   0   99  0   0
```

操作命令+配置文件+脚本程序+结束

（1）vmstat 工具在操作过程中可查看系统的 procs（进程）、memory（内存）、swap（交换分区）、io（磁盘 IO）、system（系统中断）以及 cpu 的运行性能。

（2）在监控系统存储的使用结果中，procs 类型涉及的字段含义如下。

- r：运行队列中进程的数量
- b：等待 IO 的进程数量

（3）在监控系统存储的使用结果中，memory 类型涉及的字段含义如下。

- swpd：虚拟内存使用量
- free：空闲物理内存量
- buff：用于缓冲的内存量
- cache：用于缓存的内存量

（4）在监控系统存储的使用结果中，swap 类型涉及的字段含义如下。

- si：每秒从交换分区写入内存数据量的大小
- so：每秒写入交换分区数据量的大小

（5）在监控系统存储的使用结果中，io 类型涉及的字段含义如下。

- bi：每秒读取的磁盘块数
- bo：每秒写入的磁盘块数

（6）在监控系统存储的使用结果中，system 类型涉及的字段含义如下。

- in：每秒系统中断数
- cs：每秒上下文切换数

（7）在监控系统存储的使用结果中，cpu 类型涉及的字段含义如下。

- us：用户进程执行时间百分比
- sy：内核系统进程执行时间百分比
- wa：IO 等待时间百分比
- id：CPU 空闲时间百分比

命令详解：

【语法】

vmstat [选项] [参数]

【选项】

-a:	显示活动和非活动内存
-f:	显示启动后创建的进程总数
-m:	显示 slab 信息（内存分配机制）
-n:	只在开始时显示一次各字段头信息
-s:	以表格方式显示事件计数器和内存状态
-d:	显示磁盘相关统计信息
-p:	显示指定磁盘分区统计信息
-S:	使用指定单位显示，可使用 k、K、m、M

【参数】

时间间隔:	状态信息刷新的时间间隔

次数：	显示报告的次数

操作命令+配置文件+脚本程序+结束

步骤 5：使用 pidstat 工具监控系统进程。

pidstat 工具可监控全部或单独指定某个进程，查看其资源占用情况，掌握系统进程的运行性能。

操作命令：

1. # 使用 pidstat 监控所有进程的运行情况
2. [root@Project-11-Task-01 ~]# pidstat
3. # 输出系统的内核版本、主机名、检测时间、CPU 架构、CPU 核心数
4. Linux 5.10.0-153.22.0.98.oe2203sp2.x86_64 (Project-11-Task-01) 2023 年 07 月 01 日 _x86_64_
(1 CPU)
5.
6. 22 时 13 分 10 秒　UID　PID　%usr　%system　%guest　%wait　%CPU　CPU　Command
7. 22 时 13 分 10 秒　0　　1　　0.01　0.02　　0.00　　0.03　0.04　0　systemd
8. 22 时 13 分 10 秒　0　　11　0.00　0.00　　0.00　　0.03　0.00　0　ksoftirqd/0
9. 22 时 13 分 10 秒　0　　12　0.00　0.00　　0.00　　0.49　0.00　0　rcu_sched
10. # 为了排版方便此处省略了部分进程监控信息
11.
12. # 指定进程号查看单进程运行情况
13. [root@Project-11-Task-01 ~]# pidstat -p 1
14. Linux 5.10.0-153.22.0.98.oe2203sp2.x86_64 (Project-11-Task-01) 2023 年 07 月 01 日 _x86_64_
(1 CPU)
15.
16. 22 时 23 分 14 秒　UID　PID　%usr　%system　%guest　%wait　%CPU　CPU　Command
17. 22 时 23 分 14 秒　0　　1　　0.01　0.02　　0.00　　0.02　0.03　0　systemd

操作命令+配置文件+脚本程序+结束

小贴士

pidstat 工具监控系统进程的运行状态结果中涉及的字段含义如下。
- UID：用户 ID
- PID：进程 ID
- %usr：进程在用户空间占用 CPU 的百分比
- %system：进程在内核空间占用 CPU 的百分比
- %guest：进程在虚拟主机上的 CPU 使用率
- %wait：进程等待 CPU 的时间百分比
- %CPU：进程任务总的 CPU 使用率
- CPU：正在运行这个进程任务的处理器编号
- Command：调用此进程任务的命令名称

命令详解：

【语法】
pidstat [选项] [参数]
【选项】

-u：	默认的参数，显示各个进程的 CPU 使用统计
-r：	显示各个进程的内存使用统计
-d：	显示各个进程的 IO 使用情况

项目十一

-p:	指定进程号
-w:	显示每个进程的上下文切换情况
-t:	显示选择任务的线程的统计信息外的额外信息
【参数】	
时间间隔:	指定监控报告执行输出的时间间隔（s）
次数:	显示系统进程检测的执行次数

操作命令+配置文件+脚本程序+结束

步骤 6： 使用 iostat 工具监控系统 IO。

iostat 工具可监视主机磁盘 IO 的运行情况，查看存储设备的性能。

操作命令：

```
1.   # 使用 iostat 查看磁盘 IO 的运行情况
2.   [root@Project-11-Task-01 ~]# iostat
3.   # 输出系统的内核版本、主机名、检测时间、CPU 架构、CPU 核心数
4.   Linux 5.10.0-153.22.0.98.oe2203sp2.x86_64 (Project-11-Task-01) 2023 年 07 月 01 日 _x86_64_ (1 CPU)
5.
6.   # 输出 CPU 平均使用情况
7.   avg-cpu:    %user       %nice      %system      %iowait      %steal       %idle
8.               0.45        0.01       0.24         0.03         0.00         99.28
9.
10.  Device      tps         kB_read/s  kB_wrtn/s    kB_dscd/s    kB_read      kB_wrtn      kB_dscd
11.  dm-0        2.17        56.98      2.05         0.00         245969       8852         0
12.  dm-1        0.11        0.51       0.34         0.00         2216         1480         0
13.  Sda         1.47        69.31      2.31         0.00         299187       9992         0
14.  sr0         0.00        0.00       0.00         0.00         1            0            0
```

操作命令+配置文件+脚本程序+结束

iostat 工具监控系统磁盘 IO 的运行状态结果中涉及的字段含义如下。

- Device: 检测磁盘设备名称
- tps: 设备每秒的传输次数
- kB_read/s: 每秒从设备读取的数据量
- kB_wrtn/s: 每秒向设备写入的数据量
- kB_dscd/s: 每秒向设备读写延迟的数据量
- kB_read: 从设备读取的总数据量
- kB_wrtn: 向设备写入的总数据量
- kB_dscd: 向设备读写延迟的总数据量

命令详解：

【语法】

iostat [选项] [参数]

【选项】

-c:	仅显示 CPU 使用情况
-d:	仅显示磁盘设备 IO 情况
-k:	显示状态以千字节每秒为单位，而不使用块每秒

-m:	显示状态以兆字节每秒为单位
-p:	仅显示块设备和所有被使用的其他分区状态
-t:	显示每个报告产生的时间
-x:	显示扩展状态信息
【参数】	
时间间隔:	每次报告产生的间隔时间（s）
次数:	显示报告的次数

操作命令+配置文件+脚本程序+结束

任务六　通过 proc 监控 openEuler 系统性能

【任务介绍】

proc 是一个虚拟文件系统，可存储系统的内核、进程、外部设备以及网络运行状态等信息。本任务通过 proc 文件系统实现对 openEuler 系统的状态和性能等方面进行综合分析。

本任务在任务一的基础上进行。

【任务目标】

（1）了解 proc 文件系统。

（2）实现对主机整体运行性能的监控。

【操作步骤】

步骤 1：通过 proc 监控系统 CPU。

通过查看/proc/loadavg 目录信息监控主机 CPU 当前运行的负载情况。

操作命令：

```
1.    #  查看系统 CPU 运行性能
2.    [root@Project-11-Task-01  ~]# cat  /proc/loadavg
3.    0.00    0.01   0.00  3/121    7824
```

操作命令+配置文件+脚本程序+结束

小贴士

监控 CPU 运行性能结果中总共显示 5 列数据，每列数据所包含的含义如下。
- 第 1 列：表示 CPU 在 1min 内 CPU 负载平均值
- 第 2 列：表示 CPU 在 5min 内 CPU 负载平均值
- 第 3 列：表示 CPU 在 15min 内 CPU 负载平均值
- 第 4 列：由斜线隔开的两个数值，前者表示当前内核调度的实体（进程和线程）的数目，后者表示系统当前存活的内核调度实体的数目
- 第 5 列：最近一个由内核创建的进程 ID

步骤 2：通过 proc 监控系统内存。

通过查看/proc/meminfo 目录信息监控当前系统内存的使用情况。

操作命令：

1.	# 监控系统内存运行状态信息
2.	[root@Project-11-Task-01 ~]# cat /proc/meminfo
3.	# 系统内存总大小
4.	MemTotal:887808 KB
5.	# 系统尚未使用的内存大小
6.	MemFree:332800 KB
7.	# 系统可用内存大小
8.	MemAvailable:674816 KB
9.	# 系统缓冲所占用的内存大小
10.	Buffers:2012 KB
11.	# 为了排版方便此处省略了部分信息
12.	# 映射为 2MB 大小的内存数量
13.	DirectMap2M:909312 KB
14.	# 映射为 1GB 大小的内存数量
15.	DirectMap1G:0 KB

操作命令+配置文件+脚本程序+结束

步骤 3：通过 proc 监控系统存储。

通过查看/proc/partitions（分区）、/proc/vmstat（虚拟内存）和/proc/swaps（交换分区）目录信息监控当前系统存储的使用情况。

操作命令：

1.	# 查看系统磁盘分区大小			
2.	[root@Project-11-Task-01 ~]# cat /proc/partitions			
3.	major	minor	#blocks	name
4.	8	0	20971520	sda
5.	8	1	1048576	sda1
6.	8	2	19921920	sda2
7.	11	0	1048575	sr0
8.	253	0	7821696	dm-0
9.	253	1	2097152	dm-1
10.				
11.				
12.	# 查看系统虚拟内存的使用情况			
13.	[root@Project-11-Task-01 ~]# cat /proc/vmstat			
14.	# 空闲页数量			
15.	nr_free_pages 7131			
16.	# 所有区域统计的非活跃的匿名页数之和			
17.	nr_zone_inactive_anon 23204			
18.	# 所有区域统计的活跃的匿名页数之和			
19.	nr_zone_active_anon 325			
20.	# 所有区域统计的非活跃的文件页数之和			
21.	nr_zone_inactive_file 26496			
22.	# 为了排版方便此处省略了部分信息			
23.	# 交换命中的次数			
24.	swap_ra_hit 0			
25.	# 不稳定的页数			

26.   nr_unstable 0
27.
28.
29.   # 查看系统交换分区使用情况
30.   [root@Project-11-Task-01 ~]# cat /proc/swaps
31.   Filename   Type   Size   Used   Priority
32.   /dev/dm-1   partition   2097148   268   -2

操作命令+配置文件+脚本程序+结束

小贴士

（1）查看系统磁盘分区结果中涉及的字段含义如下。
● major: 块设备每个分区的主设备号
● minor: 块设备每个分区的次设备号
● #blocks: 每个分区所包含的块数目
● name: 分区名称
（2）查看系统交换分区结果中涉及的字段含义如下。
● Filename: 交换分区名称
● Type: 交换分区类型
● Size: 分区大小
● Used: 使用量大小
● Priority: 分区使用的优先级。优先级数字越低，被使用到的可能性越大

步骤 4：通过 proc 监控系统进程。

/proc 目录中包含许多以数字命名的子目录，这些数字表示系统当前正在运行的进程 ID，可查看所有进程信息或者针对某个进程查看其详细的运行情况。

操作命令：

```
1.    # 查看所有进程目录信息
2.    [root@Project-11-Task-01 ~]# ll /proc/
3.    total 0
4.    dr-xr-xr-x.  9 root     root               0 Mar  8 16:31 1
5.    dr-xr-xr-x.  9 root     root               0 Mar  8 16:31 10
6.    dr-xr-xr-x.  9 root     root               0 Mar  8 16:31 100
7.    dr-xr-xr-x.  9 root     root               0 Mar  8 16:31 101
8.    dr-xr-xr-x.  9 root     root               0 Mar  8 16:31 102
9.    dr-xr-xr-x.  9 root     root               0 Mar  8 16:31 103
10.   dr-xr-xr-x.  9 root     root               0 Mar  8 16:31 104
11.   dr-xr-xr-x.  9 root     root               0 Mar  8 16:31 105
12.   # 为了排版方便此处省略了部分信息
13.
14.
15.   # 查看进程 ID 为 1 的启动命令
16.   [root@Project-11-Task-01 ~]# cat /proc/1/cmdline
17.   /usr/lib/systemd/systemd--switched-root--system--deserialize18
18.
19.
20.   # 查看进程 ID 为 1 的状态信息
21.   [root@Project-11-Task-01 ~]# cat /proc/1/status
```

```
22.   # 进程名称
23.   Name:    systemd
24.   # 进程权限掩码
25.   Umask:   0000
26.   # 进程状态：休眠
27.   State:   S (sleeping)
28.   # 为了排版方便此处省略了部分信息
29.   # 进程自愿上下文切换次数
30.   voluntary_ctxt_switches:       2165
31.   # 进程非自愿上下文切换
32.   nonvoluntary_ctxt_switches:    1713
```

操作命令+配置文件+脚本程序+结束

 　　上下文切换一般指用户态和内核态间的切换，通常切换的发生是因为用户程序在运行过程中产生了系统调用，若 IO 操作越多，则自愿上下文切换次数越多。

步骤 5：通过 proc 监控系统 IO。

通过查看/proc/diskstats 目录信息监控当前系统磁盘 IO 的运行情况。

操作命令：

```
1.   # 监控主机磁盘 IO 运行状态
2.   [root@Project-11-Task-01 ~]# cat /proc/diskstats
3.      8    0 sda 5935 2370 651950 4500 4453 3434 112040 3628 0 9488 10779 0 0 0 0 1698 2650
4.      8    1 sda1 151 24 94922 461 9 4 104 4 0 201 465 0 0 0 0 0
5.      8    2 sda2 5738 2346 554178 3989 3595 3430 111936 1895 0 8235 5884 0 0 0 0 0
6.     11    0 sr0 9 0 3 1 0 0 0 0 0 5 1 0 0 0 0 0
7.    253    0 dm-0 7876 0 545482 6579 7819 0 118264 4078 0 9249 10657 0 0 0 0 0
8.    253    1 dm-1 104 0 4488 31 52 0 416 2 0 38 33 0 0 0 0 0
```

操作命令+配置文件+脚本程序+结束

步骤 6：通过 proc 监控系统网络。

通过查看/proc/net/dev 目录信息，监控当前系统网卡接口通信流量情况。

操作命令：

```
1.   # 查看主机网卡接口网络流量
2.   [root@Project-11-Task-01 ~]# cat /proc/net/dev
3.   Inter-|                        Receive                            |          Transmit
4.    face |bytes  packets  errs  drop  fifo  frame  compressed  multicast  |bytes  packets  errs  drop
           fifo  colls  carrier  compressed
5.      lo:  268080    4468  0  0  0  0  0  0    268080    4468  0  0  0  0  0  0
6.   enp0s3: 12338663  98035  0  0  0  0  0  351  136575    1382  0  0  0  0  0  0
```

操作命令+配置文件+脚本程序+结束

 　　（1）/proc/net 的网络目录中包含许多单独文件，可根据需要单独查看网卡数据包的通信情况。

　　（2）查看系统网卡接口网络流量结果中涉及的字段含义如下。
- Receive: 接收网络流量情况

- Transmit: 发送网络流量情况
- face: 系统网卡接口名称
- bytes: 发送或接收数据的总字节数
- packets: 发送或接收的数据包总数
- errs: 发送或接收错误的数据包总数
- drop: 丢弃的数据包总数
- fifo: FIFO 缓冲区错误的数量
- frame: 分组帧错误的数量
- compressed: 发送或接收的压缩数据包数
- multicast: 发送或接收的多播帧数
- colls: 检测到冲突的数据包数
- carrier: 检测到的载波损耗的数据包数

【任务扩展】

1. proc 概述

proc 是伪文件系统（即虚拟文件系统），只存在内存中，是存储当前内核运行状态的一系列特殊文件，用户可通过该类型文件查看主机以及当前正在运行进程的信息，甚至可以通过更改其中某些文件来改变内核的运行状态。

鉴于 proc 文件系统的特殊性，其目录下的文件也常被称为虚拟文件，通常文件的时间及日期属性为当前系统的时间和日期，虚拟文件是随时刷新的。

2. proc 下常见的目录

proc 下常见的目录及其含义描述见表 11-6-1。

表 11-6-1　proc 下常见的目录及其含义描述

目录	说明
/proc/buddyinfo	用于诊断内存碎片问题的相关信息
/proc/cmdline	在启动时传递至内核的相关参数信息，这些信息通常由 lilo（Linux 加载程序）或 grub（Linux 引导管理程序）等工具进行传递
/proc/cpuinfo	处理器的相关信息文件
/proc/crypto	系统上已安装内核使用的密码算法及每个算法的详细信息列表
/proc/devices	系统已经加载的所有块设备和字符设备的信息，包含主设备号和设备组名（与主设备号对应的设备类型）
/proc/diskstats	每块磁盘设备的 I/O 统计信息列表（内核 2.5.69 以后的版本支持此功能）
/proc/dma	每个正在使用且注册的 ISA DMA 通道信息列表
/proc/execdomains	内核当前支持的执行域信息列表
/proc/fb	帧缓冲设备列表文件，包含帧缓冲设备的设备号和相关驱动信息

续表

目录	说明
/proc/filesystems	当前被内核支持的文件系统类型列表文件，被标识为 nodev 的文件系统表示不需要该块设备的支持；通常"mount"设备时，如果没有指定文件系统类型，将通过此文件来决定其所需文件系统的类型
/proc/interrupts	x86 或 x86_64 体系架构系统上每个中断请求（Interrupt Request，IRQ）相关的中断信息列表
/proc/iomem	每个物理设备上的存储器（RAM 或者 ROM）在系统内存中的映射信息
/proc/ioports	当前正在使用且已经被注册过的与物理设备进行通信的输入-输出端口范围信息列表
/proc/kallsyms	模块管理工具，用来动态链接或绑定可装载模块的符号定义，由内核输出（内核 2.5.71 以后的版本支持此功能），通常这个文件中的信息量较大
/proc/kcore	系统使用的物理内存以 ELF 核心文件（core file）格式存储，其文件大小为已使用物理内存加上 4KB；此文件用来检查内核数据结构的当前状态，通常由 GBD 调试工具使用，但不能使用文件查看命令打开此文件
/proc/kmsg	此文件用来保存由内核输出的信息，通常由/sbin/klogd 或/bin/dmsg 等程序使用，不能使用文件查看命令打开此文件
/proc/loadavg	保存关于 CPU 和磁盘 I/O 的负载平均值，其前三列分别表示每 1 分钟、每 5 分钟及每 15 分钟的负载平均值，类似于 uptime 命令输出的相关信息；第 4 列是由斜线隔开的两个数值，前者表示当前正由内核调度的实体（进程和线程）的数目，后者表示系统当前存活的内核调度实体的数目；第 5 列表示此文件被查看前最近一个由内核创建的进程 PID
/proc/locks	保存当前由内核锁定的文件相关信息，包含内核内部的调试数据；每个锁定占据一行，且具有一个唯一的编号；输出信息中每行的第 2 列表示当前锁定使用的锁定类别，POSIX 表示目前较新类型的文件锁，由 lockf 系统调用产生，FLOCK 是传统的 UNIX 文件锁，由 flock 系统调用产生；第 3 列也通常有两种类型，ADVISORY 表示不允许其他用户锁定此文件，但允许读取；MDNDATORY 表示此文件锁定期间不允许其他用户以任何形式访问
/proc/mdstat	保存 RAID 相关的多块磁盘的当前状态信息，在没有使用 RAID 机器上，其显示为<none>
/proc/meminfo	系统中关于当前内存的利用状况等的信息，常由 free 命令使用；可以使用文件查看命令直接读取，其内容显示为两列，前者为统计属性，后者为对应的值
/proc/mounts	在内核 2.4.29 版本以前，此文件的内容为系统当前挂载的所有文件系统，在 2.4.29 版本以后的内核中引进了每个进程使用独立挂载名称空间的方式，此文件则随之变成了指向/proc/self/mounts（每个进程自身挂载名称空间中的所有挂载点列表）文件的符号链接
/proc/modules	当前装入内核的所有模块名称列表，可以由 lsmod 命令使用，也可以直接查看。其中第 1 列表示模块名；第 2 列表示此模块占用内存空间大小；第 3 列表示此模块有多少实例被装入；第 4 列表示此模块依赖于其他哪些模块；第 5 列表示此模块的装载状态（Live：已经装入；Loading：正在装入；Unloading：正在卸载），第 6 列表示此模块在内核内存（kernel memory）中的偏移量

目录	说明
/proc/partitions	块设备每个分区的主设备号（major）和次设备号（minor）等信息，同时包括每个分区所包含的块（block）数目
/proc/slabinfo	在内核中频繁使用的对象（如 inode、dentry 等）都有相应的 cache，即 slab pool，而/proc/slabinfo 文件列出了这些对象相关的 slap 信息
/proc/stat	实时追踪自系统上次启动以来的多种统计信息，其中具体每行含义见表 11-6-2
/proc/swaps	当前系统上的交换分区及其空间利用信息，如果有多个交换分区的话，则会将每个交换分区的信息分别存储于/proc/swaps 目录中的单独文件中，而其优先级数字越低，被使用到的可能性越大
/proc/uptime	系统上次启动以来的运行时间，其第一个数字表示系统的运行时间，第二个数字表示系统的空闲时间，单位是 s
/proc/version	当前系统运行的内核版本号
/proc/vmstat	当前系统虚拟内存的统计数据，可读性较好（内核 2.6 版本以后支持此文件）
/proc/zoneinfo	内存区域（zone）的详细信息列表

表 11-6-2　/proc/stat 信息内容

行名	说明
cpu	该行后的八个值分别表示以 1/100（jiffies）秒为单位的统计值（包括系统运行于用户模式、低优先级用户模式，运行系统模式、空闲模式、I/O 等待模式的时间等）
intr	该行给出中断的信息，第一个为自系统启动以来，发生的所有的中断的次数；然后每个数对应一个特定的中断自系统启动以来所发生的次数
ctxt	该行展示从系统启动以来 CPU 发生的上下文交换的次数
btime	该行展示从系统启动到现在为止的时间，单位为 s
processes	该行展示从系统启动以来所创建的任务的个数目
procs_running	该行展示当前运行队列的任务数目
procs_blocked	该行展示当前被阻塞的任务数目

3．proc 下的系统目录

与 proc 下其他文件的只读属性不同，管理员可对/proc/sys 子目录中的许多文件内容进行修改，通过此更改可以调整内核的运行特性，/proc/sys 的子目录见表 11-6-3。

表 11-6-3　/proc/sys 的子目录

目录	说明
/proc/sys/abi	此目录主要记录应用程序二进制接口，涉及程序的多个方面，如目标文件格式、数据类型、函数调用以及函数传递参数等信息

目录	说明
/proc/sys/crypto	此目录主要记录系统中已经安装的相关服务使用的信息加密处理配置
/proc/sys/debug	此目录主要记录系统运行中的调试信息，此目录通常是一空目录
/proc/sys/dev	为系统上特殊设备提供参数信息文件的目录，其不同设备的信息文件分别存储于不同的子目录中，如大多数系统上都会具有的/proc/sys/dev/cdrom 和/proc/sys/dev/raid（如果内核编译时开启了支持 raid 的功能）目录，通常是存储系统上 cdrom 和 raid 的相关参数信息
/proc/sys/fs	该目录包含一系列选项以及有关文件系统的各个方面信息，包括配额、文件句柄、索引以及系统登录信息
/proc/sys/kernel	此目录文件可用于监视和调整 Linux 操作系统中的内核相关参数
/proc/sys/net	主要包括网络相关操作，如 appletalk/、ethernet/、ipv4/、ipx/及 ipv6/等，通过改变这些目录中的文件，能够在系统运行时调整相关网络参数
/proc/sys/user	此目录主要监控和记录系统用户的使用信息
/proc/sys/vm	该目录主要用来优化系统中的虚拟内存

4. proc 下的进程目录

proc 进程目录中包含与该进程相关的多个信息文件，以 PID 1 的进程为例，其子目录与文件内容见表 11-6-4。

表 11-6-4　/proc/1 的子目录与文件

目录或文件	说明
cmdline	启动当前进程的完整命令，但僵尸进程目录中的此文件不包含任何信息
cwd	指当前进程运行目录的一个符号连接
environ	进程的环境变量列表，彼此间用空符号（NULL）隔开；变量用大写字母表示，其值用小写字母表示
exe	指向启动进程的可执行文件（完整路径）的符号链接，通过/proc/N/exe 可以启动当前进程的一个复制
/fd	包含当前进程打开的每一个文件的描述符（file descriptor），这些文件描述符是指向实际文件的一个符号链接
limits	当前进程所使用的每一个受限资源的软限制、硬限制和管理单元；此文件仅可由实际启动当前进程的 UID 用户读取
Maps	当前进程关联到的每个可执行文件和库文件在内存中的映射区域及其访问权限所组成的列表
mem	当前进程所占用的内存空间，由 open、read、lseek 等系统调用使用，不能被用户读取
/root	指向当前进程运行根目录的符号链接；在 Linux 和 UNIX 操作系统上，通常采用"chroot"命令使每个进程运行于独立的根目录

续表

目录或文件	说明
stat	当前进程的状态信息，包含系统格式化后的数据列，可读性差，通常由"ps"命令使用
statm	当前进程占用内存的状态信息，通常以"页面"（page）表示
/task	包含由当前进程所运行的每一个线程的相关信息，每个线程的相关信息文件均保存在一个由线程号（tid）命名的目录中，其内容类似于每个进程目录中的内容

【进一步阅读】

　　本项目关于 openEuler 运维管理的任务已经完成，如需进一步了解服务器运行状态，掌握通过实用工具搭建运维平台实现可视化实时监控的操作方法，可进一步在线阅读【任务七　使用 Linux-Dash 实现可视化实时监控】（http://explain.book.51xueweb.cn/openeuler/extend/11/7）和【任务八　使用 Monitorix 实现可视化系统监控】（http://explain.book.51xueweb.cn/openeuler/extend/11/8）深入学习。

扫码去阅读

扫码去阅读

项目十二
openEuler 的安全加固

⊙ 项目介绍

　　操作系统作为信息系统的核心，承担着管理硬件资源和软件资源的重任，是整个信息系统安全的基础。操作系统之上的各种应用，要想获得信息的完整性、机密性、可用性和可控性，必须依赖于操作系统，脱离了对操作系统的安全保护，仅依靠其他层面的防护手段来阻止黑客和病毒等对网络信息系统的攻击，是无法满足安全需求的；因此，需要对操作系统进行安全加固，构建动态、完整的安全体系，增强业务的安全性。

　　本项目介绍系统安全加固操作、SELinux 内核安全、Firewalld 防火墙以及系统安全审计工具Nmap，通过对操作系统进行安全配置，提升操作系统的安全性。

⊙ 项目目的

- 了解 openEuler 的安全机制；
- 掌握操作系统安全加固的基本操作；
- 掌握使用 SELinux 提升内核安全性；
- 掌握使用防火墙提升主机安全性；
- 掌握使用 Nmap 进行主机安全检测。

⊙ 项目讲堂

　　1．操作系统安全加固

　　（1）安全风险。操作系统的安全风险主要分为以下 3 个方面。

　　1）硬件设备的安全风险。外部硬件设备的运行情况是否正常，硬件设备所处的环境是否长期正常稳定，在使用过程中应防止因异常关机或设备零件故障造成操作系统的无法正常使用。

2）交互过程的安全风险。系统使用过程中，存在用户权限混乱、服务进程异常等安全风险。

3）网络病毒漏洞的安全风险。当操作系统在网络中提供服务时，将会面临着服务攻击、口令破解攻击、欺骗用户攻击、网络监听攻击、端口扫描攻击等网络安全风险。

（2）openEuler 的安全机制。目前 openEuler 中已经内置多种安全保护机制，具体如下。

1）PAM 机制。PAM（Pluggable Authentication Modules）机制是一套共享库，其目的是提供一个框架和一套编程接口，将认证工作由程序员交给管理员。PAM 允许管理员在多种认证方法之间进行选择，它能够在不重新编译与认证相关应用程序的情况下改变本地认证方法。

2）安全审计机制。虽然 openEuler 不能预测何时服务器会遭受攻击，但是可以记录入侵者的行踪，记录事件信息和网络连接情况，信息保存到日志文件中，为后续复查提供支持。

3）强制访问控制机制。强制访问控制（Mandatory Access Control，MAC）是一种由系统管理员从全系统的角度定义和实施的访问控制机制，它通过标记系统中的主客体，强制性地限制信息的共享和流动，使用户只能访问与其相关的、指定范围的信息，防止信息泄密，杜绝访问权限的交叉混乱。

4）防火墙机制。通过防火墙的控制策略、行为审计、抗攻击等功能，保障服务器的自身安全。

（3）安全加固方式。在 openEuler 中，提供了两种安全加固的方式，具体如下。

1）手动修改配置或执行命令。可以通过修改/etc/openEuler_security/security.conf 配置文件进行系统安全加固。

2）使用工具批量修改加固项。openEuler 的安全加固工具 security-tool 以 openEuler-security.service 服务的形式运行。系统首次启动时会自动运行该服务去执行默认加固策略，且自动设置后续开机不启动该服务。

（4）加固内容。在 openEuler 中，最基本的安全加固有 5 个方面，具体如下。

1）系统服务。将系统中运行的服务配置进行调整修改，提高服务配置的安全性。

2）文件权限。通过修改文件和目录的权限和属主提升系统安全性。

3）内核参数。内核参数决定配置和应用特权的状态，可通过参数配置进行提升系统的安全性。

4）授权认证。将通过限制授权系统的操作权限、用户权限等内容提升系统的安全性。

5）账号口令。通过删除所有测试账号、共享账号，设置合理的用户权限策略，制定复杂的用户密码并定期检查等提升系统的安全性。

2. SELinux

（1）什么是 SELinux。SELinux（Security-Enhanced Linux）是强制访问控制机制在 Linux 内核上的实现，旨在提升 Linux Kernel 安全性。

Linux Kernel 2.6 及以上版本均集成 SELinux 模块。

（2）SELinux 能够干什么。SELinux 采用最小权限原则，最大限度地减小系统中服务进程可访问资源的范围，进而实现对系统安全的保护。启用 SELinux 后，用户进程不能直接访问到系统中的任何文件、目录、端口等，其访问资源的流程如图 12-0-1 所示。

1）操作系统检查用户权限是否允许访问（DAC 控制权限）。

2）如果允许，继续检测 SELinux 强制访问控制策略是否允许（MAC 访问控制）。

3）如果允许，用户进程可访问系统内的对象。

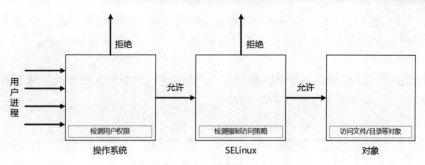

图 12-0-1　用户进程访问过程

 小贴士　DAC 控制权限：自主访问控制（Discretionary Access Control，DAC）是一种由客体的属主对自己的客体进行管理，由属主自行决定是否将自己的客体访问权或部分访问权授予其他主体，这种控制方式是自主的。

（3）SELinux 的工作原理。基于 SELinux 安全策略的操作系统中，用户进程访问目标文件的过程如图 12-0-2 所示。

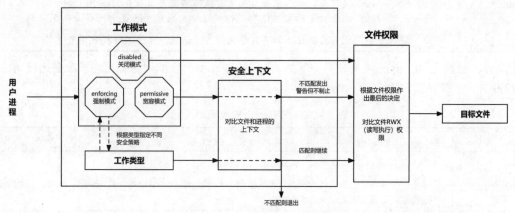

图 12-0-2　SELinux 工作模式

SELinux 的工作主要是通过安全策略和安全上下文协同实现。

1）安全策略。定义主体（进程）读取对象（系统中文件、目录、端口等均可）的规则类数据库，规则中记录了哪个类型的主体使用哪个方法读取哪一个对象是允许还是拒绝，并定义了哪种行为是允许或拒绝。

2）安全上下文（Security Context）是 SELinux 的核心。安全上下文由 4 个部分组成。它们分别是 user、role、type 和 security level。

a. user：SELinux 的用户类型，如 user_u（普通用户登录系统后的预设）、system_u（开机过程中系统进程的预设）、root（root 用户登录后的预设）、unconfined_u（多数本地进程运行的预设）。

b. role：定义文件（object_r）、进程和用户（system_r）的角色，角色可以限制"type"的使用。

c. type：数据类型，是定义何种进程类型访问何种文件对象目标的策略。

d. security level：安全等级，每个对象有且只有一个级别，等级为 s0 ~ s15，s0 等级最低。策略默认等级为 s0。

（4）SELinux 的工作模式与类型。SELinux 在工作过程中分为 3 种模式，用于不同层次的系统安全，SELinux 运行模式设置说明见表 12-0-1。

表 12-0-1　SELinux 运行模式设置说明

模式	说明
enforcing	强制模式 该模式是默认和推荐的操作模式，在强制模式下，SELinux 正常运行，在整个系统上强制加载安全策略
permissive	许可模式，又叫宽容模式 该模式启用 SELinux，但不阻止任何操作，只提出警告信息和进行记录。该模式下策略规则不被强制执行，只接收到审核拒绝的信息，不做任何安全策略加固
disabled	停用模式 该模式下，SELinux 是完全关闭的。关闭 SELinux 后，系统不再强制执行 SELinux 策略，还会停止标记任何对象，如果业务系统为正式服务的系统，在关闭 SELinux 的情况下运行一段时间后，由于大量的文件没有进行标记，未来启用 SELinux 是非常困难的 强烈建议不要关闭 SELinux，如不需要使用 SELinux，可将工作模式调整为许可模式

工作类型指定 SELinux 使用的安全策略，openEuler 内置了 3 种安全策略，配置选项内容见表 12-0-2。

表 12-0-2　SELinux 安全策略类型

类型	说明
targeted	默认值，表示部分程序受到 SELinux 的保护 对系统中目标网络的进程进行访问控制，如 dhcpd、httpd、named、nscd、ntpd、portmap、snmpd、squid 以及 syslogd 等
minimum	targeted 的简化版，仅选定的程序受到保护
mls（strict）	Multi-Level Security，多级安全限制 对系统中所有进程与操作进行严格访问控制，属于较严格的规则集合

3. 防火墙

（1）什么是防火墙。防火墙是服务器安全的重要保障系统，遵循允许或拒绝业务来往的网络通信机制，提供网络通信过滤服务。从保护对象上区分，防火墙可分为主机防火墙和网络防火墙。

（2）主机防火墙。主机防火墙是安装在一台计算机操作系统上的软件，属于典型的包过滤防火墙。将网络层作为数据监控对象，对每个数据包的头部、协议、地址端口及类型信息进行规则分析与数据包的处理（如进入、丢弃或拒绝等），从而实现针对单个主机进行防护，其工作原理如图 12-0-3 所示。

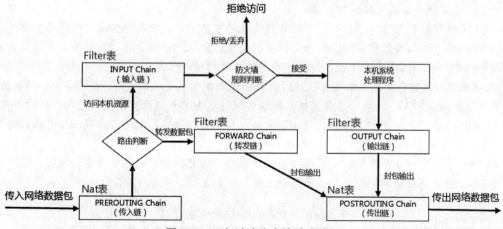

图 12-0-3　包过滤防火墙过滤过程

本项目讲授的即为主机防火墙。

> 包过滤防火墙中存在"三表五链"用于防火墙的数据通信过滤与处理。
> - Filter 表：对数据包进行过滤
> - Nat 表：用于地址转换和端口转发
> - Mangle 表：用于对数据包进行修改
> - PREROUTING 链：路由之前的数据包传入链，目的地址转换
> - INPUT 链：输入数据包链，数据包流入内核空间
> - FORWARD 链：转发路由数据包链，数据包在端口间转发
> - OUTPUT 链：输出数据包链，数据包流出内核空间
> - POSTROUTING：路由之后数据包，源地址转换

（3）网络防火墙。网络防火墙是部署在两个网络之间的设备或一整套装置，针对一个网络进行防护。通常部署在网络边界以加强访问控制，其将网络划分为可信与不可信区域，对流入流出的网络流量进行过滤，实现对网络的防护。

（4）防火墙的局限性。防火墙是重要的系统安全防护措施之一，但也不能过分依赖防火墙，因为防火墙自身具有一定的局限性，具体如下。

1）防火墙可以阻断攻击，但不能消灭攻击源。

2）防火墙不能抵抗最新的未设置策略的攻击漏洞。

3）防火墙的并发连接数限制容易导致服务拥塞或溢出。

4）防火墙对针对服务器合法开放的端口的攻击无法阻止。

5）防火墙对系统内部发起的攻击无法阻止。

6）防火墙本身也会出现问题或受到攻击。

7）防火墙无法防御病毒。

4. 安全审计

（1）为什么要安全审计。没有绝对的安全，即便 SELinux 和防火墙同时使用，也无法绝对保障操作系统无任何安全风险。只有持续性、周期性对操作系统进行安全评估，及时发现安全漏洞并

进行修复，才能持续提高主机的安全性。

（2）安全审计的内容。安全审计是对目标主机的整体审计，主要包含以下内容与步骤。

1）实施端口扫描与服务探测。如果目标主机处于开机状态，通过扫描与探测，可得到目标主机开放的端口、服务程序及软件版本、操作系统版本及内核等信息。

2）以攻击方式进行探测。根据获取到的目标主机服务程序及版本信息，查询安全漏洞数据库，获取针对性的攻击脚本，开展对目标主机系统的尝试性攻击，并记录目标主机对攻击的响应信息。

3）对数据进行分析并形成报告。对获取的响应信息进行分析，比对安全漏洞信息数据库，明确目标主机确实存在的安全漏洞信息，形成安全审计报告。

4）安全风险处理。系统管理员根据安全审计报告的内容，逐项对照解决安全风险。

（3）主机安全扫描的常用工具。常用的主机安全扫描工具见表 12-0-3。

表 12-0-3　常用的主机安全扫描工具

工具	功能类别	官方网站
Nmap	安全审计	https://nmap.org
Snort	网络入侵扫描	https://www.snort.org
ClamAV	病毒检测	http://www.clamav.net
Nessus	漏洞扫描	https://www.swri.org/nessus
OpenVAS	漏洞评估系统	https://www.openvas.org
Nikto	Web 服务器扫描	https://cirt.net/Nikto2
Metasploit	渗透测试工具	https://www.metasploit.com

任务一　系统加固的基本操作

【任务介绍】

本任务通过对主机系统的账户口令、授权认证、系统服务及文件权限等操作进行配置，以提升系统的安全性。

【任务目标】

（1）实现主机系统的账号口令的安全加固。
（2）实现主机系统的授权认证的安全加固。
（3）实现主机系统的系统服务的安全加固。
（4）实现主机系统的文件权限的安全加固。

【操作步骤】

步骤 1：创建虚拟机并完成 openEuler 的安装。

在 VirtualBox 中创建虚拟机，完成 openEuler 的安装。虚拟机与操作系统的配置信息见表 12-1-1，注意虚拟机网卡的工作模式为桥接。

表 12-1-1　虚拟机与操作系统配置

虚拟机配置	操作系统配置
虚拟机名称：VM-Project-12-Task-01-10.10.2.121 内存：1GB CPU：1 颗 1 核心 虚拟硬盘：20GB 网卡：1 块，桥接	主机名：Project-12-Task-01 IP 地址：10.10.2.121 子网掩码：255.255.255.0 网关：10.10.2.1 DNS：8.8.8.8

步骤 2：完成虚拟机的主机配置、网络配置及通信测试。

启动并登录虚拟机，依据表 12-1-1 完成主机名和网络的配置，能够访问互联网和本地主机。

（1）虚拟机的创建、操作系统的安装、主机名与网络的配置，具体方法参见项目一。

（2）建议通过虚拟机复制快速创建所需环境。通过复制创建的虚拟机需依据本任务虚拟机与操作系统规划配置信息设置主机名与网络，实现对互联网和本地主机的访问。

步骤 3：账户口令的安全加固。

除了用户账户外，其他账号称为系统账户。系统账户仅系统内部使用，禁止用于登录系统或其他操作，因此屏蔽系统账户登录系统，从而提升主机的安全性。

具体实现：将系统账户的 Shell 类型修改为/sbin/nologin。

操作命令：

```
1.   # 修改 daemon 用户 Shell 设置为禁止登录
2.   [root@Project-12-Task-01 ~]# usermod -L -s /sbin/nologin daemon
3.
4.   # 使用 cat 命令查看账号属性是否修改成功
5.   [root@Project-12-Task-01 ~]# cat /etc/passwd | grep daemon
6.   daemon:x:2:2:daemon:/sbin:/sbin/nologin
```

操作命令+配置文件+脚本程序+结束

通过/etc/password 文件查看用户信息，查询结果如下。
- 第一个字段：用户名
- 第二个字段：密码，x 表示密码已经加密，并且存放在/etc/shadow 文件中
- 第三个字段：表示用户 id，id 为 500 以上的则表示为系统用户
- 第四个字段：表示所属主用户组的 id
- 第五个字段：用户描述信息
- 第六个字段：用户的家目录
- 第七个字段：用户默认使用的 Shell 类型

步骤 4：授权认证的安全加固。

（1）设置网络远程登录的警告信息。用于在登录进入系统之前向用户提示警告信息，明示非

法侵入系统可能受到的惩罚，吓阻潜在的攻击者。同时也可以隐藏系统架构及其他系统信息，避免招致对系统的目标性攻击。

具体实现：将需要呈现的警告信息内容写入/etc/issue.net 文件中。

操作命令：

```
1.   # 使用 cat 命令查看系统默认警告信息
2.   [root@Project-12-Task-01 ~]# cat /etc/issue.net
3.   # 默认警告提示信息内容
4.   Authorized users only. All activities may be monitored and reported.
5.
6.   # 自定义修改警告信息内容
7.   [root@Project-12-Task-01 ~]# echo 'Prohibited login.Operational activities will be monitored and reporte
     d.' > /etc/issue.net
8.   # 重新查看文件是否被修改成功
9.   [root@Project-12-Task-01 ~]# cat /etc/issue.net
10.  # 验证文件已经被修改成功
11.  Prohibited login.Operational activities will be monitored and reported.
12.
13.  # 通过工具远程连接服务器，验证登录时的警告信息
14.  login as:
15.  Pre-authentication banner message from server:
16.  # 查看警告信息配置成功
17.  | Prohibited login.Operational activities will be monitored and reported.
18.  End of banner message from server
19.  @10.10.2.121's password:
```

操作命令+配置文件+脚本程序+结束

（2）禁止通过按"Ctrl+Alt+Del"组合键重启系统。操作系统默认能够通过按"Ctrl+Alt+Del"组合键进行重启，建议禁止该项特性，防止因为误操作而导致数据丢失或业务重启等。具体实现过程如下。

1）删除"ctrl-alt-del.target"目标配置文件，该配置文件为 reboot.target 文件的软链接，通过该文件能够执行调用重启系统操作。

2）修改 /etc/systemd/system.conf 文件，将"#CtrlAltDelBurstAction=reboot-force"修改为"CtrlAltDelBurstAction=none"。

3）重启 systemd 服务，使修改的配置生效。

操作命令：

```
1.   # 删除目标文件
2.   [root@Project-12-Task-01 ~]# rm -f /etc/systemd/system/ctrl-alt-del.target
3.   [root@Project-12-Task-01 ~]# rm -f /usr/lib/systemd/system/ctrl-alt-del.target
4.
5.   # 修改配置文件，使用 sed 命令直接替换文件内容，禁止使用"Ctrl+Alt+Del"组合键进行操作
6.   [root@Project-12-Task-01 ~]# sed -i 's/#CtrlAltDelBurstAction=reboot-force/CtrlAltDelBurstAction=none/g'
     /etc/systemd/system.conf
7.   # 查看配置项是否修改成功
8.   [root@Project-12-Task-01 ~]# cat /etc/systemd/system.conf | grep 'CtrlAltDelBurstAction'
9.   CtrlAltDelBurstAction=none
```

```
10.
11.    #  重启 systemd 服务，使修改的配置生效
12.    [root@Project-12-Task-01 ~]# systemctl daemon-reexec
```

操作命令+配置文件+脚本程序+结束

（3）设置终端的自动退出时间。无人看管的终端容易被侦听或被攻击，可能会危及系统安全。因此，建议设置终端在停止运行一段时间后能够自动退出登录状态。

具体实现：自动退出时间由/etc/profile 文件的 TMOUT 字段控制，可在配置文件尾部添加超时时间，超时时间值的单位是 s。

操作命令：

```
1.    #  将操作文件尾部添加超时时间
2.    [root@Project-12-Task-01 ~]# echo "export TMOUT=300" >> /etc/profile
3.    #  查看配置文件中最后一行，验证是否配置成功
4.    [root@Project-12-Task-01 ~]# tail -n 1 /etc/profile
5.    export  TMOUT=300
```

操作命令+配置文件+脚本程序+结束

（4）设置用户的默认 umask 值。umask 值用于为用户新创建的文件和目录设置默认权限。如果 umask 的值设置过小，会使群组用户或其他用户的权限过大，给系统带来安全威胁。因此，设置所有用户默认的 umask 值为 0077，即用户创建的目录默认权限为 700，文件的默认权限为 600。具体实现过程如下。

1）分别在/etc/bashrc 文件和/etc/profile.d/目录下的所有文件中加入"umask 0077"。

2）设置/etc/bashrc 文件和/etc/profile.d/目录下所有文件的属主为 root，群组为 root。

操作命令：

```
1.    #  将/etc/bashrc 文件中追加 umask 信息
2.    [root@Project-12-Task-01 ~]# echo "umask 0077" >> /etc/bashrc
3.
4.    #  将/etc/profile.d/目录下所有文件均追加 umask 信息
5.    [root@Project-12-Task-01 ~]# sed -i '$a umask 0077'  /etc/profile.d/*
6.
7.    #  将/etc/bashrc 文件属主与属组进行设置
8.    [root@Project-12-Task-01 ~]# chown  root:root /etc/bashrc
9.
10.   #  将/etc/profile.d/目录下所有文件属主与属组进行设置
11.   [root@Project-12-Task-01 ~]# chown  root.root /etc/profile.d/*
```

操作命令+配置文件+脚本程序+结束

 小贴士　　openEuler 操作系统已设置用户的默认 umask 值为 0022。

（5）设置 GRUB2 加密口令。系统启动时，可以通过 GRUB2 界面修改系统的启动参数。为了确保系统的启动参数不被任意修改，需要对 GRUB2 界面进行加密，仅在输入正确的 GRUB2 口令时才能修改启动参数。具体实现过程如下。

1）使用 grub2-mkpasswd-pbkdf2 命令生成加密的口令。

2）将生成的密钥等信息，添加到 grub.cfg 配置文件的开始位置中。

操作命令：

1.　# 生成 GRUB2 密钥信息

2.　[root@Project-12-Task-01 ~]# grub2-mkpasswd-pbkdf2

3.　输入口令：openEuler#12

4.　重新输入口令：openEuler#12

5.　您的密码的 PBKDF2 散列为 grub.pbkdf2.sha512.10000.863A671F5FE6EF88584A7EB60A8DE2A10463D
　　459E454AB7DDDEDCF2516E10ED420380DCB35E9F3918507072A138E4C4EA95062CC858A290D185B9
　　6C3852DF33E.40363A1C4A114127366AE6790AED5E450BFD24E4B5D31879AB72FD40927F1646F2121A
　　871722987CD39593B38473E6E9BC317B7F3F77BA88AE150FB831163087

6.

7.

8.　# GRUB2 加密口令添加到配置文件的开始位置中

9.　[root@Project-12-Task-01 ~]# sed -i '1i set superusers=\"root\"\npassword_pbkdf2 root　grub.pbkdf2.sha5
　　12.10000.863A671F5FE6EF88584A7EB60A8DE2A10463D459E454AB7DDDEDCF2516E10ED420380DCB
　　35E9F3918507072A138E4C4EA95062CC858A290D185B96C3852DF33E.40363A1C4A114127366AE6790A
　　ED5E450BFD24E4B5D31879AB72FD40927F1646F2121A871722987CD39593B38473E6E9BC317B7F3F77
　　BA88AE150FB831163087' /boot/grub2/grub.cfg

10.　# 查看配置文件前两行是否已经写入

11.　[root@Project-12-Task-01 ~]# cat /boot/grub2/grub.cfg | head -n 2

12.　set superusers="root"

13.　password_pbkdf2 root　grub.pbkdf2.sha512.10000.863A671F5FE6EF88584A7EB60A8DE2A10463D459E4
　　54AB7DDDEDCF2516E10ED420380DCB35E9F3918507072A138E4C4EA95062CC858A290D185B96C385
　　2DF33E.40363A1C4A114127366AE6790AED5E450BFD24E4B5D31879AB72FD40927F1646F2121A87172
　　2987CD39593B38473E6E9BC317B7F3F77BA88AE150FB831163087

操作命令+配置文件+脚本程序+结束

（1）GRUB（GRand Unified Bootloader）在操作启动时从 BIOS 接管掌控、启动操作系统、加载 Linux 内核到内存，然后再把执行权交给内核。一旦内核开始掌控，GRUB 就完成了整个的工作任务。

（2）GRUB2 设置口令后，建议用户首次登录时修改默认密码并定期更新，避免密码泄露后，启动选项被篡改，导致系统启动异常。

（3）不同模式下 grub.cfg 文件所在路径不同：
- x86 架构的 UEFI BIOS 模式下路径为/boot/efi/EFI/openEuler/grub.cfg，Legacy BIOS 模式下路径为/boot/grub2/grub.cfg
- aarch64 架构下路径为/boot/efi/EFI/openEuler/grub.cfg

（4）superusers 字段用于设置 GRUB2 的超级管理员的账户名。

（5）password_pbkdf2 字段后的参数，第 1 个参数为 GRUB2 的账户名，第 2 个参数为该账户的加密口令。

（6）设置安全单用户模式。单用户模式是不需要输入用户名和密码就能直接进入提示符界面的，如系统维护或忘记密码时使用。不进行用户权限验证可直接进入系统将存在较大的安全隐患。

　　具体实现：通过修改/etc/sysconfig/init 文件的 SINGLE 选项内容，以确保当切换到单用户模式运行配置时，需要输入 root 密码。

操作命令：

1.　# 查看系统默认 SINGLE 配置内容
2.　[root@Project-12-Task-01 ~]# cat /etc/sysconfig/init | grep 'SINGLE'
3.　# 若存在 SINGLE 配置选项，则进行输出，否则无输出
4.
5.　# 向配置文件末尾增加"SINGLE=/sbin/sulogin"内容，确保需输入 root 密码
6.　[root@Project-12-Task-01 ~]# echo "SINGLE=/sbin/sulogin" >> /etc/sysconfig/init

操作命令+配置文件+脚本程序+结束

　　（7）设置禁止交互式启动。用户在交互式引导控制台中可以进行禁用系统安全审计、更改防火墙等操作，这些操作削弱了系统的安全性。因此，需禁止使用交互式引导，以便提升系统安全。
　　具体实现：通过修改/etc/sysconfig/init 文件内容，将 PROMPT 选项配置为"PROMPT=no"。

操作命令：

1.　# 查看系统默认 PROMPT 配置内容
2.　[root@Project-12-Task-01 ~]# cat /etc/sysconfig/init | grep 'PROMPT'
3.　# 系统默认禁止交互式启动
4.　PROMPT=no

操作命令+配置文件+脚本程序+结束

步骤 5：系统 SSH 服务的安全加固。

　　SSH（Secure Shell）是为远程登录会话和其他网络服务提供安全性保障的协议。加固 SSH 服务主要是指修改 SSH 服务中的配置来设置系统使用 OpenSSH 协议时的算法、认证等参数，从而提高系统的安全性。

　　根据 openEuler 默认关于 SSH 服务的加固项内容，本步骤针对 SSH 服务进行表 12-1-2 所示项目。

表 12-1-2　SSH 服务配置项目

加固项	加固项说明
MaxAuthTries	设置最大 SSH 认证尝试次数为 3
LoginGraceTime	限制用户必须在指定的时限内认证成功，0 表示无限制 系统默认为 120s，本步骤设置为 60s

　　系统 SSH 服务的安全加固，具体实现过程如下。

　　（1）修改 SSH 服务的配置文件/etc/ssh/sshd_config，在该文件中修改或添加对应加固项及其加固值。
　　（2）重启 SSH 服务，使配置生效。

操作命令：

1.　# 查看系统默认 MaxAuthTries 配置内容

```
2.   [root@Project-12-Task-01 ~]# cat /etc/ssh/sshd_config | grep 'MaxAuthTries'
3.   #MaxAuthTries  6
4.
5.   # 使用 sed 命令修改 MaxAuthTries 配置值为 3
6.   [root@Project-12-Task-01 ~]# sed -i 's/#MaxAuthTries 6/MaxAuthTries 3/g' /etc/ssh/sshd_config
7.
8.   # 查看系统默认 LoginGraceTime 配置内容
9.   [root@Project-12-Task-01 ~]# cat /etc/ssh/sshd_config | grep 'LoginGraceTime'
10.  #LoginGraceTime  2m
11.
12.  # 使用 sed 命令修改 LoginGraceTime 配置值为 60
13.  [root@Project-12-Task-01 ~]# sed -i 's/#LoginGraceTime 2m/LoginGraceTime 60/g' /etc/ssh/sshd_config
14.
15.  # 重启 SSH 服务，使配置生效
16.  [root@Project-12-Task-01 ~]# systemctl restart sshd
```

操作命令+配置文件+脚本程序+结束

步骤 6：文件权限的安全加固。

（1）设置文件的权限和属主。openEuler 将所有对象都当作文件来处理，即使一个目录也被看作包含有多个其他文件的大文件，文件和目录的安全性主要通过权限和属主来保证。具体实现过程如下（以/usr/bin 目录为例）。

1）修改文件权限，将/usr/bin 目录权限设置为 755。

2）修改文件属主，将/usr/bin 目录的属主与属组均设置为 root。

操作命令：

```
1.   # 修改目录权限
2.   [root@Project-12-Task-01 ~]# chmod -R 755 /usr/bin
3.
4.   # 修改文件属主与属组
5.   [root@Project-12-Task-01 ~]# chown -R root:root /usr/bin
6.
7.   # 配置完成后，查看文件权限信息
8.   [root@Project-12-Task-01 ~]# ls -l /usr/bin
9.   总用量 78552
10.  -rwxr-xr-x. 1 root root      59768  6 月 28 12:53 alias
11.  # 为了排版方便此处省略了部分信息
```

操作命令+配置文件+脚本程序+结束

（2）删除未指定属主/组文件。系统管理员在删除用户/群组时，存在着忘记删除该用户/该群组所拥有文件的问题。如果后续新创建的用户/群组与被删除的用户/群组同名，则新用户/新群组会拥有部分不属于其权限的文件，建议将此类文件进行删除。

具体实现：使用 find 命令查找未指定属主和属组的文件，通过 rm 命令删除文件。

操作命令：

1. # 查找未指定属主文件
2. [root@Project-12-Task-01 ~]# find / -nouser
3. find: '/proc/1908/task/1908/fd/6': No such file or directory
4. find: '/proc/1908/task/1908/fdinfo/6': No such file or directory
5. # 为了排版方便此处省略了部分信息
6.
7. # 查找未指定属组文件
8. [root@Project-12-Task-01 ~]# find / -nogroup
9. find: '/proc/1909/task/1909/fd/6': No such file or directory
10. find: '/proc/1909/task/1909/fdinfo/6': No such file or directory
11. # 为了排版方便此处省略了部分信息
12.
13. # 通过 rm 命令对未指定属主或属组的文件进行删除
14. [root@Project-12-Task-01 ~]# rm -f 文件路径名

操作命令+配置文件+脚本程序+结束

（3）设置处理空链接文件。无指向的空链接文件，可能会被恶意用户所利用，影响系统的安全性。建议用户删除无效的空链接文件，提高系统的安全性。具体实现过程如下。

1）使用 find 命令查找系统中的空链接文件。

2）确定空链接文件是否有实际意义，如果无具体作用，使用 rm 命令进行删除。

操作命令：

1. # 查找/usr 根目录下是否有空链接文件
2. [root@Project-12-Task-01 ~]# find /usr -type l -follow 2>/dev/null
3. /usr/libexec/arptables-helper
4. /usr/share/man/man8/arptables.8.gz
5. /usr/share/man/man8/arptables-save.8.gz
6. /usr/share/man/man8/ebtables.8.gz
7. # 为了排版方便此处省略了部分信息
8.
9. # 通过 rm 命令对空链接文件进行删除
10. [root@Project-12-Task-01 ~]# rm -f 文件路径名

操作命令+配置文件+脚本程序+结束

提醒　　openEuler 系统安装完成后，可能存在空链接文件，这些空链接文件可能有对应用途（如有些空链接文件是预制的，会被其他组件依赖）。

（4）设置目录粘滞位属性。任意用户可以删除、修改全局可写目录中的文件和目录，为了确保全局可写目录中的文件和目录不会被任意删除，需要为全局可写目录添加粘滞位属性。

具体实现：使用 find 命令查找全局可写目录，通过 chmod 命令添加粘滞位属性。

操作命令：

1. # 搜索全局可写目录
2. [root@Project-12-Task-01 ~]# find / -type d -perm -0002 ! -perm -1000 -ls | grep -v proc

3.
4.　　# 为全局可写目录添加粘滞位属性
5.　　[root@Project-12-Task-01 ~]# chmod +t 可写目录名

操作命令+配置文件+脚本程序+结束

（5）删除非授权文件的全局可写属性。全局可写文件可被系统中的任意用户修改，从而影响系统的完整性和安全性。

具体实现：使用 find 命令查找全局可写文件，并将其文件删除全局可写权限。

操作命令：

1.　　# 列举全局可写目录列表
2.　　[root@Project-12-Task-01 ~]# find / -type d -perm -o+w | grep -v proc
3.　　/var/tmp
4.　　/var/tmp/systemd-private-47299285fe104d37ba976db50d0f4ea4-systemd-logind.service-Z25bee/tmp
5.　　/dev/mqueue
6.　　/dev/shm
7.　　# 为了排版方便此处省略了部分信息
8.
9.　　# 列举全局可写文件列表
10.　 [root@Project-12-Task-01 ~]# find / -type f -perm -o+w | grep -v proc
11.　 find: '/proc/2273/task/2273/fdinfo/6': No such file or directory
12.　 find: '/proc/2273/fdinfo/5': No such file or directory
13.　 /sys/fs/selinux/validatetrans
14.　 /sys/fs/selinux/member
15.　 # 为了排版方便此处省略了部分信息
16.
17.　 # 查看/sys/fs/selinux/member 文件的权限信息
18.　 [root@Project-12-Task-01 ~]# ls -l /sys/fs/selinux/member
19.　 -rw-rw-rw-. 1 root root 0 7 月 18 07:39 /sys/fs/selinux/member
20.　 # 去掉该文件的全局可写权限
21.　 [root@Project-12-Task-01 ~]# chmod o-w /sys/fs/selinux/member
22.　 # 删除后查看文件的权限信息
23.　 [root@Project-12-Task-01 ~]# ls -l /sys/fs/selinux/member
24.　 -rw-rw-r--. 1 root root 0 7 月 18 07:39 /sys/fs/selinux/member

操作命令+配置文件+脚本程序+结束

 提醒　　　可使用 "ls –l" 命令确定对应文件或目录是否设置了粘滞位，若回显中包含 T 标记，则为粘滞位文件或目录。

步骤 7：执行命令的安全加固。

（1）限制 at 命令的使用权限。at 命令用于创建在指定时间自动执行的任务。为避免任意用户通过 at 命令创建执行任务，可能会造成系统易受攻击，需要指定可使用该命令的用户。具体实现过程如下。

1）删除 at 命令限制操作的配置文件，创建新的 at 命令允许操作的配置文件。

2）修改允许操作的配置文件的属主与属组，并且修改文件的操作权限。

操作命令:

1. # 删除 at 命令限制操作的配置文件
2. [root@Project-12-Task-01 ~]# rm -f /etc/at.deny
3.
4. # 创建 at 命令允许操作的配置文件
5. [root@Project-12-Task-01 ~]# touch /etc/at.allow
6.
7. # 修改配置文件的属主与属组
8. [root@Project-12-Task-01 ~]# chown root:root /etc/at.allow
9.
10. # 修改配置文件的操作权限，仅 root 用户可操作
11. [root@Project-12-Task-01 ~]# chmod og-rwx /etc/at.allow
12.
13. # 查看文件修改后的权限信息
14. [root@Project-12-Task-01 ~]# ls -l /etc/at.allow
15. -rw-------. 1 root root 0 7月 18 15:02 /etc/at.allow

操作命令+配置文件+脚本程序+结束

（2）限制 cron 命令的使用权限。cron 命令用于创建例行性任务。为避免任意用户通过 cron 命令执行任务，可能会造成系统易受攻击，需要指定可使用该命令的用户。具体实现与限制 at 命令的使用权限操作步骤相同。

（3）限制 sudo 命令的使用权限。sudo 命令用于普通用户以 root 权限执行命令。为了增强系统的安全性，有必要对 sudo 命令的使用权进行控制，限制其他账户使用。openEuler 默认未限制非 root 用户使用 sudo 命令的权限。

具体实现：通过修改/etc/sudoers 配置文件，注释"%wheel"所在行的配置内容。

操作命令:

1. # 查看配置文件注释后%wheel 内容
2. [root@Project-12-Task-01 ~]# cat /etc/sudoers | grep '%wheel'
3. # 禁止 wheel 组中用户使用所有命令
4. # %wheel   ALL=(ALL)   ALL
5. # 禁止 wheel 组中用户在不输入该用户密码的情况下使用所有命令
6. # %wheel   ALL=(ALL)   NOPASSWD: ALL

操作命令+配置文件+脚本程序+结束

（1）sudo 命令是 openEuler 操作系统下常用的允许普通用户使用 root 权限的工具，允许普通用户执行一些或者全部的 root 命令，其配置文件为/etc/sudoers。

（2）当用户执行 sudo 命令时，其系统执行过程如下。

1）系统主动查找/etc/sudoers 文件，判断该用户是否有执行 sudo 命令的权限

2）若用户具有可执行权限后，需输入用户密码进行确认

3）若密码输入成功，则开始执行 sudo 后续的命令

（3）wheel 组成员包含一些特殊的系统用户，该组用户具有相应的 root 权限；普通用户在进行高级系统维护时，需要用到 root 权限，此时就需要使用 sudo 命令，从而使用 wheel 组成员用户进行操作,减少对系统破坏和直接切换超级管理员的风险。

【任务扩展】

1. SSH 服务加固项

openEuler 操作系统中 SSH 服务的各加固项的含义、加固建议以及操作系统默认是否已经加固的详细说明，见表 12-1-3。

表 12-1-3　SSH 服务端加固项说明

加固项	加固说明	加固建议	默认是否完成加固
Protocol	设置使用 SSH 协议的版本	2	是
SyslogFacility	设置 SSH 服务的日志类型。加固策略将其设置为"AUTH"，即认证类日志	AUTH	是
LogLevel	设置记录 sshd 日志消息的层次	VERBOSE	是
MaxAuthTries	最大认证尝试次数	3	否
PubkeyAuthentication	设置是否允许公钥认证	yes	是
RSAAuthentication	设置是否允许只有 RSA 安全验证	yes	是
IgnoreRhosts	设置是否使用 rhosts 文件和 shosts 文件进行验证。rhosts 文件和 shosts 文件用于记录可以访问远程计算机的计算机名及关联的登录名	yes	是
RhostsRSAAuthentication	设置是否使用基于 rhosts 的 RSA 算法安全验证。rhosts 文件记录可以访问远程计算机的计算机名及关联的登录名	no	是
HostbasedAuthentication	设置是否使用基于主机的验证。基于主机的验证是指已信任客户机上的任何用户都可以使用 SSH 连接	no	是
PermitRootLogin	是否允许 root 账户直接使用 SSH 登录系统 说明：若需要直接使用 root 账户通过 SSH 登录系统，请修改/etc/ssh/sshd_config 文件的 PermitRootLogin 字段的值为 yes	no	是
PermitEmptyPasswords	设置是否允许用口令为空的账号登录	no	是
PermitUserEnvironment	设置是否解析 ~/.ssh/environment 和 ~/.ssh/authorized_keys 中设定的环境变量	no	是

续表

加固项	加固说明	加固建议	默认是否完成加固
Ciphers	设置 SSH 数据传输的加密算法	aes128-ctr aes192-ctr aes256-ctr chacha20-poly1305@openssh.com aes128-gcm@openssh.com aes256-gcm@openssh.com	是
ClientAliveCountMax	设置超时次数。服务器发出请求后，客户端没有响应的次数达到一定值，连接自动断开	0	是
Banner	指定登录 SSH 前后显示的提示信息的文件	/etc/issue.net	是
MACs	设置 SSH 数据校验的哈希算法	hmac-sha2-512 hmac-sha2-512-etm@openssh.com hmac-sha2-256 hmac-sha2-256-etm@openssh.com	是
StrictModes	设置 SSH 在接收登录请求之前是否检查用户 HOME 目录和 rhosts 文件的权限和所有权	yes	是
UsePAM	使用 PAM 登录认证	yes	是
AllowTcpForwarding	设置是否允许 TCP 转发	no	是
Subsystem sftp /usr/libexec/openssh/sftp-server	sftp 日志记录级别，记录 INFO 级别以及认证日志	-l INFO -f AUTH	是
AllowAgentForwarding	设置是否允许 SSH Agent 转发	no	是
GatewayPorts	设置是否允许连接到转发客户端端口	no	是
PermitTunnel	Tunnel 设备是否允许使用	no	是
KexAlgorithms	设置 SSH 密钥交换算法	curve25519-sha256 curve25519-sha256@libssh.org diffie-hellman-group-exchange-sha256	是
LoginGraceTime	限制用户必须在指定的时限内认证成功，0 表示无限制。默认值是 120s	60	否

2. 粘滞位

粘滞位（Stickybit 或粘着位）是 Unix 文件系统权限的一个旗标。最常见的用法是在目录上设置粘滞位，从而使只有目录内文件的所有者或者 root 才可以删除或移动该文件。

如果不为目录设置粘滞位,任何具有该目录写入和执行权限的用户都可以删除和移动其中的文件,从而使操作系统具有一定的安全风险。

任务二　使用 SELinux 提升 openEuler 内核安全性

【任务介绍】

本任务通过对 SELinux 配置,以提升主机系统的安全性。
本任务在任务一的基础上进行。

【任务目标】

（1）实现 SELinux 的管理。
（2）实现通过 SELinux 提升系统与业务的安全性。

【操作步骤】

步骤 1：SELinux 的配置管理。
（1）获取 SELinux 当前的运行状态。openEuler 内置 SELinux 并默认为开机自启动,可查看 SELinux 服务的运行状态信息与开机自启动配置。

操作命令:

```
1.   # 使用 sestatus 命令查看 SELinux 运行状态
2.   [root@Project-12-Task-01 ~]# sestatus
3.   # 运行状态为开启
4.   SELinux status:                 enabled
5.   # 相关文件挂载点
6.   SELinuxfs mount:                /sys/fs/selinux
7.   # SELinux 的配置文件所在目录
8.   SELinux root directory:         /etc/selinux
9.   # 加载安全策略类型为 targeted
10.  Loaded policy name:             targeted
11.  # 当前运行模式为 enforcing（强制模式）
12.  Current mode:                   enforcing
13.  # /etc/selinux/config 配置文件定义的运行模式为 enforcing
14.  Mode from config file:          enforcing
15.  # MLS（多级安全）策略状态为开启
16.  Policy MLS status:              enabled
17.  # 未知拒绝策略状态为开启
18.  Policy deny_unknown status:     allowed
19.  # 内存保护检查状态为安全
20.  Memory protection checking:     actual (secure)
21.  # 内核策略版本号
22.  Max kernel policy version:      33
23.
24.  # 使用 systemctl 命令查看 SELinux 服务自动启动状态
```

25. [root@Project-12-Task-01 ~]# systemctl list-unit-files | grep selinux-autorelabel.service
26. # 查看 SELinux 服务状态为 static（静态），说明该服务为系统内置自动启动，不支持用户进行配置
27. selinux-autorelabel.service   static   -

操作命令+配置文件+脚本程序+结束

（2）管理 SELinux 的工作模式。可使用 getenforce 命令查看当前的工作模式，使用 setenforce 命令在强制模式和宽容模式间进行切换。

操作命令：

1. # 查看当前 SELinux 的工作模式
2. [root@Project-12-Task-01 ~]# getenforce
3. # 默认为强制模式
4. Enforcing
5.
6. # 修改 SELinux 的工作模式为宽容模式
7. [root@Project-12-Task-01 ~]# setenforce 0
8. # 查看修改后模式
9. [root@Project-12-Task-01 ~]# getenforce
10. Permissive
11.
12. # 恢复 SELinux 的运行模式为强制模式
13. [root@Project-12-Task-01 ~]# setenforce 1
14. # 查看恢复后模式
15. [root@Project-12-Task-01 ~]# getenforce
16. Enforcing

操作命令+配置文件+脚本程序+结束

 提醒　　使用 setenforce 命令修改的 SELinux 状态配置，在操作系统重新启动后会失效（恢复成初始状态）。

（3）更改 SELinux 的工作模式和运行状态。如果需要永久修改工作模式或者关闭 SELinux，可对 SELinux 的配置文件进行修改，修改完成后重新启动操作系统方可生效。

操作命令：

1. # 查看系统当前 SELinux 的运行状态
2. [root@Project-12-Task-01 ~]# cat /etc/selinux/config | grep '^SELINUX='
3. SELINUX=enforcing
4.
5. # 修改配置文件实现 SELinux 为关闭状态
6. [root@Project-12-Task-01 ~]# sed -i 's/SELINUX=enforcing/SELINUX=disabled/g' /etc/selinux/config
7. # 重启操作系统
8. [root@Project-12-Task-01 ~]# reboot
9. # 检验状态修改是否生效
10. [root@Project-12-Task-01 ~]# getenforce
11. Disabled
12.
13. # 修改配置文件恢复 SELinux 为强制模式
14. [root@Project-12-Task-01 ~]# sed -i 's/SELINUX=disabled/SELINUX=enforcing/g' /etc/selinux/config

15.　# 重启操作系统使配置生效
16.　[root@Project-12-Task-01 ~]# reboot
17.　# 检验状态修改是否生效
18.　[root@Project-12-Task-01 ~]# getenforce
19.　enforcing

操作命令+配置文件+脚本程序+结束

（4）升级 SELinux。通过 yum 工具更新 selinux-policy，以获取最新的 SELinux 策略。

操作命令：

1.　# 检查并更新 selinux-policy
2.　[root@Project-12-Task-01 ~]# yum update -y selinux-policy
3.　OS   17 kB/s | 3.3 kB   00:00
4.　everything   20 kB/s | 3.4 kB   00:00
5.　EPOL   15 kB/s | 3.5 kB   00:00
6.　debuginfo   19 kB/s | 3.4 kB   00:00
7.　source   9.9 kB/s | 3.2 kB   00:00
8.　update   18 kB/s | 3.3 kB   00:00
9.　update-source   20 kB/s | 3.3 kB   00:00
10.　Dependencies resolved.
11.　# 通过验证 SELinux 功能已经为最新版，无需升级
12.　Nothing to do.
13.　Complete!

操作命令+配置文件+脚本程序+结束

步骤 2：安装 SELinux 管理工具。

SELinux 常用的管理工具有 chcon、semange 等，本步骤选用 semange 工具。

semange 工具集成在 policycoreutils-python-utils 软件中，可使用 yum 工具安装。

操作命令：

1.　# 使用 yum 工具安装 policycoreutils-python-utils
2.　[root@Project-12-Task-01 ~]# yum install -y policycoreutils-python-utils
3.　# 为了排版方便此处省略了部分提示信息
4.　# 下述信息说明安装 policycoreutils-python-utils 将会安装以下软件，且已安装成功
5.　Installed:
6.　　checkpolicy-3.3-3.oe2203sp2.x86_64
7.　　policycoreutils-python-utils-3.3-6.oe2203sp2.noarch
8.　　python3-IPy-1.01-2.oe2203sp2.noarch
9.　　python3-audit-1:3.0.1-9.oe2203sp2.x86_64
10.　　python3-libselinux-3.3-3.oe2203sp2.x86_64
11.　　python3-libsemanage-3.3-5.oe2203sp2.x86_64
12.　　python3-policycoreutils-3.3-6.oe2203sp2.noarch
13.　　python3-setools-4.4.0-5.oe2203sp2.x86_64
14.　Complete!

操作命令+配置文件+脚本程序+结束

步骤 3：通过 SELinux 提升用户操作的安全性。

在 openEuler 默认情况下，所有系统用户（包括管理权限的用户）都会映射到未安全限制的

SELinux 用户类型（unconfined_u）下，一定程度上提高了新创建用户的操作权限，具有用户操作的安全风险。

具体实现：修改系统用户映射到 SELinux 内核用户的类型，实现创建用户时 SELinux 用户类型为 user_u。

操作命令：

```
1.   # 查看系统默认用户类型
2.   [root@Project-12-Task-01 ~]# semanage login -l
3.   登录名                  SELinux 用户              MLS/MCS 范围              服务
4.   # 系统默认用户的 SELinux 用户类型为 unconfined_u（未限制）
5.   __default__            unconfined_u             s0-s0:c0.c1023            *
6.   root                   unconfined_u             s0-s0:c0.c1023            *
7.
8.   # 修改系统默认用户的 SELinux 用户类型
9.   [root@Project-12-Task-01 ~]# semanage login -m -s user_u -r s0 __default__
10.
11.  # 修改后重新验证查看是否配置成功
12.  [root@Project-12-Task-01 ~]# semanage login -l
13.  登录名                  SELinux 用户              MLS/MCS 范围              服务
14.  # 查看系统默认用户的 SELinux 用户类型已经更改为 user_u（普通用户类型）
15.  __default__            user_u                   s0                        *
16.  root                   unconfined_u             s0-s0:c0.c1023            *
17.
18.  # 创建新的用户，并使用新用户进行登录验证
19.  [root@Project-12-Task-01 ~]# adduser testuser
20.  [root@Project-12-Task-01 ~]# passwd testuser
21.  更改用户 testuser 的密码
22.  新的密码：
23.  重新输入新的密码：
24.  passwd：所有的身份验证令牌已经成功更新。
25.  # 切换为新用户进行登录，查看该用户的安全上下文信息
26.  [testuser@Project-12-Task-01 ~]$ id -Z
27.  # 验证用户对应的 SELinux 内核用户类型为 user_u（普通用户）
28.  user_u:user_r:user_t:s0
```

操作命令+配置文件+脚本程序+结束

步骤 4： 通过 SELinux 提升服务配置的安全性。

需更改服务程序安装时的默认配置，防止系统服务因默认配置被利用攻击，提升系统服务的安全性。本步骤以提升 Apache 服务安全性为例，具体实现过程如下。

（1）更改 Apache 服务的默认侦听端口为 TCP 3131。

（2）通过配置 httpd_enable_homedirs 属性值，禁用 Apache 服务的目录浏览功能。

（3）通过配置 httpd_can_sendmail 属性值，禁止 httpd 服务发送电子邮件。

操作命令：

```
1.   # 查看 SELinux 配置中默认的 Apache 服务监听端口
2.   [root@Project-12-Task-01 ~]# semanage port -l | grep http
3.   http_cache_port_t          tcp          8080, 8118, 8123, 10001-10010
```

```
4.   http_port_t                        tcp             80, 81, 443, 488, 8008, 8009, 8443, 9000
5.   pegasus_http_port_t                tcp             5988
6.   pegasus_https_port_t               tcp             5989
7.
8.   # 添加 Apache 服务的监听端口 TCP 3131
9.   [root@Project-12-Task-01 ~]# semanage port -a -t http_port_t -p tcp 3131
10.
11.  # 重新查看系统中服务监听端口信息
12.  [root@Project-12-Task-01 ~]# semanage port -l | grep http
13.  http_cache_port_t                  tcp             8080, 8118, 8123, 10001-10010
14.  http_cache_port_t                  udp             3130
15.  http_port_t                        tcp             3131, 80, 81, 443, 488, 8008, 8009, 8443, 9000
16.  pegasus_http_port_t                tcp             5988
17.  pegasus_https_port_t               tcp             5989
18.
19.  # 配置 Apache 服务禁止目录浏览
20.  [root@Project-12-Task-01 ~]# setsebool -P httpd_enable_homedirs off
21.  # 查看设置后的状态
22.  [root@Project-12-Task-01 ~]# getsebool httpd_enable_homedirs
23.  httpd_enable_homedirs --> off
24.
25.  # 禁止 httpd 服务发送电子邮件
26.  [root@Project-12-Task-01 ~]# setsebool -P httpd_can_sendmail off
27.  # 查看设置后的状态
28.  [root@Project-12-Task-01 ~]# getsebool httpd_can_sendmail
29.  httpd_can_sendmail --> off
```

操作命令+配置文件+脚本程序+结束

步骤 5：通过 SELinux 提升系统管理的安全性。

在进行系统管理时应创建特定用户进行操作，并通过配置使用户在内核层面上也获取到 SELinux 管理员角色（sysadm_r），实现无须使用 root 用户也能对系统进行管理，从而提高用户系统管理的安全性，具体实现过程如下。

（1）创建用户并指定 SELinux 用户类型为 staff_u（管理员类型用户）。

（2）为用户创建单独的配置文件，设置可操作权限和对应 SELinux 内核角色权限等内容。

操作命令：

```
1.   # 添加系统用户，并指定组为 wheel，设置 SELinux 内核用户类型为 staff_u
2.   [root@Project-12-Task-01 ~]# useradd -G wheel -Z staff_u sysuser
3.   # 为用户创建密码
4.   [root@Project-12-Task-01 ~]# passwd sysuser
5.   更改用户 sysuser 的密码
6.   新的密码：
7.   重新输入新的密码：
8.   passwd：所有的身份验证令牌已经成功更新
9.
10.  # 恢复用户主目录的上下文
11.  [root@Project-12-Task-01 ~]# restorecon -R -F -v /home/sysuser
12.
```

13.　# 为用户创建使用 sudo 命令时权限配置文件
14.　[root@Project-12-Task-01 ~]# touch /etc/sudoers.d/sysuser
15.
16.　# 对配置文件中添加权限信息
17.　[root@Project-12-Task-01 ~]# echo 'sysuser ALL=(ALL) TYPE=sysadm_t ROLE=sysadm_r ALL' > /etc/sudoers.d/sysuser
18.　# 查看配置文件是否设置成功
19.　[root@Project-12-Task-01 ~]# cat /etc/sudoers.d/sysuser
20.　# 查看可执行的命令、对应内核用户类型和角色等权限信息
21.　sysuser ALL=(ALL) TYPE=sysadm_t ROLE=sysadm_r ALL
22.
23.　# 查看/usr/bin/sudo 文件权限设置是否正确，确保文件的所有者是 root 用户，并且设置了 setuid 标志
24.　[root@Project-12-Task-01 ~]# ls -l /usr/bin/sudo
25.　# 查看当前权限配置
26.　-rwxr-xr-x. 1 root root 191024　6 月　20　2023 /usr/bin/sudo
27.　# 使用 chmod 命令进行权限修改
28.　[root@Project-12-Task-01 ~]# chmod u+s /usr/bin/sudo
29.　# 查看修改后权限设置
30.　-rwsr-xr-x. 1 root root 191024　6 月　20　2023 /usr/bin/sudo
31.
32.　# 以 sysuser 用户登录进行验证，查看当前用户的上下文信息
33.　[sysuser@Project-12-Task-01 ~]$ id -Z
34.　# 查看当前用户的类型为 staff_u 和角色为 staff_r
35.　staff_u:staff_r:staff_t:s0
36.
37.　#使用 sudo 命令切换为管理员
38.　[sysuser@Project-12-Task-01 ~]$ sudo -i
39.
40.　我们信任您已经从系统管理员那里了解了日常注意事项。
41.　总结起来无外乎这三点：
42.　　#1) 尊重别人的隐私。
43.　　#2) 输入前要先考虑(后果和风险)。
44.　　#3) 权力越大，责任越大。
45.
46.　[sudo] sysuser 的密码：
47.　# 为了排版方便此处省略了部分提示信息
48.　# 查看管理员的上下文信息
49.　[root@Project-12-Task-01 ~]# id -Z
50.　# 查看当前用户的类型为 staff_u 和角色为 sysadm_r（系统管理员角色）
51.　staff_u:sysadm_r:sysadm_t:s0

操作命令+配置文件+脚本程序+结束

【任务扩展】

1. SELinux 相关管理命令

（1）semanage 命令。semanage 命令用于 SELinux 策略和规则的管理，其命令的语法格式为：
semanage [参数] [选项] [文件]

semanage 命令常用的参数内容见表 12-2-1，常用的选项内容见表 12-2-2。

表 12-2-1　semanage 命令常用的参数

参数	说明
import	导入本地自定义项
export	输出本地自定义项
login	管理 Linux 用户和 SELinux 之间的登录映射
user	管理 SELinux 受限用户（SELinux 用户的角色和级别）
port	管理网络端口类型定义
ibpkey	管理 infiniband ibpkey 类型定义
ibendport	管理 infiniband 端口类型定义
interface	管理网络接口类型定义
module	管理 SELinux 策略模块
node	管理网络节点类型定义
fcontext	管理文件上下文映射定义
boolean	管理布尔值以选择性地启用功能
permissive	管理流程类型强制模式
dontaudit	在策略中禁用/启用 dontaudit 规则

表 12-2-2　semanage 命令常用的选项信息

选项	说明
-l	用于查询 SELinux 相关策略信息
-a	用于添加 SELinux 相关策略信息
-m	用于修改 SELinux 相关策略信息
-d	用于删除 SELinux 相关策略信息

（2）getsebool 命令。使用 getsebool 命令可查看系统中 SELinux 安全策略的属性值，其命令的语法格式为：

getsebool [-a] [布尔值条款]

getsebool 命令的选项说明见表 12-2-3。

表 12-2-3　getsebool 命令的选项说明

选项	说明
-a	列出目前系统上面的所有布尔值条款设置为开启或关闭值

（3）setsebool 命令。使用 setsebool 命令更改安全策略属性值，其命令的语法格式为：

setsebool [-P] [boolean] [value]

setsebool 命令的选项说明见表 12-2-4。

表 12-2-4　setsebool 命令选项说明

选项	说明
-P	可选项，永久保存该属性值的设置结果，防止系统重新启动后属性值恢复
boolean	需要设置的安全策略属性值名称，同时设置多个策略属性时需将属性和值之间用 "＝"号连接
value	on 或 1：表示设置策略属性值为开启 off 或 0：表示设置策略属性值为关闭

（4）chcon 命令。使用 chcon 命令可临时更改安全上下文属性信息，其命令的语法格式为：

chcon　[-R]　[-u user]　[-r role]　[-t type]　文件

chcon 命令的选项说明见表 12-2-5。

表 12-2-5　chcon 命令的选项说明

选项	说明
-R	递归选项，该目录下的所有子目录也同时被修改
-u	修改安全上下文的用户属性信息
-r	修改安全上下文的角色属性信息
-t	修改安全上下文的类型属性

2．SELinux 安全上下文属性

（1）查看信息的命令增加 "-Z" 选项可查看安全上下文信息。

操作命令：

```
1.   # 查看当前目录与文件的 SELinux 安全上下文
2.   [root@Project-12-Task-01 ~]# ls -Z
3.   system_u:object_r:admin_home_t:s0 anaconda-ks.cfg
4.
5.   # 查看当前运行进程的 SELinux 安全上下文
6.   [root@Project-12-Task-01 ~]# ps -Z
7.   LABEL                               PID TTY          TIME CMD
8.   unconfined_u:unconfined_r:unconfined_t:s0-s0:c0.c1023 2200 pts/0 00:00:00 bash
9.   unconfined_u:unconfined_r:unconfined_t:s0-s0:c0.c1023 2267 pts/0 00:00:00 ps
10.
11.  # 查看当前登录系统的用户的安全上下文
12.  [root@Project-12-Task-01 ~]# id -Z
13.  unconfined_u:unconfined_r:unconfined_t:s0-s0:c0.c1023
```

操作命令+配置文件+脚本程序+结束

（2）更改 SELinux 安全上下文属性，具体操作如下。

操作命令：

```
1.   # 使用管理员 root 权限，创建目录 temp
2.   [root@Project-12-Task-01 ~]# mkdir temp
3.
4.   # 查看创建的目录安全上下文类型
5.   [root@Project-12-Task-01 ~]# ls -Z /root/temp/ -d
6.   unconfined_u:object_r:admin_home_t:s0 /root/temp/
7.
8.   # 临时更改目录的上下文类型，修改为 public_content_t 类型，如果永久更改使用 semanage 命令
9.   [root@Project-12-Task-01 ~]# chcon -t public_content_t /root/temp
10.
11.  #更改后重新查看目录的安全上下文属性
12.  [root@Project-12-Task-01 ~]# ls -Z /root/temp/ -d
13.  unconfined_u:object_r:public_content_t:s0 /root/temp/
```

操作命令+配置文件+脚本程序+结束

3. SELinux 布尔值

查看 openEuler 中 SELinux 布尔值信息，针对布尔值可使用 setsebool 命令进行修改状态。

操作命令：

```
1.   # 查看系统中所有的 SELinux 布尔值信息
2.   [root@Project-12-Task-01 ~]# semanage boolean -l
3.   SELinux 布尔值              状态 默认 描述
4.   abrt_anon_write            (关 , 关)  Allow abrt to anon write
5.   abrt_handle_event          (关 , 关)  Allow abrt to handle event
6.   abrt_upload_watch_anon_write (开 , 开)  Allow abrt to upload watch anon write
7.   antivirus_can_scan_system  (关 , 关)  Allow antivirus to can scan system
8.   antivirus_use_jit          (关 , 关)  Allow antivirus to use jit
9.   # 为了排版方便此处省略了部分 SELinux 布尔值信息
10.  # 针对服务查找相应的 SELinux 布尔值信息（以 FTP 服务为例）
11.  [root@Project-12-Task-01 ~]# semanage boolean -l | grep ftpd
12.  ftpd_anon_write            (关 , 关)  Allow ftpd to anon write
13.  ftpd_connect_all_unreserved (关 , 关)  Allow ftpd to connect all unreserved
14.  ftpd_connect_db            (关 , 关)  Allow ftpd to connect db
15.  # 为了排版方便此处省略了部分 SELinux 布尔值信息
16.  # 查看单独 SELinux 布尔值状态（以 MySQL 服务中的"允许连接所有"的布尔值为例）
17.  [root@Project-12-Task-01 ~]# getsebool mysql_connect_any
18.  mysql_connect_any --> off
19.  # 使用 setsebool 命令修改布尔值，-P 为永久修改
20.  [root@Project-12-Task-01 ~]# setsebool -P mysql_connect_http off
```

操作命令+配置文件+脚本程序+结束

任务三　使用 Firewalld 提升 openEuler 的安全性

【任务介绍】

本任务通过 Firewalld 防火墙进行主机保护，保护业务服务免遭受外部攻击。

本任务在任务一的基础上进行。

【任务目标】

（1）实现防火墙的配置管理。

（2）实现防火墙规则的设计与配置。

（3）实现基于防火墙的业务安全防护配置。

【操作步骤】

步骤 1： 防火墙服务的管理。

openEuler 默认安装 Firewalld 防火墙并创建 Firewalld 服务，该服务已配置为开机自启动。

（1）通过 systemctl 命令查看防火墙的运行状态信息。

操作命令：

```
1.    # 查看防火墙 Firewalld 服务状态
2.    [root@Project-12-Task-01 ~]# systemctl status firewalld
3.  ● firewalld.service - firewalld - dynamic firewall daemon
4.        # Loaded 表示 Firewalld 安装位置，enabled 表示服务已设置开启自启动
5.        Loaded: loaded (/usr/lib/systemd/system/firewalld.service; enabled; vendor preset: enabled)
6.        Active: active (running) since Fri 2023-07-21 07:56:32 CST; 1h 17min ago
7.        Docs: man:firewalld(1)
8.        # Firewalld 防火墙主进程 ID 为 744
9.        Main PID: 744 (firewalld)
10.       # 当前运行 2 个任务进程，系统限制最大任务进程数为 2693
11.       Tasks: 2 (limit: 2693)
12.       # 占用内存大小为 39.4M
13.       Memory: 39.4M
14.       CGroup: /system.slice/firewalld.service
15.          └─ 744 /usr/bin/python3 -s /usr/sbin/firewalld --nofork --nopid
16.
17.  7 月 21 07:56:32 Project-12-Task-01 systemd[1]: Starting firewalld - dynamic firewall daemon...
18.  7 月 21 07:56:32 Project-12-Task-01 systemd[1]: Started firewalld - dynamic firewall daemon.
19.    # 为了排版方便此处省略了部分提示信息
20.
21.    # 使用 systemctl list-unit-files 命令确认 firewalld 服务是否已配置为开机自启动
22.  [root@Project-12-Task-01 ~]# systemctl list-unit-files | grep firewalld.service
23.  firewalld.service                          enabled                enabled
```

操作命令+配置文件+脚本程序+结束

（1）Firewalld 防火墙服务中常用的操作命令如下所示。

- systemctl start firewalld: 启动 Firewalld 防火墙服务
- systemctl stop firewalld: 关闭 Firewalld 防火墙服务
- systemctl restart firewalld: 重启 Firewalld 防火墙服务
- systemctl reload firewalld: 不中断 Firewalld 服务，重新载入防火墙规则
- firewall-cmd --reload: 不中断 Firewalld 服务，重新载入防火墙规则
- systemctl enable firewalld: 设置防火墙服务为开机自启动
- systemctl disable firewalld: 设置防火墙服务为开机不自动启动

（2）Firewalld 防火墙有 3 种配置方式，具体如下所示。

- D-Bus 工具
- CLI 方式的 firewall-cmd 工具
- GUI 方式的 firewall-config 工具

提醒 防火墙可提升系统的安全性，非必须情况下，建议不要禁用防火墙或关闭防火墙服务自启动。

（2）使用 firewall-cmd 命令查看防火墙默认区域与策略规则信息。

操作命令：

```
1.   # 查看防火墙默认规则区域
2.   [root@Project-12-Task-01 ~]# firewall-cmd --get-default-zone
3.   # 默认区域为 public，不同区域的含义请查阅本任务的【任务扩展】知识点
4.   public
5.
6.   # 查看防火墙默认区域下所有策略规则
7.   [root@Project-12-Task-01 ~]# firewall-cmd --zone=public --list-all
8.   public (active)
9.     target: default
10.    icmp-block-inversion: no
11.    interfaces: enp0s3
12.    sources:
13.    # 查看防火墙默认开放服务列表信息
14.    services: dhcpv6-client mdns ssh
15.    ports:
16.    protocols:
17.    forward: yes
18.    masquerade: no
19.    forward-ports:
20.    source-ports:
21.    icmp-blocks:
22.    rich rules:
```

操作命令+配置文件+脚本程序+结束

步骤 2：防火墙日志的配置。

对防火墙日志的配置有全局日志配置和规则日志配置两部分。全局日志配置是对防火墙日志规

则进行配置，防火墙日志服务由系统 rsyslog 服务进行管理，日志默认存放在/var/log/firewalld 日志文件中，日志文件基于日期时间自动归档。规则日志配置是设置防火墙触发特定防火墙规则时记录日志的方式。

（1）全局日志配置。本步骤通过修改防火墙与 rsyslog 服务的配置文件，对防火墙的日志字段、日志文件的存放路径、日志文件的分割方法等进行自定义配置，完成对防火墙全局日志的配置，实现以下 3 个目标。

1）实现防火墙对单播网络通信的日志记录。

2）防火墙日志存放目录变更为/var/log/firewalldlog。

3）防火墙日志记录等级调整为所有等级的日志均记录。

对防火墙全局日志配置的具体操作配置过程如下。

1）修改防火墙的配置文件/etc/firewalld/firewalld.conf，实现对单播网络通信的日志记录。

操作命令：

```
1.   # 查看防火墙配置文件 firewalld.conf 中默认网络日志记录情况
2.   [root@Project-12-Task-01 ~]# cat /etc/firewalld/firewalld.conf | grep 'LogDenied='
3.   LogDenied=off
4.   # 修改配置文件，将 LogDenied 配置内容修改为单播网络通信日志记录
5.   [root@Project-12-Task-01 ~]# sed -i 's/LogDenied=off/LogDenied=unicast/g' /etc/firewalld/firewalld.conf
6.   # 查看修改后的配置信息
7.   [root@Project-12-Task-01 ~]# cat /etc/firewalld/firewalld.conf | grep 'LogDenied='
8.   LogDenied=unicast
```

操作命令+配置文件+脚本程序+结束

2）修改系统日志的配置文件/etc/rsyslog.conf，在配置文件中修改 kern.*的接收日志配置等级与路径，实现所有等级日志均可记录。

操作命令：

```
1.   # 查看配置文件中关于 Kern 的配置项内容
2.   [root@Project-12-Task-01 ~]# cat /etc/rsyslog.conf | grep '#kern.'
3.   # 配置项内容被注释未起效
4.   #kern.*                                    /dev/console
5.
6.   # 修改配置文件中关于 Kern 的配置项内容，并更换路径为/var/log/firewalldlog/loginfo
7.   [root@Project-12-Task-01 ~]# sed -i "s/#kern.*/kern.*  \t\t\t\t  \/var\/log\/firewalldlog\/loginfo/g" /etc/rsyslog.
     conf
8.
9.   # 修改配置文件后重新查看是否修改成功
10.  [root@Project-12-Task-01 ~]# cat /etc/rsyslog.conf | grep 'kern.'
11.  #module(load="imklog") # reads kernel messages (the same are read from journald)
12.  # Log all kernel messages to the console.
13.  # 验证配置项内容是否完成配置
14.  kern.*                                    /var/log/firewalldlog/loginfo
```

操作命令+配置文件+脚本程序+结束

3）创建防火墙日志存放的目录，重新载入配置文件，重启日志的相关服务等。

操作命令：

1.　# 创建防火墙日志存放的目录
2.　[root@Project-12-Task-01 ~]# mkdir /var/log/firewalldlog
3.
4.　# 重新载入防火墙的配置文件
5.　[root@Project-12-Task-01 ~]# systemctl reload firewalld
6.
7.　# 重新启动系统日志服务
8.　[root@Project-12-Task-01 ~]# systemctl restart rsyslog

操作命令+配置文件+脚本程序+结束

（1）防火墙日志记录的网络模式共有 4 个选项。
● LogDenied=off：默认配置，不记录网络通信中被拒绝的日志信息
● LogDenied=unicast：记录单播网络通信的日志信息
● LogDenied=broadcast：记录广播网络通信的日志信息
● LogDenied=multicast：记录组播网络通信的日志信息
● LogDenied=all：记录所有网络通信的日志信息
（2）Firewalld 防火墙使用的内核是 nftables，每次触发 nftables 即产生一条日志信息。

（2）规则日志的设置。在配置防火墙规则时，可定义由该规则产生的日志的记录方式。本步骤新增一条防火墙规则并实现以下 3 个目标。

1）允许本地主机（10.10.2.200）通过 httpd 服务。
2）实现触发规则的通信的日志记录。
3）设置日志记录的频率为每秒最多 3 条。

依据目标完成防火墙的规则配置，配置过程如下。

操作命令：

1.　# 根据防火墙规则要求进行配置
2.　[root@Project-12-Task-01 ~]# firewall-cmd --permanent --add-rich-rule='rule family=ipv4 source address=10.10.2.200 service name="http" log level=info prefix="HTTP" limit value="3/s" accept'
3.　success
4.
5.　# 重新载入防火墙配置使其生效
6.　[root@Project-12-Task-01 ~]# firewall-cmd --reload

操作命令+配置文件+脚本程序+结束

步骤 3：基于防火墙提升远程连接服务的安全性。

本步骤以项目一为应用场景，通过对防火墙规则进行设置来提升远程连接服务的安全性，实现以下两个目标，防火墙的规则设计见表 12-3-1。

1）允许地址 10.10.2.200/32 的本地主机客户端远程连接服务器，进行远程的管理维护。
2）客户端远程连接服务器时，每分钟最多允许 5 次远程连接，禁止频繁地请求。

表 12-3-1 远程连接服务的防火墙规则设计

序号	来源地址/子网掩码	目的地址/子网掩码	协议与端口	动作	其他
1	10.10.2.200/32	10.10.2.11/32	ssh	允许	每分钟最多连接 5 次

依据表 12-3-1 完成防火墙的规则配置，配置过程如下。

操作命令:

```
1.  # 使用 firewall-cmd 命令删除默认 ssh 防火墙规则
2.  [root@Project-01-Task-01 ~]# firewall-cmd --permanent --remove-service=ssh
3.  # 出现 success 则表示规则配置成功
4.  success
5.
6.  # 添加指定地址能够远程访问规则
7.  [root@Project-01-Task-01 ~]# firewall-cmd --permanent --add-rich-rule='rule family=ipv4 source address=
    10.10.2.200/32 service name=ssh limit value=5/m accept'
8.  success
9.
10. # 重新载入防火墙配置使其生效
11. [root@Project-01-Task-01 ~]# firewall-cmd --reload
12. success
```

操作命令+配置文件+脚本程序+结束

步骤 4：基于防火墙来提升网站服务的安全性。

本步骤以项目四为应用场景，通过对防火墙的规则设置来提升网站服务的安全性，实现以下两个目标，防火墙的规则设计见表 12-3-2。

（1）允许任意地址的客户端访问网站服务，并对访问网站情况进行日志记录。

（2）发现某个单一客户端（10.10.2.210）一直进行攻击性访问，禁止该客户端访问。

表 12-3-2 网站服务的防火墙规则设计

序号	来源地址/子网掩码	目的地址/子网掩码	协议与端口	动作	其他
1	0.0.0.0/0	10.10.2.41/32	TCP 80	允许	记录通过防火墙的网站访问日志
2	10.10.2.210/32	10.10.2.41/32	TCP 80	拒绝	无

依据表 12-3-2 完成防火墙的规则配置，配置过程如下。

操作命令:

```
1.  # 使用 firewall-cmd 命令添加允许访问网站端口规则
2.  [root@Project-04-Task-01 ~]# firewall-cmd --permanent --add-rich-rule='rule port port=80 protocol=tcp log
    level=info prefix="HTTP" accept'
3.  success
4.
5.  # 添加指定主机禁止访问网站端口规则
6.  [root@Project-04-Task-01 ~]# firewall-cmd --permanent --add-rich-rule='rule family=ipv4 source address=
    10.10.2.210 port port=80 protocol=tcp reject'
7.  success
```

```
8.
9.    # 重新载入防火墙配置使其生效
10.   [root@Project-04-Task-01 ~]# firewall-cmd --reload
11.   success
```

操作命令+配置文件+脚本程序+结束

步骤 5：基于防火墙提升代理服务的安全性。

本步骤以项目五为应用场景，通过对防火墙的规则设置来提升代理服务的安全性，实现以下两个目标，防火墙规则设计见表 12-3-3。

（1）允许任意地址的客户端访问代理发布网站业务服务，并对访问情况进行日志记录。

（2）允许服务通过 TCP 9319 端口进行代理发布业务访问，并对访问情况进行日志记录。

表 12-3-3 为代理服务的防火墙规则设计。

表 12-3-3 代理服务的防火墙规则设计

序号	来源地址/子网掩码	目的地址/子网掩码	协议与端口	动作	其他
1	0.0.0.0/0	10.10.2.51/32	TCP 80	允许	记录通过防火墙的网站访问日志
2	0.0.0.0/0	10.10.2.51/32	TCP 9319	允许	记录通过防火墙的代理端口访问日志

依据表 12-3-3 完成防火墙的规则配置，配置过程如下。

操作命令：

```
1.    # 使用 firewall-cmd 命令添加允许访问网站端口规则
2.    [root@Project-05-Task-01 ~]# firewall-cmd --permanent --add-rich-rule='rule port port=80 protocol=tcp log level=info prefix="HTTP" accept'
3.    success
4.
5.    # 使用 firewall-cmd 命令添加允许访问代理端口规则
6.    [root@Project-05-Task-01 ~]# firewall-cmd --permanent --add-rich-rule='rule port port=9319 protocol=tcp log level=info prefix="Nginx" accept'
7.    success
8.
9.    # 重新载入防火墙配置使其生效
10.   [root@Project-05-Task-01 ~]# firewall-cmd --reload
11.   success
```

操作命令+配置文件+脚本程序+结束

步骤 6：基于防火墙提升数据库服务的安全性。

本步骤以项目六为应用场景，只允许本地客户端（10.10.2.200）使用 MySQL Workbench 远程连接 MySQL 数据库，以提升数据库服务的安全性，防火墙规则设计见表 12-3-4。

表 12-3-4 MySQL 数据库服务的防火墙规则设计

序号	来源地址/子网掩码	目的地址/子网掩码	协议与端口	动作	其他
1	10.10.2.200/32	10.10.2.61/32	TCP 3306	允许	无

依据表 12-3-4 完成防火墙的规则配置，配置过程如下。

操作命令：

1. #使用 firewall-cmd 命令添加本地客户端允许远程连接数据库端口规则
2. [root@Project-06-Task-01 ~]# firewall-cmd --permanent --add-rich-rule='rule family=ipv4 source address= 10.10.2.200 port port=3306 protocol=tcp accept'
3. success
4.
5. #重新载入防火墙配置使其生效
6. [root@Project-06-Task-01 ~]# firewall-cmd --reload
7. success

操作命令+配置文件+脚本程序+结束

本步骤以项目七为应用场景，只允许本地客户端（10.10.2.200）使用 MongoDB Compass 远程连接 MongoDB 数据库，以提升数据库服务的安全性，防火墙规则设计见表 12-3-5。

表 12-3-5　MongoDB 数据库服务的防火墙规则设计

序号	来源地址/子网掩码	目的地址/子网掩码	协议与端口	动作	其他
1	10.10.2.200/32	10.10.2.71/32	TCP 27017	允许	无

步骤 7：基于防火墙提升文件服务的安全性。

本步骤以项目八为应用场景，通过对防火墙的规则设置来提升文件传输服务的安全性，实现以下 3 个目标，防火墙规则设计见表 12-3-6。

（1）允许地址范围 10.10.2.192/26 内的客户端通过主动模式访问 FTP 服务，且每分钟最多允许 10 次连接请求。

（2）允许地址范围 10.10.2.192/26 内的客户端访问 NFS 服务。

（3）允许地址范围 10.10.2.192/26 内的客户端访问 Samba 服务。

表 12-3-6　文件传输服务的防火墙规则设计

序号	来源地址/子网掩码	目的地址/子网掩码	协议与端口	动作	其他
1	10.10.2.192/26	10.10.2.81/32	TCP 20-21	允许	每分钟最多连接 10 次
2	10.10.2.192/26	10.10.2.81/32	TCP 111	允许	无
3	10.10.2.192/26	10.10.2.81/32	UDP 111	允许	无
4	10.10.2.192/26	10.10.2.81/32	TCP 2049	允许	无
5	10.10.2.192/26	10.10.2.81/32	UDP 2049	允许	无
6	10.10.2.192/26	10.10.2.81/32	TCP 139	允许	无
7	10.10.2.192/26	10.10.2.81/32	TCP 445	允许	无

依据表 12-3-6 完成防火墙的规则配置，配置过程如下。

操作命令：

1. # 使用 firewall-cmd 命令添加通过主动模式访问 FTP 服务

2. [root@Project-08-Task-01 ~]# firewall-cmd --permanent --add-rich-rule='rule family=ipv4 source address=10.10.2.192/26 port port=20-21 protocol=tcp limit value="10/m" accept'
3. success
4.
5. # 使用 firewall-cmd 命令添加规则访问 NFS 服务
6. [root@Project-08-Task-01 ~]# firewall-cmd --permanent --add-rich-rule='rule family=ipv4 source address=10.10.2.192/26 port port=111 protocol=tcp accept'
7. success
8. [root@Project-08-Task-01 ~]# firewall-cmd --permanent --add-rich-rule='rule family=ipv4 source address=10.10.2.192/26 port port=111 protocol=udp accept'
9. success
10. [root@Project-08-Task-01 ~]# firewall-cmd --permanent --add-rich-rule='rule family=ipv4 source address=10.10.2.192/26 port port=2049 protocol=tcp accept'
11. success
12. [root@Project-08-Task-01 ~]# firewall-cmd --permanent --add-rich-rule='rule family=ipv4 source address=10.10.2.192/26 port port=2049 protocol=udp accept'
13. success
14.
15. # 使用 firewall-cmd 命令添加规则访问 Samba 服务
16. [root@Project-08-Task-01 ~]# firewall-cmd --permanent --add-rich-rule='rule family=ipv4 source address=10.10.2.192/26 port port=139 protocol=tcp accept'
17. success
18. [root@Project-08-Task-01 ~]# firewall-cmd --permanent --add-rich-rule='rule family=ipv4 source address=10.10.2.192/26 port port=445 protocol=tcp accept'
19. success
20.
21. # 重新载入防火墙配置使其生效
22. [root@Project-08-Task-01 ~]# firewall-cmd --reload
23. success

操作命令+配置文件+脚本程序+结束

文件传输服务中不同服务的访问端口如下所示。
- FTP 服务：主动模式访问 TCP 的 20 端口、21 端口，被动模式访问 TCP 的 21 端口和大于 1024 端口
- NFS 服务：访问 TCP 和 UDP 的 111 端口、2049 端口
- Samba 服务：访问 TCP 的 139 端口、445 端口

步骤 8：基于防火墙提升虚拟化服务的安全性。

本步骤以项目九为应用场景，只允许地址范围 10.10.2.192/26 内的客户端使用 VNC（全称为 Virtual Network Computing）工具远程连接 KVM 配置中的虚拟主机，以提升虚拟主机的安全性，防火墙规则设计见表 12-3-7。

表 12-3-7　VNC 远程连接的防火墙规则设计

序号	来源地址/子网掩码	目的地址/子网掩码	协议与端口	动作	其他
1	10.10.2.192/26	10.10.2.91/32	TCP 5900-5901	允许	无

依据表 12-3-7 完成防火墙的规则配置，配置过程如下。

操作命令：

1.　# 使用 firewall-cmd 命令添加通过主动模式访问 FTP 服务
2.　[root@Project-09-Task-01 ~]# firewall-cmd --permanent --add-rich-rule='rule family=ipv4 source address= 10.10.2.192/26 port port=5900-5901 protocol=tcp accept'
3.　success
4.
5.　# 重新载入防火墙配置使其生效
6.　[root@Project-09-Task-01 ~]# firewall-cmd --reload
7.　success

操作命令+配置文件+脚本程序+结束

（1）VNC 是一种远程桌面协议，被广泛使用于 Windows、Mac 以及 Linux 等操作系统平台上。用户使用 VNC 协议可以通过计算机网络远程控制另一台计算机，同时在本地的计算机上显示出远程计算机的桌面。

（2）VNC 协议有许多不同的端口号，其中常见的是 5900 端口和 5901 端口。

● 5900 端口：用于普通 VNC 连接的端口号
● 5901 端口：用于加密 VNC 连接的端口号

【任务扩展】

1. 防火墙的区域

Firewalld 防火墙中常用的区域名称及策略规则见表 12-3-8。

表 12-3-8　Firewalld 防火墙区域名称及策略规则

区域	默认策略规则
trusted	信任区域：信任该区域，接受来自该区域的所有网络连接
home	家庭区域：基本信任该区域，接受规则过滤的连接 默认开启 ssh、mdns、ipp-client、amba-client 与 dhcpv6-client 服务允许对外访问
internal	内部区域：基本信任该区域，接受规则过滤的连接
work	工作区域：基本信任该区域，接受规则过滤的连接 默认开启 ssh、ipp-client 与 dhcpv6-client 服务允许对外访问
public	公共区域：不信任该区域，接受规则过滤的连接 默认开启 ssh、dhcpv6-client 服务允许对外访问
external	外部区域：不信任该区域，对路由器隐藏信息，接受规则过滤的连接 默认开启 ssh 服务允许对外访问
dmz	非军事区域：信任该区域，该区域内主机可以访问其他区域，接受规则过滤的连接 默认开启 ssh 服务允许对外访问
block	限制区域：接收的任何数据包都被拒绝，且返回 icmp 信息 IPv4 返回 icmp-host-prohibited 信息，IPv6 返回 icmp6-adm-prohibited 信息
drop	丢弃区域：接收的任何数据包都被丢弃，不做任何回复

通过 firewall-cmd 工具查看 zones（区域），查看分为 3 种情况。

（1）--get-zones 选项：用于查看系统当前使用的 zones 规则信息。

（2）--list-all-zones 选项：用于查看系统全部 zones 规则信息。

（3）--zone 选项：用于查看指定 zone 规则信息。

2. 防火墙的操作命令

（1）基础命令。firewall-cmd 命令的功能是用于防火墙策略管理，是 firewalld 服务的配置工具，其命令的语法格式为：

firewall-cmd [参数] [对象]

firewall-cmd 命令常用的参数内容见表 12-3-9。

表 12-3-9　firewall-cmd 命令常用参数

参数	说明
--permanent	将策略写入到永久生效表中
--add-rich-rule	添加富规则
--add-interface	将指定网卡的所有流量都导向某区域
--add-port	设置允许的端口
--add-service	设置允许的服务
--add-source	将指定 IP 地址的所有流量都导向某区域
--change-interface	设置网卡与区域进行关联
--get-active-zones	显示当前正在使用的区域与网卡名称
--get-default-zone	显示默认的区域名称
--get-services	显示预先定义的服务
--get-zones	显示可用的区域列表
--list-all	显示当前区域的网卡配置参数、资源、端口及服务
--list-all-zones	显示区域信息情况
--list-ports	显示所有正在运行的端口
--panic-off	关闭紧急模式
--panic-on	开启紧急模式
--query-panic	显示是否被拒绝
--reload	立即加载永久生效策略，不重启服务
--remove-port	设置默认区域不再允许指定端口的流量
--remove-source	不要将指定 IP 地址的所有流量导向某区域
--remove-service	设置默认区域不再允许指定服务的流量
--set-default-zone	设置默认的区域
--state	显示当前服务运行状态

（2）rich rule 配置命令。firewall-cmd 命令针对复杂的防火墙策略可使用 rich rule（富规则）配置，针对富规则操作命令如下。

1）firewall-cmd --add-rich-rule='rule [富规则内容]'：添加富规则。

2）firewall-cmd --remove-rich-rule='rule [富规则内容]'：删除富规则。

3）firewall-cmd --query-rich-rule='rule [富规则内容]'：判断是否存在某条富规则。

4）firewall-cmd --list-rich-rule：列出富规则信息。

富规则组成中常用的参数主要包含以下内容，见表 12-3-10。

表 12-3-10　富规则常用参数内容

参数	说明	参数示例
family	指定规则是否应用于 IPv4 或 IPv6 数据包 如果无此参数，则说明同时应用于 IPv4 和 IPv6	family=ipv4 或 family=ipv6
source address	指定针对某源地址匹配规则策略	source address=xx.xx.xx.xx/xx
destination address	指定针对某目的地址匹配规则策略	destination address=xx.xx.xx.xx/xx
service	指定规则匹配的服务类型，服务名称为系统支持的列表。可通过 " firewall-cmd --get-services"命令查看服务名称列表信息	service name=ssh
port	指定规则匹配的端口，既可以是一个独立的端口，又可以是端口的范围	port port=53 或 port port=53-59
protocol	指定规则匹配的协议类型	protocol=tcp 或 protocol=udp
icmp-block	指定拒绝 ICMP 的类型。可使用 "firewall-cmd --get-icmptypes" 命令查看支持的 ICMP 类型列表信息	icmp-block name=host-unknown
masquerade	是否打开规则的 IP 地址伪装配置	masquerade
forward-port	指定匹配转发端口的规则内容	forward-port port=80 protocol=tcp to-port=8080 to-addr=xx.xx.xx.xx
log	记录防火墙规则匹配触发的日志信息 格式：log [prefix="<prefix text>"] [level="<log level>"] [limit value="rate/duration"] prefix：指定前缀加入记录日志信息中 level：记录日志信息的等级，等级类型为 emerg、alert、crit、error、warning、notice、info 或者 debug，等级类型含义可参照表 12-3-13 limit：执行记录日志信息的频率	log level=info prefix="HTTP" limit value="3/s"
accept|reject|drop	指定规则匹配时触发的动作内容，接收、拒绝、丢弃	accept 或 reject 或 drop

3. 防火墙的配置文件

在 openEuler 中，防火墙规则配置文件默认存放的位置为/etc/firewalld/zones/public.xml，可查看防火墙规则配置文件内容，配置文件中所使用的配置选项内容见表 12-3-11。

操作命令：

```
1.    # 查看系统防火墙规则
2.    [root@Project-12-Task-01 ~]# cat /etc/firewalld/zones/public.xml
3.    <?xml version="1.0" encoding="utf-8"?>
4.    <zone>
5.      <short>Public</short>
6.      <description>For use in public areas. You do not trust the other computers on networks to not harm
          your computer. Only selected incoming connections are accepted.</description>
7.      <service name="mdns"/>
8.      <service name="dhcpv6-client"/>
9.      <service name="ssh"/>
10.     # 为了排版方便此处省略了部分提示信息
11.     <forward/>
12.   </zone>
```

操作命令+配置文件+脚本程序+结束

表 12-3-11　Firewalld 防火墙配置文件常用选项含义

配置	属性	说明
short	-	对区域配置文件或规则进行简单描述
description	-	对区域配置文件或规则进行详细描述
target='ACCEPT|REJECT|DROP'	-	接收、拒绝或丢弃与任何规则（端口、服务等）均不匹配的数据包
interface	-	定义规则作用的网卡接口
source	address="address[/mask]"	指定来源 IP 地址
	mac="MAC"	指定来源 MAC 地址，必须为 XX:XX:XX:XX:XX:XX 形式
	ipset="ipset"	表示一个 IP 地址集合
port	port="portid[-portid]"	访问目标端口号，也可以是端口范围
	protocol="tcp|udp"	访问目标端口协议为 TCP 或 UDP
icmp-block	-	防火墙拒绝 ICMP 协议通过
masquerade	-	防火墙进行 IP 地址隐藏伪装
forward-port	port="portid[-portid]"	转发目标端口号，也可以是端口范围
	protocol="tcp|udp"	转发目标端口协议为 TCP 或 UDP
	to-addr="address"	转发目的 IP 地址
	to-port="portid[-portid]"	转发目的端口号，或是端口范围

配置	属性	说明
source-port	port="portid[-portid]"	访问来源端口号，也可以是端口范围
	protocol="tcp|udp"	访问来源端口协议为 TCP 或 UDP

任务四　使用 Nmap 进行安全检测

【任务介绍】

安全检测是使用工具对系统进行扫描检测，验证是否存在安全风险或漏洞，对系统与业务进行整体的安全评估。本任务通过 Nmap 工具进行系统安全检测，对系统与业务进行安全评估以提升安全指数。

本任务在任务一的基础上进行。

【任务目标】

（1）实现 Nmap 的安装。

（2）实现主机的安全检测。

（3）实现网站服务的安全检测。

（4）实现数据库服务的安全检测。

（5）实现文件传输服务的安全检测。

（6）实现自动化的安全风险评估。

【操作步骤】

步骤 1：安装 Nmap 工具。

Nmap 是最为知名和广泛应用的开源安全检测软件，具有强大的网络扫描功能，可发现网络中在线主机、端口监听状态、操作系统的类型和版本以及主机上运行的应用程序与版本信息等。

openEuler 默认未安装 Nmap 工具，可使用 yum 工具安装。

操作命令：

```
1.   # 使用 yum 工具安装 Nmap
2.   [root@Project-12-Task-01 ~]# yum install -y nmap
3.   # 为了排版方便此处省略了部分提示信息
4.   # 下述信息说明安装 nmap 将会安装以下软件，且已安装成功
5.   Installed:
6.       libssh2-1.10.0-5.oe2203sp2.x86_64           nmap-2:7.92-4.oe2203sp2.x86_64
7.
8.   Complete!
```

操作命令+配置文件+脚本程序+结束

小贴士　Nmap 除了在线安装之外，还可以通过 RPM 包与源码编译两种方式进行安装。

步骤 2：使用 Nmap 工具进行主机安全检测。

本步骤使用 Nmap 工具对指定的网络范围进行扫描，通过扫描可以发现主机运行状态、主机开启端口的信息、操作系统类型与版本、安装运行的软件及版本信息，实现以下 4 个目标。

（1）检测网络内主机的开启状态。

（2）检测已开启主机开放的端口。

（3）检测已开启主机的操作系统信息。

（4）检测已开启主机的业务服务信息。

操作命令：

```
1.   # 使用 Nmap 工具对 10.10.2.0/24 网络段内主机进行安全检测
2.   [root@Project-12-Task-01 ~]# nmap -sV -O 10.10.2.0/24
3.   # 展示 Nmap 当前版本与执行操作的时间
4.   Starting Nmap 7.92 ( https://nmap.org ) at 2023-02-22 10:59 CST
5.
6.   # 为了排版方便此处删除了部分发现的主机信息
7.   # 主机（IP 地址为 10.10.2.41）扫描的报告结果如下
8.   Nmap scan report for 10.10.2.41
9.   # 主机状态为开启
10.  Host is up (0.000014s latency).
11.  # 常用 1000 个端口中，有 998 个端口处于关闭状态
12.  Not shown: 998 closed ports
13.  # 针对开放端口服务，查看运行版本信息
14.  PORT      STATE    SERVICE    VERSION
15.  # OpenSSHare 服务版本为 8.8，遵照开源 SSH2.0 协议
16.  22/tcp    open    ssh      OpenSSH 8.8 (protocol 2.0)
17.  # Apache 版本为 2.4.51，基于操作系统为 Unix
18.  80/tcp    open    http      Apache httpd 2.4.51 ((Unix))
19.  # 设备类型为通用设备（普通 PC 或服务器）
20.  Device type: general purpose
21.  # 主机操作系统名称为 Linux，版本为 Linux 2.6.X
22.  Running: Linux 2.6.X
23.  # 操作系统内核版本为 3
24.  OS CPE: cpe:/o:linux:linux_kernel:2.6.32
25.  # 主机操作系统详细名称
26.  OS details: Linux 2.6.32
27.  # 网络路由追踪：1 跳
28.  Network Distance: 1 hops
29.
30.  # 操作系统或服务的检测结果，如有异议可在 Nmap 官网上进行提交
31.  OS and Service detection performed. Please report any incorrect results at https://nmap.org/submit/ .
32.  # 本次 Nmap 命令共扫描 256 地址，其中 5 个主机是处于开机运行状态，总共耗时 165.64s
33.  Nmap done: 256 IP addresses (5 hosts up) scanned in 165.64 seconds
```

操作命令+配置文件+脚本程序+结束

项目十二

步骤 3：使用 Nmap 评估远程连接服务的安全风险。

本步骤以项目一为应用场景，评估远程连接服务是否具有一定的安全风险。

（1）使用"-sV"命令选项检测能否查看远程服务运行的版本信息。

（2）使用"ssh-brute"插件检测能否暴力破解出 SSH 远程登录的账号权限信息。

（3）使用"ssh-run"插件检测 SSH 服务能否被远程启动。

操作命令：

1. # 针对目标服务器进行远程连接服务的安全检测
2. [root@Project-12-Task-01 ~]# nmap -sV --script=ssh-brute --script=ssh-run 10.10.2.11
3. Starting Nmap 7.92 (https://nmap.org) at 2023-07-22 14:27 CST
4. # 通过插件检测 SSH 服务不能被远程启动
5. NSE: [ssh-run] Failed to specify credentials and command to run.
6. # 通过插件开始进行尝试破解 SSH 登录权限信息
7. NSE: [ssh-brute] Trying username/password pair: root:root
8. NSE: [ssh-brute] Trying username/password pair: admin:admin
9. # 为了排版方便此处省略了部分尝试破解信息
10. NSE: [ssh-brute] Trying username/password pair: root:monica
11. NSE: [ssh-brute] Trying username/password pair: admin:monica
12. NSE: [ssh-brute] usernames: Time limit 10m00s exceeded.
13. NSE: [ssh-brute] usernames: Time limit 10m00s exceeded.
14. NSE: [ssh-brute] passwords: Time limit 10m00s exceeded.
15. # 检测 SSH 远程服务的运行版本等信息
16. Nmap scan report for 10.10.2.11
17. Host is up (0.00043s latency).
18. Not shown: 989 filtered tcp ports (no-response), 10 filtered tcp ports (admin-prohibited)
19. PORT   STATE SERVICE VERSION
20. # SSH 远程服务版本信息暴露，能检测出版本信息
21. 22/tcp open ssh   OpenSSH 8.8 (protocol 2.0)
22. # 通过 ssh-run 插件检测 SSH 服务不能通过命令暴力远程登录
23. |_ssh-run: Failed to specify credentials and command to run.
24. # 通过 ssh-brute 插件检测，进行 1212 次的测试，密码设置无法猜测破解
25. | ssh-brute:
26. | Accounts: No valid accounts found
27. |_ Statistics: Performed 1212 guesses in 602 seconds, average tps: 1.9
28. MAC Address: 08:00:27:A5:B7:80 (Oracle VirtualBox virtual NIC)
29.
30. Service detection performed. Please report any incorrect results at https://nmap.org/submit/ .
31. Nmap done: 1 IP address (1 host up) scanned in 607.42 seconds

操作命令+配置文件+脚本程序+结束

提醒　　　（1）Nmap 安装时会自动安装执行脚本，脚本默认存放目录为 /usr/share/nmap/scripts。

　　　（2）插件脚本执行无结果，则不输出任何信息。

步骤 4：使用 Nmap 评估网站服务的安全风险。

本步骤以项目四为应用场景，评估网站服务是否具有一定的安全风险。

（1）使用"-sV"命令选项检测能否查看网站服务运行的版本信息。

（2）使用"http-apache-server-status"插件检测状态信息能否查看，是否对外发布。

（3）使用"http-dombased-xss"插件检测网站服务是否存在 XSS 漏洞。

（4）使用"http-enum"插件检测网站服务目录是否存在漏洞。

操作命令：

1. # 针对目标服务器进行网站服务的安全检测
2. [root@Project-12-Task-01 ~]# nmap -sV --script=http-apache-server-status --script=http-dombased-xss --script=http-enum 10.10.2.41
3. Starting Nmap 7.92 (https://nmap.org) at 2023-07-22 16:09 CST
4. Nmap scan report for 10.10.2.41
5. Host is up (0.00021s latency).
6. Not shown: 995 closed tcp ports (reset)
7. PORT   STATE SERVICE VERSION
8. 22/tcp   open ssh   OpenSSH 8.8 (protocol 2.0)
9. # 网站服务版本信息暴露，能检测出版本信息
10. 80/tcp   open http   Apache httpd 2.4.51 ((Unix))
11. # 检测不存在 XSS 漏洞信息
12. |_http-dombased-xss: Couldn't find any DOM based XSS.
13. # 检测出网站服务的版本信息
14. |_http-server-header: Apache/2.4.51 (Unix)
15. # 检测出/icons（图标）目录存在写入权限
16. | http-enum:
17. |_   /icons/: Potentially interesting folder w/ directory listing
18. 81/tcp   open http   Apache httpd 2.4.51 ((Unix))
19. | http-enum:
20. |_   /icons/: Potentially interesting folder w/ directory listing
21. |_http-dombased-xss: Couldn't find any DOM based XSS.
22. |_http-server-header: Apache/2.4.51 (Unix)
23. 82/tcp   open http   Apache httpd 2.4.51 ((Unix))
24. |_http-dombased-xss: Couldn't find any DOM based XSS.
25. | http-enum:
26. |_   /icons/: Potentially interesting folder w/ directory listing
27. |_http-server-header: Apache/2.4.51 (Unix)
28. 3306/tcp open mysql   MySQL (unauthorized)
29. MAC Address: 08:00:27:A5:B7:80 (Oracle VirtualBox virtual NIC)
30.
31. Service detection performed. Please report any incorrect results at https://nmap.org/submit/ .
32. Nmap done: 1 IP address (1 host up) scanned in 9.02 seconds

操作命令+配置文件+脚本程序+结束

步骤 5：使用 Nmap 评估数据库服务的安全风险。

本步骤以项目六为应用场景，评估数据库服务是否具有一定的安全风险。

（1）使用"-sV"命令选项检测能否查看数据库服务运行的版本信息。

（2）使用"mysql-brute"插件检测能否暴力破解出数据库登录的账号权限信息。

（3）使用"mysql-databases"插件检测能否查询列举服务器中数据库的信息。

（4）使用"mysql-empty-password"插件检测数据库密码为空进行连接。

操作命令：

1.　# 针对目标服务器进行数据库服务的安全检测
2.　[root@Project-12-Task-01 ~]# nmap -sV --script=mysql-brute --script=mysql-databases --script=mysql-empty-password 10.10.2.61
3.　Starting Nmap 7.92 (https://nmap.org) at 2023-07-22 16:26 CST
4.　Nmap scan report for 10.10.2.61
5.　Host is up (0.00046s latency).
6.　Not shown: 998 closed tcp ports (reset)
7.　PORT　　　STATE SERVICE VERSION
8.　22/tcp　open　ssh　　OpenSSH 8.8 (protocol 2.0)
9.　# 检测 MySQL 数据库版本信息-未授权禁止扫描查看
10.　3306/tcp open　mysql　　MySQL (unauthorized)
11.　# 无法通过空密码进行远程连接登录
12.　|_mysql-empty-password: Host '10.10.2.141' is not allowed to connect to this MySQL server
13.　# 通过 mysql-brute 插件暴力检测，进行 50009 次的测试，密码设置无法猜测破解
14.　| mysql-brute:
15.　|　　Accounts: No valid accounts found
16.　|_　Statistics: Performed 50009 guesses in 44 seconds, average tps: 1111.3
17.　MAC Address: 08:00:27:A5:B7:80 (Oracle VirtualBox virtual NIC)
18.
19.　Service detection performed. Please report any incorrect results at https://nmap.org/submit/ .
20.　Nmap done: 1 IP address (1 host up) scanned in 50.72 seconds

操作命令+配置文件+脚本程序+结束

步骤6：使用 Nmap 评估文件传输服务的安全风险。

本步骤以项目八为应用场景，评估文件传输服务是否具有一定的安全风险。

（1）使用 "-sV" 命令选项检测能否查看文件传输服务运行的版本信息。

（2）使用 "ftp-anon" 插件检测 FTP 是否允许匿名用户进行访问。

（3）使用 "ftp-bounce" 插件检测 FTP 服务是否允许进行端口扫描。

（4）使用 "ftp-brute" 插件检测能否暴力破解出文件传输服务登录的账号权限信息。

操作命令：

1.　# 针对目标服务器进行文件传输服务的安全检测
2.　[root@Project-12-Task-01 ~]# nmap -sV --script=ftp-anon --script=ftp-bounce --script=ftp-brute 10.10.2.81
3.　Starting Nmap 7.92 (https://nmap.org) at 2023-07-22 16:56 CST
4.　# 通过检测禁止通过端口扫描
5.　NSE: [ftp-bounce] PORT response: 500 Illegal PORT command.
6.　NSE: [ftp-brute] usernames: Time limit 10m00s exceeded.
7.　NSE: [ftp-brute] usernames: Time limit 10m00s exceeded.
8.　NSE: [ftp-brute] passwords: Time limit 10m00s exceeded.
9.　Nmap scan report for 10.10.2.81
10.　Host is up (0.00057s latency).
11.　Not shown: 994 closed tcp ports (reset)
12.　PORT　　　STATE SERVICE VERSION
13.　# 检测出文件传输服务的版本信息
14.　21/tcp　open　ftp　　　vsftpd 3.0.3
15.　# 经过暴力破解，没有发现有效的用户进行登录
16.　| ftp-brute:

17. | Accounts: No valid accounts found
18. |_ Statistics: Performed 3932 guesses in 602 seconds, average tps: 6.5
19. # 检测出 FTP 服务允许匿名用户进行访问
20. | ftp-anon: Anonymous FTP login allowed (FTP code 230)
21. |_drwxr-xr-x 2 0 0 4096 Jun 28 06:15 pub
22. 22/tcp open ssh OpenSSH 8.8 (protocol 2.0)
23. MAC Address: 08:00:27:A5:B7:80 (Oracle VirtualBox virtual NIC)
24. Service Info: OS: Unix
25.
26. Service detection performed. Please report any incorrect results at https://nmap.org/submit/ .
27. Nmap done: 1 IP address (1 host up) scanned in 609.22 seconds

操作命令+配置文件+脚本程序+结束

步骤 7：使用 Nmap 实现自动化安全评估。

本步骤以项目四为应用场景，使用 Nmap 工具对网站服务进行周期性安全检测，并通过电子邮件将报告发送给指定人员，实现运维管理与安全检测的部分自动化。

（1）本步骤通过操作系统的任务计划进行安全评估任务的调度，实现以下 3 个目标。

1）自动进行安全检测，每天 00:00 执行，检测结果通过电子邮件推送。

2）对指定网络内主机运行状态、开启端口、操作系统、软件及版本信息等进行检测。

3）实现对网站服务的安全性评估检测。

（2）使用 Nmap 实现自动化安全评估的具体操作配置过程如下。

1）安装邮件服务器。本步骤选用的电子邮件发送软件为 mailx，可使用 yum 工具进行安装。

操作命令：

1. # 使用 yum 工具安装电子邮件发送软件 mailx
2. [root@Project-12-Task-01 ~]# yum install -y mailx
3. # 为了排版方便此处省略了部分提示信息
4. # 下述信息说明安装 mailx 将会安装以下软件，且已安装成功
5. Installed:
6.   mailx-12.5-32.oe2203sp2.x86_64
7.
8. Complete!

操作命令+配置文件+脚本程序+结束

2）配置邮件服务器。修改 mailx 的配置文件/etc/mail.rc，填写电子邮件发送与接收人的信息。

操作命令：

1. # 在配置文件中增加如下内容，请根据实际情况配置电子邮件发送服务的信息和电子邮件信息
2.
3. # 设置发件人的邮箱信息
4. [root@Project-12-Task-01 ~]# echo "set from=youname@youmailservice.com" >> /etc/mail.rc
5. # 设置邮件服务器的地址
6. [root@Project-12-Task-01 ~]# echo "set smtp=smtp.youmailservice.com" >> /etc/mail.rc
7. # 设置发件人邮箱地址
8. [root@Project-12-Task-01 ~]# echo "set smtp-auth-user=youname@youmailservice.com" >> /etc/mail.rc
9. # 设置客户端发送邮件的授权密码
10. [root@Project-12-Task-01 ~]# echo "set smtp-auth-password=********" >> /etc/mail.rc

11. # 设置邮件认证方式为登录
12. [root@Project-12-Task-01 ~]# echo "set snmtp-auth=login" >> /etc/mail.rc

操作命令+配置文件+脚本程序+结束

提醒

（1）根据个人实际情况配置邮件服务器、发件人邮箱地址、授权验证信息等。
（2）邮件服务器配置信息，可查阅所使用的电子邮件服务的配置指南和帮助手册。

3）测试邮件服务器。完成邮件服务器配置后，可通过如下命令进行发送测试邮件，以验证是否配置成功。

操作命令：

1. # 通过 mail 命令发送邮件进行测试
2. [root@Project-12-Task-01 ~]# echo "测试邮件内容" | mail -s "测试邮件标题" 个人接收邮箱

操作命令+配置文件+脚本程序+结束

命令详解：

【语法】
mail [选项] 邮件接收邮箱
【选项】

-a:	带附件发送
-A:	配置好的发送邮件的账号
-s:	设置邮件标题
-b:	指定密件副本的收信人地址
-c:	指定副本的收信人地址
-u:	读取指定用户的邮件
-f:	读取指定邮件文件中的邮件

操作命令+配置文件+脚本程序+结束

4）创建自动化脚本。在/opt 目录下创建 autoCheck.sh 任务脚本文件，并设置自动化安全评估的脚本内容，完成后查看配置如图 12-4-1 所示。

操作命令：

1. # 创建任务脚本文件
2. [root@Project-12-Task-01 ~]# touch /opt/autoCheck.sh
3. # 将自动化安全评估脚本内容写入创建的 autoCheck.sh
4. [root@Project-12-Task-01 ~]# echo '#!/bin/bash' >> /opt/autoCheck.sh
5. # 清理历史的检测文件
6. [root@Project-12-Task-01 ~]# echo 'rm -rf /opt/CheckReport.txt' >> /opt/autoCheck.sh
7. # 定义需要检测的网络段地址
8. [root@Project-12-Task-01 ~]# echo 'netWork="10.10.2.0/24"' >> /opt/autoCheck.sh
9. # 定义网站域名服务器地址
10. [root@Project-12-Task-01 ~]# echo 'webIp="10.10.2.41"' >> /opt/autoCheck.sh
11. # 定义要接收邮件的运维人员邮箱，根据个人情况进行配置
12. [root@Project-12-Task-01 ~]# echo 'userMail="youname@youmailservice.com"' >> /opt/autoCheck.sh
13. # 获取脚本执行时的时间

14. [root@Project-12-Task-01 ~]# echo 'time=$(date +"%Y 年%m 月%d 日 %H:%M:%S")' >> /opt/autoCheck.sh
15. # 邮件内容：输出分隔符，方便后区查看
16. [root@Project-12-Task-01 ~]# echo 'echo -e "\n--------------Host CheckReport--------------\n\n" >> /opt/CheckReport.txt' >> /opt/autoCheck.sh
17. # 对网络段内的主机执行安全检测，并将检测结果输出到/opt/hostCheck.txt 文本中
18. [root@Project-12-Task-01 ~]# echo 'nmap -sV -O --osscan-guess $netWork >> /opt/CheckReport.txt' >> /opt/autoCheck.sh
19. # 邮件内容：输出分隔符，方便后区查看
20. [root@Project-12-Task-01 ~]# echo 'echo -e "\n\n\n--------------Web   CheckReport--------------\n\n" >> /opt/CheckReport.txt' >> /opt/autoCheck.sh
21. # 对网站服务进行安全检测，并将检测结果输出到/opt/dnsCheck.txt 文本中
22. [root@Project-12-Task-01 ~]# echo 'nmap -sV --script=http-apache-server-status --script=http-dombased-xss --script=http-enum $webIp >> /opt/CheckReport.txt' >> /opt/autoCheck.sh
23. # 配置邮件进行发送
24. [root@Project-12-Task-01 ~]# echo 'echo -e "安全扫描结果详见附件。\n 检测时间为："$time | mail -s "使用 Nmap 进行业务安全评估的报告" -a /opt/CheckReport.txt $userMail' >> /opt/autoCheck.sh

操作命令+配置文件+脚本程序+结束

```
[root@Project-12-Task-01 ~]# cat /opt/autoCheck.sh
#!/bin/bash
rm -rf /opt/CheckReport.txt
netWork="10.10.2.0/24"
webIp="10.10.2.41"
userMail="youname@youmailservice.com"
time=$(date +"%Y年%m月%d日 %H:%M:%S")
echo -e "\n--------------Host CheckReport--------------\n\n" >> /opt/CheckReport.txt
nmap -sV -O --osscan-guess $netWork >> /opt/CheckReport.txt
echo -e "\n\n\n--------------Web  CheckReport--------------\n\n" >> /opt/CheckReport.txt
nmap -sV --script=http-apache-server-status --script=http-dombased-xss --script=http-enum $webIp >> /opt/CheckReport.txt
echo -e "安全扫描结果详见附件。\n检测时间为："$time | mail -s "使用Nmap进行业务安全评估的报告" -a /opt/CheckReport.txt $userMail
```

图 12-4-1　脚本配置文件

5）配置任务计划，进行周期性检测任务调度。

操作命令：

1. # 为脚本程序增加执行权限
2. [root@Project-12-Task-01 ~]# chmod +x /opt/autoCheck.sh
3.
4. # 手动执行脚本程序，查看能否执行成功和接收到邮件信息，完成脚本测试
5. [root@Project-12-Task-01 ~]# bash /opt/autoCheck.sh
6.
7. # 脚本测试通过后,配置操作系统的任务计划，每天 00:00 执行一次
8. [root@Project-12-Task-01 ~]#echo "0 0 * * * root bash /opt/autoCheck.sh" >> /etc/crontab
9.
10. # 开展本任务学习时，为了快速进行测试，建议先设置为 10min 执行一次，写法如下
11. [root@Project-12-Task-01 ~]#echo "*/10 0 * * * root bash /opt/autoCheck.sh" >> /etc/crontab

操作命令+配置文件+脚本程序+结束

　　6）查看邮件接收信息内容，如图 12-4-2 所示。自动化安全评估结果为一个文本附件，下载查看检测结果，如图 12-4-3 所示。

图 12-4-2　自动化安全评估邮件

```
----------------Web  CheckReport----------------
Starting Nmap 7.92 ( https://nmap.org ) at 2023-07-22 19:10 CST
Nmap scan report for 10.10.2.41
Host is up (0.00054s latency).
Not shown: 994 closed tcp ports (reset)|
PORT    STATE SERVICE VERSION
22/tcp  open  ssh     OpenSSH 8.8 (protocol 2.0)
80/tcp  open  http    Apache httpd 2.4.51 ((Unix))
|_http-server-header: Apache/2.4.51 (Unix)
| http-enum:
|_  /icons/: Potentially interesting folder w/ directory listing
|_http-dombased-xss: Couldn't find any DOM based XSS.
81/tcp  open  http    Apache httpd 2.4.51 ((Unix))
|_http-dombased-xss: Couldn't find any DOM based XSS.
|_http-server-header: Apache/2.4.51 (Unix)
| http-enum:
|_  /icons/: Potentially interesting folder w/ directory listing
82/tcp  open  http    Apache httpd 2.4.51 ((Unix))
| http-enum:
|_  /icons/: Potentially interesting folder w/ directory listing
|_http-server-header: Apache/2.4.51 (Unix)
|_http-dombased-xss: Couldn't find any DOM based XSS.
MAC Address: 08:00:27:A5:B7:80 (Oracle VirtualBox virtual NIC)
Service Info: OS: Unix

Service detection performed. Please report any incorrect results at https://nmap.org/submit/ .
Nmap done: 1 IP address (1 host up) scanned in 9.22 seconds
```

图 12-4-3　自动化检查结果部分截图

【任务扩展】

1. Nmap 命令格式

Nmap 工具进行主机扫描或安全检测的语法格式为：

```
nmap [选项] [对象]
```

（1）选项：使用"--script"选项则说明指定检测脚本名称。如果不使用选项，默认使用"default"脚本类型，进行基本的应用服务信息收集。

（2）对象：指定安全扫描与漏洞检测的主机 IP 地址或 IP 地址段。

2. Nmap 检测脚本

（1）脚本检测选项。Nmap 脚本选项及说明见表 12-4-1。

表 12-4-1　Nmap 脚本选项及说明

选项	说明
--script	指定使用的脚本文件名称或脚本类型信息
--script-args	为脚本文件提供参数信息
--script-args-file	提供脚本执行参数文件

续表

选项	说明
--script-trace	显示发送和接收到的数据信息
--script-updatedb	更新脚本数据库
--script-help	查看脚本帮助信息

（2）检测脚本类型。Nmap 检测脚本（NSE）是 2007 年谷歌夏令营期间推出的，第一个脚本针对服务和主机检测，经过多年发展，目前已经有 14 个类别，涵盖从网络发现到安全漏洞检测等多个领域。

Nmap 脚本类别见表 12-4-2。在 openEuler 操作系统中，脚本存放在/usr/share/nmap/scripts 目录下，以 ".nse" 结尾。

表 12-4-2　Nmap 脚本类别

类别	说明
default	默认脚本，提供基本的应用服务信息搜集功能
auth	处理鉴权证书，绕开权限校验进行检测
broadcast	在局域网内探查更多服务开启状况，如 dhcp/dns/sqlserver 等
brute	暴力破解方式进行检测，主要针对常见的应用，如 http/snmp 等
discovery	对网络服务进行更为详细的检测，如 SMB 枚举、SNMP 查询等
dos	进行拒绝服务攻击
exploit	利用已知漏洞入侵系统
External	利用第三方数据库或资源进行检测
fuzzer	模糊测试，通过发送异常包探测潜在漏洞
intrusive	入侵性脚本，此脚本可能触发 IDS/IPS
malware	探测目标机是否感染了病毒、是否存在后门等信息
safe	与 intrusive 相反，属于安全性脚本
version	增强的服务与软件版本检测脚本
vuln	检测是否存在常见的漏洞

3. Nmap 基础检测选项

Nmap 基础检测选项及说明，见表 12-4-3。

表 12-4-3　Nmap 基础检测选项及说明

选项	说明
-sn	只进行主机发现扫描，不进行端口扫描
-sU	指定使用 UDP 方式检测

选项	说明
-Pn	跳过主机发现，将所有主机都视为开启状态，进行端口扫描
-sL	仅列出开启的主机 IP 地址，不进行主机端口发现等扫描
-F	快速扫描模式，仅扫描开放率最高的前 100 个端口
--top-ports <number>	指定扫描模式，仅扫描开放率最高的<number>个端口
-PO	指定使用 IP 数据报方式检测
-sV	进行应用服务版本检测
-O	进行操作系统版本检测
--osscan-guess	进行操作系统类型等详细信息检测

4. Nmap 本地主机检测

Nmap 工具也可支持基于 Windows 操作系统进行安全检测，可通过官网（https://nmap.org）下载 Windows 客户端软件，如图 12-4-4 所示，具体实现过程如下所示。

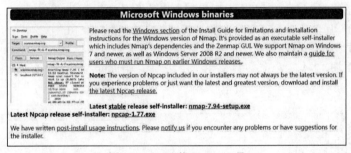

图 12-4-4　下载 Nmap 工具

（1）安装 Nmap 工具。在本地主机上双击下载 Nmap 工具的安装程序，根据安装过程逐步进行安装。安装过程中需安装部分探测工具，如图 12-4-5 所示，安装完成界面如图 12-4-6 所示。

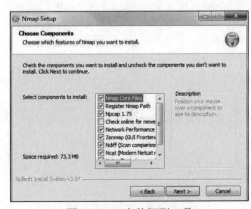

图 12-4-5　安装探测工具

图 12-4-6　Nmap 工具安装完成

（2）Nmap 工具进行本地主机安全检测。Nmap 工具对指定网络范围进行扫描，发现主机的运行状态、开启端口的信息、操作系统的类型与版本信息、安装运行的软件及版本信息等，具体操作内容如下。

1）将"Command"后的文本框中配置需要执行的命名参数"-sV"。

2）将"Target"后的下拉列表框中配置目标网络范围地址 10.10.2.0/24，该地址会自动填充至"Command"选项中。

3）配置结果如图 12-4-7 所示，单击"Scan"按钮开始进行本地主机的安全检测，检测结果如图 12-4-8 所示。

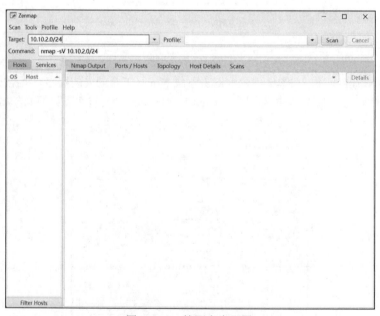

图 12-4-7　检测命令配置

图 12-4-8   主机扫描结果

通过 Namp 工具对本地主机所在的网络段进行检测扫描，在其检测结果中可以发现目前正在运行的主机共 8 台，在"Nmap Output"输出中，也可对单台主机的状态和开启端口等信息进行扫描呈现。

项目十三

使用图形界面管理 openEuler

● 项目介绍

桌面系统是用户进行图形界面操作的基础，通过桌面系统的使用，可以帮助用户对操作系统进行图形化管理。本项目介绍 DDE、UKUI 桌面系统和 Web 控制台 Cockpit，旨在通过图形界面管理 openEuler 操作系统，进一步促使运维管理的可视化和便捷化。

● 项目目的

- 了解桌面系统;
- 掌握 DDE 桌面系统的操作管理方法;
- 掌握 UKUI 桌面系统的操作管理方法;
- 掌握使用 Cockpit 进行系统的操作管理方法。

● 项目讲堂

1. 操作系统界面

Linux 操作系统界面是指用户与 Linux 操作系统进行交互时使用的一套视觉界面。Linux 操作系统界面主要分为图形界面和命令行界面。

（1）图形界面。图形界面是指用户可以通过鼠标和键盘在屏幕上进行操作，以进行交互的一种视觉界面。Linux 操作系统的图形界面非常丰富，其中常用的桌面环境有 Gnome、KDE、XFCE、LXDE、UKUI 和 DDE 等。

（2）命令行界面。命令行界面也称为终端，是一种通过键盘输入命令进行操作的界面。虽然命令行界面看起来不如图形界面直观，但在服务器上进行运维操作时更方便灵活。

（3）两种界面的比较。Linux 操作系统的两种界面在使用过程中存在着不同的特点，图形界面和命令行界面的特点见表 13-0-1。

表 13-0-1　Linux 操作系统不同界面的特点

类别	图形界面	命令行界面
操作方式	用户可以使用鼠标、键盘等进行操作，非常直观	用户输入命令，通过命令行方式操作，操作相对较为复杂
功能	提供了许多功能，如多任务管理、窗口管理、应用程序管理等	注重灵活性和可编程性，用户可以使用各种命令完成各种任务
性能	需要占用更多的系统资源，性能相对较低	具有更高的性能，可以快速地执行各种操作
适用场景	适用于需要进行图形化操作的用户，如普通用户、开发人员等	适用于需要进行自动化、批处理等操作的用户，如系统管理员、开发人员等

2. DDE 桌面系统

DDE（全称为 Deepin Desktop Enviroment）是统信软件团队研发的桌面系统，包含数十种功能强大的桌面应用，是一款真正意义的自主自研的桌面产品。

DDE 桌面系统主要由桌面、任务栏、启动器和控制中心等组成，是一款美观易用、安全可靠的图形化操作界面，并且具有以下几个方面的个性化特点，方便用户操作使用。

（1）支持自动调节屏幕亮度。

（2）支持个性化主题和壁纸设置。

（3）支持农历日期显示。

（4）更加方便的网络设置。

（5）快速设置用户头像。

3. UKUI 桌面系统

UKUI（全称为 Ultimate Kylin User Interface）是麒麟软件团队历经多年打造的一款 Linux 桌面系统，主要基于 GTK 和 QT 开发。与其他 UI 界面相比，UKUI 更加注重易用性和敏捷度，各元件相依性小，可以不依赖其他套件而独自运行，给用户带来亲切和高效的使用体验。

UKUI 桌面系统主要的产品特性如下所示。

（1）简洁易用。整体界面设计简洁，拒绝冗余，友好的交互设计让用户可以轻松上手。

（2）稳定可靠。开机速度、内存占用和续航能力大幅优化，长时间运行能够保持流畅。

（3）功能强大。适配多种架构平台和 Linux 桌面环境，可浏览网页、管理文件、观看视频，满足用户的基本生活、娱乐和办公场景。

（4）友好定制。支持多种主题切换、支持窗口特效开关、支持 PC 和平板模式，可以随心配置自己喜欢的使用场景和风格。

4. Cockpit 软件

Cockpit 是一款由 Red Hat 研发的 Web 图形化服务管理工具，通过该工具可实现对主机进行存储、网络、防火墙等功能的 Web 可视化配置。

Cockpit 软件主要的功能特性如下所示。

（1）易用性。

1）通过浏览器实现系统监控和系统维护。

2）通过不断测试、版本更迭，更贴合系统管理者的需求。

3）刚接触 Linux 操作系统的初学者也能很好地进行系统维护。

4）安装配置简单。

（2）集成性。

1）可以直接使用终端进行操作，也可使用交互式页面进行操作。

2）不需要单独设置账号，即可登录 Cockpit 进行操作。

3）Cockpit 不依托 Web 服务器，独立发布。

4）Cockpit 使用系统内置的 API 进行管理，无须再进行任何其他配置。

5）Cockpit 仅在被访问时占用系统资源。

（3）可视化。

1）可以直观了解服务器的运行状况。

2）可以同时监控、管理多台服务器。

3）可以轻松地实现网络诊断、监控虚拟机行为、修复 SELinux 常见的冲突等。

（4）开放性。

1）可以随时随地通过浏览器检查和管理系统。

2）可以自定义插件扩展，并集成到 Cockpit 中。

3）Cockpit 软件完全免费、开源。

任务一　使用 DDE 桌面系统

扫码看视频

【任务介绍】

本任务在 openEuler 操作系统上安装 DDE 桌面系统环境，实现操作系统的图形界面管理。

【任务目标】

（1）实现 DDE 桌面系统的安装。

（2）掌握 DDE 桌面系统的使用。

（3）基于图形界面实现对系统操作管理。

【操作步骤】

步骤 1：创建虚拟机并完成 openEuler 的安装。

在 VirtualBox 中创建虚拟机，完成 openEuler 的安装。虚拟机与操作系统的配置信息见表 13-1-1，注意虚拟机网卡的工作模式为桥接。

表 13-1-1　虚拟机与操作系统配置

虚拟机配置	操作系统配置
虚拟机名称：VM-Project-13-Task-01-10.10.2.131 内存：1GB	主机名：Project-13-Task-01 IP 地址：10.10.2.131

续表

虚拟机配置	操作系统配置
CPU：1 颗 1 核心	子网掩码：255.255.255.0
虚拟硬盘：20GB	网关：10.10.2.1
网卡：1 块，桥接	DNS：8.8.8.8

步骤 2：完成虚拟机的主机配置、网络配置及通信测试。

启动并登录虚拟机，依据表 13-1-1 完成主机名和网络的配置，能够访问互联网和本地主机。

（1）虚拟机的创建、操作系统的安装、主机名与网络的配置，具体方法参见项目一。

（2）建议通过虚拟机复制快速创建所需环境。通过复制创建的虚拟机需依据本任务虚拟机与操作系统规划配置信息设置主机名与网络，实现对互联网和本地主机的访问。

（3）本任务为在线安装桌面环境，建议在创建虚拟机完成后，使用"yum update -y"命令进行更新软件源，实现最新桌面环境软件的安装。

步骤 3：在线安装桌面环境。

使用 yum 工具在线安装 DDE 桌面环境，具体操作命令如下。

操作命令：

```
1.   # 使用 yum 工具安装 dde 桌面环境
2.   [root@Project-13-Task-01 ~]# yum install -y dde
3.   Last metadata expiration check: 0:18:15 ago on 2023 年 08 月 01 日 星期二 17 时 39 分 27 秒.
4.   Dependencies resolved.
5.   ================================================================
6.   Package        Arch       Version              epository    Size
7.   ================================================================
8.   Installing:
9.   dde            x86_64     2021.06.30-6.oe2203sp2   EPOL       11 k
10.  Installing dependencies:
11.  GConf2         x86_64     3.2.6-27.oe2203sp2    OS           995 k
12.  Imath          x86_64     3.1.4-1.oe2203sp2     everything   72 k
13.  # 为了排版方便此处省略了部分信息
14.
15.  Transaction Summary
16.  ================================================================
17.  Install   690 Packages
18.
19.  Total download size: 1.3 G
20.  Installed size: 3.6 G
21.  Downloading Packages:
22.  (1/690): ModemManager-glib-1.14.8-2.oe2203sp2.x86_64.rpm        341 kB/s | 241 kB       00:00
23.  (2/690): SDL2-2.0.12-7.oe2203sp2.x86_64.rpm                     638 kB/s | 465 kB       00:00
24.  #为了排版方便此处省略了部分信息
```

25. #下述信息说明安装 sysstat 将会安装以下软件，且已安装成功
26. Installed:
27.   GConf2-3.2.6-27.oe2203sp2.x86_64
28.   Imath-3.1.4-1.oe2203sp2.x86_64
29.   LibRaw-0.20.2-6.oe2203sp2.x86_64
30.   ModemManager-glib-1.14.8-2.oe2203sp2.x86_64
31.   #为了排版方便此处省略了部分信息
32.
33. Complete!

命令详解+操作命令+配置文件+脚本程序+结束

步骤 4： 启动运行桌面系统。

设置以图形界面的方式启动，具体操作命令如下。

操作命令：

1. # 使用 systemctl 工具运行 DDE 桌面环境
2. [root@Project-13-Task-01 ~]# systemctl set-default graphical.target
3. Removed /etc/systemd/system/default.target.
4. # 创建系统启动后链接，以图形界面进行启动运行
5. Created symlink /etc/systemd/system/default.target → /usr/lib/systemd/system/graphical.target.
6.
7. # 设置完成后，重启操作系统
8. [root@Project-13-Task-01 ~]# reboot

命令详解+操作命令+配置文件+脚本程序+结束

步骤 5： DDE 桌面环境概览。

重启操作系统后，可通过 VirtualBox 软件，查看 DDE 桌面环境已经启动，如图 13-1-1 所示。

图 13-1-1　DDE 桌面环境启动界面

提醒　　　DDE 桌面环境内置了 openeuler 用户，此用户的密码为 openeuler。

　　进入桌面系统后如图 13-1-2 所示，可单击左下角的启动器图标，查看系统中的程序（如图 13-1-3 所示），也可切换成按照分类进行查看（图 13-1-4）。

图 13-1-2　DDE 桌面环境

图 13-1-3　系统应用列表

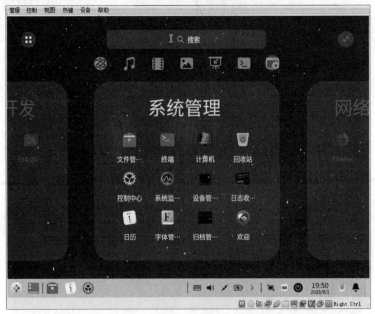

图 13-1-4 系统应用列表分类查看

【任务扩展】

统信软件团队不仅研发强大的 DDE 桌面环境，且于 2022 年正式发布了中文国产操作系统（统信 UOS），其官网网址为 https://www.uniontech.com。

统信操作系统分为桌面版和服务器版，不同版本的主要特点见表 13-1-2。

表 13-1-2 统信操作系统版本与特点介绍

分类	版本	主要特点
统信桌面操作系统	专业版	根据国人审美和习惯设计、美观易用、 自主自研、安全可靠，拥有高稳定性，丰富的硬件，外设和软件兼容性，广泛的应用生态支持，兼容目前国内外主流处理器架构（如兼容 x86、ARM、MIPS、SW 架构等）
	教育版	结合教育部门、各级学校的特殊使用需求和软、硬件生态需求，能够满足教育、教学、教务的需要，进行深度定制而推出的自研操作系统。统信 UOS V20 E 是国内首款国产化教育教学操作系统，可实现校园软件正版化使用，构建全新的校园信息安全新基座，推动教育数字化，发展智慧校园
	家庭版	为个人用户提供美观易用的国产操作系统。简化安装方式，一键安装，自动高效；软件应用生态更加丰富；优化注册流程，支持微信扫码登录 UOS ID；支持跨屏协同，电脑与手机互联，轻松管理手机文件，支持文档同步修改

续表

分类	版本	主要特点
统信桌面操作系统	社区版	具有极高的易用性、优秀的交互体验、内搭多款自研应用、全面的生态体系、高效的优化反馈机制为用户提供最好的 Linux 开源体验环境
统信服务器操作系统	V20	用于构建信息化基础设施环境的平台级操作系统，具有极高的可靠性、持久的可用性和优良的可维护性，同源异构支持全系列 CPU 架构，广泛适用于高可用集群、中间件、云计算、容器等应用场景

任务二　使用 UKUI 桌面系统

扫码看视频

【任务介绍】

本任务在 openEuler 操作系统上安装 UKUI 桌面系统环境，实现操作系统的图形界面管理。

【任务目标】

（1）实现 UKUI 桌面系统的安装。
（2）掌握 UKUI 桌面系统的使用。
（3）基于图形界面实现对系统操作管理。

【操作步骤】

步骤 1：创建虚拟机并完成 openEuler 的安装。

在 VirtualBox 中创建虚拟机，完成 openEuler 的安装。虚拟机与操作系统的配置信息见表 13-2-1，注意虚拟机网卡的工作模式为桥接。

表 13-2-1　虚拟机与操作系统配置

虚拟机配置	操作系统配置
虚拟机名称：VM-Project-13-Task-02-10.10.2.132 内存：1GB CPU：1 颗 1 核心 虚拟硬盘：20GB 网卡：1 块，桥接	主机名：Project-13-Task-02 IP 地址：10.10.2.132 子网掩码：255.255.255.0 网关：10.10.2.1 DNS：8.8.8.8

步骤 2：完成虚拟机的主机配置、网络配置及通信测试。

启动并登录虚拟机，依据表 13-2-1 完成主机名和网络的配置，能够访问互联网和本地主机。

提醒

（1）虚拟机的创建、操作系统的安装、主机名与网络的配置，具体方法参见项目一。
（2）建议通过虚拟机复制快速创建所需环境。通过复制创建的虚拟机需依据本任务虚拟机与操作系统规划配置信息设置主机名与网络，实现对互联网和本地主机的访问。

（3）本任务为在线安装桌面环境，建议在创建虚拟机完成后，使用"yum update -y"命令进行更新软件源，实现最新桌面环境软件的安装。

（4）本任务中为保证 UKUI 桌面环境正常可视化呈现，需修改 VirtualBox 虚拟机的"显示"配置，将"显卡控制器"选项修改为"VBoxSVGA"，如图 13-2-1 所示。

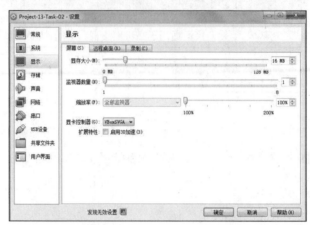

图 13-2-1 虚拟机的显示设置

步骤 3：在线安装桌面环境。

使用 yum 工具在线安装 UKUI 桌面环境，具体操作命令如下。

操作命令：

```
1.  # 使用 yum 工具安装 UKUI 桌面环境
2.  [root@Project-13-Task-02 ~]# yum install -y ukui
3.  Last metadata expiration check: 0:03:52 ago on 2023 年 08 月 01 日 星期二 20 时 51 分 15 秒.
4.  Dependencies resolved.
5.  ================================================================
6.   Package              Arch        Version              epository      Size
7.  ================================================================
8.  Installing:
9.   Ukui                 noarch      2.0.2-18.oe2203sp2    EPOL           11 k
10. Installing dependencies:
11.  LibRaw               x86_64      0.20.2-6.oe2203sp2    everything     355 k
12. ModemManager-glib     x86_64      1.14.8-2.oe2203sp2    OS             241 k
13.  #为了排版方便此处省略了部分信息
14.
15. Transaction Summary
16. ================================================================
17. Install   760 Packages
18.
19. Total download size: 1.5 G
20. Installed size: 4.5 G
21. Downloading Packages:
22. (1/760): ModemManager-glib-1.14.8-2.oe2203sp2.x          470 kB/s | 241 kB        00:00
```

| 23. | (2/760): PackageKit-devel-1.1.12-10.oe2203sp2.x | 184 kB/s | 102 kB | 00:00 |

23. (2/760): PackageKit-devel-1.1.12-10.oe2203sp2.x　　　　　　184 kB/s | 102 kB　　　00:00
24. #为了排版方便此处省略了部分信息
25. #下述信息说明安装 sysstat 将会安装以下软件，且已安装成功
26. Installed:
27. 　LibRaw-0.20.2-6.oe2203sp2.x86_64
28. 　ModemManager-glib-1.14.8-2.oe2203sp2.x86_64
29. 　PackageKit-1.1.12-10.oe2203sp2.x86_64
30. 　PackageKit-devel-1.1.12-10.oe2203sp2.x86_64
31. 　#为了排版方便此处省略了部分信息
32.
33. Complete!

操作命令+配置文件+脚本程序+结束

步骤 4： 启动运行桌面系统。

设置以图形界面的方式启动，具体操作命令如下。

操作命令：

1. # 使用 systemctl 工具运行 UKUI 桌面环境
2. [root@Project-13-Task-02 ~]# systemctl set-default graphical.target
3. Removed /etc/systemd/system/default.target.
4. # 创建系统启动后链接，以图形界面进行启动运行
5. Created symlink /etc/systemd/system/default.target → /usr/lib/systemd/system/graphical.target.
6.
7. # 设置完成后，重启操作系统
8. [root@Project-13-Task-02 ~]# reboot

操作命令+配置文件+脚本程序+结束

步骤 5： UKUI 桌面环境概览。

重启操作系统后，可通过 VirtualBox 软件，查看 UKUI 桌面环境已经启动，如图 13-2-2 所示。

图 13-2-2　登录 root 用户

进入桌面系统后如图 13-2-3 所示，可单击左下角开始菜单图标，查看系统中的程序（图 13-2-4），也可查看所有安装的程序（图 13-2-5）。

图 13-2-3　UKUI 桌面环境

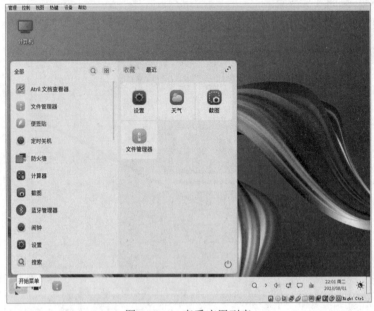

图 13-2-4　查看应用列表

图 13-2-5　查看所有应用

【任务扩展】

1. Oracle VirtualBox 的显卡控制器

VirtualBox 中显卡图形控制器分为 VBoxVGA、VMSVGA、VBoxSVGA 和空 4 种，这 4 种显卡控制器的特性见表 13-2-2。

表 13-2-2　不同显卡控制器的特性

控制器类型	说明
VBoxVGA	用于旧版客户机操作系统。Windows 7 之前版本的默认图形控制器
VMSVGA	使用此图形控制器来模拟 VMware SVGA 图形设备，默认虚拟机配置此选项
VBoxSVGA	用于 Linux、Windows 7 及以上更高版本客户机操作系统的图形控制器。 此选项图形控制器提高了系统显示性能和 3D 支持
空	不模拟使用图形适配器

2. 麒麟操作系统

麒麟软件团队以安全可信技术为核心，主要打造安全创新的操作系统产品和相应的解决方案，包含操作系统、云服务、嵌入式等多种应用平台，旗下具有银河麒麟、中标麒麟、星光麒麟等不同品牌，其官网网址为 https://www.kylinos.cn。

麒麟 Linux 操作系统分为桌面版和服务器版，不同版本的主要特点见表 13-2-3。

表 13-2-3　麒麟 Linux 操作系统版本与特点介绍

控制器类型	说明	主要特点
麒麟桌面操作系统	银河麒麟桌面操作系统 V10	基于 UKUI 3 设计研发，具有良好的用户体验；能够支持主流国内外厂商最新 CPU、显卡、桥片等硬件基础设施；全面加固安全套件，具有较高的安全保障
	银河麒麟桌面操作系统 V4	具有良好的软、硬件兼容性，支持飞腾、鲲鹏等自主 CPU 及 x86 平台，拥有绚丽的人机交互界面，友好易用，用户 10 分钟便可轻松掌握，主要适用于电子办公、家庭生活、个人娱乐等环境
	中标麒麟桌面操作系统软件 V7.0	新一代面向桌面应用的图形化操作系统，实现对龙芯、申威、兆芯、鲲鹏等自主 CPU 及 x86 平台的同源支持，提供全新/经典的用户界面，能够兼顾用户的使用习惯，具有完善的系统升级和维护机制，保障系统的安全性、性能运行以及稳定性
麒麟服务器操作系统	银河麒麟高级服务器操作系统 V10	支持多种国产自主研发 CPU 平台，并针对不同平台在内核层优化增强；汲取最新的云和容器开源技术，能够具有良好的虚拟化支持；能够提供图形化管理工具和统一管理平台，实现对物理服务器的运维监控
	银河麒麟服务器操作系统 V4	在"863 计划"和国家核高基科技重大专项的支持下，研制而成的具有高安全、高可靠、高可用特点的国产操作系统，实现对飞腾、龙芯、鲲鹏、兆芯、海光等自主 CPU 及 x86 平台的支持

任务三　使用 Cockpit 实现 Web 控制台

【任务介绍】

本任务在 openEuler 上安装 Cockpit 软件，通过 Web 图形化界面实现对操作系统的服务管理与配置。

【任务目标】

（1）实现在线安装 Cockpit。
（2）实现 Cockpit 的服务管理。
（3）实现 Cockpit 的系统总览。
（4）实现 Cockpit 的终端应用。

【操作步骤】

步骤 1：创建虚拟机并完成 openEuler 的安装。

在 VirtualBox 中创建虚拟机，完成 openEuler 操作系统的安装。虚拟机与操作系统的配置信息见表 13-3-1，注意虚拟机网卡的工作模式为桥接。

表 13-3-1   虚拟机与操作系统配置

虚拟机配置	操作系统配置
虚拟机名称：VM-Project-13-Task-03-10.10.2.133 内存：1GB CPU：1 颗 1 核心 虚拟硬盘：20GB 网卡：1 块，桥接	主机名：Project-13-Task-03 IP 地址：10.10.2.133 子网掩码：255.255.255.0 网关：10.10.2.1 DNS：8.8.8.8

步骤 2：完成虚拟机的主机配置、网络配置及通信测试。

启动并登录虚拟机，依据表 13-3-1 完成主机名和网络的配置，能够访问互联网和本地主机。

提醒

（1）虚拟机的创建、操作系统的安装、主机名与网络的配置，具体方法参见项目一。

（2）建议通过虚拟机复制快速创建所需环境。通过复制创建的虚拟机需依据本任务虚拟机与操作系统规划配置信息设置主机名与网络，实现对互联网和本地主机的访问。

（3）本任务为在线安装桌面环境，建议在创建虚拟机完成后，使用 "yum update -y" 命令进行更新软件源，实现最新桌面环境软件的安装。

步骤 3：通过在线安装 Cockpit。

使用 yum 工具在线安装 Cockpit 软件，具体操作命令如下。

操作命令：

```
1.   #使用 yum 工具安装 Cockpit
2.   [root@Project-13-Task-03 ~]# yum install -y cockpit
3.   OS                              19 kB/s | 3.4 kB      00:00
4.   everything                      21 kB/s | 3.5 kB      00:00
5.   EPOL                            13 kB/s | 3.5 kB      00:00
6.   debuginfo                       16 kB/s | 3.5 kB      00:00
7.   source                          20 kB/s | 3.4 kB      00:00
8.   update                          21 kB/s | 3.5 kB      00:00
9.   update-source                   21 kB/s | 3.5 kB      00:00
10.  Dependencies resolved.
11.  ===============================================================
12.  Package        Arch        Version              Repository      Size
13.  ===============================================================
14.  Installing:
15.    #安装的 Cockpit 版本、大小等信息
16.    Cockpit      x86_64      178-13.oe2203sp2      OS          3.1 M
17.  #安装的依赖软件信息
18.  Installing dependencies:
19.    Autogen      x86_64      5.18.16-3.oe2203sp2   OS          468 k
20.    #为了排版方便此处省略了部分信息
21.  Transaction Summary
22.  ===============================================================
```

23.　Install　37 Packages
24.　#安装 Cockpit 需要安装 37 个软件，总下载大小为 15M，安装后将占用磁盘 55M
25.　Total download size: 15 M
26.　Installed size: 55 M
27.　Downloading Packages:
28.　(1/37): NetworkManager-team-1.32.12-19.oe2203sp2.x86_64.r　221 kB/s | 26 kB 00:00
29.　#为了排版方便此处省略了部分信息
30.　(37/37): gnutls-utils-3.7.2-9.oe2203sp2.x86_64.rpm　591 kB/s | 242kB 00:00
31.　--
32.　total　6.0 MB/s | 15 MB 00:02
33.　Running transaction check
34.　Transaction check succeeded.
35.　Running transaction test
36.　Transaction test succeeded.
37.　Running transaction
38.　　Preparing　　　　　:　　　　　　　　　　　　　　　　1/1
39.　　Installing　　　　: python3-libselinux-3.3-3.oe2203sp2.x86_64　1/37
40.　　#为了排版方便此处省略了部分提示信息
41.　　Verifying　　　　 : gnutls-utils-3.7.2-9.oe2203sp2.x86_64　　37/37
42.
43.　#下述信息说明安装 Cockpit 将会安装以下软件，且已安装成功
44.　Installed:
45.　　cockpit-178-13.oe2203sp2.x86_64
46.　　#为了排版方便此处省略了部分提示信息
47.　　yajl-2.1.0-20.oe2203sp2.x86_64
48.
49.　Complete!

操作命令+配置文件+脚本程序+结束

 小贴士　　　　Cockpit 除可用在线安装方式进行安装外，还可通过 RPM 包进行安装。

步骤 4：Cockpit 服务管理。

（1）启动 Cockpit 服务。Cockpit 安装完成后将在 openEuler 中创建名为 cockpit.socket 的服务，该服务并未自动启动。

操作命令：

1.　# 使用 systemctl start 命令启动 cockpit.socket 服务
2.　[root@Project-13-Task-03 ~]# systemctl start cockpit.socket
3.　# 如果不出现任何提示，表示 cockpit.socket 服务启动成功

操作命令+配置文件+脚本程序+结束

（2）查看 Cockpit 服务状态。Cockpit 服务启动之后可通过 systemctl status 命令查看其运行信息。

操作命令：

1.　# 使用 systemctl status 命令查看 cockpit.socket 服务
2.　[root@Project-13-Task-03 ~]# systemctl status cockpit.socket
3.　● cockpit.socket - Cockpit Web Service Socket
4.　　# 服务位置；是否设置开机自启动

项目十三

```
5.        Loaded: loaded (/usr/lib/systemd/system/cockpit.socket; disabled; vendor preset: dis>
6.        # Cockpit 的活跃状态，结果值为 active 表示活跃；inactive 表示不活跃
7.        Active: active (listening) since Wed 2023-08-02 15:41:36 CST; 2min 17s ago
8.        Triggers: ● cockpit.service
9.        Docs: man:cockpit-ws(8)
10.       # Cockpit 监听端口号为：9090
11.       Listen: [::]:9090 (Stream)
12.       Process: 1671 ExecStartPost=/usr/share/cockpit/motd/update-motd   localhost (code=exit>
13.       Process: 1678 ExecStartPost=/bin/ln -snf active.motd /run/cockpit/motd (code=exited, >
14.       # 任务数（最大限制数为：2691）
15.       Tasks: 0 (limit: 2691)
16.       #占用内存大小为：3.8M
17.       Memory: 3.8M
18.       # cockpit.socket 的所有子进程
19.       CGroup: /system.slice/cockpit.socket
20.   # cockpit.socket 操作日志
21.   8 月 02 15:41:36 Project-13-Task-02 systemd[1]: Starting Cockpit Web Service Socket...
22.   # 为了排版方便此处省略了部分提示信息
```

操作命令+配置文件+脚本程序+结束

（3）设置 Cockpit 服务开机自启动。操作系统进行重启操作后，为了使业务更快地恢复，通常会将重要的服务或应用设置为开机自启动。将 cockpit.socket 服务配置为开机自启动的方法如下。

操作命令：

```
1.   # 命令 systemctl enable 可设置某服务为开机自启动。
2.   # 命令 systemctl disable 可设置某服务为开机不自动启动。
3.   [root@Project-13-Task-03 ~]# systemctl enable cockpit.socket
4.   Created symlink /etc/systemd/system/sockets.target.wants/cockpit.socket → /usr/lib/systemd/system/cockpit.
     socket.
5.
6.   # 使用 systemctl is-enabled 可验证某服务是否为开机自启动
7.   [root@Project-13-Task-03 ~]# systemctl is-enabled cockpit.socket
8.   enabled
```

操作命令+配置文件+脚本程序+结束

步骤5：配置防火墙等安全措施。

为了使 Cockpit 能够被访问，需在 openEuler 防火墙上开启 Cockpit。

操作命令：

```
1.   # 使用 firewall-cmd 命令在防火墙上开放 cockpit 服务
2.   [root@Project-13-Task-03 ~]# firewall-cmd --add-service=cockpit --permanent
3.   success
4.
5.   # 重新载入防火墙配置使其生效
6.   [root@Project-13-Task-03 ~]# firewall-cmd --reload
7.   success
```

操作命令+配置文件+脚本程序+结束

步骤 6：访问 Cockpit。

Cockpit 默认监听 9090 端口，在本地主机通过浏览器访问 https://10.10.2.133:9090 即可使用 Cockpit，如图 13-3-1 所示。

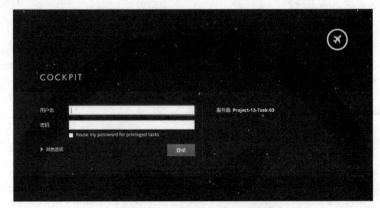

图 13-3-1　访问 Cockpit 服务

（1）Cockpit 服务在访问时，请使用以下推荐浏览器进行访问：
- Mozilla Firefox 52 及以上版本
- Google Chrome 57 及以上版本
- Microsoft Edge 16 及以上版本

（2）访问服务需可使用操作系统的本地用户进行登录。

步骤 7：通过 Cockpit 总览系统信息。

登录 Cockpit 之后将展示系统的概览信息，如图 13-3-2 所示。通过该页面可以查看操作系统的版本信息、系统时间、CPU、内存、磁盘 I/O 以及网络流量等情况。

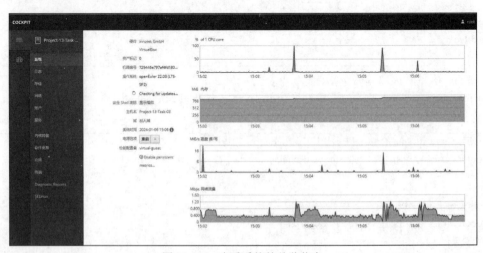

图 13-3-2　查看系统的总览信息

（1）查看系统的日志信息。单击"日志"选项卡，可查看操作系统产生的日志信息，可以通过日志查看系统是否存在运行故障等情况，如图 13-3-3 所示。

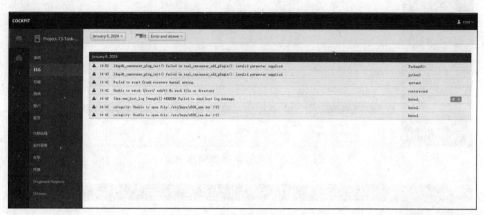

图 13-3-3　查看系统的日志信息

（2）查看系统的存储信息。单击"存储"选项卡，可查看操作系统文件系统的大小、使用情况、磁盘 I/O 读写情况等情况，如图 13-3-4 所示。

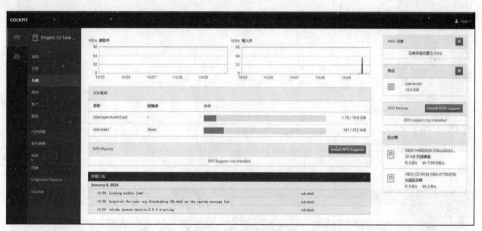

图 13-3-4　查看系统的存储信息

（3）查看系统的网络信息。单击"网络"选项卡，可查看操作系统的网卡名称、防火墙规则信息以及联网日志等情况，如图 13-3-5 所示。

（4）查看系统的服务信息。单击"服务"选项卡，可查看操作系统中已经安装的服务列表和服务状态等信息，如图 13-3-6 所示。

步骤 8： 通过 Cockpit 终端操作 openEuler。

无须 SSH 客户端软件，通过 Cockpit 终端可对操作系统进行终端操作。单击左侧导航中的"终端"选项，进入系统终端界面，输入命令查看 Cockpit 服务状态，如图 13-3-7 所示。

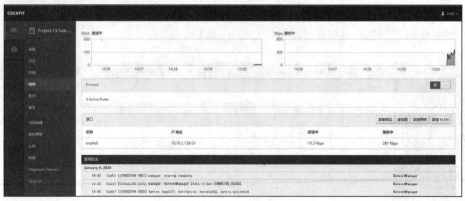

图 13-3-5　查看系统的网络信息

图 13-3-6　查看系统的服务信息

图 13-3-7　查看系统终端

扫码看视频

任务四　　使用 Cockpit 实现运维管理

【任务介绍】

本任务通过 Cockpit 进行系统的运维管理，实现 openEuler 的账户、网络、防火墙、软件服务以及 SELinux 等方面系统的运维管理。

本任务在任务三的基础上进行。

【任务目标】

（1）实现使用 Cockpit 进行系统的基础管理。

（2）实现使用 Cockpit 进行账户的权限管理。

（3）实现使用 Cockpit 进行网络的配置管理。

（4）实现使用 Cockpit 进行系统的安全管理。

（5）实现使用 Cockpit 进行软件的服务管理。

（6）实现使用 Cockpit 进行系统的诊断管理。

【操作步骤】

步骤 1：系统的基础管理。

（1）修改主机名。在"系统"选项卡下，单击系统概览中的"主机名"信息，可进行主机名的修改，如图 13-4-1 所示。

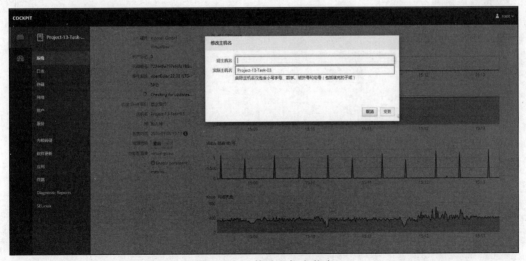

图 13-4-1　修改主机名信息

（2）修改系统时间。在"系统"选项卡下，单击系统概览中的"系统时间"信息，即可进行系统时间的修改，设置内容包括时区以及时间、是否自动同步时间等，如图 13-4-2 所示。

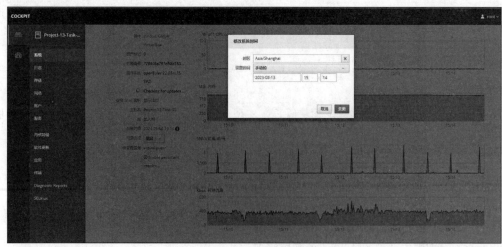

图 13-4-2　修改系统时间

步骤 2：系统的账户管理。

（1）账户的添加。单击左侧导航中的"账户"选项，进入账户列表界面，会列出系统现有账户，如图 13-4-3 所示。

图 13-4-3　查看系统现有账户

单击"创建新账户"按钮，添加用户 project13，如图 13-4-4 所示。

（2）账户的权限管理。单击已创建的 project13 账户，查看该用户信息，如图 13-4-5 所示。在"角色"选项中，选中"服务器管理员"前的复选框，即赋予管理员权限。

 提醒　完成用户权限更改配置后，用户必须注销并重新登录才能完全更改角色。

（3）账户的密码管理。账户密码默认设置为永不过期，如需更改，可在"密码"过期对话框中，选中"密码从不过期"前的单选按钮，设置 project13 账户密码过期时间为 3 天，然后单击"变更"按钮，如图 13-4-6 所示。

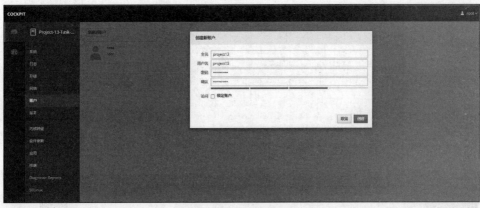

图 13-4-4　创建新账户

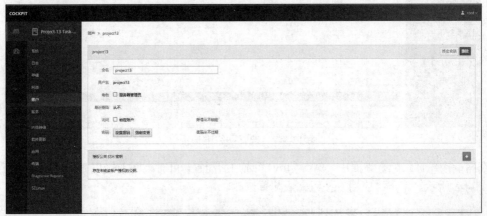

图 13-4-5　修改账户权限

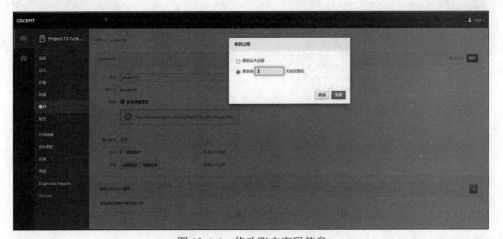

图 13-4-6　修改账户密码信息

（1）如果 Cockpit 不是以 root 用户进行登录，操作密码管理时要管理账户密码，需以 root 身份登录或者取得 root 权限后进行操作。

（2）"密码"的两个选项按钮具体含义如下：

● "设置密码"：表示将立即修改账户密码

● "强制变更"：表示该用户在下次登录时必须修改其密码

步骤 3：系统的网络维护。

在"网络"配置选项界面中，单击"接口"选项卡下具体网卡名称（如 enp0s3），可进入该网卡接口的详细配置界面，如图 13-4-7 所示。

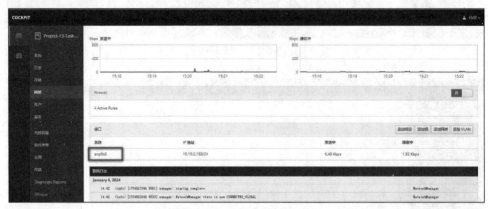

图 13-4-7　选择网络维护接口

在网卡接口详细配置界面中，单击"Ipv4"选项后配置，可对该网卡接口的网络配置进行修改，如图 13-4-8 所示。单击"应用"按钮完成配置修改。

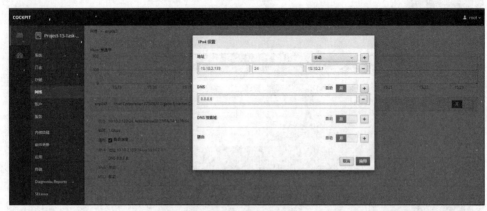

图 13-4-8　网卡接口配置修改

步骤 4：系统的安全维护。

（1）查看防火墙状态。在"网络"选项配置界面中，单击"Firewall"选项卡的标题，即可查看防火墙当前的配置信息，如图 13-4-9 所示。

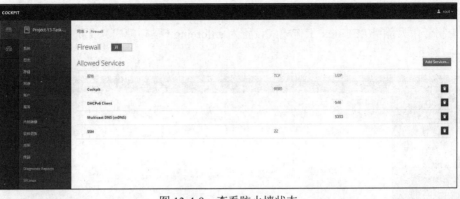

图 13-4-9　查看防火墙状态

（2）添加防火墙规则。单击"Add Services"按钮进行服务规则的添加，选择需要通过防火墙的服务规则信息，如图 13-4-10 所示。

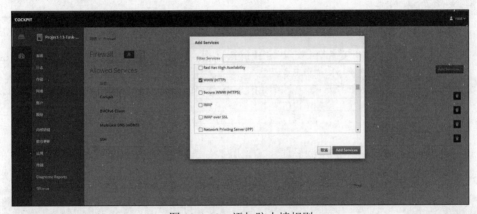

图 13-4-10　添加防火墙规则

添加完成后也可单击服务名称，查看服务详情，并可进行服务的删除操作，如图 13-4-11 所示。

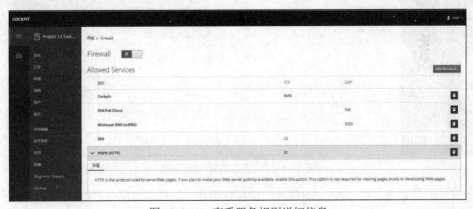

图 13-4-11　查看服务规则详细信息

（3）SELinux 状态配置。在"SELinux 策略"选项配置界面中，通过 cockpit 管理 SELinux。在 Web 控制台中只能将 SELinux 工作模式设置为 enforcing（强制模式）或 permissive（宽容模式），如图 13-4-12 所示。

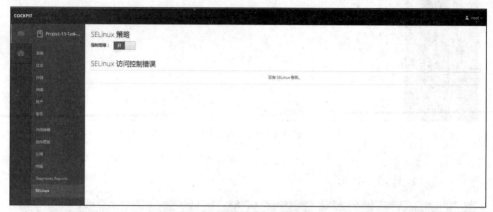

图 13-4-12　配置 SELinux

（1）使用 Cockpit 修改 SELinux 工作模式，只是临时更改，将在系统重启后恢复为强制模式。

（2）如果需要长期更改 SELinux 工作模式或策略，可参照项目十二中任务二中的操作。

步骤 5：软件的服务维护。

（1）系统的服务管理。单击左侧导航中的"服务"选项，进入服务界面。服务管理分为目标、系统服务、套接字、计时器与路径，如图 13-4-13 所示。

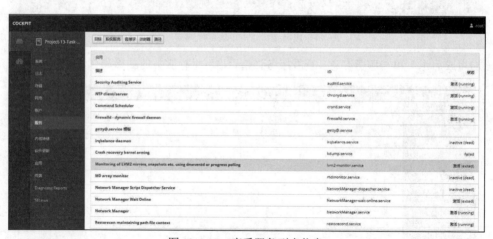

图 13-4-13　查看服务列表信息

单击某个具体服务（如 firewalld 服务）即可查看其详细信息，也可对该服务进行停止、重启（重启/重载）、禁用等操作，如图 13-4-14 所示。

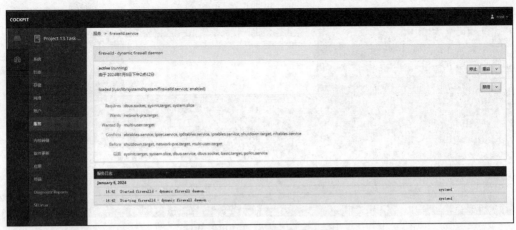

图 13-4-14　单个服务配置

（2）系统的软件管理。单击左侧导航中的"软件更新"选项，进入软件更新的界面，单击右上角的"检查更新"按钮，如图 13-4-15 所示。

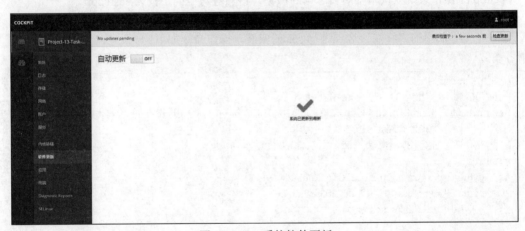

图 13-4-15　系统软件更新

（1）可通过 Cockpit 开启系统软件的自动更新操作，开启时需要安装 DNF 软件包管理工具，需安装"dnf-automatic"软件，如图 13-4-16 所示。

（2）DNF 是一款 Linux 软件包管理工具，用于管理 RPM 软件包。DNF 可以查询软件包信息，从指定软件库获取软件包，自动处理依赖关系以安装或卸载软件包，以及更新系统到最新可用版本，在使用过程中应注意以下方面。

- DNF 与 YUM 完全兼容，提供了 YUM 兼容的命令行及扩展和插件提供的 API
- 使用 DNF 需要管理员的权限。若开启自动更新，DNF 工具将通过配置文件自动更新系统软件，出于安全性考虑，不建议在本步骤中开启"自动更新"操作

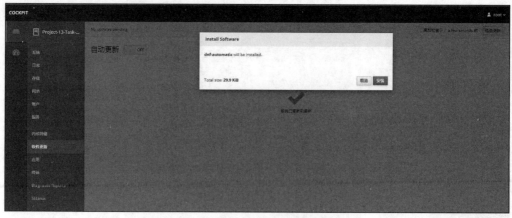

图 13-4-16 安装自动更新软件

步骤 6：日志诊断。

（1）通过在线方式安装诊断报表服务。

openEuler 操作系统默认未安装日志诊断服务，该服务对应的工具为 sosreport。

sosreport 工具集成在 SoS 软件包中，可使用 yum 工具在线安装。

单击左侧导航中的"终端"选项进行 sos 的安装，操作命令如下。

操作命令：

```
1.   # 使用 yum 工具安装 SoS
2.   [root@Project-13-Task-03 ~]# yum install -y sos
3.   Last metadata expiration check: 0:12:04 ago on 2023 年 08 月 03 日 星期四 16 时 35 分 21 秒.
4.   # 为了排版方便此处省略了部分信息
5.   # 下述信息说明安装 sos 将会安装以下软件，且已安装成功
6.   Installed:
7.       python3-pexpect-4.8.0-2.oe2203sp2.noarch
8.       python3-ptyprocess-0.7.0-1.oe2203sp2.noarch
9.       sos-4.0-5.oe2203sp2.noarch
10.
11.  Complete!
```

操作命令+配置文件+脚本程序+结束

（2）创建报表。单击左侧导航中的"Diagnostic Reports"选项，进入诊断报表界面。单击"创建报表"按钮，如图 13-4-17 所示。等待创建报表，创建完成后进行下载，如图 13-4-18 所示。

 （1）可通过"sos report --batch"命令执行报表生成，报表生成后的默认存储位置为"/var/tmp/"。

（2）可通过远程连接工具，将服务器生成的报表文件进行下载。

下载完成后解压下载的 sosreport-Project-13-Task-03-2023-08-03-xphegho.tar.xz 文件，该目录的 sos_report 目录下可看到 HTML、JSON、TXT 3 种格式的报表，通过浏览器打开 HTML 格式的报表，如图 13-4-19 所示。

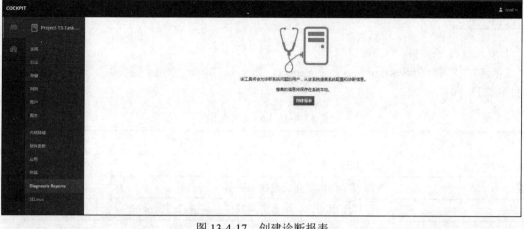

图 13-4-17　创建诊断报表

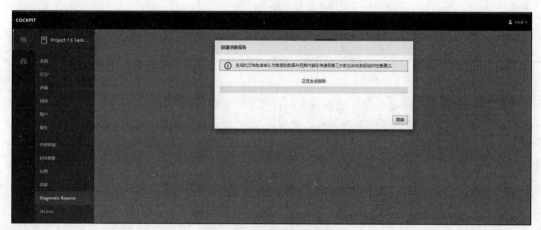

图 13-4-18　生成诊断报表

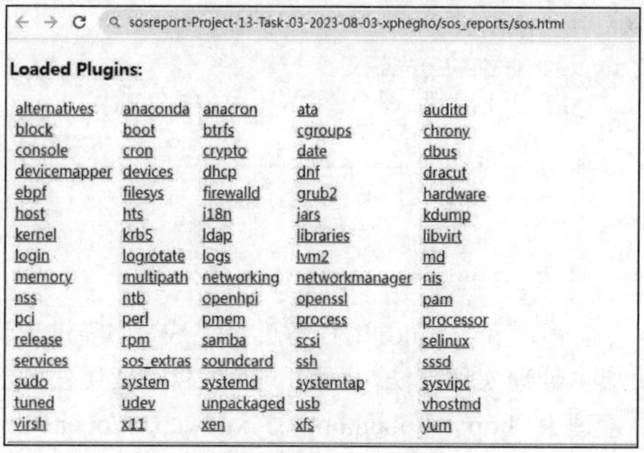

图 13-4-19　查看诊断报表

项目十三

【任务扩展】

1. Linux 服务类型

Linux 服务可分为 System Service、Socket、Target、Timer、Paths 等类型，其服务类型与服务说明见表 13-4-1。

表 13-4-1　Linux 服务说明

名称	说明
System Service	系统本地服务
Socket	内部程序数据交互的套接字服务
Target	执行环境中的目标服务，对其他服务进行逻辑分配
Timer	定时执行服务
Paths	监听特定文件和目录的路径服务
mount	文件系统挂载服务
automount	文件系统自动挂载服务

2. sos report 命令

使用 sos report 命令可收集并打包系统、运行程序的配置数据与诊断信息。sos report 命令是一种可扩展、可移植、支持数据收集的工具，主要应用于 Linux 等类 UNIX 操作系统，sos report 命令需以 root 用户身份运行。

命令详解：

【语法】
sos report [选项]
【选项】
-l:　　　　　　　　　列出所有可用的插件及其选项
-n:　　　　　　　　　禁用指定的插件
-e:　　　　　　　　　启用指定的插件
-o:　　　　　　　　　仅启用指定的插件，其他插件禁用
-v:　　　　　　　　　增加详细的日志记录
--name NAME:　　　　指定存档文件 NAME 名称

操作命令+配置文件+脚本程序+结束

【进一步阅读】

本项目关于使用图形界面管理 openEuler 的任务已经完成，如需进一步了解统一运维管理，掌握多主机集中管理实现方法，可进一步在线阅读【任务五　使用 Cockpit 实现多主机集中管理】（http://explain.book.51xueweb.cn/openeuler/extend/13/5）深入学习。

扫码去阅读

附录

虚拟机规划表

序号	用途	虚拟机数	IP 地址数	虚拟机名称	CPU	内存	虚拟硬盘	网卡	主机名	网络
1	项目一	1	1	VM-Project-01-Task-01-10.10.2.11	1 颗，1 核心	1GB	20GB	1 块，桥接	Project-01-Task-01	IP：10.10.2.11 子网掩码：255.255.255.0 网关：10.10.2.1 DNS：8.8.8.8
2	项目二	1	1	VM-Project-02-Task-01-10.10.2.21	1 颗，1 核心	1GB	20GB	1 块，桥接	Project-02-Task-01	IP：10.10.2.21 子网掩码：255.255.255.0 网关：10.10.2.1 DNS：8.8.8.8
3	项目三	1	1	VM-Project-03-Task-01-10.10.2.31	1 颗，1 核心	1GB	20GB	1 块，桥接	Project-03-Task-01	IP：10.10.2.31 子网掩码：255.255.255.0 网关：10.10.2.1 DNS：8.8.8.8
4	项目四	1	1	VM-Project-04-Task-01-10.10.2.41	1 颗，1 核心	1GB	20GB	1 块，桥接	Project-04-Task-01	IP：10.10.2.41 子网掩码：255.255.255.0 网关：10.10.2.1 DNS：8.8.8.8
5	项目五	5	5	VM-Project-05-Task-01-10.10.2.51	1 颗，1 核心	1GB	20GB	1 块，桥接	Project-05-Task-01	IP：10.10.2.51 子网掩码：255.255.255.0 网关：10.10.2.1 DNS：8.8.8.8
6								1 块，通信		IP：172.16.0.254 子网掩码：255.255.255.0 网关：不配置 DNS：不配置

序号	用途	虚拟机数	IP 地址数	虚拟机名称	CPU	内存	虚拟硬盘	网卡	主机名	网络
7				VM-Project-05-Task-02-172.16.0.1	1 颗，1 核心	1GB	20GB	1 块，桥接	Project-05-Task-02	IP：10.10.2.52 子网掩码：255.255.255.0 网关：10.10.2.1 DNS：8.8.8.8
8								1 块，通信		IP：172.16.0.1 子网掩码：255.255.255.0 网关：不配置 DNS：不配置
9				VM-Project-05-Task-03-172.16.0.2	1 颗，1 核心	1GB	20GB	1 块，桥接	Project-05-Task-03	IP：10.10.2.53 子网掩码：255.255.255.0 网关：10.10.2.1 DNS：8.8.8.8
10	项目五	5	5					1 块，通信		IP：172.16.0.2 子网掩码：255.255.255.0 网关：不配置 DNS：不配置
11				VM-Project-05-Task-04-10.10.2.54	1 颗，1 核心	1GB	20GB	1 块，桥接	Project-05-Task-04	IP：10.10.2.54 子网掩码：255.255.255.0 网关：10.10.2.1 DNS：8.8.8.8
12				VM-Project-05-Task-05-10.10.2.55	1 颗，1 核心	1GB	20GB	1 块，桥接	Project-05-Task-05	IP：10.10.2.55 子网掩码：255.255.255.0 网关：10.10.2.1 DNS：8.8.8.8
13								1 块，通信		IP：172.16.0.253 子网掩码：255.255.255.0 网关：不配置 DNS：不配置
14	项目六	3	3	VM-Project-06-Task-01-10.10.2.61	1 颗，1 核心	1GB	20GB	1 块，桥接	Project-06-Task-01	IP：10.10.2.61 子网掩码：255.255.255.0 网关：10.10.2.1 DNS：8.8.8.8
15				VM-Project-06-Task-02-10.10.2.62	1 颗，1 核心	1GB	20GB	1 块，桥接	Project-06-Task-02	IP：10.10.2.62 子网掩码：255.255.255.0 网关：10.10.2.1 DNS：8.8.8.8

序号	用途	虚拟机数	IP 地址数	虚拟机名称	CPU	内存	虚拟硬盘	网卡	主机名	网络
16	项目六	3	3	VM-Project-06-Task-03-10.10.2.63	1 颗,1 核心	1GB	20GB	1 块,桥接	Project-06-Task-03	IP: 10.10.2.63 子网掩码: 255.255.255.0 网关: 10.10.2.1 DNS: 8.8.8.8
17				VM-Project-07-Task-01-10.10.2.71	1 颗,1 核心	1GB	20GB	1 块,桥接	Project-07-Task-01	IP: 10.10.2.71 子网掩码: 255.255.255.0 网关: 10.10.2.1 DNS: 8.8.8.8
18				VM-Project-07-Task-02-10.10.2.72	1 颗,1 核心	1GB	20GB	1 块,桥接	Project-07-Task-02	IP: 10.10.2.72 子网掩码: 255.255.255.0 网关: 10.10.2.1 DNS: 8.8.8.8
19	项目七	5	5	VM-Project-07-Task-03-10.10.2.73	1 颗,1 核心	1GB	20GB	1 块,桥接	Project-07-Task-03	IP: 10.10.2.73 子网掩码: 255.255.255.0 网关: 10.10.2.1 DNS: 8.8.8.8
20				VM-Project-07-Task-04-10.10.2.74	1 颗,1 核心	1GB	20GB	1 块,桥接	Project-07-Task-04	IP: 10.10.2.74 子网掩码: 255.255.255.0 网关: 10.10.2.1 DNS: 8.8.8.8
21				VM-Project-07-Task-05-10.10.2.75	1 颗,1 核心	1GB	20GB	1 块,桥接	Project-07-Task-05	IP: 10.10.2.75 子网掩码: 255.255.255.0 网关: 10.10.2.1 DNS: 8.8.8.8
22				VM-Project-08-Task-01-10.10.2.81	1 颗,1 核心	1GB	20GB	1 块,桥接	Project-08-Task-01	IP: 10.10.2.81 子网掩码: 255.255.255.0 网关: 10.10.2.1 DNS: 8.8.8.8
23	项目八	4	4	VM-Project-08-Task-02-10.10.2.82	1 颗,1 核心	1GB	20GB	1 块,桥接	Project-08-Task-02	IP: 10.10.2.82 子网掩码: 255.255.255.0 网关: 10.10.2.1 DNS: 8.8.8.8
24				VM-Project-08-Task-03-10.10.2.83	1 颗,1 核心	1GB	20GB	1 块,桥接	Project-08-Task-03	IP: 10.10.2.83 子网掩码: 255.255.255.0 网关: 10.10.2.1 DNS: 8.8.8.8

续表

序号	用途	虚拟机数	IP 地址数	虚拟机名称	CPU	内存	虚拟硬盘	网卡	主机名	网络
25	项目八	4	4	VM-Project-08-Task-04-10.10.2.84	1 颗，1 核心	2GB	20GB	1 块，桥接	Project-08-Task-04	IP：10.10.2.84 子网掩码：255.255.255.0 网关：10.10.2.1 DNS：8.8.8.8
26	项目九	1	1	VM-Project-09-Task-01-10.10.2.91	1 颗，4 核心	4GB	100GB	1 块，桥接	Project-09-Task-01	IP：10.10.2.91 子网掩码：255.255.255.0 网关：10.10.2.1 DNS：8.8.8.8
27	项目十	1	1	VM-Project-10-Task-01-10.10.2.101	1 颗，1 核心	1GB	20GB	1 块，桥接	Project-10-Task-01	IP：10.10.2.101 子网掩码：255.255.255.0 网关：10.10.2.1 DNS：8.8.8.8
28	项目十一	3	3	VM-Project-11-Task-01-10.10.2.111	1 颗，1 核心	1GB	20GB	1 块，桥接	Project-11-Task-01	IP：10.10.2.111 子网掩码：255.255.255.0 网关：10.10.2.1 DNS：8.8.8.8
29				VM-Project-11-Task-07-10.10.2.117	1 颗，1 核心	1GB	20GB	1 块，桥接	Project-11-Task-07	IP：10.10.2.117 子网掩码：255.255.255.0 网关：10.10.2.1 DNS：8.8.8.8
30				VM-Project-11-Task-08-10.10.2.118	1 颗，1 核心	1GB	20GB	1 块，桥接	Project-11-Task-08	IP：10.10.2.118 子网掩码：255.255.255.0 网关：10.10.2.1 DNS：8.8.8.8
31	项目十二	1	1	VM-Project-12-Task-01-10.10.2.121	1 颗，1 核心	1GB	20GB	1 块，桥接	Project-12-Task-01	IP：10.10.2.121 子网掩码：255.255.255.0 网关：10.10.2.1 DNS：8.8.8.8
32	项目十三	3	3	VM-Project-13-Task-01-10.10.2.131	1 颗，1 核心	1GB	20GB	1 块，桥接	Project-13-Task-01	IP：10.10.2.131 子网掩码：255.255.255.0 网关：10.10.2.1 DNS：8.8.8.8
33				VM-Project-13-Task-02-10.10.2.132	1 颗，1 核心	1GB	20GB	1 块，桥接	Project-13-Task-02	IP：10.10.2.132 子网掩码：255.255.255.0 网关：10.10.2.1 DNS：8.8.8.8

续表

序号	用途	虚拟机数	IP 地址数	虚拟机名称	CPU	内存	虚拟硬盘	网卡	主机名	网络
34	项目十三	3	3	VM-Project-13-Task-03-10.10.2.133	1 颗, 1 核心	1GB	20GB	1 块,桥接	Project-13-Task-03	IP：10.10.2.133 子网掩码：255.255.255.0 网关：10.10.2.1 DNS：8.8.8.8
35	本地主机	-	1	-	-	-	-	-	-	IP：10.10.2.200 子网掩码：255.255.255.0 网关：10.10.2.1 DNS：8.8.8.8

参 考 文 献

[1] 陈争艳，刘安战，贾玉祥. openEuler 操作系统管理入门[M]. 北京：清华大学出版社，2023.

[2] 陈海波，曾庆峰，熊伟. openEuler 操作系统核心技术与行业应用实践[M]. 北京：电子工业出版社，2023.

[3] 中国产业发展研究院. 华为 openEuler 开源操作系统实战[M]. 北京：机械工业出版社，2023.

[4] 阮晓龙，等. Linux 服务器构建与运维管理从基础到实战（基于 CentOS 8 实现）[M]. 北京：中国水利水电出版社，2020.

[5] 李志杰. Linux 服务器配置与管理[M]. 北京：电子工业出版社，2020.

[6] 李兵. Linux 服务器配置与管理[M]. 北京：北京理工大学出版社，2020.

[7] 鸟哥. 鸟哥的 Linux 私房菜：服务器架设篇[M]. 3 版. 北京：机械工业出版社，2012.